JN417947

지역사회영양학

이해에서 활용까지

저자 소개

장남수 이화여자대학교 식품영양학과 명예교수

양은주 前 호남대학교 식품영양학과 교수

이현숙 동서대학교 식품영양학과 교수

황지윤 상명대학교 식품영양학전공 교수

김혜숙 원광대학교 식품영양학과 교수

지역사회영양학 이해에서 활용까지

초판 발행 2026년 3월 6일

지은이 장남수, 양은주, 이현숙, 황지윤, 김혜숙
펴낸이 류원식
펴낸곳 **교문사**

편집팀장 성혜진 | **책임진행** 전보배 | **디자인** 신나리 | **본문편집** 유선영

주소 10881, 경기도 파주시 문발로 116
대표전화 031-955-6111 | **팩스** 031-955-0955
홈페이지 www.gyomoon.com | **이메일** genie@gyomoon.com
등록번호 1968.10.28. 제406-2006-000035호

ISBN 978-89-363-2706-4 (93590)
정가 27,000원

지역사회영양학

이해에서 활용까지

장남수 · 양은주 · 이현숙 · 황지윤 · 김혜숙 지음

COMMUNITY NUTRITION

교문사

머리말

『지역사회영양학: 이해에서 활용까지』 출간에 즈음하여

머신러닝, 딥러닝, 대규모 언어 모델(LLM), 생성형 모델 등을 활용하여 개발된 인공지능(AI)을 개인 맞춤형 영양뿐만 아니라 인구집단으로 구성된 지역사회와 공중보건 영양 분야에 접목하려는 거센 변화의 물결이 국내외를 막론하고 매우 빠르게 확산되고 있다.

이제 우리는 AI를 활용하여 좁게는 특정 지역의 식품환경지도를 구축하고 식품사막지역을 식별할 수 있으며, 넓게는 전 세계적인 식량공급망을 체계화하거나 경작지에 대한 위성사진 자료를 분석함으로써 기후변화에 따른 식품안보문제가 발생할 수 있는 지역을 예측할 수 있게 되었다.

초연결·초지능·초융합으로 대표되는 4차 산업혁명으로 인해 인간의 기본 의식주 생활을 영위하는 데 필요한 물자의 조달은 물론, 영양 및 건강 서비스를 창출하고 전달하는 방식 또한 이전과는 근본적으로 다른 모습으로 변화하고 있다. 인공지능, 3D 프린터, 퀀텀 컴퓨팅, 크리스퍼(CRISPR) 유전자 가위를 이용한 바이오 기술의 발전으로 식품 생산 방식은 과거와 달리 거대 공정 체계로 진화하고 있다.

또한 자율주행 자동차와 드론으로 배송된 물품을 사용하고 로봇이 조리한 음식을 섭취하는 시대에 이르렀다. 나아가 각 가정에서 탄소·수소·산소 등 원소만으로 음식을 제조할 수 있는 시대가 도래할 가능성 또한 커지고 있다.

이러한 급격한 변화에도 불구하고, 올바른 영양과 건강한 식생활을 통해 질병을 예방하고 삶의 질을 높이고자 하는 가치는 인류의 핵심적인 관심사로 변함없이 지속될 것이다. 따라서 미래 사회에서도 영양전문가의 활동은 여전히 필수적이다.

AI와 4차 산업혁명이 제공하는 기술의 습득 및 활용 능력에 따라 개인과 집단의 영양·건강 상태는 달라질 것이며, 향후 발생할 영양문제를 예측·예방하고 적재적소에 적절한 서비스를 제공할 수 있는 역량 또한 이러한 기술력에 의해 좌우될 것이다.

이 책은 여러 대학에서 오랫동안 지역사회영양학을 가르쳐 온 교수진이 뜻을 모아, 영양 및 건강 관련 최신 지식과 국민건강영양조사 등 최신 통계 데이터 그리고 우리나라 중앙·지방 정부와 각종 기관에서 수행 중인 영양 프로그램을 총망라하여 집필하였다.

그동안 이 책을 교재로 채택해 주시고 소중한 의견을 보내주신 교수님들께 깊은 감사의 말씀을 드리며, 이번 개정판에 대해서도 아낌없는 조언을 부탁드린다. 아울러 이 책이 지역사회 영양전문가를 양성하는 학문적 토대가 됨은 물론, 공중보건 및 보건정책을 수립하는 행정가들에게도 국민영양 증진을 위한 정책 수립과 실행, 평가 과정 전반에서 유용한 지침서로 활용되기를 기대한다.

2026년 3월

저자 일동

차례

머리말 4

CHAPTER 1

지역사회영양학의 개념과 이해 · 11

1. 공중보건 12
2. 건강과 영양관리 13
3. 지역사회 이해와 영양사의 역할 31

CHAPTER 2

지역사회 건강영양조사 방법론 · 47

1. 영양역학 48
2. 영양 모니터링과 감시 58
3. 국민건강영양조사 63

CHAPTER 3

식생활 및 건강 실태 · 75

1. 식품 및 영양 섭취 실태 76
2. 식생활 변화에 따른 건강상태 변화 94

CHAPTER 4

식생활 환경 변화 및 세계 영양문제 · 103

1. 식생활 변화의 환경적 요인 104
2. 식량자급률 및 식품산업 관련 현황 112
3. 세계의 영양문제 119

CHAPTER 5

지역사회 건강행동이론 · 131

1. 혁신확산모델 132
2. 생태학적 접근모델 133
3. PRECEDE–PROCEED 모델 134
4. 로직모델 138
5. 사회마케팅모델 139

CHAPTER 6

지역사회 요구 진단 및 프로그램 계획 · 151

1. 지역사회 요구 진단 152
2. 영양 프로그램 계획 161

CHAPTER 7

지역사회영양사에게 필요한 지식 · 175

1. 한국인 영양소 섭취기준 176
2. 식품표시 183
3. 식품성분표 207
4. 영양소 섭취량 분석용 컴퓨터 프로그램 209

CHAPTER 8

영양정책 · 213

1. 영양정책 214
2. 우리나라의 영양정책 232
3. 지역사회의 식품 접근성 향상을 위한 국가 전략 239

CHAPTER 9

영양행정 및 지역사회영양관리 프로그램 · 249

1. 보건복지부 및 산하기관 250
2. 식품의약품안전처 및 산하기관 272
3. 농림축산식품부 및 산하기관 280
4. 교육부 286
5. 여성가족부 289
6. 법무부 290
7. 국방부 292

CHAPTER 10

임신·수유부 및 영유아 영양 프로그램 · 295

1. 임신·수유부와 영유아의 건강과 식생활문제 296
2. 임신·수유부와 영유아 영양 프로그램 302
3. 외국의 임산부 및 영유아 영양 프로그램 321

CHAPTER 11

어린이 및 청소년 영양 프로그램 · 325

1. 어린이와 청소년의 건강과 식생활문제 326
2. 어린이와 청소년의 영양 프로그램 330
3. 미국의 어린이 및 청소년 영양 프로그램 347

CHAPTER 12

성인 및 노인 영양 프로그램 · 353

1. 성인과 노인의 건강과 식생활문제 354
2. 성인과 노인의 영양 프로그램 358
3. 외국의 성인 및 노인 영양 프로그램 386

부록 393
참고문헌 406
찾아보기 415

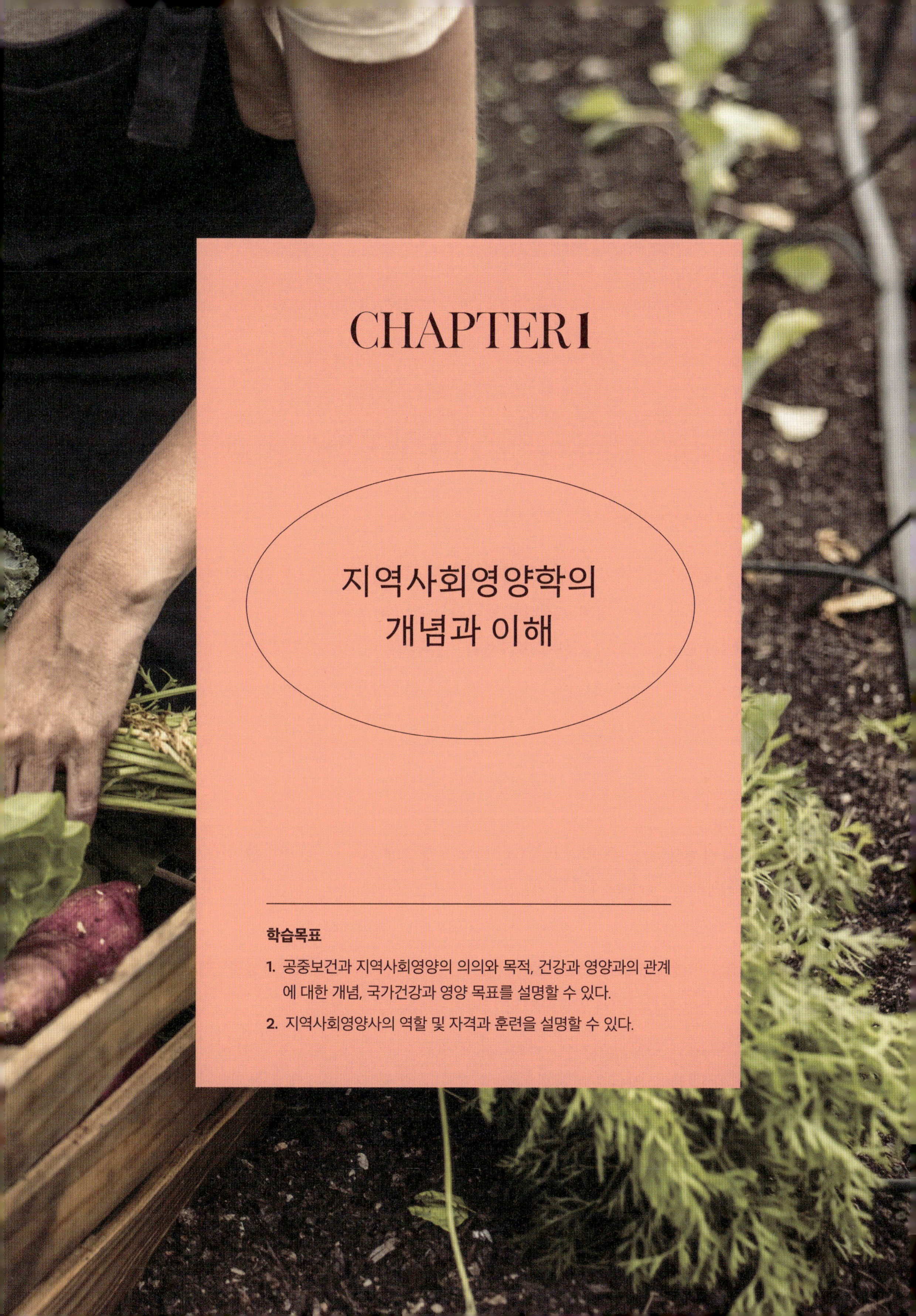

CHAPTER 1

지역사회영양학의 개념과 이해

학습목표

1. 공중보건과 지역사회영양의 의의와 목적, 건강과 영양과의 관계에 대한 개념, 국가건강과 영양 목표를 설명할 수 있다.
2. 지역사회영양사의 역할 및 자격과 훈련을 설명할 수 있다.

CHAPTER I

사회·경제 수준이 향상되면서 식생활과 밀접한 관련이 있는 만성퇴행성 질환의 중요성이 점차 커지고 있다. 이에 따라 공중보건에서 영양이 차지하는 비중이 늘어나고 있으며, 국가적으로는 만성퇴행성 질환 관리에 소요되는 경제적 비용을 줄이기 위해 국민 영양관리에 과감히 투자해야 할 시점이다.

이 장에서는 공중보건과 지역사회영양의 의의와 목적, 건강과 영양의 관계, 국가건강·영양 목표 그리고 지역사회영양사의 역할, 자격 및 훈련에 대해 살펴본다.

1. 공중보건

1) 공중보건의 정의와 목적

공중보건은 지역사회나 국가가 과학적 지식과 실천 기술을 총체적으로 활용하여 주민이나 국민의 건강을 회복시키기 위해 조직한 노력이라고 정의할 수 있다.

공중보건의 목적은 주어진 시간과 공간에서 가능한 한 지식과 자원을 효율적으로 이용하여 시민과 지역사회 주민의 신체적·정신적·사회적 건강상태를 유지하고 증진함으로써 삶의 질을 향상시키는 데 있다.

2) 공중보건의 시대적 변천

과거에는 자기 몸을 잘못 관리하거나 운이 나쁘면 질병에 걸리고, 능력이 없어서 제대로 치료하지 못해 병으로 고생한다고 생각하였다. 그러나 1800년대에 이르러 개인이나 지역주민의 건강·영양상태가 사회적·경제적 여건과 밀접하게 관련되어 결정된다는 점 그리고 이러한 여건을 개선하기 위해 정부가 공공기관이나 조직을 통해 질병예방사업을 주도할 필요가 있다는 인식이 확산되면서 공중보건의 개념이 정립되었다.

19세기에는 공중보건의 범위가 식품 변질 규제, 상수도 정화, 도시 하수처리시스템 건설, 결핵·천연두·콜레라·장티푸스 등의 감염성 질환 통제 등 위생문제에 국한되었다. 20세기 말에 이르러서는 심혈관계 질환, 뇌혈관 질환, 관절염, 당뇨병, 치매 등 만성퇴행성 질환이 선진국과 개발도상국 모두에서 주요 사망 원인이자 삶의 질을 저하시키는 질병의 원인으로 대두되면서 공중보건의 범위가 위생 수준 향상에서 나아가 금연, 금주, 영양, 신체활동 등 건강생활 실천으로 확대되었다.

한편, 에이즈·에볼라·지카 등 새로운 감염병은 여전히 인류를 위협하고 있다. 2019년 말 발생한 코로나19와 같은 호흡기 감염병은 계속되는 변이 출현으로 전 세계에 퍼져 수십억 명을 감염시키고 수천만 명의 생명을 앗아갔다. 코로나19 팬데믹 이후 현재, 기후변화로 인한 건강문제, 원숭이두창과 말라리아 같은 감염병의 재출현, 정신 건강 악화, 보건 불평등이 새로운 공중보건의 도전 과제로 떠오르고 있다.

우리나라의 경우 과거보다 공중위생 상태가 크게 향상되었으나 여전히 식품 변질 범죄가 발생하고, 여름철 세균성 이질로 인한 식중독 사고가 빈번히 일어나 19세기적 위생 수준을 완전히 벗어나지 못한 것으로 보인다. 또한 1980년대 이후 관상심장질환, 뇌혈관 질환, 암 등 만성퇴행성 질환이 주요 사망 원인으로 대두되었다. 이에 따라 1990년대 중반 이후부터는 공중보건의 초점이 전염병 예방을 위한 예방접종사업에서 벗어나, 만성질환 예방과 건강증진을 위한 건강생활 실천 중심의 건강관리사업으로 전환되었다.

오늘날 영양 결핍과 영양 과잉이 공존하는 시대에 영양문제는 개인 차원의 문제가 아니라 사회적 식품환경의 문제라는 인식이 커지고 있다. 값싼 고열량·저영양 식품이 확산되고, 신선식품 가격이 상대적으로 높아 저소득층이 건강한 식사를 하기 어려워지면서 사회적·경제적으로 취약한 계층에서 과체중과 비만이 증가하고 있다. 이에 우리나라를 비롯한 선진국에서는 취약계층의 건강 수준을 향상시키고 건강 형평성을 보장하기 위한 영양정책을 추진하고 있다. 저소득층 주거 밀집 지역의 신선 과일·채소 접근성을 높이는 정책이나 영양취약계층을 위한 식품지원사업이 그 예이다.

2. 건강과 영양관리

1) 건강의 개념

사람은 누구나 일생 동안 건강하게 살기를 원한다. 그렇다면 건강하다는 것은 무엇인가? 건강하게 살아간다는 것은 단순히 질병이 없는 상태를 의미하는 것이 아니라, 우리가 가진 잠재력을 충분히 발휘하여 보람 있고 행복한 삶을 살아가는 것을 말한다. 진정으로 건강한 사람은 신체적·정신적·사회적 건강이 조화를 이룬 상태에서 일하며, 다른 사람과 즐겁게 지낼 수 있다.

2) 건강상태의 결정요인

지역주민이나 국민의 건강상태는 생물학적 요인, 생활양식, 개인 및 지역사회 환경에 좌우된다(표 1-1). 이 중 식습관, 운동, 흡연, 음주 등의 생활습관은 건강상태를 결정짓는 데 50% 이상의 영향력이 있는 것으로 알려져 있다. 실제로 하버드대학교에서 수행된 간호사 건강연구(Nurses' Health Study)에서는 관상심장질환 발생에 식습관, 운동, 흡연, 음주 등 생활습관이 기여하는 정도가 82%에 달하는 것으로 보고되었다.

식습관이나 영양상태가 질병 발생이나 사망과 깊이 관련되어 있다는 점은 1960년 이후 본격적으로 논의되기 시작하였다. 유럽과 미국 등에서는 비만, 심뇌혈관 질환, 당뇨병, 암 등 식생활과 관련이 많은 만성퇴행성 질환이 의료비 부담을 가중시키는 사회문제로 대두되었다. 이후 식사 목표와 식사지침 등을 제정하여 국민들이 이를 따르도록 하면서 만성퇴행성 질환을 관리하려는 노력이 이어졌다.

표 1-1 건강상태의 결정요인

요인	내용
생물학적	성, 인종, 나이, 유전
생활양식	신체활동, 식습관, 취미, 여가활동, 약물(흡연, 음주, 치료약, 마약) 사용 여부, 종교, 안전습관(안전벨트, 무릎보호대 등), 자가치료, 스트레스 관리법
개인사회환경	주거, 교육, 직업, 소득, 사회연계망(가족, 친구, 동료 등), 사회경제지표
지역사회환경	기후와 지리, 급수, 주거형태와 환경, 진료시설의 수와 형태, 보건의료서비스, 사회복지, 주요 산업, 정부·정치 구조, 보건 관련 지역기구와 단체, 식료품 가게의 수·형태·위치, 여가시설, 교통체계, 사회간접시설(자전거도로, 보행자도로)
기본환경	국가 식량 및 영양정책, 최저임금, 문화적 신념·가치, 광고, 대중매체, 식품유통체계

자료: Boyle & Morris(2013).

3) 건강관리

우리의 건강상태는 삶의 모든 면, 즉 신체뿐만 아니라 감정, 생각, 태도 등에 따라서도 달라진다. 또한 맑은 공기나 깨끗한 물과 같은 주위 환경, 가족과 친구, 일상생활에서 얻는 즐거움과 만족, 다른 사람들과의 원만한 사회적 관계에도 영향을 받는다.

건강을 유지하기 위해서는 이를 지키려는 노력이 필요하다. 규칙적인 운동, 스트레스 해소, 바람직한 식습관 실천 등 생활양식을 개선하면서 건강을 유지하려는 노력이 요구된다.

4) 건강증진

건강증진은 건강 잠재력을 보호·유지·개선하기 위해 기울이는 모든 노력을 의미하며, 그 결과 건강의 균형을 유지하는 것으로 정의할 수 있다. 이는 최적의 건강상태에 도달하도록 생활양식을 변화시키는 과학과 기술로, 사람들의 행동 변화를 중심에 두고 있다.

건강증진 활동의 범위는 매우 넓다. 예를 들어, 올바른 식생활, 규칙적인 운동, 적절한 휴식, 긴장 해소를 위한 여가나 취미생활, 가족이나 친구와의 관계 강화 등이 모두 건강증진 활동에 속한다.

건강증진 활동의 목적은 행동 변화를 이끌어내는 것이다. 흔히 이를 '중재'라고 부르며, 특정 목표 집단이 가진 행동이나 조건을 바람직한 방향으로 바꾸어 건강증진과 질병 예방을 꾀하는 것을 말한다.

5) 중재의 수준과 종류

건강증진을 위한 중재에는 세 가지 수준이 있다. ① 건강문제에 대한 인식을 기르는 일, ② 생활 방식을 바꾸는 일, ③ 행동 변화를 유도하기 위해 환경을 조성하는 일이다.

중재의 대상은 수준과 관계없이 다양하다. 가족·학교·직장·병원의 개인이나 집단, 직장·교회·동호회 등 사회적 관계망에 속한 사람들, 지역사회와 조직 전체 또는 시·도·군 주민이나 국가 전체의 국민까지 포함할 수 있다.

중재의 종류는 모유수유 권장 소책자 배포처럼 간단한 것부터, 많은 비용을 들여 광고를 제작하거나 메타버스를 활용해 방송을 통해 전 국민에게 공익적 내용을 알리는 활동까지 다양하다.

6) 질병의 예방 수준

질병 예방의 접근 방법은 1~3단계로 분류되며, 단계에 따라 다음과 같이 예방 수준이 달라진다.

(1) 1차 예방

1차 예방은 건강을 해치거나 질병을 발생시키는 원인을 직접 차단하는 것이다. 질병 발생과 관련된 것으로 알려진 위험요인을 조절하는 차원에서 예방하려는 노력을 기울인다. 영양상태 개선, 신체 건강이나 정서적 웰빙 도모, 예방접종 시행, 유해 환경문제 개선 등이 1차 예방에 속한다. 결식아동에게 식사를 제공하는 일도 1차 예방에 해당된다.

(2) 2차 예방

2차 예방은 건강검진이나 선별검사(스크리닝)를 통해 질병을 조기에 발견하여 이를 통제하려는 것을 말한다. 대형 쇼핑센터나 건강박람회장에서 혈압을 측정해 고혈압 환자를 선별하는 것은 2차 예방에 해당하는 활동이다. 이렇게 발견한 고혈압 환자가 의사의 신속한 처치를 받으면 질병 기간을 단축하거나 발병을 지연시킬 수 있다.

(3) 3차 예방

3차 예방은 이미 질병에 걸린 사람을 치료하고 회복시키는 것을 목표로 한다. 건강 손상을 최소화하고, 질병으로 인한 합병증을 줄이려는 목적도 있다. 당뇨병 환자를 대상으로 한 식사요법이나 합병증에 관한 교육이 바로 3차 예방에 속한다.

건강의 연속성과 질병 예방 수준에 대한 내용은 그림 1-1과 같다.

질병의 단계에 따른 인구집단

건강한 집단	위험집단	질환자 집단	만성질환자 중 조절집단
1차 예방	2차 예방/조기 발견	질병 관리 및 3차 예방	
• 전 생애에 걸친 건강 행동과 환경 조성 • 지지환경 조성	• 스크리닝 • 주기적 건강검진 • 조기 중재 • 위험인자 조절-생활 양식 및 약물	• 처치 및 응급치료 • 합병증 관리 • 자가 관리	• 지속적 관리 • 유지 • 재활 • 자가 관리
건강증진	건강증진	건강증진	건강증진

질병 발병 예방 / 질환자 집단으로의 진행 예방 / 합병증이나 활동 제한 감소

그림 1-1 건강 연속성과 건강증진 및 질병 예방을 위한 질병의 예방 수준

자료: Dobe(2012).

7) 건강 목표

건강과 영양상태를 증진시키고 삶의 질을 향상시키려는 노력은 매우 복잡하고 어려운 과업이다. 세계보건기구(WHO)와 유엔아동기금(UNICEF)은 1978년에 세계 모든 사람의 건강을 보호·증진하는 것을 목표로 설정하였다. 전 인류의 건강은 유엔이 지향하는 핵심 목표 중에서도 매우 중요한 위치를 차지한다. 또한 2015년 9월 제70차 유엔총회에서 채택된 「지속가능개발목표(SDGs, Sustainable Development Goals: 2016~2030)」에도 건강이 포함되어 있다.

이러한 세계적 건강 목표를 달성하려면 지역사회 차원에서 개인과 사회의 건강에 영향을 미치는 신체적·생물학적·사회적·행동적 요인을 파악하고, 사람들의 행동 변화를 유도하는 과업이 수행되어야 한다. 건강은 지속가능한 개발을 위한 필수 자원이자, 동시에 지속가능한 개발의 성과로 얻어지는 결과이기도 하다. 국민의 질병률과 빈곤율이 높으면 지속가능개발목표를 달성할 수 없으며, 건강체계와 건강환경이 마련되지 않으면 국민의 건강 유지 또한 불가능하다.

WHO 역시 2016년 제9차 국제건강증진 컨퍼런스에서 건강증진과 지속가능발전을 위한 세 가지 축으로 좋은 거버넌스, 건강한 도시와 공동체, 건강정보 이해력을 제시하였다(그림 1-2). 또한 WHO는 2025~2028년 글로벌 보건 전략을 수립하여, 모든 사람이 어디에서나 건강과 웰빙을 보장받을 수 있도록 다양한 프로그램을 추진하고 있다.

이에 따라 UN이 설정한 세계 건강 목표에 부응하여 미국, 유럽연합, 일본, 중국, 한국 등 각 회원국은 자국의 상황에 맞는 건강 목표를 수립하고 있다.

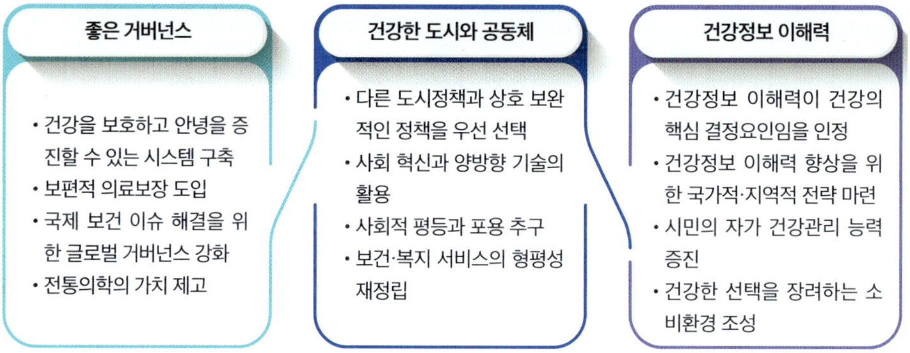

좋은 거버넌스

- 건강을 보호하고 안녕을 증진할 수 있는 시스템 구축
- 보편적 의료보장 도입
- 국제 보건 이슈 해결을 위한 글로벌 거버넌스 강화
- 전통의학의 가치 제고

건강한 도시와 공동체

- 다른 도시정책과 상호 보완적인 정책을 우선 선택
- 사회 혁신과 양방향 기술의 활용
- 사회적 평등과 포용 추구
- 보건·복지 서비스의 형평성 재정립

건강정보 이해력

- 건강정보 이해력이 건강의 핵심 결정요인임을 인정
- 건강정보 이해력 향상을 위한 국가적·지역적 전략 마련
- 시민의 자가 건강관리 능력 증진
- 건강한 선택을 장려하는 소비환경 조성

그림 1-2 세계보건기구가 제시한 건강증진의 3대 축

자료: Ligot(2017). WHO 비감염성질환 예방과 컨설턴트. 2017 건강정책 국제포럼.

(1) 미국

미국은 2020년 8월 '모든 사람이 전 생애에 걸쳐 건강과 웰빙을 위한 완전한 잠재력을 실현할 수 있는 사회'를 비전으로 제시하며, 총괄 목표로 건강 불평등 해소, 건강정보 이해력 향상, 사회적·경제적 환경 개선을 강조한 「Healthy People 2030」을 제정·공포하였다. Healthy People 2030은 5대 총괄 목표 아래 23개 주요 건강지표별 세부 목표를 설정하였다(그림 1-3).

특히, Healthy People 2030은 사람들의 건강과 복지에 중대한 영향을 미치는 '건강의 사회적 결정요인'을 핵심 주제로 삼았다. 이를 위해 건강 형평성을 달성하고 건강정보 이해력을 높이며, 모든 사람이 건강과 웰빙의 잠재력을 최대한 발휘할 수 있는 사회적·물리적·경

더 알아보기

UN의 지속가능개발목표

2015년 9월에 열린 제70차 유엔총회에서는 2016년부터 15년간 국제 개발 협력의 지침이 될 「지속가능개발목표(SDGs: 2016~2030)」를 공식적으로 채택하였다.

이번에 새로 채택된 SDGs는 지구환경, 인간 중심, 존엄성, 번영, 정의, 파트너십 등 여섯 가지 가치를 기반으로 수립되었으며, 이전의 「새천년개발목표(MDGs, Millennium Development Goals: 2001~2015)」의 8개 목표 대신 17개 목표와 169개 세부 목표로 구성되어 있다.

지속가능개발목표의 가치

유엔의 새천년개발계획목표(2001~2015)

유엔의 지속가능개발목표(2016~2030)의 목표

제적 환경을 조성하는 것을 목표로 하였다. 또한 생애주기별 주요 건강지표와 목표를 설정하고, 다분야의 리더십 및 대중 참여를 독려할 수 있는 정책을 설계하였다.

비전	모든 사람이 전 생애주기에 걸쳐 건강과 웰빙을 위한 완전한 잠재력을 확보할 수 있는 사회
목적	모든 사람의 건강과 웰빙을 개선하기 위한 국가의 노력을 증진, 강화, 평가
총괄 목표	• 예방 가능한 질병, 장애, 부상 및 조기 사망이 없는 건강하고 번영하는 삶과 웰빙 확보 • 모든 사람의 건강과 웰빙을 향상시키기 위해 건강불평등을 제거하고 건강 형평성을 달성하며, 건강정보 이해력(health literacy) 제고 • 모든 사람의 건강과 웰빙을 위한 잠재력을 최대한 발휘할 수 있는 사회적 · 물리적 · 경제적 환경 조성 • 전 생애주기에 걸쳐 건강한 발달, 건강한 행동 및 웰빙 증진 • 다분야의 리더십, 핵심 구성요소, 대중 참여로 건강과 웰빙을 개선하는 조치 및 정책설계 실행

주요 건강지표별 목표

연번	주요 건강지표	목표	연번	주요 건강지표	목표
1	2세 이상의 구강 의료체계 이용	2세 이상의 구강 의료체계 이용 증가	13	치료를 받는 주요 우울장애가 있는 청소년	치료를 받는 주요 우울장애가 있는 청소년 분율 증가
2	2세 이상 인구의 첨가당 소비량	2세 이상 인구의 첨가당 소비 감소	14	어린이와 청소년의 비만	어린이와 청소년의 비만율 감소
3	약물 과다 복용 사망	약물 과다 복용 사망 감소	15	청소년의 모든 종류의 담배 현재 사용	청소년의 모든 종류의 담배 현재 사용 감소
4	건강에 좋지 않은 공기 노출	건강에 좋지 않은 공기 노출 감소	16	지난 30일간 폭음한 성인	지난 30일간 폭음한 성인 인구 분율 감소
5	살인	살인 감소	17	성인의 유산소·근력운동 실천율	성인의 유산소·근력운동 실천율 증가
6	가구 내 식품 불안정성과 배고픔	가구 내 식품 불안정성과 배고픔 감소	18	성인의 대장암 검진율	성인의 대장암 검진 증가
7	연간 독감 예방접종률	연간 독감 예방접종률 증가	19	성인의 고혈압 조절률	성인의 고혈압 조절률 증가
8	13세 이상 에이즈 감염 인지율	13세 이상 에이즈 감염 인지율 증가	20	성인 흡연	성인의 현재 흡연율 감소
9	65세 이상 의료보험 가입자 비율	65세 이상 의료보험 가입자 비율 증가	21	근로자 고용	근로 연령층 고용 증가
10	자살	자살률 감소	22	모성 사망	모성 사망 감소
11	영유아 사망	영유아 사망률 감소	23	연간 당뇨병 신환자 수	연간 당뇨병 신환자 수 감소
12	숙달 수준 이상의 읽기 능력을 갖춘 4학년 학생 비율	숙달 수준 이상의 읽기 능력을 갖춘 4학년 비율 증가			

모든 연령 / 영유아기 / 아동·청소년 / 성인·노인

그림 1-3 미국 Healthy People 2030

(2) 유럽연합

유럽연합은 '더 건강한 유럽연합'을 비전으로 제시하며, 「EU4Health 프로그램(2021~2027)」에서 다음과 같은 네 가지 주요 목표를 설정하였다(그림 1-4).

- 첫째, 건강증진 및 육성
  - 건강증진과 질병 예방, 특히 암 예방
  - 국제 보건 이니셔티브(GHI, Global Health Initiatives) 및 협력 강화
- 둘째, 사람 보호
  - 국경을 초월한 건강 위협에 대한 예방, 대비 및 대응
  - 위기 관련 필수 제품의 국가 비축 보완
  - 의료, 건강돌봄 및 지원인력의 예비 구성
- 셋째, 의약품·의료기기 및 위기 관련 제품 접근성 보장
  - 해당 제품이 접근 가능하고 사용 가능하며, 구매 가능한지 확인
- 넷째, 보건시스템 강화
  - 의료 데이터, 디지털 도구 및 서비스 강화, 의료의 디지털 전환 촉진
  - 의료 서비스 접근성 향상
  - 유럽연합 보건법 및 근거 기반 의사 결정의 개발과 시행
  - 국가보건시스템 간의 통합적 협력

EU4Health는 긴급 보건 우선과제에 투자함으로써 코로나19 위기에 대응하고, 국경을 초월한 건강 위협에 대한 유럽연합의 복원력을 높이고자 했다. 또한 유럽 암 퇴치 계획과 유럽을 위한 의약품 전략을 수립했으며, 의료시스템의 디지털화, 항생제 내성 감염 감소, 백신 접종 개선 등의 과제도 추진하였다.

아울러 유럽연합은 전 세계적인 보건 위협과 과제에 대응하기 위한 국제협력을 지속적으로 확대하고, 희귀질환 관련 성공적인 이니셔티브를 확장 중이다.

일반 목표	건강증진 및 육성	사람 보호	의약품 및 의료기기에 대한 접근성	보건시스템 강화
세부 목표	• 건강증진 및 질병 예방, 특히 암 예방 • 국제 보건 이니셔티브 및 협력 강화	• 국경을 초월한 건강 위협에 대한 예방, 대비 및 대응 • 위기 관련 필수 제품의 국가 비축 보완 • 의료, 건강돌봄 및 지원인력의 예비 구성	• 의약품, 의료기기 및 위기 관련 제품이 접근 가능하고 사용 가능하며, 구매 가능한지 확인	• 의료 데이터, 디지털 도구 및 서비스 강화, 의료의 디지털 전환 촉진 • 의료 서비스 접근성 향상 • 유럽연합 보건법 및 근거 기반 의사 결정의 개발과 시행 • 국가보건시스템 간 통합적 협력
행동 요소	암			
	재난 대응	건강증진 및 질병 예방	보건시스템 및 건강돌봄 인력	디지털 전환

그림 1-4 EU4Health 프로그램(2021~2027)의 목표

자료: Public Health European Commission(2021). EU4Health programme 2021~2027-a vision for a healthier European Union.

(3) 일본

일본은 「건강증진법」 제7조에 근거해 후생노동대신이 수립한 국민건강증진의 종합적 추진 기본방향에 따라 「건강일본 21」을 추진하고 있다. 2013년부터 시행된 제2차 건강일본 21(2013~2022, 2023년까지 연장)은 전 국민의 생애주기별 건강증진을 목표로 하였으며, 이를 기반으로 2024년부터 「제3차 건강일본 21(2024~2035)」이 새롭게 시작되었다.

제3차 건강일본 21은 '누구도 소외되지 않는 건강증진 사회'를 비전으로 제시하고, 모든 국민이 건강하고 만족스러운 삶을 누릴 수 있도록 형평성과 지속가능성의 가치를 중점적으로 강조한다. 이를 위해 ① 생애주기별 건강증진, ② 사회 환경의 질 개선, ③ 여성 건강 등 특정 집단의 건강 강화, ④ 개인 건강정보의 시각화와 활용을 통한 자기관리 역량 향상 등을 종합적으로 추진한다.

또한 제3차 건강일본 21에서는 기본 목표 다섯 가지와 세부 목표 51개를 설정했으며, 대표 지표는 그림 1-5에 제시하였다.

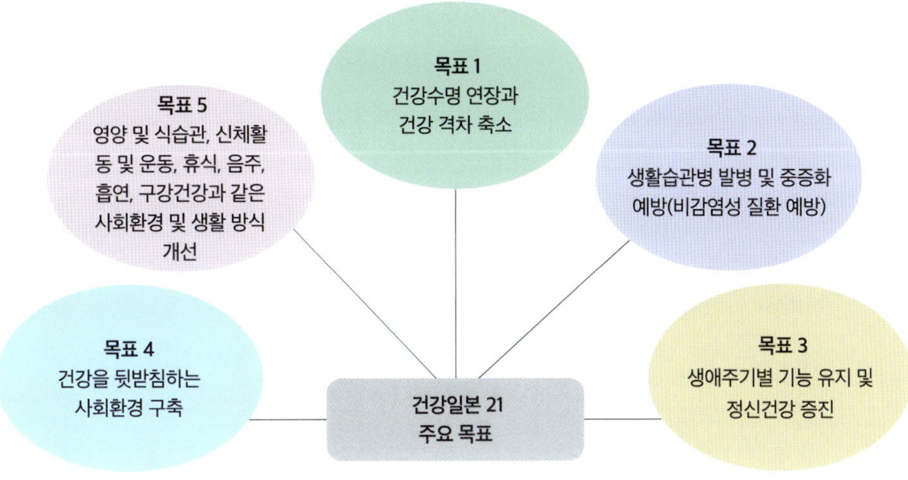

<영양 및 식생활지표>

5.1. 비만과 저체중 분율 감소, 적정 체중 유지자 분율 증가

5.2. 영양 균형이 잡힌 식사의 실천율 향상

- A. 하루 2회 이상 주식 · 주찬 · 반찬을 갖춘 균형 잡힌 식사를 하는 인구 분율 증가
- B. 평균 소금 섭취량 지속적 감소
- C. 채소와 과일 섭취량 증가

5.3. 가족 · 공동 식사율 증가(혼자 식사하는 어린이 분율 감소)

5.4. 저염 · 저지방 등 건강 지향 제품을 제공하는 식품기업 비율 확대

5.5. 외식 · 급식 분야에서 영양성분 정보 제공 및 개선 시스템 강화

그림 1-5 건강일본 21(제3차, 2024~2035)의 주요 목표와 영양 및 식생활지표

자료: 일본 국립건강영양연구소.

(4) 중국

중국은 2019년 7월 발표한 「건강중국행동(健康中国行动, 2019~2030)」을 통해 국가 차원에서 향후 10여 년간 질병 예방과 건강증진을 이끌어 나가는 것을 목표로 하였다. 이에 따라 2022년까지의 단기 목표와 2030년까지의 중장기 목표를 제시하였다. 건강중국행동추진위원회가 주관하여 3대 분야, 15개 행동조치, 251개 세부 행동조치, 124개 성과지표로 구성된 체계를 마련하였다(**표 1-2**).

또한 건강 수준 지표는 2017년을 기준으로 하여 2022년 단기 목표와 2030년 중장기 목표를 설정하였으며, 이는 **표 1-3**에 제시되어 있다.

표 1-2 건강중국행동(健康中国行动, 2019~2030)의 주요 분야 및 행동조치

3대 분야	15대 행동조치
건강 영향요인에 대한 개입	① 건강지식을 대중화하는 행동 ② 합리적인 식사요법 ③ 국민운동 ④ 담배 통제 조치 ⑤ 정신건강 증진 활동 ⑥ 건강한 환경 증진 활동
전 생애주기 건강관리	⑦ 모자 건강증진 활동 ⑧ 초등 및 중등학교에서의 건강증진 활동 ⑨ 직업 건강 보호 조치 ⑩ 노인의 건강을 증진시키는 행동
중대 질병 예방관리	⑪ 심혈관 및 뇌혈관 질환의 예방 및 치료 ⑫ 암 예방 조치 ⑬ 만성 호흡기 질환의 예방 및 치료 ⑭ 당뇨병 예방 및 관리 ⑮ 전염병·풍토병 예방 및 관리

표 1-3 건강중국행동(健康中国行动, 2019~2030)의 건강 수준 지표 및 목표치

지표명	기준치(2017년)	2022년 목표치	2030년 목표치	비고
기대수명	76.7세	77.7세	79.0세	세계은행 자료 (2016년 중고소득국가 평균 75세, 고소득국가 평균 80세)
건강수명	2016년 68.7세	제고	대폭 제고	2018년 세계위생통계 (2016년 미국 68.5세보다 높음)

(5) 한국

우리나라는 2020년 1월 '모든 사람이 평생 건강을 누리는 사회'라는 비전과 '건강수명 연장, 건강 형평성 제고'를 총괄 목표로 제시하며, 「제5차 국민건강증진종합계획 2030(Health Plan 2030)」을 발표하였다. 이 계획에는 6개 분과, 28개 중점 과제, 총 400개의 성과지표가 포함되어 있다(그림 1-6).

그림 1-6 제5차 국민건강증진종합계획 추진체계

자료: 관계부처합동(2020). 제5차 국민건강증진종합계획(Health Plan 2030, 2021~2030).

건강수명은 2018년 70.4세에서 2030년까지 73.3세로 2.9세 연장하는 것을 목표로 하고 있다. 국민이 희망하는 기대수명은 평균 87.1세이며, 실제 기대수명(2018년 82.7세)과는 4.4세 차이가 난다. 국민들은 소득 수준(90.5%), 교육 수준(73.6%), 거주지 특성(72.7%)이 건강에 영향을 미친다고 인식하므로, 이러한 인식에 부합하는 수준으로 건강수명과 건강 형평성을 향상할 필요가 있다.

건강 형평성은 소득 간, 지역 간 건강수명 격차를 줄이는 것을 목표로 한다. 소득 측면에서는 소득 상위 20%와 하위 20% 간 건강수명 격차를 2018년 8.1세에서 2030년까지 7.6세 이하로 낮추는 것이 목표이다. 지역 측면에서는 건강수명 상위 20% 지자체와 하위 20% 지자체 간의 격차를 2018년 3.3세에서 2030년까지 2.9세 이하로 줄이는 것을 목표로 한다.

제5차 국민건강증진종합계획 2030의 중점 과제는 금연, 절주, 영양, 신체활동, 구강 건강, 자살 예방, 치매, 중독, 지역사회 정신건강, 암, 심뇌혈관 질환, 비만, 손상, 감염병 예방 및 관리, 감염병 위기 대응, 기후변화 관련 질환, 영유아, 청소년, 여성, 노인, 장애인, 근로자, 군인, 건강정보 이해력 제고 등이다.

표 1-4에는 중점과제별 성과지표 총괄 현황이, **표 1-5**에는 국민건강증진종합계획 2030의 중점과제·대표지표 및 목표치가, **표 1-6**에는 영양 분야 성과지표 및 목표치가 제시되어 있다.

표 1-4 HP2030 중점과제별 성과지표 총괄 현황

연번	중점과제	개수	연번	중점과제	개수
1	금연	36	15	감염병 위기대응	21
2	절주	23	16	기후변화성 질환	8
3	영양	20	17	영유아	7
4	신체활동	11	18	아동·청소년	15
5	구강건강	16	19	여성	7
6	자살예방	20	20	노인	25
7	치매	20	21	장애인	29
8	중독	7	22	근로자	13
9	지역사회 정신건강	5	23	군인	16
10	암	14	24	건강친화적 법제도 개선	4
11	심뇌혈관 질환	34	25	건강정보 이해력 제고	7
12	비만	16	26	혁신적 정보기술 적용	2
13	손상	17	27	재원마련 및 운용	1
14	감염병 예방 및 관리	20	28	지역사회 자원 확충 및 거버넌스 구축	3

자료: 관계부처합동(2020). 제5차 국민건강증진종합계획(Health Plan 2030, 2021~2030).

표 1-5 HP2030의 중점과제별 대표 지표

중점 과제	대표지표			형평성 지표		
	지표명	'18	'30	지표명	'18	'30
금연	성인 남성 현재 흡연율(연령표준화)	36.7%	25.0%	소득 1-5분위 성인 남성 현재 흡연율 격차(연령표준화)	9.1%p	8.0%p
	성인 여성 현재 흡연율(연령표준화)	7.5%	4.0%	소득 1-5분위 성인 여성 현재 흡연율 격차(연령표준화)	7.5%p	5.0%p
절주	성인 남성 고위험음주율(연령표준화)	20.8%	17.8%	소득 1-5분위 성인 남성 고위험음주율 격차(연령표준화)	1.8%p	0.7%p
	성인 여성 고위험음주율(연령표준화)	8.4%	7.3%	소득 1-5분위 성인 여성 고위험음주율 격차(연령표준화)	2.3%p	1.2%p
영양	식품안정성 확보 가구 분율	96.9%	97.0%	소득 1-5분위 식품안정성 확보 가구율 격차	11.4%p	7.0%p
신체활동	성인 남성 유산소 신체활동 실천율(연령표준화)	51.0%	56.5%	소득 1-5분위 성인 남성 유산소 신체활동 실천율 격차(연령표준화)	9.2%p	7.0%p
	성인 여성 유산소 신체활동 실천율(연령표준화)	44.0%	49.3%	소득 1-5분위 성인 여성 유산소 신체활동 실천율 격차(연령표준화)	5.9%p	3.7%p
구강건강	영구치(12세 이상) 우식 경험률(연령표준화)	56.4%	45.0%	–	–	–
자살 예방	자살사망률(인구 10만 명당)	26.6명	17.0명	지역 상-하위 20%의 남성 자살사망률 격차(인구 10만 명당)	19.1명	12.2명
	남성 자살사망률(인구 10만 명당)	38.5명	27.5명			
	여성 자살사망률(인구 10만 명당)	14.8명	12.8명	지역 상-하위 20%의 여성 자살사망률 격차(인구 10만 명당)	8.9명	5.7명
치매	치매안심센터의 치매환자 등록·관리율(전국 평균)	51.5%('19)	82.0%	–	–	–
중독	알코올 사용장애 정신건강 서비스 이용률	12.1%('16)	25.0%	–	–	–

(계속)

중점 과제	대표지표			형평성 지표		
	지표명	'18	'30	지표명	'18	'30
지역사회 정신건강	정신건강 서비스 이용률	22.2% ('16)	35.0%	–	–	–
암	성인 남성(20~74세) 암 발생률(인구 10만 명당, 연령표준화)	338.0명 ('17)	313.9명	지역 상-하위 20%의 성인 남성 암 발생률 격차 (인구 10만 명당, 연령표준화)	78.3명 ('17)	62.6명
	성인 여성(20~74세) 암 발생률(인구 10만 명당, 연령표준화)	358.5명 ('17)	330.0명	지역 상-하위 20%의 성인 여성 암 발생률 격차 (인구 10만 명당, 연령표준화)	97.3명 ('17)	70.4명
심뇌혈관 질환	성인 남성 고혈압 유병률 (연령표준화)	33.2%	32.2%	소득 1-5분위 성인 남성 고혈압 유병률 격차 (연령표준화)	5.4%p	4.4%p
	성인 여성 고혈압 유병률 (연령표준화)	23.1%	22.1%	소득 1-5분위 성인 여성 고혈압 유병률 격차 (연령표준화)	8.5%p	7.5%p
	성인 남성 당뇨병 유병률 (연령표준화)	12.9%	11.9%	소득 1-5분위 성인 남성 당뇨병 유병률 격차 (연령표준화)	7.6%p	3.4%p
	성인 여성 당뇨병 유병률 (연령표준화)	7.9%	6.9%	소득 1-5분위 성인 여성 당뇨병 유병률 격차 (연령표준화)	5.4%p	4.4%p
	급성심근경색증 환자의 발병 후 3시간 미만 응급실 도착 비율	45.2%	50.4%	급성심근경색증 환자의 발병 후 3시간 미만 응급실 도착 비율의 최고-최저 시도 간 격차	23.0%p	17.5%p
비 만	성인 남성 비만 유병률 (연령표준화)	42.8%	≤42.8%	소득 1-5분위 남성 비만 유병률 격차(연령표준화)	-1.1%p	0.0%p
	성인 여성 비만 유병률 (연령표준화)	25.5%	≤25.5%	소득 1-5분위 여성 비만 유병률 격차(연령표준화)	15.6%p	4.6%p
손 상	손상사망률 (인구 10만 명당)	54.7명	38.0명	–	–	–
감염병 예방 및 관리	신고 결핵 신환자율 (인구 10만 명당)	51.5명	10.0명	–	–	–

(계속)

중점 과제	대표지표			형평성 지표		
	지표명	'18	'30	지표명	'18	'30
감염병 위기 대비 대응	MMR 완전접종률	94.7% ('19)	≥95.0%	–	–	–
기후 변화성 질환	기후보건영향평가 평가체계 구축 및 운영	–	구축 완료	–	–	–
영유아	영아사망률 (출생아 1천 명당)	2.8명	2.3명	영아사망률 최고-최저 시도 간 격차(출생아 1천 명당)	2.4명	1.2명
아동·청소년	고등학교 남학생 현재 흡연율	14.1%	13.2%	–	–	–
	고등학교 여학생 현재 흡연율	5.1%	4.2%	–	–	–
여 성	모성사망비 (출생아 10만 명당)	11.3명	7.0명	–	–	–
노 인	노인 남성의 주관적 건강 인지율	27.7%	34.7%	소득 1-5분위 노인 남성의 주관적 건강인지율 격차	15.6%p	13.2%p
	노인 여성의 주관적 건강 인지율	17.6%	23.6%	소득 1-5분위 노인 여성의 주관적 건강인지율 격차	5.9%p	3.5%p
장애인	성인 장애인 건강검진 수검률	64.9% ('17)	69.9%	성인 남성 장애인 건강검진 수검률	66.6% ('17)	71.6%
				성인 여성 장애인 건강검진 수검률	62.5% ('17)	67.5%
근로자	연간 평균 노동시간	1,993 시간	1,750 시간	–	–	–
군인	군 장병 흡연율	40.7% ('19)	33.0%	–	–	–
건강정보 이해력 제고	성인 남성 적절한 건강정보 이해능력 수준	–	70.0%	소득 1-5분위 성인 남성 적절한 건강정보 이해능력 수준 격차	–	6.0%p
	성인 여성 적절한 건강정보 이해능력 수준	–	70.0%	소득 1-5분위 성인 여성 적절한 건강정보 이해능력 수준 격차	–	10.0%p

자료: 관계부처합동(2020). 제5차 국민건강증진종합계획(Health Plan 2030, 2021~2030).

표 1-6 HP2030의 영양 분야 과제별 성과지표

번호	성과지표	기준치 ('18)	목표치 ('30)
1	식품안정성 확보 가구 분율	96.9%	97.0%
2	소득 1-5분위 식품안정성 확보 가구 분율 격차	11.4%	7.0%p
3	포화지방산을 적정수준으로 섭취하는 인구 분율(만 3세 이상)	49.7%	74.0%
4	소득 1-5분위 포화지방산 적정수준 섭취 인구 분율 격차(만 3세 이상)	5.9%p	0.0%p
5	나트륨을 적정수준으로 섭취하는 인구 분율	32.4%	42.0%
6	소득 1-5분위 나트륨 적정수준 섭취 인구 분율 격차	9.7%p	0.2%p
7	과일/채소를 1일 500g 이상 섭취하는 인구 분율(만 6세 이상)	26.2%	41.0%
8	소득 1-5분위 과일/채소를 1일 500g 이상 섭취 인구 분율 격차 (만 6세 이상)	11.5%p	6.0%p
9	가공식품의 영양표시 이용률(초등학생 이상)	28.5%	31.7%
10	소득 1-5분위 가공식품 영양표시 이용률 격차(초등학생 이상)	4.7%	4.0%p
11	건강 식생활 실천율(초등학생 이상)	42.0%	50.6%
12	소득 1-5분위 건강 식생활 실천율 격차(초등학생 이상)	5.2%p	4.4%p
13	칼슘 적정수준 섭취하는 인구 분율(만 1세 이상)	16.8%	21.0%
14	소득 1-5분위 칼슘 적정수준 섭취분율 격차(만 1세 이상)	4.6%p	2.0%p
15	비타민 A 적정수준 섭취하는 인구 분율(만 1세 이상)	11.8%	24.0%
16	소득 1-5분위 비타민 A 적정수준 섭취 분율 격차(만 1세 이상)	0.4%p	0.0%p
17	영양섭취부족 노인 인구 분율(만 75세 이상)	18.5%	12.0%
18	소득 1-5분위 영양섭취부족 노인 인구 분율 격차(만 75세 이상)	5.4%p	0.0%p
19	가임기 여성의 빈혈 유병률	13.1%	11.0%
20	소득 1-5분위 가임기 여성의 빈혈 유병률 격차	2.8%p	0.0%p

자료: 관계부처합동(2020). 제5차 국민건강증진종합계획(Health Plan 2030, 2021~2030).

3. 지역사회 이해와 영양사의 역할

1) 지역사회의 정의와 목적

(1) 지역사회의 정의

일반적으로 지역사회란 '지리적으로 같은 위치에 모여 사는 사람들의 집단'을 말한다. 그러나 지역사회영양사가 바라보는 지역사회는 단순히 같은 동·구·시·도 등 동일한 행정구역에 사는 집단만이 아니라, 같은 직장·학교에 속하거나 동일한 질병을 앓고 있는 사람들, 연령이나 생리적 특성, 직업과 소득 수준 등 지리적·사회적·인구학적·생리적·병리적 환경을 공유하는 사람들의 집단까지 포함한다.

예를 들어, 지역사회영양사는 경기도 수원시 장안구 주민, 이화여자대학교 부속초등학교 학생, 당뇨병 환자, 5세 미만 영유아, 모유수유 중인 산모, 독거노인, 장애인 복지시설 거주자 등 매우 다양한 집단을 대상으로 사업을 수행하게 된다.

(2) 지역사회영양학의 목적

지역사회영양학의 목적은 '영양학의 과학적 이론을 지역사회에 적용하여 구성원의 건강을 증진하고, 이를 통해 삶의 질을 향상시키는 것'이다. 지역사회영양학은 영양과 관련된 문제를 종합적으로 다루면서 개인은 물론 지역사회의 영양상태를 향상시켜 건강과 복지 증진을 도모한다.

(3) 지역사회영양학의 의의와 중요성

과학기술의 발달로 국민의 평균수명이 점차 증가하면서 노동력의 고령화가 중요한 국가적 과제로 대두되고 있다. 또한 환경오염은 식생활 환경을 악화시키고, 국가 간 식량 무역의 확대와 대량 급식화의 추세는 식품을 통한 건강 저해 요인의 위험을 더욱 증가시키고 있다.

산업사회와 정보사회에서 건강한 인력의 확보는 국력 증강의 기반이 되며, 국민의 건강 증진과 체력 향상에 있어 영양문제는 중요한 과제가 된다. 영양 결핍이나 영양 과잉으로 인한 불량한 영양상태는 건강을 해치고, 작업 능력과 근로 의욕에 악영향을 주어 생산성을 떨어뜨리며, 궁극적으로는 국가 경쟁력까지 손상시킬 수 있다.

더 알아보기

지역사회 영양활동을 펼친 사람들

조지프 골드버거(Joseph Goldberger, 1874~1929)

18세기에서 19세기 중반, 유럽과 북미 대륙에서는 옥수수 경작 기술 발달과 수확량 증가로 옥수수가 주요 곡물로 소비되었다. 그러나 옥수수를 주식으로 하던 지역에서는 심한 피부염, 설사, 정신 이상을 동반하는 펠라그라가 크게 유행하였다. 당시 정신병원 입원 환자의 1/3이 이 질환으로 진단받을 정도였다.

미국 보건성의 책임자였던 골드버거는 남부 지역의 펠라그라 퇴치 사업을 총괄하였다. 그는 환자의 혈액을 수혈받거나 피부 각질과 배설물을 캡슐에 담아 직접 복용함으로써, 펠라그라가 전염병이 아님을 밝혀냈다. 이어 원인을 추적해, 이 질환이 옥수수를 주식으로 하고 고기와 우유를 섭취하지 못하는 데서 비롯된 영양결핍증임을 규명하였다. 그의 열정적인 활동 때문에 연구팀은 '펠라그라 기갑대대'라는 별명까지 얻었다.

이후 펠라그라는 옥수수에 부족한 나이아신과 비타민 결핍으로 발생한다는 사실이 밝혀졌다. 오늘날에는 북한, 중국 일부 도서 지역, 아프리카 등 식량 부족 지역을 제외하고는 펠라그라 환자를 찾아보기 어렵다.

시슬리 윌리엄스(Cicely Williams, 1893~1992)

가나에서 활동한 영국인 의사 시슬리 윌리엄스는 아프리카 아동에게 널리 퍼져 있던 단백질 영양부족증인 '콰시오커(kwashiorkor)'를 전 세계에 보고하였다. 콰시오커는 '첫째와 둘째 사이'라는 뜻으로, 어머니가 다음 아이를 임신해 모유수유를 중단한 상황에서 적절한 이유식을 제공하지 않고 곡류나 전분, 감자, 플랜틴(요리용 바나나)으로 만든 묽은 죽만 먹일 때 발생한다. 이 질환에 걸린 아기들은 식욕 부진, 부종, 설사, 피부염, 지방간, 근육 소모, 정신 장애 등의 증세를 보이다가 사망에 이르기도 한다.

윌리엄스는 병의 원인이 단백질 부족임을 밝혀내고, 어머니들에게 대두, 땅콩, 종실유 등을 먹여 단백질을 보충하도록 지도하였다. 또한 영양·위생 교육과 육아 지도를 통해 지역사회의 영양상태 향상에 크게 기여하였다. 더 나아가 이를 전 세계에 알림으로써 세계보건기구가 식량 지원과 농업개발원조사업 등을 추진하도록 이끌었다. 영유아 단백질, 아미노산 영양의 중요성을 밝히는 학문적 연구도 그녀의 헌신적인 활동에서 비롯되었다.

데릭 제리프(Derrick Jelliffe, 1921~1992)

영국에서 태어난 데릭 제리프는 남아프리카공화국에서 의료활동을 하면서 모유수유의 중요성을 알리는 데 힘썼다. 당시 한 분유제조업체가 아프리카에서 분유가 모유보다 영양이 우수하다며 제품을 판매한 적이 있었다. 이에 제리프는 깨끗한 물을 구하기 어려운 지역에서 아기들이 분유를 먹을 경우 설사와 구토 등 소화기 질환에 시달리다 사망할 수 있다는 사실을 세상에 알렸다. 그는 아프리카 어머니들에게 모유수유를 적극 권장하며 지역사회 영양활동을 펼쳤다.

따라서 지역사회영양학은 사회와 국가의 요구에 부응하여 정적인 학문으로 머물지 않고 사회 속으로 적극적으로 참여하는 능동적 학문으로 발전해 왔으며, 국민의 영양상태 향상에 기여한다는 점에서 의의가 있다.

2) 지역사회영양학의 역사

제2차 세계대전 이후 유엔아동기금(UNICEF), 세계보건기구(WHO), 유엔식량농업기구(FAO) 등 유엔 산하기구들은 세계 각지의 빈곤과 영양불량 문제를 해결하기 위해 범세계적 응용영양사업을 전개하기 시작하였다. 이에 따라 영양을 사회적·경제적·환경적·심리적·문화적 요인과 통합할 필요성이 제기되면서 응용영양학(Applied Nutrition) 교과과정이 개설되었다.

우리나라에서는 6·25 전쟁 이후 서양문화가 확산·발전하면서 영양학이 도입되었고, 1950년대 후반부터 가정과 출신의 이학사를 '영양사'로 지칭하여 영양전문가의 책임하에 병원급식이 시작되었다. 이후 대량급식의 안전성 문제가 중요해지면서 1962년 「식품위생법」에 영양사 관련 법규가 포함되어 제정·공포되었고, 1963년에는 보건사회부령 제112호로 「영양사에 관한 시행규칙」이 공포되어 자격요건이 규정되었다.

한국의 질병 양상은 차츰 전염성 질환에서 만성퇴행성 질환으로 이행되었고, 이에 따라 질병 예방이 강조되었다. 1992년에는 영양사의 업무영역을 포함한 「보건소법」이 마련되었으며, 1995년 「국민건강증진법」과 「지역보건법」이 제정·공포되면서 보건소 영양사 배치 의무화와 업무 지정이 이루어져 지역사회영양사의 활동에 대한 법적 근거가 확립되었다.

1998년 18개 보건소에서 실시된 건강증진 시범사업은 2002년 건강생활실천사업, 2008년 지역특화건강행태개선사업, 2011년 건강생활실천통합서비스사업으로 발전하였고, 2013년부터는 지역 맞춤형 건강증진을 위한 지역사회통합건강증진사업으로 개편되었다. 이를 지원하기 위해 1998년 건강증진연구사업평가단이 설치되었고, 2001년 건강증진기금사업지원단, 2005년 건강증진사업지원단, 2011년 건강증진재단을 거쳐 2014년 현재의 한국건강증진개발원으로 개편되었다.

현재 지역보건소에서는 국민영양관리기본계획에 따라 지자체별 영양사업을 수행하고

표 1-7 국민영양관리기본계획 추진전략별 세부 사업 현황

추진전략		지자체 세부 사업
생활 밀착형 맞춤 영양관리 서비스 강화	임산부 및 영유아	• 임산부 및 영유아 영양관리사업(모유수유 수업 포함) • 엽산제 및 철분제 지원사업 • 어린이집 및 유치원 대상사업 • 영양플러스 사업 • 다문화 및 새터민 등 취약계층 대상사업 • 어린이 급식관리 지원센터 운영(보육교사 교육 강화, 지역아동센터 체계화) • 어린이·청소년 영양관리사업(학교 기반 등), 영양(건강)친화학교 운영 • 어린이·청소년 모바일 헬스케어 사업
	어린이 및 청소년	• 건강과일바구니 사업 • 취약아동 영양관리사업(과일바구니 제외) • 어린이 무료급식사업
	성인	• 일반 성인 대상 영양관리사업 • 일반 성인 대상 모바일 헬스케어 사업 • 비만 및 만성질환 대상 영양관리사업 • 취약계층 비만 및 만성질환자 대상 영양관리사업
	노인	• 일반 어르신 대상 영양관리사업(경로당, 마을회관 등) • AI·IoT 기반 어르신 건강관리사업 • 도시락 배달 등 어르신 무료급식사업 • 취약계층(방문관리, 독거노인 등) 어르신 영양관리사업 • 노인급식 질 관리 제고
국민의 식생활 변화 인식 제고		• 나트륨 및 당 섭취 줄이기 교육·캠페인 • 절주 및 위해가능 영양성분 섭취 저감화 교육·캠페인 • 통합적인 건강식생활 관련 교육(건강식생활 체험관 등) 및 홍보 • 건강체중 인식 확산을 위한 교육·캠페인
건강한 식생활 선택을 위한 환경 조성		• 식품 및 음식 영양정보 확인(영양표시, 식재료 원산지 표시, 건강음식점 등) • 식품 위해환경 조성 및 안전성 확보(당 저감화, 그린푸드존 등 학교 주변) • 영양관리 도구 개발(스마트 영양관리, APP)
영양관리 기반 내실화를 위한 근거 강화 및 인프라 확충		• 영양관리 근거 기반 강화(설문조사, 자체 자료 조사·구축 등) • 법적 기반 강화(조례 제정 등)

자료: 보건복지부, 한국건강증진개발원(2022). 2022년 국민영양관리시행계획 시·도별 분석보고서.

있다. 4대 주요 사업은 ① 생활 밀착형 맞춤 영양관리서비스 강화, ② 국민의 식생활 변화 인식 제고, ③ 건강한 식생활 선택을 위한 환경 조성, ④ 영양관리 기반 내실화를 위한 근거 강화 및 인프라 확충 등으로 추진된다(표 1-7).

이 중 생활 밀착형 맞춤 영양관리서비스 강화가 가장 큰 비중을 차지하며, 구체적으로는 임산부·수유부·영유아 영양관리, 아동·청소년의 영양관리 능력 배양, 성인의 만성질환 예방을 위한 중점 관리, 노인 건강을 위한 국가 영양지원 프로그램 강화, 지역 특화 영양사업 등이 포함된다. 또한 건강 식생활 실천 운동을 통한 국민 의식 제고, 신뢰성 있는 영양정보 제공과 건강한 식품 선택권 보장을 통한 환경 조성, 국민건강·영양상태 모니터링 강화 및 지자체 조례 제정을 통한 법적 기반 마련 등도 함께 진행되고 있다.

3) 지역사회영양학의 역동성

지역사회영양사는 지역의 영양상태에 영향을 미치는 요인을 파악하고 그 경향을 분석하여, 현재 드러난 문제뿐만 아니라 장래에 발생할 수 있는 문제에도 유연하게 대처할 수 있어야 한다. 따라서 지역주민의 영양 및 건강상태를 지속적으로 모니터링하고, 제공되는 프로그램이나 서비스가 주민의 요구와 여건에 적합한지 점검·보완해야 한다.

지역사회영양학이 역동성을 지니는 이유는 다음과 같다.

- 지역주민의 연령 구조가 변하면서 영양소 요구량과 질병 양상이 달라진다.
- 가족 구조와 유형의 변화로 식생활 양식이나 영양취약집단의 양상이 달라진다.
- 평균수명이 늘고 노인 인구가 증가함에 따라 초고령사회에 대비해야 한다.
- 유동 인구의 증가로 지역사회의 구성원이 지속적으로 변화한다.
- 여성의 사회 진출, 특히 자녀를 둔 여성의 사회활동이 확대되고 있다.
- 식품의 생산과 소비 패턴이 변화하고 있다.
- 국민의 건강·영양정보에 대한 요구가 증가하고, 삶의 질을 중시하는 소비자 의식이 확산되고 있다.
- 소득 계층 간 격차가 심화되면서 식생활과 영양문제가 악화될 수 있다.
- 의료보험제도, 국민연금제도 시행으로 영양과 관련된 의료환경이 변화하고 있다.

4) 지역사회영양사의 역할

지역사회영양사는 대중 또는 환자·고객을 대상으로 영양교육을 실시하고 영양을 관리한다. 이들은 상담자, 교육자, 감독자, 협력자, 옹호자 등의 역할을 수행하며, 경우에 따라 자문가나 사업책임자의 역할도 담당한다.

- 상담자(counselor): 개인이나 가족에게 영양문제를 해결할 수 있도록 돕는 직접적인 영양 서비스를 제공한다. 상담자는 피상담자의 말을 경청하고, 상담 기술과 반응에 대응하는 기술을 숙달해야 한다.
- 교육자(educator): 사람들이 적절한 영양을 얻을 수 있는 식품을 선택하도록 동기를 유발하고, 식품의 사회적·경제적·문화적 가치를 연계해 교육해야 한다.
- 감독자(supervisor): 사업 수행에 필요한 준전문인을 교육·훈련하고, 이들이 수행하는 일을 감독할 책임을 진다.
- 협력자(coordinator): 지역사회영양사는 소속 기관의 다른 보건 관련 인력과 협력하여 지역사회영양사업이나 보건사업을 수행해야 한다. 이를 위해 공동 목표를 달성하는 협력 기술과 지식·기술 공유 능력을 갖추어야 한다.
- 옹호자(advocate): 식품업자나 상인의 잘못된 행위로부터 소비자를 보호하고, 영양 개선을 위한 정책 수립과 입법활동을 적극 옹호해야 한다. 또한 보건·영양사업을 위한 조직화된 옹호활동에 참여할 수 있는 기술을 익혀야 한다.
- 조언자(consultant): 개인, 집단, 조직, 단체, 다른 보건 인력, 정부기관 등에 자문을 제공하는 역할을 수행한다.
- 사업책임자(program manager): 영양사업 수행에 필요한 행정적 지원을 담당한다. 특히, 예산 확보 등 행정 요소를 적절히 처리하여 사업의 경제성을 고려해야 한다.

5) 지역사회영양사가 일하는 곳

지역사회영양사는 보건소, 회사, 대학교, 건강 관련 조직이나 기관, 어린이집, 보육원, 노인요양원, 장애인복지시설 등을 포함한 어린이·사회복지 급식관리지원센터, 체력단련센터, 병원 외래 진료소, 식품회사 등에서 일하게 된다.

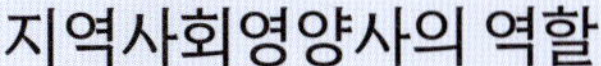

지역사회영양사의 역할

지역사회영양사는 다음과 같이 보건·의료, 교육, 연구, 행정 등 여러 분야에서 전문적 역할을 수행한다.

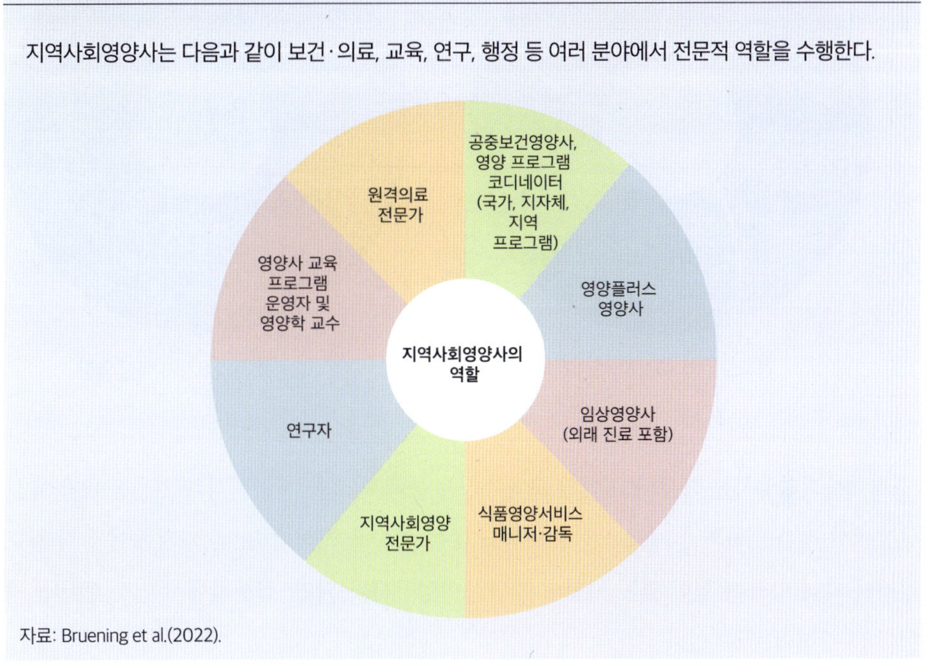

자료: Bruening et al.(2022).

6) 지역사회영양사의 교육

지역사회영양사로 일하려면 영양학의 기초가 탄탄해야 한다. 영양생화학, 영양소 요구량, 영양판정, 임상영양, 생애주기영양, 식품성분표, 식습관과 식행동에 대한 지식을 갖추어야 한다. 또한 보건 및 영양교육, 영양상담, 역학, 지역사회 조직관리, 마케팅 분야의 이론과 원리에 대한 지식도 필요하며, 특히 마케팅 기술은 중요하다. 전달해야 하는 영양 메시지를 숙지하는 것만으로는 부족하고, 그 메시지를 어떻게 전달해야 하는지도 알아야 하기 때문이다.

지역사회영양사는 적어도 지역사회영양, 식품과 영양, 임상영양 분야의 학사 학위를 취득해야 한다. 경우에 따라서는 품질관리, 생물통계, 연구방법, 조사방법 계획과 분석, 행동과학과 같은 분야에 대해 통달해야 하므로 석사 학위가 필요할 수도 있다. 미국영양사협회에서는 2023년부터 영양사 자격시험 응시에 석사 이상 학위를 필수로 요구하고 있다.

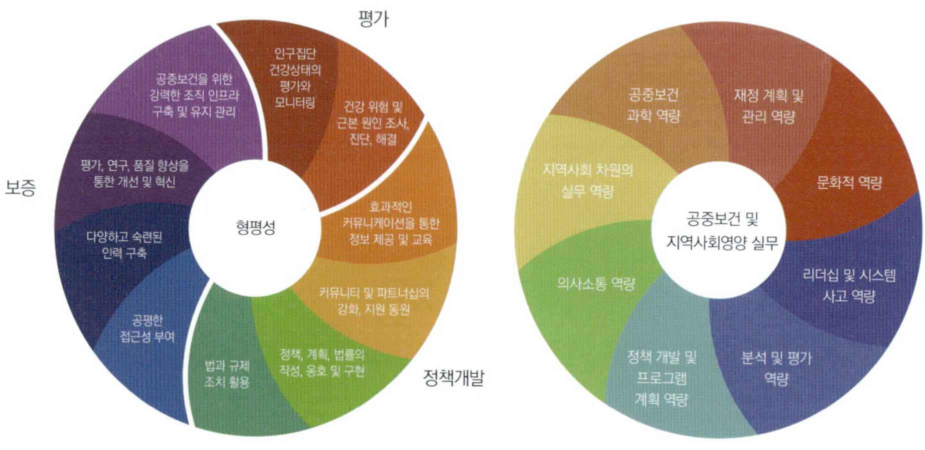

그림 1-7 공중보건의 10가지 핵심 서비스

그림 1-8 공중보건의 8가지 핵심 역량

지역사회영양사는 학부나 대학원 교육과정을 통해 필요한 전문지식과 기술을 배우지만, 현장에서 직접 일하거나 재교육을 통해서도 많은 기술을 익히게 된다. 가정에서 살림을 꾸리거나 자녀 양육 경험이 있는 사람이 지역사회영양사가 되면, 실생활에서 얻은 풍부한 경험이 큰 장점이 될 수 있다.

미국영양사협회의 공중보건영양실천그룹(Public Health Nutrition Practice Group of The American Dietetic Association)에서는 열 가지 핵심 공중보건 서비스를 제시하고 있다(그림 1-7). 또한 공중보건 분야에서 일하는 영양사들이 본인의 업무 수행에 필요한 지식을 평가하고 자기 발전을 꾀할 수 있도록 여덟 가지 핵심 역량(그림 1-8)과 직무표준을 작성하였다. 그들은 영양판정, 영양진단, 영양중재, 영양 모니터링과 평가 영역에 맞추어 공중보건과 지역사회영양학에서 영양사가 표준 직무를 수행하기 위해 필요한 능력을 제시하였다(표 1-8). 아울러 전문 직무 수행의 표준을 직무 수행의 정도(quality), 역량 및 책임, 서비스 제공, 연구 응용, 의사소통과 지식의 응용, 자원의 활용과 관리로 나누어 그에 필요한 능력을 제시하였다(표 1-9).

지역사회의 건강과 영양문제를 역학적 접근 방법으로 측정하고 기술하는 등의 보건과학 관련 전문지식은 보건학, 역학, 보건통계학, 보건영양학 등의 의학 과목을 통해 얻을 수 있다. 또한 자료 수집, 통계 처리와 분석, 결과를 해석할 수 있는 기술도 필요하다.

표 1-8 공중보건과 지역사회영양학에서 영양사의 표준 직무

직무표준의 지표	필요한 능력
영양판정	• 대상자·인구집단의 이력(개인·의학·가족·사회정신·문화·지역사회력에 대한 현재 및 과거 정보 평가 • 신체조사자료 평가 • 생화학적 자료, 임상평가 및 과정 평가 • 영양 중심의 신체검사 • 표준 및 참조치와 비교(에너지, 지질, 단백질, 탄수화물, 식이섬유, 수분, 비타민 및 무기질 요구량 추정과 체중, BMI, 바람직한 성장 패턴에 대한 표준) • 신체활동량 습관과 제한(신체활동량 및 참조치, 신체활동력 및 운동훈련 등 평가 • 영양과 건강상태에 영향을 미치는 요인을 위해 수집된 자료 검토 • 영양위험요인, 합병증, 영양진단을 결정하기 위해 가능한 문제를 규명하기 위한 평가 자료의 분류 및 체계화 • 문서 작성과 의사소통
영양진단	• 평가 자료에 의한 영양진단 도출 • 영양진단의 분류와 우선순위 결정 • 대상자, 지역사회, 가족구성원 및 다른 보건전문가와 영양진단의 타당도 검증과 올바른 진단을 위한 협력 • 표준화된 영양진단의 문서화 • 추가 판정자료 제공 시 영양진단 재평가 • 문서 작성과 의사소통
영양중재	• 돌봄의 계획에 적합한 중재의 결정 및 우선순위 설정 • 최적의 연구·근거, 정보, 근거 기반 가이드라인, 최적 기술에 의한 돌봄계획 및 중재 • 정책, 진행, 프로토콜 및 프로그램 표준의 참조 • 대상자, 보호자, 다학제적 팀, 지역사회 의사결정자 및 보건·지역사회 전문가와의 협력 • 대상자 중심의 측정 가능한 목표 및 영양처방 설정 • 강도, 기간, 추적관찰을 포함한 돌봄의 기간과 빈도 결정 • 중재를 정의하는 표준 전문용어 사용 • 필요한 자원과 타 전문가 규명 • 영양중재 및 돌봄계획에 대한 협력과 의사소통 • 영양중재 및 돌봄계획 개시 • 자격, 조직 정책, 적용 가능한 법과 규정에 부합하는 영양사, 임상영양사, 행정 보조 및 기술지원 스텝에 대한 업무 배당 • 지속적인 자료 수집 • 문서화 • 재원기관, 정책입안자, 지역사회파트너, 이해관계자에게 보고 • 중재의 적용가능성, 적합성, 효과에 대한 의사소통 및 홍보
영양 모니터링 및 평가	• 모니터링 • 성과 측정 • 성과 평가 • 문서화

자료: Bruening et al.(2022).

표 1-9 공중보건과 지역사회영양학에서 영양사의 전문 직무 수행의 표준

전문 직무 수행의 표준	필요한 능력
직무 수행의 정도 (quality)	• 직무 수행 분야에서 적용되는 법과 규정 준수 • 개인 및 법적 범위 내 직무 수행 • 실제 상황에서 적용 가능한 건전한 경영과 윤리적 재정 관리 • 대상자 중심의 서비스 강화 및 서비스의 정도 개선을 위해 국가 수준의 자료 사용 • 최상의 서비스를 위해 업무지식, 근거, 연구, 과학에 기반한 체계적 업무 향상 모델 이용 • 업무수행의 안전도, 효과, 효율성을 평가하기 위해 성과 기반 관리 시스템 설계 및 참여 • 서비스 수행에서 발생 가능하거나 발생한 오류와 위험인자에 대한 규명 및 제시 • 수행 목표 대비 실제 수행도 평가 (예: GAP 분석, SWOT 분석, PDCA 순환주기, 로직모델 등) • 과정과 서비스 향상을 위한 중재 평가 • 측정 성과에 기반한 서비스 향상 및 평가
역량 및 책임	• 윤리강령 준수 • 직무표준과 업무 수행의 실무, 자가 평가 및 전문역량 개발의 통합 • 실무와 대상자 중심 서비스 전달 역량 시행 및 문서화 • 실천과 행동에 대한 역량 및 책임의 의무 • 정기적 자가 평가 • 전문가적 개발을 위한 계획 설계 및 실행 • 근거 기반 실무 참여 및 모범사례 사용 • 역할 및 책임에 해당하는 타인에 대한 동료 평가·심의에 참여 • 타인의 멘토 또는 지도 역할 • 법과 규칙 및 실제 실무에서 요구하는 직무수행 발전 기회 추구(교육, 훈련, 자격증 등)
역량 및 책임	• 윤리강령 준수 • 직무표준과 업무 수행의 실무, 자가 평가 및 전문역량 개발의 통합 • 실무와 대상자 중심 서비스 전달 역량 시행 및 문서화
역량 및 책임	• 실천과 행동에 대한 역량 및 책임의 의무 • 정기적 자가 평가 • 전문가적 개발을 위한 계획 설계 및 실행 • 근거 기반 실무 참여 및 모범사례 사용 • 역할 및 책임에 해당하는 타인에 대한 동료 평가·심의에 참여 • 타인의 멘토 또는 지도 역할 • 법과 규칙 및 실제 실무에서 요구하는 직무수행 발전 기회 추구(교육, 훈련, 자격증 등)

(계속)

전문 직무 수행의 표준	필요한 능력
서비스 제공	• 대상자·인구집단의 요구에 부합하는 프로그램·서비스 개발과 유지에 선도·기여 • 양질의 식품·영양 프로그램과 서비스를 위한 국가자격증을 가진 영양사에 대한 대중의 접근 및 의뢰 증진 • 대상자·인구집단 중심의 서비스 설계 및 기여 • 조직화·상호협력적·비용효율적이며 대상자·인구집단 중심 방법으로 프로그램·서비스 실행 • 법, 규정 및 조직 정책 및 절차에 부합하는 대상자·인구집단 중심의 돌봄 또는 서비스 제공을 위한 적절한 지원인력 사용 • 대상자·목표집단 요구에 부합하는 식품 전달 체계 설계 및 실행 • 제공하는 서비스에 대한 지속적인 기록 • 공공정책의 일환으로 양질의 식품·영양 서비스 제공의 필요성 주장
연구 응용	• 실무에 적용하기 위한 최적의 연구·근거·정보 탐색 및 평가 • 근거 기반 실무의 기초가 되는 최적의 연구·근거·정보 활용 • 근거 기반 모범사례, 임상 및 관리 전문성 및 대상자 가치 통합 • 영양학 분야의 새로운 지식과 연구 개발에 기여 • 식품·영양 및 타 전문가·조직과의 연합과 협력을 통한 연구의 실제 적용 추진
의사소통과 지식 응용	• 근거에 기반한 현재의 지식·정보의 전달 및 적용 • 고객 중심 관리와 개인·연구집단 요구를 고려한 최적의 의사소통 방법·형식 및 적절한 정보 선택 • 식품·영양 지식과 건강·문화·사회과학·의사소통·정보학·지속가능성·관리에 대한 지식과의 통합 • 다양한 대상자와 현재의 근거 기반 지식·정보 공유 • 전문가 간 공중보건경영팀·조직·지역사회 내 식품영양자원으로서의 신뢰성 확립 및 기여 • 논문 발간과 발표를 통해 성과 개선 및 연구 결과 전달 • 식품·영양 전문지식을 제공하는 지자체·국가 전문가 및 지역사회 기반조직(예: 정부 지정 자문위원회, 지역연합, 학교, 재단, 비영리조직 등)에 참여 및 리더십 역할 수행 기회 모색
자원의 활용과 관리	• 자원 관리와 성과 개선을 위한 체계적인 접근법 이용 • 표준화된 업무 측정 방법과 벤치마킹을 통해 관리 평가 • 서비스·제품을 계획·제공함에 있어 안전성·효과성·효율성·생산성·지속가능한 실행·가치 평가 • 품질보증과 성과 개선에 참여 및 자원 관리와 관련 결과 및 모범사례 문서화 • 내부·외부 고객 성과(예: 만족도, 주요 성과지표)에 대한 추이 측정

자료: Bruening et al.(2022).

미국영양사협회가 2024년에 개정한 영양사 직무 표준에서는 모든 직무 단계에서 취약계층 고려, 문화적 적합성과 접근성을 반영한 건강 형평성 강화, 디지털·데이터 기반 평가 및 모니터링 확대, 영양 중재와 평가 과정에 정신건강과 삶의 질 요소 포함, 식품환경 개선과 지속가능한 식단 반영 등을 강조하였다.

더 알아보기

지역사회영양사가 당면한 환경과 과제

전 세계의 사회적·경제적 변화는 지역사회영양사에게 커다란 도전이 되고 있다. 국경을 넘나드는 인구이동, 여성 노동인력 증가로 인한 가족구조의 변화, 인구 고령화, 1인 가구의 증가 등 세계는 다양한 사회적·인구학적 변화를 겪고 있다. 또한 국제교역의 확대로 수입식품이 증가하고, 다이옥신·환경호르몬 등 환경 유래 식품오염물질 문제와 전통적인 식품안전문제도 여전히 빈번하다.

1997년 이후 조류인플루엔자, 2003년 사스(SARS), 2009년 신종 인플루엔자, 2015년 메르스(MERS), 그리고 2020년 코로나19로 이어진 감염병 팬데믹은 새롭게 출현하는 음식매개·수인성 감염병과 변종 병원체 감염병이 국제교류의 증가와 산업화·밀집화에 따라 단기간 내 전 세계로 확산될 수 있음을 보여준다.

기후변화와 환경문제 심화로 인한 신종 질환의 출현 또한 지역사회영양사가 직면한 과제 중 하나이다. 지난 133년간(1880~2012년) 전 지구 평균기온은 0.85℃ 상승했으며, 산업혁명 이후 인위적 온실가스 배출이 큰 폭으로 증가하였다. 우리나라도 기온 상승과 강수 변동성 등 기후 패턴 변화를 경험하고 있다. 폭염에 의한 질병 및 사망, 기상재해로 인한 인명피해, 곤충·설치류 매개 감염병 증가, 대기오염으로 인한 공기질 악화와 건강문제, 소음·수질오염 및 기타 유해물질에 의한 환경성 질환 등이 꾸준히 증가할 것으로 예상된다.

만성퇴행성 질환 인구 증가로 인한 국가적 비용도 계속 늘고 있다. 이에 우리 국민의 건강생활 실천행동의 결정요인을 파악하고, 이를 개선하기 위한 전략을 마련해야 한다. 국민이 영양문제의 중요성을 인식하고, 올바른 행동을 실천하며, 필요한 제도적 장치 마련에 대한 여론을 조성하는 것 또한 지역사회영양사의 중요한 역할이다.

아울러 고령화, 소득 증가, 의료기술 발달 등으로 보건 및 복지서비스에 대한 수요가 지속적으로 증가하고 있다. 건강 유지·증진, 장수, 미(美)와 행복한 삶(wellness)에 대한 관심이 커지면서 국민의 수요가 치료(cure) 중심에서 돌봄(care), 나아가 웰니스(wellness)로 변화하고 있다. 4차 산업혁명으로 인한 빅데이터·인공지능(AI)·사물인터넷(IoT) 기술의 융합은 개인 맞춤형 정밀영양 시대를 열었다. 이에 따라 ICT 기기를 활용한 동네의원·보건소 중심의 사전예방적 건강관리 사업이 확대될 전망이다.

특히, 지역사회영양사는 코로나19 이후 변화한 생활양식도 주목해야 한다. 코로나19 이후 '배달음식 주문

(계속)

빈도 증가(22.0%)', '집에서 직접 요리하는 빈도 증가(21.0%)', '체중 증가(12.5%)', '운동량 감소(11.4%)' 등이 보고되었으며, '사회적 고립감(32.1%)'과 '건강 염려(30.7%)' 등으로 국민의 40.7%가 '코로나 블루'를 경험한 것으로 나타났다. 이러한 변화된 일상과 향후 유사한 상황에 대비하기 위한 통찰력이 필요하다.
세계적 움직임에도 주목할 필요가 있다. 2019년 The EAT-Lancet Commission은 단순히 질병이 없는 상태를 넘어, 신체적·정신적·사회적 웰빙을 포괄적으로 증진할 수 있는 '지구건강식사(Planetary Health Diet)'를 제시하였다. 탄소중립과 지속가능한 식품생산을 목표로, 이 식사는 식물성 식품을 기반으로 하고 곡류는 통곡물, 단백질 식품은 콩류와 견과류를 주요 급원으로 섭취할 것을 권장하며, 목표 달성 시점을 2050년으로 설정하였다. 2025년 10월, 코로나19 등을 반영한 Planetary Health Diet의 2.0 버전이 발표되기도 하였다.
우리나라와 전 세계의 미래는 신체적·정서적·정신적·사회적으로 건강한 인력의 확보에 달려 있으며, 이는 지역사회영양사들의 역할과 책임에 달려 있다. 지역사회영양사는 세계시민으로서 전문적인 영양지식을 바탕으로 전 세계의 영양 개선에 관심을 확대해야 한다. 가까이에서는 통일을 대비해 북한 주민의 식생활과 보건·영양문제에도 꾸준한 관심을 가질 필요가 있다.

ACTIVITY

영양 관련 기사와 지역 보건기관의 영양업무를 조사하여 우리 생활 속 영양정보를 폭넓게 이해하고, 이를 바탕으로 건강한 삶을 위한 시각을 길러 보자.

1. 일주일이나 한 달 동안 주요 일간지에 게재된 영양 관련 기사를 스크랩해 보자. 스크랩에 대한 요약문을 작성하고 그 내용을 토론해 보자.
2. 보건복지부와 내가 살고 있는 지역 보건소 홈페이지를 방문하여 보건영양 관련 업무에 대해 조사하고 발표해 보자.

SUMMARY

- **지역사회 보건의 초점**: 질병 치료 중심을 넘어 건강문제 예방과 주민의 삶의 질 향상에 중점을 둔다.
- **공중보건의 정의**: 사회 구성원의 건강을 보호·증진하기 위한 조직적이고 계획적인 노력과 활동을 의미한다.
- **공중보건 패러다임 변화**: 질병 치료 중심에서 예방 중심으로, 개인 중심에서 지역사회 중심으로 변화해 왔다.
- **건강관리의 개념**: 단순한 질병 치료가 아니라 신체적·정신적·사회적 안녕을 유지·향상하기 위한 포괄적 관리이다.
- **건강 결정요인**: 개인적 생물학적 요인, 생활양식, 개인사회환경, 지역사회환경, 기본환경이 상호작용하며 건강 수준에 영향을 미친다.
- **질병의 예방 수준**: 1차 예방은 질병 발생 예방, 2차 예방은 조기 발견·조기 치료, 3차 예방은 재활 및 합병증 최소화를 목표로 한다.
- **세계보건기구(WHO)의 건강증진의 3대 축**: WHO는 좋은 거버넌스, 건강한 도시와 공동체, 건강정보 이해력을 건강증진과 지속가능 발전을 위한 3대 축으로 제시한다.
- **우리나라의 국민건강증진종합계획**: 건강생활 실천, 정신건강 관리, 비감염성 질환 예방관리, 감염 및 기후변화성 질환 예방관리, 인구집단별 건강관리, 건강친화적 환경 구축을 통해 건강수명 연장과 건강 형평성을 제고하고 모든 사람이 평생 건강을 누리는 사회를 목표로 한다.
- **지역사회영양과의 개념**: 지역주민의 영양권 보장과 식생활 개선을 위해 영양정책, 프로그램 개발·평가, 교육, 협력체계를 다루는 학문 분야이다.
- **지역사회영양사의 역할**: 영양관리 서비스 제공, 식생활 교육, 지역 자원 연계, 정책 참여, 영양평가 및 연구 등을 수행한다.

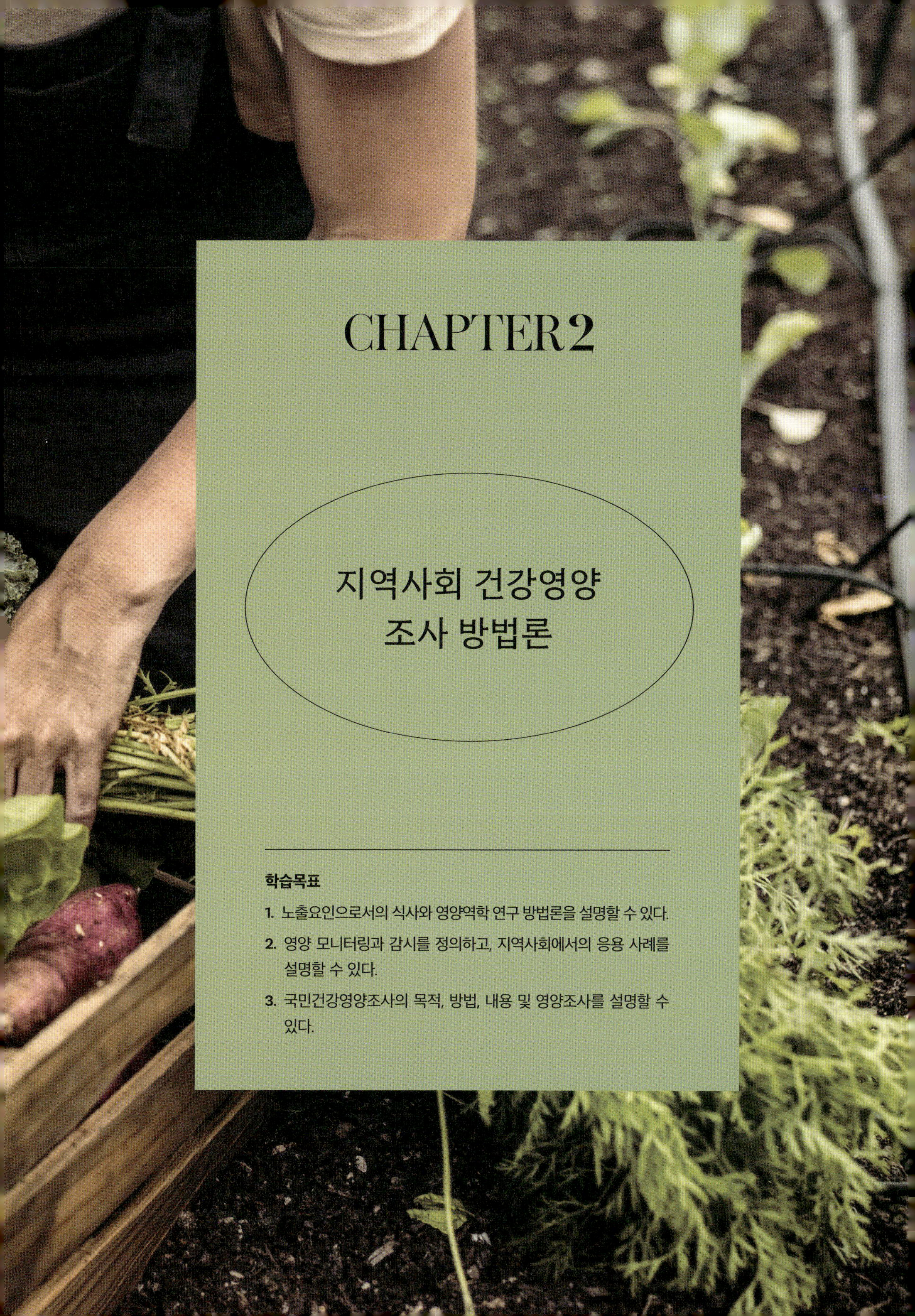

CHAPTER 2

지역사회 건강영양 조사 방법론

학습목표

1. 노출요인으로서의 식사와 영양역학 연구 방법론을 설명할 수 있다.
2. 영양 모니터링과 감시를 정의하고, 지역사회에서의 응용 사례를 설명할 수 있다.
3. 국민건강영양조사의 목적, 방법, 내용 및 영양조사를 설명할 수 있다.

CHAPTER 2

지역사회에서 영양 관련 정책이나 프로그램 그리고 모니터링을 수행하기 위해서는 이에 대한 충분한 이해가 필요하다. 이러한 지식은 지역사회의 다양한 영양 개선 활동에 효과적으로 적용되어야 한다.

이 장에서는 지역사회 건강영양조사를 위한 방법으로 영양역학의 이해, 국민건강영양조사의 방법 및 영양 모니터링과 감시제도를 살펴본다.

1. 영양역학

영양역학(nutritional epidemiology)은 식사가 질병 발생에 영향을 미칠 수 있다는 관심에서 출발하여 발전해 왔다. 과거에는 필수 영양소 결핍과 관련된 질환(예: 비타민 C 결핍으로 인한 괴혈병, 티아민 결핍으로 인한 각기병 등)을 규명하는 데 주로 활용되었으나, 최근에는 암이나 심혈관계 질환과 같은 만성질환과 식사 및 식행동 간의 관련성을 밝히는 데 집중하고 있다.

만성질환은 대개 여러 요인에 의해 발생하므로, 주요 관심요인인 식사뿐만 아니라 유전적 요인이나 생활습관 요인의 영향을 받는다. 때로는 단일 결정요인이나 요인 간의 복잡한 상호작용으로 인해 발생하기도 한다. 또한 만성질환은 발병에 기여하는 노출 시기가 명확하지 않으며, 단기간의 노출로도 나타날 수 있고 수년에서 수십 년간의 노출 결과로 발생하기도 한다.

1) 주요 노출요인으로서의 식사

영양역학은 질병 발생의 주요 결정요인(determinant)으로 식사를 탐구한다.

(1) 식사 측정의 어려움

식사는 매우 복잡하여 개인의 일상 섭취량을 정확히 추정하기 어렵다. 반면, 흡연은 질병과의 인과관계를 일관성 있게 도출하기 쉬운데, 조사 대상자에게 흡연 여부, 하루 흡연량, 담배 종류, 금연 시도 여부 등 필요한 정보를 직접 확인할 수 있기 때문이다.

식사의 경우에는 다음과 같은 어려움이 존재한다.

- 첫째, 대상자가 평소 섭취하는 모든 식품을 정확히 기억하기 어렵기 때문에 일상 섭취량을 추정하기 쉽지 않다. 따라서 영양역학 연구에서는 이를 추정하기 위한 다양한 방법론이 개발·개선되어 왔으며, 필요한 경우 생화학적 지표를 보조 도구로 활용하기도 한다.
- 둘째, 식사는 흡연처럼 단순히 노출요인(exposure)을 유무로 구분하기 어렵다. 대상자는 잠정적인 질병 발생요인과 질병 예방요인에 모두 노출되기 쉽다. 예를 들어, '고콜레스테롤 식사가 심장질환을 유발한다'는 가설과 '고식이섬유 식사가 심장질환을 예방한다'는 가설이 있을 때, 대부분의 연구 대상자는 두 가지를 모두 섭취하고 있을 가능성이 높다. 이로 인해 특정 요인의 영향을 명확히 구분하기 어렵다.
- 셋째, 식사 섭취와 질병 발생 사이에는 비교적 오랜 시간이 걸리며, 개인이 식사 변화의 영향을 자각하기 어렵다는 한계가 있다.

이러한 어려움에도 불구하고, 지난 수십 년간 축적된 영양역학 연구는 식사와 질병 발생 간의 연관성을 꾸준히 규명하고 있다. 이는 질병 예방을 위한 식생활지침 수립, 국가 및 지방자치단체의 식품영양정책 마련, 국민 영양교육의 기초 자료로 활용되고 있으며, 정책 수행의 효과를 평가하는 도구로도 쓰이고 있다.

(2) 식사 섭취의 측정오차와 변이

식사 섭취의 측정오차에는 그림 2-1과 같이 무작위오차(random error)와 계통오차(systematic error)가 있다.

무작위오차란 참섭취량보다 크거나 작은 값이 임의로 측정되는 경우로, 참섭취량과 일정하게 멀어지는 경향은 없으나 분포에는 영향을 줄 수 있다. 반복 측정은 연구의 정확도를 높여 무작위오차를 줄일 수 있다. 계통오차란 표본으로 측정한 값이 참섭취량과 멀어지도록 만드는 오차로, 연구의 타당도를 위협한다. 예를 들어, 비만이나 과체중인 대상자가 자신의 식사 섭취량을 지속적으로 실제보다 적게 보고할 때 발생한다.

측정된 식사 섭취량의 변이는 개인 내 변이(within-person variation)와 개인 간 변이

(between - person variation)로 구분된다.

개인 내 변이는 주말·주중, 계절, 건강상태, 사회적·경제적·심리적 요인 등 다양한 요인에 따라 개인의 식사 섭취가 달라지면서 발생한다. 개인 간 변이는 개인과 개인 사이에서 관찰되는 차이, 즉 연구자가 관찰하고자 하는 참변이를 의미한다. 측정오차를 줄여야 참변이를 정확히 관찰할 수 있다.

지역사회 식사 평가에서는 식품섭취빈도조사지와 같은 설문지가 널리 활용된다. 이러한 조사 결과를 보다 정확한 방법(예: 식사기록법)이나 생화학 지표와 비교하는 타당도 연구는 연구집단의 일상 섭취량 분포를 추정하는 데 도움을 준다.

그러나 설문지만으로는 개인 간 참변이와 측정오차로 인한 변이를 구분하기 어렵다. 따라서 어떤 연구에서 식사와 질병 간 연관성이 나타나지 않을 경우, 타당도 연구는 그 원인이 식사요인의 변이가 부족한 것인지(개인 간 참변이), 아니면 설문의 정확성이 낮은 것인지(측정오차로 인한 변이)를 파악하도록 도와준다.

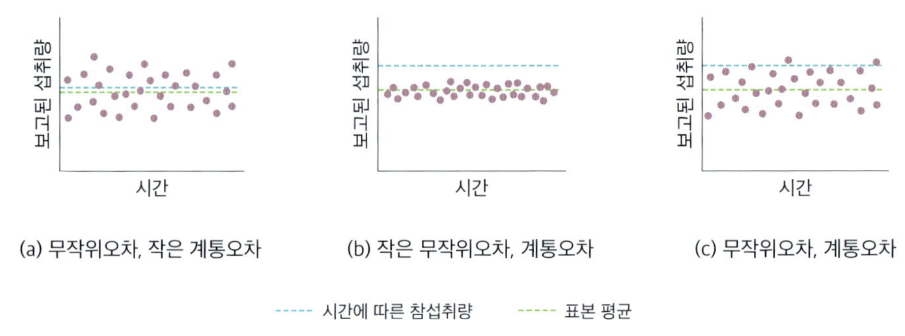

그림 2-1 식사 섭취 측정의 무작위오차와 계통오차

자료: 미국 질병통제예방센터.

2) 식사와 질병에 대한 역학연구 설계

(1) 생태학적 연구와 상관연구

생태학적 연구(ecologic study)와 상관연구(correlation study)는 개인이 아닌 집단을 단위로 한다. 인구집단별 1인당 특정 식품이나 영양소 섭취량과 질병률을 산출한 뒤, 여러 집단 간 차이를 비교하는 방식이다. 그림 2-2는 생태학적 연구를 통해 각국 여성의 1인 1일 육류 섭취량과 대장암 발생률의 상관관계를 제시한 예로, 육류 섭취량이 많을수록 대장암 발생률이 높아진다는 가설을 보여준다.

국가 간 자료를 활용한 상관연구는 식사 섭취량의 범위가 넓다는 장점이 있다. 예를 들어, 미국인의 지방 에너지비는 25~45% 수준이지만, 다른 나라 인구집단의 평균 지방 에너지비는 11~42% 수준이다(Hebert & Wynder, 1987). 또한 질병 발생률이나 유병률 역시 대규모 인구집단을 대상으로 산출한 값이므로 무작위오차의 가능성이 낮다(Willett, 2013). 상관연구나 생태학적 연구는 식사와 질병 간의 인과관계를 직접 밝히지는 못하지만, 후속 연구를 위한 가설을 제시하는 데 유용하다.

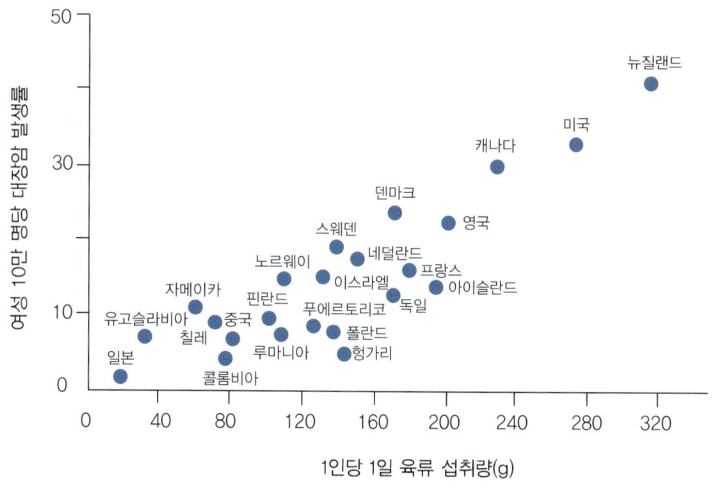

그림 2-2 **1일 육류 섭취량과 여성의 대장암 발생률의 생태학적 연구**

자료: Armstrong & Doll(1975).

(2) 단면연구

단면연구(cross-sectional study)는 동일 시점에서 개인의 영양상태와 질병상태를 동시에 관찰하는 연구이다. 대표적인 예로 국민건강영양조사가 있으며, 24시간 회상법을 통해 개인의 식품 및 영양소 섭취상태를 조사하고, 신체계측과 생화학적 조사 등을 수행하여 영양상태와 질병상태 간의 다양한 연관성(예: 나트륨 섭취량과 혈압의 관계)을 파악한다.

단면연구는 특정 시점의 상태만을 관찰하므로 시간적 선후관계를 밝힐 수 없어, 식사와 질병 간의 인과관계를 규명하는 데는 한계가 있다. 그러나 향후 연구를 위한 가설을 제시할 수 있다는 점에서 의의가 있다.

(3) 환자 대조군 연구

환자 대조군 연구(case-control study)는 질병이 있는 집단(환자군)과 질병이 없는 집단(대조군)을 선정한 뒤, 과거 식사요인을 조사하여 두 집단 간 차이를 비교하는 방법이다(그림 2-3). 환자군은 진단받은 질병 발병 이전의 식습관을 회상하고, 대조군은 같은 기간의 식습관을 회상함으로써 식사와 질병 간의 연관성을 탐색한다.

환자 대조군 연구는 질병 발생 후 조사가 이루어지므로 발병을 기다릴 필요가 없고, 단기간 내 정보를 수집할 수 있어 시간과 비용 면에서 효율적이다. 또한 질병 발병과 관련된 다양한 위험요인을 조사할 수 있다. 그러나 조사 시점이 질병 발생 이후이므로, 질병 발생 이전의 식사를 정확히 회상하기 어려운 한계가 있다. 예를 들어, 대장암 환자는 지방 섭취량을 실제보다 높게 보고할 수 있는데, 이처럼 환자군과 대조군 간 회상의 정확도가 체계적으로 다를 경우 회상 바이어스(recall bias)가 발생한다.

또한 대조군을 환자군과 다른 모집단에서 선정할 경우 선택 바이어스(selection bias)가 발생할 수 있다. 특히, 건강에 관심이 많은 집단이 대조군으로 참여하면, 건강 관심도와 지식의 차이에 따라 식사 섭취상태가 달라질 수 있다. 이처럼 회상 바이어스와 선택 바이어스로 인해 위연관성(false association)이 나타날 수 있으므로 주의가 필요하다.

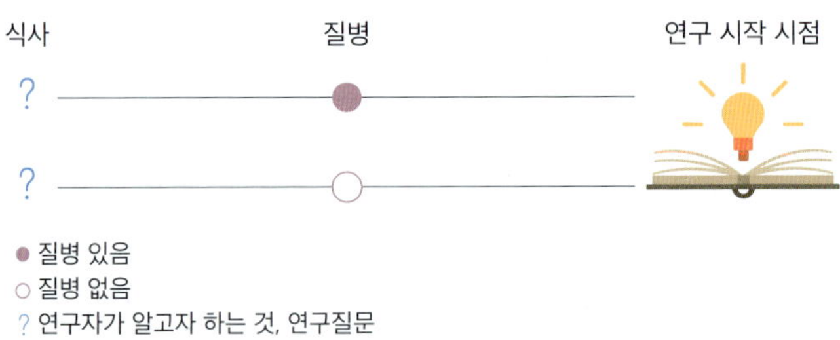

그림 2-3 환자 대조군 연구의 타임라인

(4) 코호트 연구

코호트 연구(cohort study)는 연구 시작 시점에서 질병이 없는 대상자를 일정 기간 추적하여, 당시의 식사상태에 따라 질병 발생 여부를 비교하는 연구이다. 추적조사는 직접 대상자를 추적하는 능동적 방법과, 국가의 암 등록 사업 자료나 사망 자료 등을 이용하는 수동적 방법으로 이루어진다.

연구 시작 시점에서 질병이 없는 상태의 식습관(주로 지난 1년간의 식습관)과 생활습관 등을 조사하므로, 환자 대조군 연구와 비교할 때 상대적으로 최근 정보를 수집할 수 있어 회상 부담이 적고, 이에 따른 오류 발생도 줄일 수 있다. 또한 질병에 의해 영향을 받을 수 있는 회상 바이어스나 선택 바이어스 발생 가능성이 낮으며, 시간적 선후관계를 규명할 수 있는 장점이 있어 질병 원인을 규명하는 데 가장 적합한 연구 방법이다.

그러나 유병률이 낮은 질병의 경우에는 코호트를 구성하는 대상자의 수가 많아야 선후관계를 규명할 수 있으며, 수년에 걸친 추적조사가 요구되므로 시간, 비용, 인력이 많이 소요된다는 한계가 있다. 또한 과거로 돌아가 다시 조사할 수 없으므로, 기저조사 단계에서 가설을 충실히 세우고 관심 변수들이 누락되지 않도록 해야 한다.

일반적으로 코호트는 전향적(prospective) 코호트 연구를 의미하며, 집단이 위험요인에 어느 정도 노출되었는지를 질병 발생 이전에 측정하여 추적한다(그림 2-4). 후향적(retrospective) 코호트 연구(그림 2-5)는 과거의 자료를 이용해 노출 여부에 따른 질병 발생 여부를 비교하는 방식이다. 환자 대조군 연구와 후향적 코호트 연구의 차이는, 환자 대조군 연구는 먼저 질병 발생 여부를 확인한 뒤 노출을 비교하는 데 반해(결과 → 원인, 그림 2-3), 후향

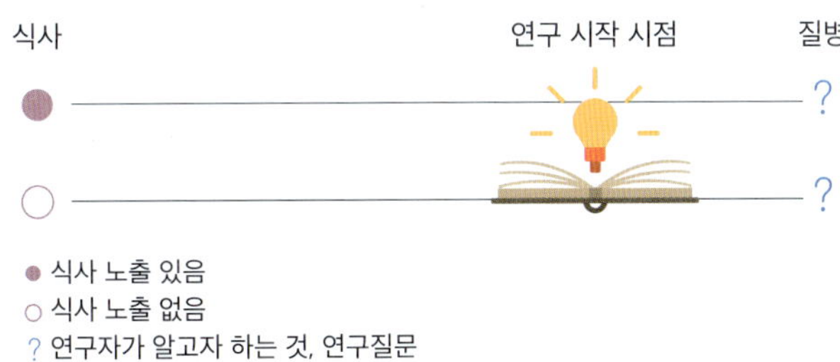

그림 2-4 전향적 코호트 연구의 타임라인

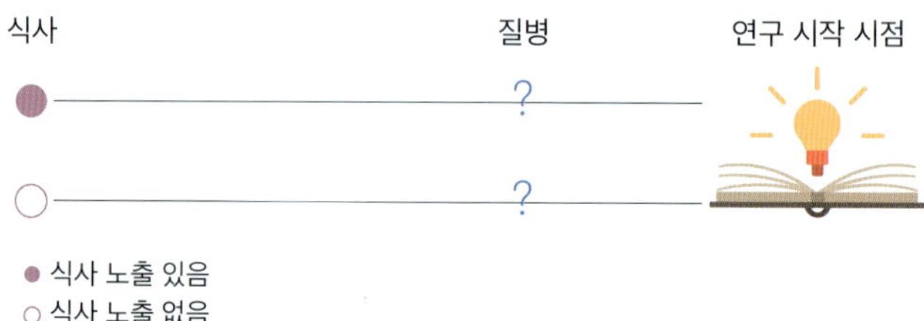

그림 2-5 후향적 코호트 연구의 타임라인

적 코호트 연구는 노출 여부를 먼저 확인하고 이후 질병 발생 여부를 살펴본다는 점(원인 → 결과)이다.

(5) 중재연구

중재연구(intervention study)는 노출요인, 즉 영양역학에서는 특정 영양소나 식사 패턴 등을 연구자가 대상자에게 의도적으로 할당한 뒤 추적 관찰하여, 관심 있는 질병이나 영양 상태의 차이를 비교하는 연구이다(그림 2-6).

관찰연구와 달리 연구자가 직접 노출요인을 조절할 수 있다는 장점이 있으며, 이를 통해 중재 효과(예: 비타민 C 섭취 효과)를 확인할 수 있다. 따라서 연구 준비 단계에서 연구의 윤리성 검토와 승인 절차가 반드시 필요하다. 무작위 배정(randomization)을 통해 교란변수(confounding factor)를 통제할 수 있고, 맹검(blind) 또는 이중맹검(double-blind) 방법을 적용함으로써 바이어스 발생을 최소화할 수 있어 인과관계 규명에 가장 적합하다.

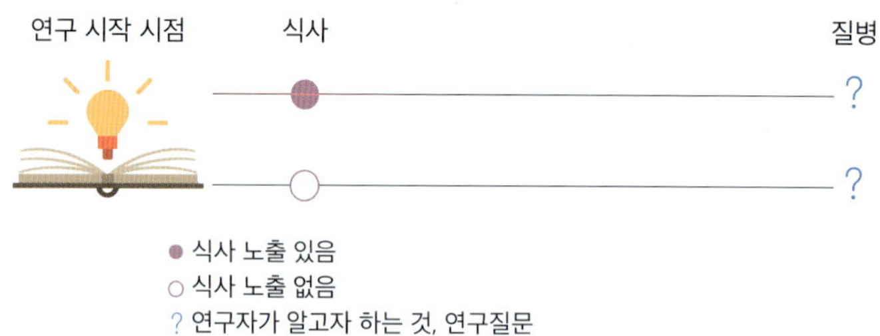

그림 2-6 중재연구의 타임라인

그러나 영양역학 연구 설계 중에서도 가장 많은 비용, 인력, 시간이 소요되며, 연구 성공을 위해서는 대상자의 높은 순응도(compliance)가 요구된다. 또한 특정 목적과 이에 맞는 인구집단에 한정되어 일반화에 제약이 있으며, 자발적 참여자만 모집할 수 있다는 점에서 제한이 따른다.

3) 영양역학 연구자료의 해석

영양역학 연구 결과에서는 관찰된 연관성이 실제 인과관계인지 해석이 필요하다. 또한 무연관성이 도출된 경우에도 주의 깊은 해석이 요구된다.

(1) 시간적 선후관계

원인으로 가정되는 요인에 대한 노출은 반드시 결과 발생 이전에 일어나야 한다. 이러한 시간적 선후관계(temporal sequence)는 환자 대조군 연구나 후향적 코호트 연구보다는 전향적 코호트 연구에서 입증이 용이하다. 또한 질병 발생의 시간적 순서뿐만 아니라 합리적인 시간 간격이 존재하는지도 고려해야 한다(그림 2-7).

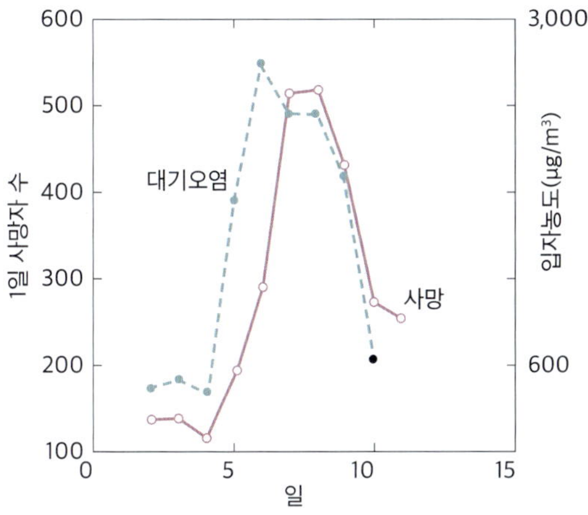

그림 2-7 1952년 12월 초 영국 런던의 평균공기 중 입자농도와 1일 사망자 수

자료: Schwartz(1994).

(2) 연관성의 강도

연관성이 클수록 인과관계일 가능성이 높다. 연관성의 강도(strength of association)는 비교위험도(relative risk) 또는 오즈비(odds ratio)로 측정한다.

더 알아보기

연관성의 강도를 측정하는 지표

비교위험도

코호트 연구에서 연관성의 강도는 특정 요인에 노출된 사람의 질병 위험도와 노출되지 않은 사람의 질병 위험도를 비교하여 평가할 수 있으며, 두 위험도의 비를 비교위험도라고 정의한다.

$$\text{비교위험도} = \frac{\text{노출군의 발생률}}{\text{비노출군의 발생률}}$$

오즈비

노출요인에 대한 질병의 발생률을 직접 알기 어려운 단면연구나 환자 대조군 연구에서 연관성 측정 시 비교위험도를 대신하여 오즈비를 측정하여 비교한다. 오즈(odds)란 어떤 사건이 일어날 확률과 일어나지 않을 확률의 비를 의미한다.

$$\text{오즈} = \frac{\text{어떤 사람에서 질병이 발생할 확률}(P)}{\text{어떤 사람에서 질병이 발생하지 않을 확률}(1-P)}$$

오즈비는 노출군에서 질병이 발생할 오즈와 비노출군에서 질병이 발생할 오즈의 비율을 의미한다.

$$\text{오즈비} = \frac{\text{노출군에서 질병이 발생할 확률}}{\text{비노출군에서 질병이 발생할 확률}}$$

비교위험도와 오즈비의 해석

- 비교위험도 또는 오즈비 = 1 : 노출군의 위험도와 비노출군의 위험도는 같다(무연관성).
- 비교위험도 또는 오즈비 > 1 : 노출군의 위험도가 비노출군의 위험도보다 크다(양의 연관성, 노출요인이 질병의 원인일 가능성).
- 비교위험도 또는 오즈비 < 1 : 노출군의 위험도가 비노출군의 위험도보다 작다(음의 연관성, 노출요인이 질병의 예방요인일 가능성).

(3) 결과의 일관성

인과관계가 존재한다면 다른 연구나 집단에서도 일정한 결과가 도출되어야 한다.

(4) 용량–반응 관계

노출량이 증가할수록 질병 위험이 높아지며, 이와 같은 용량-반응 관계(dose-response relationship)가 나타난다면 인과관계의 강력한 증거가 된다. 그러나 모든 인과관계에서 직선적 용량-반응 관계가 존재하는 것은 아니며, 노출에 한계치가 있는 경우 그 이하에서는 발병되지 않다가 한계치를 초과하면 질병이 발생한다(그림 2-8).

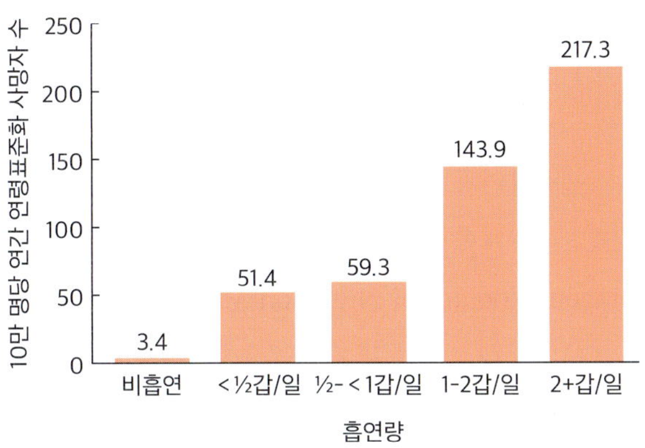

그림 2-8 현재 흡연량에 따른 연령표준화 기관지암(선암 제외) 사망률

자료: Hammond & Horn(1958).

(5) 생물학적 개연성

생물학적 개연성(biological plausibility)이란 연구 결과가 최신 생물학적 지식과 일관성을 가져야 함을 의미한다. 드물게 역학 연구 결과가 생물학적 기전이 규명되기 전에 도출되는 경우가 있는데, 이때는 관찰된 연관성을 해석하는 데 어려움이 발생할 수 있다.

(6) 기존 자료와의 합치성

인과관계가 존재한다면 다른 연구 자료의 결과와 일치해야 하며, 기존 자료와 불일치한다면 인과관계가 존재할 가능성은 낮아진다.

2. 영양 모니터링과 감시

영양 모니터링과 감시를 위해서는 목적에 맞는 질문을 통해 필요한 자료를 수집하고, 이를 근거로 영양중재나 영양 정책을 도입하거나 도입된 프로그램의 수행 여부를 평가할 수 있는 체계를 마련해야 한다. 집단 수준에서 식사 및 영양상태를 모니터링하고 감시하는 방법과, 개인 수준에서 식사 및 영양상태를 평가하는 방법은 서로 차이가 있을 수 있다.

예를 들어, 1일 24시간 회상법으로 측정한 칼슘 섭취량은 우유 및 유제품 섭취의 개인 내 변이로 인해 개인의 일상 섭취량을 추정하기에는 신뢰도가 낮다. 그러나 인구집단의 칼슘 섭취 추이를 파악하거나 세부 집단 간 비교에는 유용하게 활용될 수 있다.

1) 영양 모니터링

특정 인구집단의 식사 결정요인과 식행동에 관한 정보는 보건·영양 정책 수립, 정책 목표 설정 및 변화 관찰, 영양중재 계획 수립이나 프로그램 우선순위 결정, 프로그램 효과 평가 등에 필요하다(Interagency Board for Nutrition Monitoring and Related Research, 1995). 또한 식품의 생산과 분배 정책 수립에도 필요한 정보를 제공한다. 영양 모니터링은 필요에 따라 국가, 가구, 개인 단위에서 실시된다.

(1) 국가 단위: 식품수급표

국가의 식품 및 영양소 섭취 추이는 식품 생산, 수입, 수출, 저장 등의 자료를 종합하여 대략적으로 파악할 수 있다. 유엔 식량농업기구(FAO)의 식품수급표는 국민 1인당(per capita) 공급되는 영양소량을 제시한다.

다만, 영양 모니터링에 이를 활용할 때의 가장 큰 한계는 실제 섭취량이 아니라는 점이다. 즉, 버려지는 식품을 고려한 실제 섭취량의 추정이 필요하며, 개인 수준으로 해석하기는 어렵다.

(2) 가구 단위: 식품소비조사

일부 국가는 가구 단위에서 식품 가용성(availability)에 기반한 영양 모니터링 체계를 운영한다. 일본은 1950년부터 매년 표본으로 선정된 가구를 대상으로 3일간 구입한 모든 식품을 기록하고, 이를 통해 가구 단위의 식품 및 영양소 섭취량을 산출하여 5년마다 보고한다. 영국은 1952년부터 표본 가구를 대상으로 식품회계방법(food accounting method)을 적용해 일주일간 구입한 모든 식품을 기록하여, 가구 단위 식품 소비를 측정하는 국가식품조사(National Food Survey)를 실시하고 있다.

두 나라의 모니터링 체계는 유사하고 수십 년간 지속되어 왔다는 장점이 있으나, 가구 내 개인별 섭취량을 알 수 없고, 실제 섭취되지 않고 버려지는 식품이나 외식을 반영하지 못하는 한계가 있다.

(3) 개인 단위: 건강영양조사 및 총식이조사

개인 단위 측정치에 기반한 영양 모니터링 체계는 신체 계측, 생화학적 지표, 24시간 식사 회상법, 식품섭취빈도조사법 등에 의한 식사조사와 같이 일정 시점의 자료를 정량적이고 정확하게 반복 수집하는 단면조사를 주로 활용한다.

식사조사의 경우 최근에는 기록법 대신 대상자의 식품 선택에 영향을 덜 주는 24시간 식사 회상법을 사용한다. 다만, 1회의 24시간 식사 회상법은 개인의 일상 섭취량을 신뢰할 만한 수준으로 추정하기에는 한계가 있으나, 인구집단의 평균 섭취량을 파악하는 데는 타당하다.

미국의 국민건강영양조사(NHANES, National Health and Nutrition Examination Survey)는 1999년부터 연속적으로 시행되며, 약 1만 명의 대상자를 선정해 2년 주기로 결과를 발표한다. 식사 섭취 자료는 24시간 회상법을 통해 수집되며, 첫 번째 회상은 모바일 검사센터(Mobile Examination Center)에서 대면으로, 두 번째 회상은 첫 조사 후 3~10일 이내에 전화로 진행된다. 이처럼 2회의 조사로 개인 내 변이를 산출함으로써 일상 섭취량을 보다 정확하게 추정할 수 있다는 장점이 있다.

또한 미국 식품의약국(FDA)은 매년 총식이조사(TDS, Total Diet Study)를 실시해 식품의 화학성분을 모니터링한다. 이를 위해 미국인의 식생활을 대표하는 식품을 소매점 등에서 구입(시장 바구니 조사, market basket study)해 실제 섭취 형태대로 조리·혼합한 뒤, 영양성분뿐만 아니라 농약, 중금속, 오염물질 등의 수준을 분석한다. 이러한 자료는 시판 식품의 화학 조성 변화 추세와 인구집단의 식품 오염원 노출 수준을 평가하는 중요한 근거가 된다.

더 알아보기

영양 모니터링과 감시

모니터링

모니터링(monitoring)은 반복적 관찰을 통해 추이(trend)를 정확히 파악하는 것을 목적으로 한다. 대표성 있는 표본을 대상으로 정밀한 양적 자료를 수집·분석하는 등, 감시보다 구체적이고 명확한 행동을 의미한다.

감시

감시(surveillance)는 프랑스어 surveiller(감시하다, 지켜보다)에서 유래한 용어로, '주의 깊게 관찰한다'는 뜻을 가진다. 이는 모니터링보다 덜 정교한 방법으로 자료를 수집하고, 세부 집단 간의 추이나 차이를 파악하여 적절한 시기에 중재(intervention)나 개입을 하고자 하는 체계이다(Thacker & Berkelman, 1988). 원래는 감염병 역학에서 사용되던 용어가 1974년 세계식품회의(World Food Conference)에서 처음으로 영양학에 적용되었다.

* 영양 모니터링과 감시는 그 구분이 모호하며, 다양한 자료 체계 속에서 상호 전환적으로 활용될 수 있다. 일반적으로 영양 모니터링 체계는 대규모의 대표성 있는 표본을 대상으로 신체계측(키, 체중)이나 24시간 회상법에 의한 영양조사와 같이 정량적 정확성을 지닌 측정으로 평가하는 반면, 영양감시체계는 대표성 기준이 다소 완화된 표본을 활용하여 자가 기입식 키·체중 기록이나 간단한 식품섭취빈도조사 등 상대적으로 정확도가 낮은 측정치를 통해 평가한다(Thompson & Byers, 1994).

2) 영양감시

국가 수준의 영양감시 자료를 지역 수준에서 활용할 경우 대표성과 시의성이 부족할 수 있다. 국가 조사는 특정 지역을 대표하는 추정치를 산출할 목적으로 수행되지 않으며, 자료 수집 후 분석까지 시간이 소요되는 경우도 있으므로, 지역 수준의 영양중재 계획·목표 설정 및 프로그램 평가와 피드백을 위해서는 특정 지역의 영양조사 체계가 필요하다.

(1) 개발도상국에서의 영양감시

영양감시를 위한 시의성 있는 지역 자료를 제공하기 위한 조사체계는 개발도상국의 영양취약집단에서 다량영양소 및 미량영양소 섭취 부족을 평가하는 데 사용되어 왔다.

다량영양소 섭취 부족은 주로 키, 몸무게, 상완둘레 등을 반복적으로 측정하여 단백질-에너지 영양불량이 전국적으로 확산되기 전에 영양위기를 조기에 파악하는 목적으로 실시된다. 또한 식량 부족 상황에서는 영유아 대상 신체 계측이나 단백질-에너지 영양불량의 신속한 평가가 인도주의적 구호물자를 효과적으로 분배하기 위한 근거로 활용된다(Habicht et al., 1982). 이 외에도 식품의 가용성과 분배, 기후 및 식량생산량을 예측하는 조사체계는 임박한 기근에 대한 조기경보를 제공한다.

미량영양소 섭취 부족의 경우에는 비타민 A, 요오드, 철 결핍증과 관련된 생체지표(예: 혈액 비타민 A, 갑상샘 자극호르몬, 헤모글로빈 수준)를 측정하여 세부 집단별 미량영양소 섭취 충분도를 비교하거나 추이를 파악한다.

(2) 미국의 영양감시

미국의 영양감시는 질병통제예방센터(CDC, Centers for Disease Control and Prevention)를 중심으로 수행되며, 개인의 정확한 일상 섭취량보다는 인구집단 간 차이와 장기적 추세를 파악하는 데 활용된다(표 2-1).

대표적으로 행동위험요인감시체계(BRFSS, Behavioral Risk Factor Surveillance System)는 성인을 대상으로 주 단위 건강행태를 조사하여 정책 기획과 평가에 이용된다. 청소년건강위험행태감시체계(YRBSS, Youth Risk Behavior Surveillance System)는 고등학생(9~12학년)을 대상으로 2년마다 국가 규모로 조사되며, 주·지역 수준에서도 동일 도구로 시행된다.

한편, 과거의 소아영양감시체계(PedNSS, Pediatric Nutrition Surveillance System)와 임신기 영양감시체계(PNSS, Pregnancy Nutrition Surveillance System)는 2012년에 종료되었으며, 현재는 국민건강영양조사와 WIC(미국의 영양플러스) 관련 자료를 통해 영유아 및 임산부의 영양상태를 모니터링하고 있다.

표 2-1 미국의 영양 모니터링 및 감시체계 변화

모니터링 및 감시체계	운영기관	대상 및 내용	과거 운영	현재 상태
국민건강영양조사(NHANES, National Health and Nutrition Examination Survey)	CDC(Centers for Disease Control and Prevention)/NCHS(National Center for Health Statistics)	전 국민 표본조사: 건강검진, 24시간 식사 회상, 혈액·소변 검사	1960년대부터 주기적 시행	1999년부터 연속 조사, 2년 주기로 결과 발표
총식이조사(TDS, Total Diet Study)	FDA(Food and Drug Administration)	미국인의 식생활을 대표하는 식품을 소매점에서 구입·조리·혼합하여 영양소, 중금속, 농약, 오염물질 수준 분석	1960년대부터 시행	매년 시행, 식품 기반 화학성분 및 오염물질 장기 추세 파악에 활용
행동위험요인감시체계(BRFSS, Behavioral Risk Factor Surveillance System)	CDC	성인(18세 이상)의 건강행태: 흡연, 음주, 식습관, 신체활동, 만성질환 관련 요인	1984년 시작, 전화 기반 조사	매년 조사, 미국 최대 성인 건강행태 감시체계
소아영양감시체계(PedNSS, Pediatric Nutrition Surveillance System)	CDC	저소득층 아동의 성장, 영양지표(저체중, 비만, 빈혈 등)	1980년대~2012년까지 운영	WIC 및 NHANES 데이터로 대체
임신기 영양감시체계(PNSS, Pregnancy Nutrition Surveillance System)	CDC	저소득층 임산부의 체중, 빈혈, 모유수유 등	1980년대~2012년까지 운영	WIC 및 NHANES 자료 활용
청소년건강위험행태감시체계(YRBSS, Youth Risk Behavior Surveillance System)	CDC	고등학생(9~12학년)의 위험행동: 흡연, 음주, 영양, 신체활동, 정신건강 등	1991년 시작, 2년마다 시행	국가·주·지역 단위에서 동일 도구 활용

3. 국민건강영양조사

우리나라의 영양 모니터링과 감시를 위한 자료에는 식품수급표, 식품소비실태조사, 지역사회건강조사, 청소년건강행태온라인조사, 총식이조사, 국민건강영양조사(KNHANES, Korea National Health and Nutrition Examination Survey) 등이 있다. 이 중 영양 모니터링을 위한 대표적인 국가조사인 국민건강영양조사를 살펴보기로 한다.

1) 조사의 의의

국민건강영양조사는 1995년에 제정된 「국민건강증진법」 제16조에 근거하여, 1969년부터 시행된 국민영양조사와 1971년부터 시행된 국민건강 및 보건의식행태조사를 통합한 조사로, 국민의 건강 및 영양상태의 현황과 추이를 파악하기 위해 실시되고 있다. 지금까지 1998년, 2001년, 2005년에 시행되었으며, 2007년부터는 매년 통계 생산이 가능한 연중조사로 운영되고 있다. 작성된 통계는 「통계법」 제17조에 근거한 정부 지정 통계이다.

1998년과 2001년 조사는 한국보건산업진흥원이 수행하였고, 2005년에는 한국보건산업진흥원과 질병관리청이 공동으로 조사하였다. 이후 2007년부터는 질병관리청으로 이관되어 수행되고 있다. 2020년 9월부터는 질병관리청 건강영양조사분석과가 조사 기획, 조사 질 관리, 통계 공표, 자료 활용을 담당하고 있으며, 질병대응센터 만성질환조사과가 조사 수

더 알아보기

국민건강영양조사에 대한 근거법: 「국민건강증진법」

제16조(국민건강영양조사 등) ① 질병관리청장은 보건복지부장관과 협의하여 국민의 건강상태·식품섭취·식생활조사 등 국민의 건강과 영양에 관한 조사(이하 "국민건강영양조사"라 한다)를 정기적으로 실시한다.

② 특별시·광역시 및 도에는 국민건강영양조사와 영양에 관한 지도업무를 행하게 하기 위한 공무원을 두어야 한다.

③ 국민건강영양조사를 행하는 공무원은 그 권한을 나타내는 증표를 관계인에게 내보여야 한다.

④ 국민건강영양조사의 내용 및 방법, 그 밖에 국민건강영양조사와 영양에 관한 지도에 관하여 필요한 사항은 대통령령으로 정한다.

행 및 현장조사 질 관리 업무를 맡아 진행하고 있다(그림 2-9~2-11).

국민건강영양조사는 정책적으로 우선순위를 두어야 할 건강 취약집단을 선별하고, 보건 정책과 사업이 효과적으로 전달되는지 평가하기 위한 통계를 산출한다. 또한 세계보건기구(WHO)와 경제협력개발기구(OECD)에서 요청하는 흡연, 음주, 신체활동, 비만 관련 통계 자료를 제공하여 국가 간 비교가 가능하게 한다. 나아가 소아·청소년 표준성장도표 개발, 한국인 영양소 섭취기준 제정, 국민건강증진 종합계획의 수립 및 평가, 프로그램 개발, 예방 및 관리 방안 마련 등에도 활용된다.

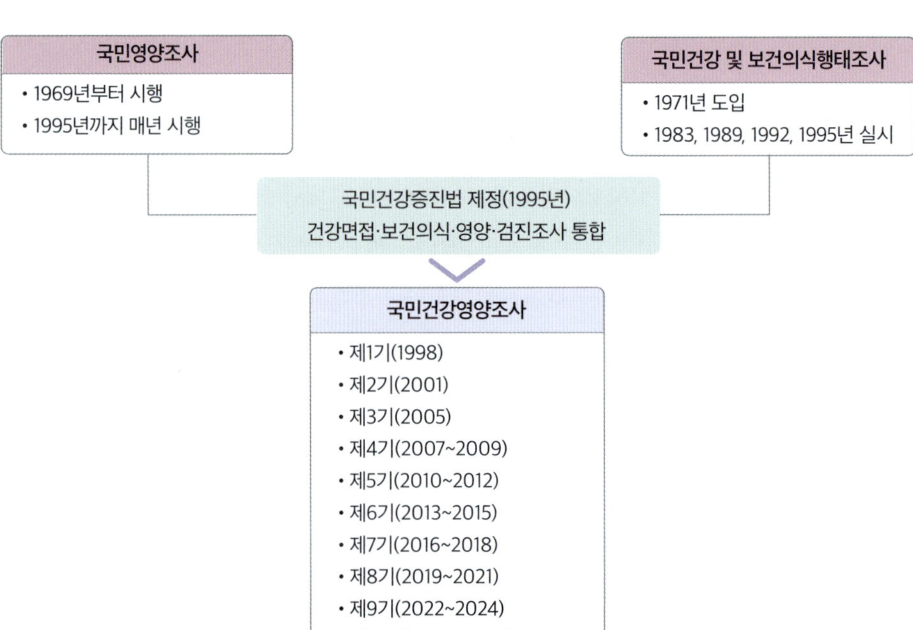

그림 2-9 국민건강영양조사 연혁

자료: 질병관리청 국민건강영양조사.

	제1기(1998)	제2기(2001)	제3기(2005)	제4기(2007~2009)
주기	3년 국가통계	3년 국가통계	3년 국가통계	1년 국가통계
규모 (검진 기준)	200조사구, 22~24가구/조사구	200조사구, 22가구/조사구	200조사구, 22~26가구/조사구	500조사구, 23가구/조사구
기간	11~12월	11~12월	4~6월	연중조사(연 50주)
수행기관	한국보건사회연구원 한국보건산업진흥원	한국보건사회연구원 한국보건산업진흥원	질병관리청 한국보건사회연구원 한국보건산업진흥원	질병관리청

	제5기(2010~2012)	제6기(2013~2015)	제7기(2016~2018)	제8기(2019~2021)
주기	1년 국가통계	1년 국가통계	1년 국가통계	1년 국가통계
규모 (검진 기준)	576조사구, 20가구/조사구	576조사구, 20가구/조사구	576조사구, 23가구/조사구	576조사구, 25가구/조사구
기간	연중조사(연 48주)	연중조사(연 48주)	연중조사(연 48주)	연중조사(연 48주)
수행기관	질병관리청	질병관리청	질병관리청	질병관리청

	제9기(2022~2024)	제10기(2025~2027)
주기	1년 국가통계	1년 국가통계
규모 (검진 기준)	576조사구, 25가구/조사구	576조사구, 25가구/조사구
기간	연중조사(연 48주)	연중조사(연 48주)
수행기관	질병관리청	질병관리청

그림 2-10 국민건강영양조사 추진 경과

자료: 질병관리청 국민건강영양조사.

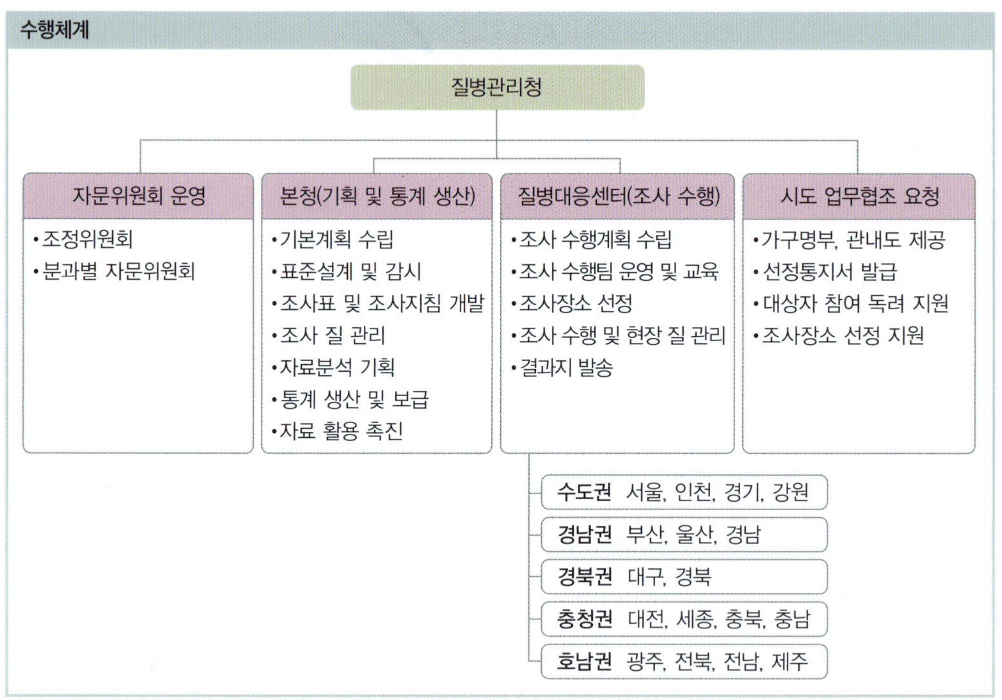

수행 과정

조사 기획	조사 준비	조사 수행	자료 분석	이용자 서비스
• 실시계획 수립 • 조사 내용 결정 • 사업예산 확보	• 통계청, IRB 승인 • 조사표, 조사도구 선정 • 조사원 교육 • 가구원 확인조사 • 조사장소 선정	• 조사대상자 예약 • 검진조사 실시 • 건강설문조사 실시 • 영양조사 실시 • 1차 검독·입력 • 검진결과지 송부	• 자료 검토·정제 • 가중치 부여, DB 구축 • 분과자문회의 검토 • 결과보고회 • 통계집 작성	• 통계집 배포 • 원시자료 제공 • 통계 분석 상담 • 자료 활용 워크숍

그림 2-11 국민건강영양조사 수행체계 및 수행 과정

자료: 질병관리청 국민건강영양조사.

2) 조사 목적

국민건강영양조사의 목적은 다음과 같다.

- 국민건강증진종합계획의 목표지표 설정 및 평가를 위한 근거 자료 제공

- 흡연, 음주, 영양소 섭취, 신체활동 등 건강위험행태 모니터링
- 주요 만성질환의 유병률 및 관리 현황(인지율, 치료율, 조절률 등) 모니터링
- 질병 및 장애에 따른 삶의 질, 활동 제한, 의료 이용 현황 분석
- 국가 간 비교 가능한 건강지표 산출

3) 조사 대상

매년 192개 지역에서 25가구를 확률표본으로 추출하여, 만 1세 이상 가구원 약 1만 명을 조사한다. 대상자는 생애주기별 특성에 따라 소아(1~11세), 청소년(12~18세), 성인(19세 이상)으로 구분하고, 각 특성에 맞는 조사항목을 적용한다.

제1기(1998)부터 제3기(2005)까지는 3년 주기의 2~3개월 단기 조사체계로 운영되었으나, 제4기(2007~2009)부터는 연중 조사체계로 개편되었다. 이때 3개 연도를 각각 독립적인 순환표본으로 구성하여 전국을 대표할 수 있도록, 순환표본조사(Rolling Sampling Survey) 방식을 도입·운영하고 있다.

4) 조사 방법·분야·내용

(1) 조사 방법

2007년부터는 연중 조사체계 도입과 함께 안정적인 조사를 위해 전문조사 수행팀을 구성하여 운영하고 있다. 전문조사원은 간호사, 영양사, 보건학 전공자 등으로 이루어지며, 선발 후 2~4주의 교육과 실습을 마친 뒤 조사현장에 투입된다. 이후에도 정기적인 교육(연 7회)과 현장 질 관리를 통해 조사 수행 능력을 지속적으로 검증받는다.

전문조사 수행팀은 이동검진차량을 이용해 매주(연 48주) 4개 지역(연 192개 지역)을 방문 조사하며, 한 지역(조사구)은 3일 동안 조사한다. 대상자는 먼저 1호차(초록색)를 방문해 조사 대상자임을 확인받은 뒤 동의서를 작성하고 조사에 참여한다. 검진 및 건강설문조사는 이동검진차량에서 진행되며, 성인의 경우 1인당 약 1시간 30분~2시간이 소요된다. 2022년 이전에는 조사 1주일 후 영양조사원이 가정을 방문해 영양조사를 실시했으나, 2022년부터는 영양조사도 차량 기반으로 이루어진다(그림 2-12).

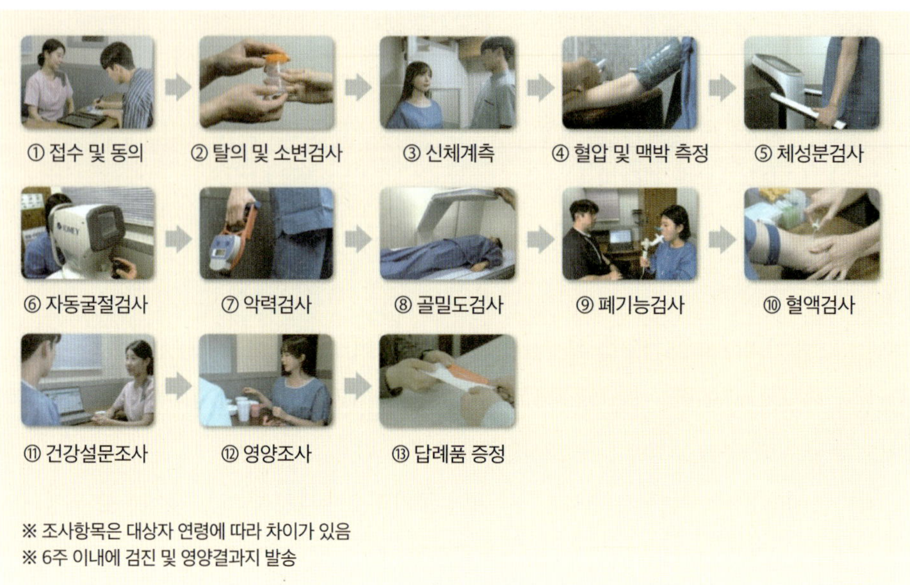

그림 2-12 국민건강영양조사 과정

자료: 질병관리청 국민건강영양조사.

구분	현행	2단계(2023~2024)	3단계(2025~)
건강설문	대면조사(검진차량)	• 자가기입 항목 비대면조사 일부 도입 고연령층 등 대면조사 실시*	• 비대면조사 전면 도입 고연령층은 필요시에만 대면조사 실시*
영양	대면조사(검진차량)	• 대면조사(검진차량)	• 비대면조사 24시간 회상조사는 4단계로 추진*

* 관련 연구
- 국가건강조사 인터넷조사 도입 방안 연구(2022년)
- 온라인을 활용한 자가기입식 식생활, 식품섭취빈도조사표 개발(2021~2023년)
- 온라인을 활용한 자가기입식 식품섭취조사(24시간 회상조사) 기획(2023년~)

그림 2-13 국민건강영양조사의 인터넷조사 도입

자료: 질병관리청 국민건강영양조사.

코로나19 이후 감염병 유행 대비와 조사 참여자 편의를 위해 인터넷조사가 단계적으로 도입되었다. 현행 검진차량 조사는 2단계로, 2023~2024년에는 일부 자가기입 항목을 비대면으로 전환하되 영양조사는 대면으로 실시한다. 2025년부터는 3단계로 전환하여 비대면 조사를 전면 도입하고(고령층은 필요시 대면조사), 영양조사도 비대면으로 실시할 예정이다. 또한 24시간 회상조사는 4단계에서 추진할 계획이다(그림 2-13).

(2) 조사 분야 및 조사 내용

국민건강영양조사의 조사 분야 및 내용은 표 2-2와 같다. 조사 영역은 지속적으로 확대되고 있으며, 환경 및 정책 변화에 따라 일시적으로 추가되는 기획 영역도 있다(그림 2-14). 특히, 고령화에 대비하여 2022년 근감소증조사와 비타민 D 측정이 도입되었고, 2024년에는 골다공증 조사(DEXA, 생화학 항목)와 노인 신체기능 평가가 추가되었다.

또한 제5차 국민건강증진종합계획에 '건강정보 이해력 제고' 성과지표가 포함됨에 따라, 만 19세 이상 성인을 대상으로 국가 단위 건강정보 이해 및 활용 능력을 모니터링하기 위한 도구(자가보고형 10문항, 지식형 1문항)가 개발·도입되었다.

아울러 국민건강영양조사 자료는 통계청 사망원인 통계, 국립암센터 중앙암등록자료, 환경부 환경노출자료 등과 연계되어 활용되기도 한다(그림 2-15).

표 2-2 국민건강영양조사 조사 분야별 조사 내용

※ 제10기 1차년도(2025년) 조사 기준

조사 분야	조사 내용
검진조사	비만, 고혈압, 당뇨병, 이상지질혈증, 간질환, 신장질환, 빈혈, 악력, 체성분검사, 자동굴절검사, 폐기능검사, 골밀도검사 등
건강설문조사	가구조사, 이환, 예방접종 및 건강검진, 활동 제한 및 삶의 질, 손상, 의료이용, 신체활동*, 여성건강, 교육 및 경제활동, 비만 및 체중조절, 음주, 안전의식, 수면건강 및 정신건강, 흡연, 구강건강
영양조사	식품 및 영양소 섭취 현황, 식생활행태, 식이보충제, 영양지식, 식품 안정성, 수유 현황

* 19~64세(일부 대상) 신체활동량 측정조사 실시, 가속도계 착용

자료: 질병관리청 국민건강영양조사.

연도	2020	2021	2022	2023	2024	2025	2026	2027	2028	2029
필수	흡연, 음주, 신체활동, 정신건강, 영양, 비만, 고혈압, 당뇨병, 이상지질혈증, 구강질환, 삶의 질 등									
순환(심층)	안질환조사									
	실내공기질/환경생체지표									
	이비인후질환조사									
			근감소증조사							
					고밀도조사, 노인 신체기능 조사					
					신체활동(가속도계) 측정					
			비타민 D 측정							
기획*			코로나19 후유증							

* 환경, 정책 변화 등에 따라 일시적으로 추가되는 영역

그림 2-14 국민건강영양조사의 조사 영역 확대

자료: 질병관리청 국민건강영양조사.

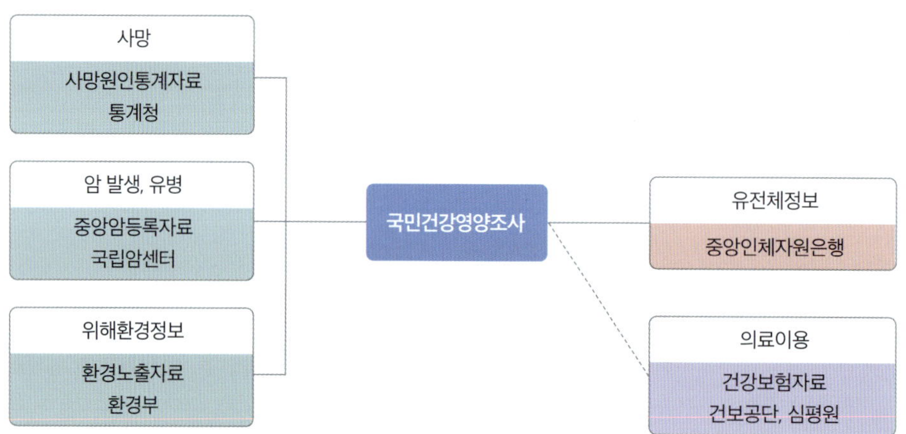

그림 2-15 국민건강영양조사의 타 기관 자료와의 연계

자료: 질병관리청 국민건강영양조사.

(3) 영양조사 항목

영양조사의 목적은 '국민의 영양상태를 평가하고, 영양 취약집단 및 시급한 영양문제를 파악하며, 질병 예방 및 치료를 위한 영양 관리 방안을 마련하는 것'이다. 조사 항목에는 조사 2일 전 섭취한 음식 종류 및 섭취량, 조리정보, 식품 안전성 여부, 아침식사 빈도, 식이보충제 복용 경험 등이 포함된다. 국민건강영양조사의 영양조사 항목은 **표 2-3**과 같다.

표 2-3 국민건강영양조사의 영양조사 항목

※ 제10기 1차년도(2025년) 조사 기준

구분	조사 항목	조사 대상자
식생활조사	• 아침식사 빈도 • 음식점 음료 섭취 빈도 • 식이보충제 복용 경험 • 식사조절 여부 및 사유 • 평균 물 섭취량 • 과일, 고기·생선·달걀·콩류, 우유·유제품 섭취 빈도	1세 이상
	• 영양교육 및 상담 경험 • 영양표시 인지 및 이용	12세 이상
	• 모유·조제분유 수유 경험 • 이유보충식 시작 시기	1~3세
식품섭취조사	• 조사 2일 전 섭취 음식의 종류 및 섭취량, 조리정보	1세 이상
식품안정성조사	• 식생활 관리자 여부 • 식품 안정성 확보 여부 • 식생활 지원 프로그램 수혜 여부	식생활 관리자 (14세 이상)

자료: 질병관리청 국민건강영양조사.

ACTIVITY

영양 및 식량 관련 조사·분석 활동을 통해 세계와 우리나라의 식생활 현황을 이해하고, 문제 해결 방안을 탐색해 보자.

1. 우리나라의 영양 모니터링과 감시를 위한 조사(식품수급표, 식품소비실태조사, 지역사회건강조사, 청소년건강행태온라인조사, 총식이조사, 국민건강영양조사 등) 중 하나를 선정하여 최근 결과를 살펴보고, 우리나라의 현재 식생활 및 영양문제를 진단해 발표해 보자.
2. 미국 국제개발처(USAID)의 기근 조기경보시스템 네트워크(FEWS NET) 웹사이트(https://www.fews.net)를 방문해 식량원조가 가장 필요한 국가 네 곳을 선정하고, 그 이유를 제시해 보자.

SUMMARY

- **영양역학의 개념**: 식사와 영양상태가 질병 및 건강 결과와 어떻게 관련되는지를 역학적 방법으로 규명하는 학문 분야이다.
- **식사의 노출요인으로서의 특성**: 개인 식사는 여러 음식과 영양소가 복합적으로 섞여 있고 시간이 지나며 변하기 때문에, 노출(식사)을 정확히 구분하고 측정하기 어렵다.
- **식사와 질병연구 설계**: 생태학적 연구, 단면연구, 환자 대조군 연구, 코호트연구, 중재연구 등 다양한 역학연구 설계를 활용하며, 각 설계는 인과추론 가능성과 비용·시간 측면에서 장단점이 다르다.
- **인과관계 판단 기준**: 시간적 선후관계, 연관성의 강도, 결과의 일관성, 용량-반응 관계, 생물학적 개연성, 기존 자료와의 합치성 등 여러 기준을 종합해 식사요인과 질병 사이의 인과성을 평가한다.
- **영양 모니터링과 감시의 목적**: 인구집단의 식품·영양 섭취와 영양상태 변화를 지속적으로 관찰하여, 영양문제를 조기에 파악하고 정책·사업의 근거를 제공하는 데 있다.
- **국민건강영양조사**: 우리나라 국민의 건강상태, 식품 및 영양 섭취 실태를 파악하기 위해 시행되는 국가 단위의 대표 조사로, 건강설문·검진·영양조사로 구성된다.

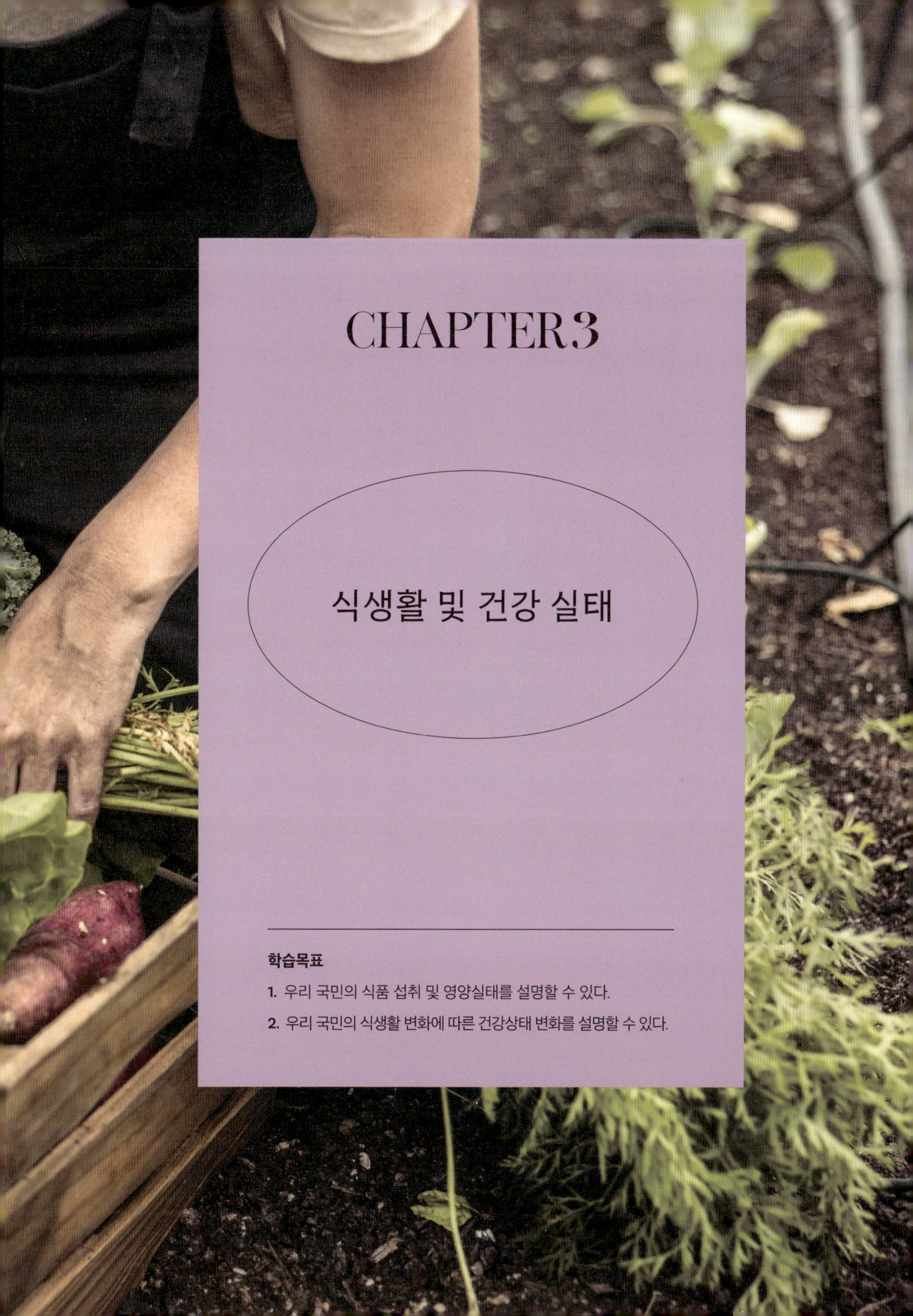

CHAPTER 3

식생활 및 건강 실태

학습목표

1. 우리 국민의 식품 섭취 및 영양실태를 설명할 수 있다.
2. 우리 국민의 식생활 변화에 따른 건강상태 변화를 설명할 수 있다.

CHAPTER 3

우리는 매일 의식적으로, 때로는 습관적으로 음식을 섭취하고 있다. 이렇게 음식을 섭취하는 행위는 생명현상을 유지하는 데 필요한 영양소를 얻기 위해서이다.

인간이 생명을 영위하기 위해 필요한 영양소의 종류와 양은 개인별로 크게 다르지 않다. 그러나 연령, 활동량, 신체적·환경적 조건 등에 따라 차이가 나타난다. 개인이나 집단을 살펴볼 때 어떤 음식을 어떻게 먹는가는 매우 다양한 양상을 보인다. 이는 사회적·경제적 발전 수준에 따라 크게 달라지며, 궁극적으로는 지역사회 내 개인들의 체위, 영양상태, 건강상태 등에 영향을 미치게 된다.

이 장에서는 한국인의 사회적·경제적 변동에 따른 식생활 실태와, 그에 따른 영양상태 및 건강문제를 살펴본다.

1. 식품 및 영양 섭취 실태

1) 식품 소비 실태

우리 국민의 식품 소비는 최근 20여 년간 큰 변화를 보였다. 가장 두드러진 변화는 그림 3-1에서 확인할 수 있듯이, 남녀 모두 곡류·채소류·과일류 섭취는 감소한 반면, 육류와 음료류 섭취는 증가하는 추세를 나타낸다는 점이다.

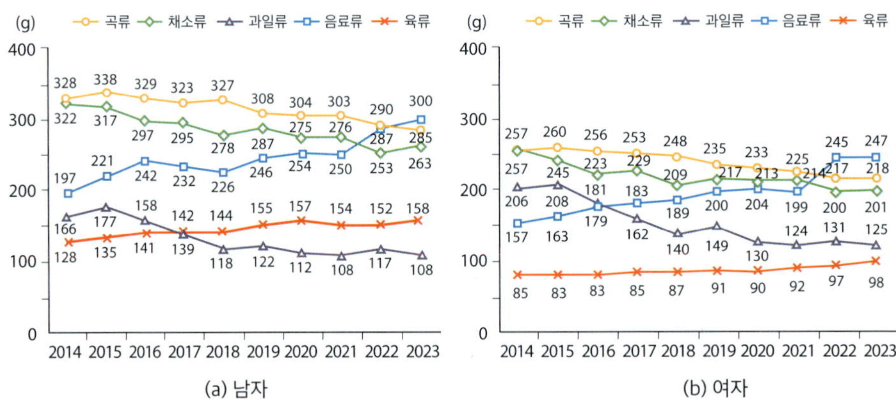

그림 3-1 식품군별 1일 섭취량 추이(1세 이상)

※ 2005년 추계인구로 연령표준화

자료: 질병관리청(2024). 2023 국민건강통계.

2023년 국민건강영양조사 결과에 따르면, 1인당 1일 총 식품 섭취량은 1,416.1 g이며, 곡류섭취량은 252.2 g, 채소류 232.5 g, 과일류 116.3 g, 육류 129.0 g, 우유류 121.5 g, 음료류 274.6 g, 주류 70.5 g 등이었다. 이 중 음료류 섭취량이 가장 많았다(표 3-1).

표 3-1 식품군별 1일 섭취량(1세 이상)

평균(표준오차) [단위: g]

구분	전체 (n=6,786)		남성 (n=3,016)		여성 (n=3,770)	
곡류	252.2	(3.1)	285.4	(4.3)	217.6	(3.3)
감자·전분류	32.6	(1.2)	31.4	(1.5)	33.9	(1.8)
당류	10.9	(0.4)	10.8	(0.5)	11.0	(0.5)
두류	38.1	(1.3)	40.0	(1.7)	36.3	(1.8)
종실류	4.8	(0.3)	4.9	(0.4)	4.7	(0.4)
채소류	232.5	(3.0)	263.0	(4.4)	200.9	(3.4)
버섯류	5.8	(0.3)	5.8	(0.4)	5.9	(0.4)
과일류	116.3	(4.5)	108.1	(6.3)	124.8	(4.7)
해조류	3.3	(0.3)	3.5	(0.4)	3.0	(0.3)
음료류	274.6	(6.6)	300.0	(9.8)	247.2	(6.9)
주류	70.5	(4.1)	97.5	(7.0)	42.5	(4.1)
양념류	38.3	(0.7)	44.1	(1.0)	32.2	(0.8)
육류	129.0	(2.6)	157.5	(4.1)	98.4	(2.6)
난류	37.3	(1.0)	40.1	(1.4)	34.4	(1.1)
어패류	40.2	(1.2)	44.6	(1.6)	35.9	(1.4)
우유류	121.5	(3.2)	119.7	(4.6)	123.2	(3.5)
유지류	7.5	(0.2)	8.3	(0.3)	6.6	(0.2)
기타	0.7	(0.1)	0.8	(0.1)	0.6	(0.1)

※ 2005년 추계인구로 연령표준화

자료: 질병관리청(2024). 2023 국민건강통계.

(1) 다소비 식품

2023년 우리 국민의 다소비 식품은 멥쌀, 우유, 배추김치, 돼지고기, 사과, 달걀, 탄산음료, 맥주, 닭고기, 양파 등의 순으로 조사되었다. 이 중 단일식품으로 가장 많이 섭취한 멥쌀의 1인 1일 평균 섭취량은 117.3 g이었으며, 그 섭취량은 지속적으로 감소하고 있다. 상위 20위 품목의 식품 섭취 누적량은 전체 식품 섭취량의 55.8%를 차지하였다(표 3-2).

표 3-2 다소비 식품 및 1인 1일 평균섭취량

순위 \ 구분	식품명	섭취량(표준오차) [단위: g]		섭취 분율(%)	누적 분율(%)
1	멥쌀	117.3	(1.5)	9.0	9.0
2	우유	73.7	(2.4)	5.7	14.7
3	김치, 배추김치	60.8	(1.5)	4.7	19.4
4	돼지고기	53.2	(2.1)	4.1	23.5
5	사과	42.1	(2.5)	3.2	26.7
6	달걀	41.2	(1.0)	3.2	29.9
7	탄산음료	39.6	(2.4)	3.0	32.9
8	맥주	37.9	(2.8)	2.9	35.8
9	닭고기	31.3	(1.7)	2.4	38.2
10	양파	30.0	(0.9)	2.3	40.5
11	소주	24.5	(1.9)	1.9	42.4
12	소고기	22.8	(1.0)	1.8	44.2
13	빵	21.5	(1.0)	1.7	45.8
14	감자	21.3	(1.3)	1.6	47.5
15	두부	21.1	(0.9)	1.6	49.1
16	무	19.2	(0.8)	1.5	50.6
17	과일음료	19.0	(1.3)	1.5	52.0
18	두유	17.6	(1.0)	1.4	53.4
19	고구마	16.1	(1.2)	1.2	54.6
20	기타 가당음료	15.9	(1.5)	1.2	55.8

자료: 질병관리청(2024). 2023 국민건강통계.

(2) 에너지 섭취 기여 주요 식품

에너지 섭취량에 기여하는 주요 식품은 멥쌀, 돼지고기, 빵, 소고기, 달걀, 라면, 국수, 우유, 닭고기, 소주 등으로 곡류 식품과 동물성 식품이 에너지 기여도가 높았다(표 3-3).

표 3-3 에너지 섭취량 기여 주요 급원식품(1세 이상)

순위 \ 구분	식품명	섭취량(표준오차) [단위: g]		섭취 분율(%)	누적 분율(%)
1	멥쌀	429.1	(5.4)	23.4	23.4
2	돼지고기	107.3	(4.8)	5.8	29.2
3	빵	64.3	(2.8)	3.5	32.7
4	소고기	64.0	(3.2)	3.5	36.2
5	달걀	57.4	(1.4)	3.1	39.4
6	라면	52.6	(2.5)	2.9	42.2
7	국수	52.3	(2.6)	2.9	45.1
8	우유	47.6	(1.5)	2.6	47.7
9	닭고기	46.7	(2.5)	2.5	50.2
10	소주	40.6	(3.1)	2.2	52.4
11	과자	36.1	(1.8)	2.0	54.4
12	콩기름	35.4	(1.0)	1.9	56.3
13	떡	31.3	(2.2)	1.7	58.0
14	고구마	23.8	(1.7)	1.3	59.3
15	사과	23.6	(1.4)	1.3	60.6
16	김치, 배추김치	22.9	(0.6)	1.2	61.9
17	밀가루	22.4	(1.4)	1.2	63.1
18	커피, 당·프림 등 첨가	21.4	(0.8)	1.2	64.3
19	마요네즈	20.9	(1.4)	1.1	65.4
20	두부	18.6	(0.8)	1.0	66.4
21	탄산음료	17.8	(1.1)	1.0	67.4
22	현미	17.6	(0.7)	1.0	68.3

자료: 질병관리청(2024). 2023 국민건강통계.

2) 영양소 섭취 실태

(1) 에너지 영양소

2023년 국민건강영양조사에 따르면, 우리 국민의 1인당 1일 평균 에너지 섭취량은 1,862.1

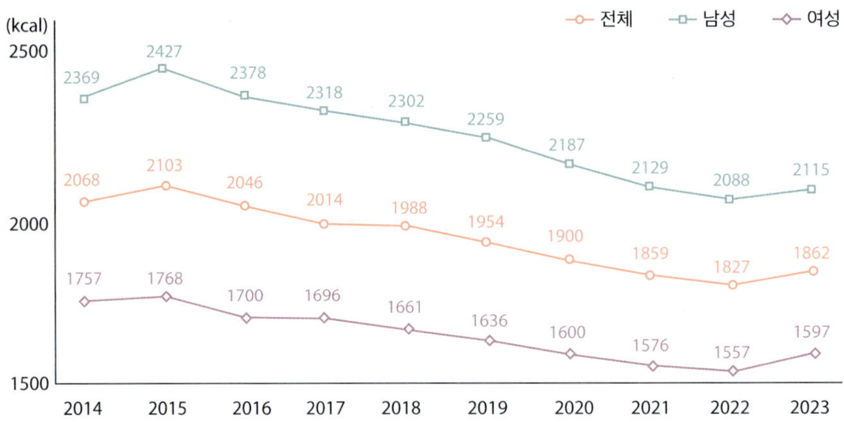

그림 3-2 에너지 섭취량 추이(1세 이상)

※ 2005년 추계인구로 연령표준화

자료: 질병관리청(2024). 2023 국민건강통계.

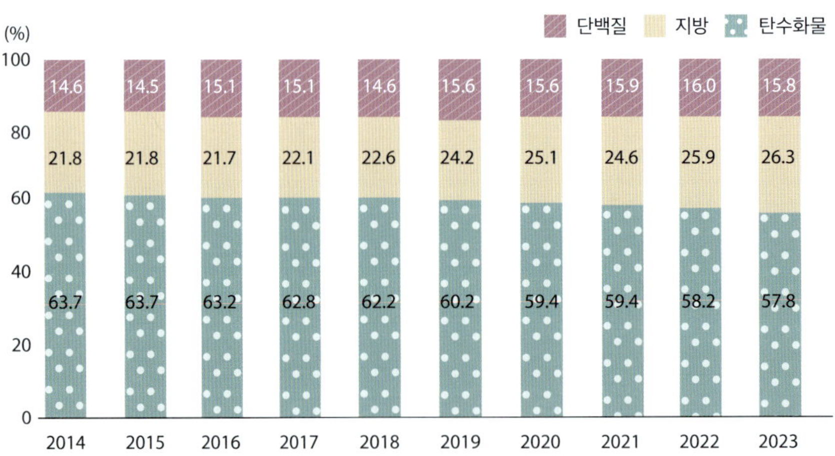

그림 3-3 에너지 급원별 섭취 분율(1세 이상)

※ 2005년 추계인구로 연령표준화

자료: 질병관리청(2024). 2023 국민건강통계.

kcal(남성 2,115.5 kcal, 여성 1,596.6 kcal)로 감소하는 추세를 보이다가 2023년에 약간 증가하였다. 에너지 급원별 섭취비율은 탄수화물 57.8%, 지방 26.3%, 단백질 15.8%로, 탄수화물 에너지 섭취비율은 줄어드는 반면, 지방 에너지 섭취비율은 꾸준히 늘고 있다(그림 3-2, 3-3). 1일 평균 섭취량은 탄수화물 254.1 g, 단백질 71.4 g, 지방 54.7 g으로 조사되었다(표 3-4).

표 3-4 영양소별 1일 평균 섭취량(1세 이상)

평균(표준오차)

구분	전체 (n=6,786)		남성 (n=3,016)		여성 (n=3,770)	
에너지(kcal)	1,862.1	(14.6)	2,115.5	(22.2)	1,596.6	(14.1)
단백질(g)	71.4	(0.7)	81.9	(1.1)	60.3	(0.7)
지방(g)	54.7	(0.7)	61.6	(1.1)	47.5	(0.6)
포화지방산(g)	18.0	(0.2)	20.0	(0.4)	15.9	(0.3)
단일 불포화지방산(g)	18.0	(0.3)	20.5	(0.4)	15.4	(0.2)
다가 불포화지방산(g)	13.1	(0.2)	14.7	(0.3)	11.4	(0.2)
n-3 지방산(g)	1.8	(0.0)	1.9	(0.0)	1.6	(0.0)
n-6 지방산(g)	11.3	(0.2)	12.7	(0.2)	9.8	(0.2)
콜레스테롤(mg)	276.3	(3.8)	308.0	(6.1)	242.8	(4.0)
탄수화물(g)	254.1	(2.2)	283.7	(2.9)	223.1	(2.2)
식이섬유(g)	21.5	(0.2)	23.6	(0.3)	19.4	(0.2)
당(g)	59.8	(0.8)	62.3	(1.1)	57.2	(1.0)
칼슘(mg)	493.5	(5.1)	532.4	(7.4)	453.3	(5.7)
인(mg)	1,033.2	(8.5)	1,156.9	(13.3)	903.7	(8.4)
나트륨(mg)	3,092.4	(35.1)	3,612.5	(49.5)	2,549.1	(33.1)
칼륨(mg)	2,499.1	(24.2)	2,750.9	(35.0)	2,236.1	(23.9)
마그네슘(mg)	273.2	(2.5)	304.9	(3.4)	240.2	(2.5)
철(mg)	8.9	(0.1)	10.0	(0.2)	7.8	(0.1)
아연(mg)	9.9	(0.1)	11.3	(0.1)	8.4	(0.1)

(계속)

구분		전체		남성		여성	
		(n=6,786)		(n=3,016)		(n=3,770)	
비타민 A(μg RE)		–	–	–	–	–	–
비타민 A(μg RAE)		388.9	(7.4)	417.8	(10.1)	358.0	(7.0)
비타민 D(μg)		2.8	(0.1)	3.1	(0.1)	2.4	(0.1)
비타민 E(mg α-TE)		6.9	(0.1)	7.7	(0.1)	6.1	(0.1)
티아민(μg)		1,161.8	(14.3)	1,348.6	(23.8)	964.1	(14.1)
리보플라빈(μg)		1,632.5	(19.3)	1,846.6	(28.9)	1,407.2	(18.0)
나이아신(mg)		12.5	(0.1)	14.4	(0.2)	10.5	(0.2)
엽산(μg DFE)		281.4	(3.0)	311.0	(4.2)	250.7	(2.8)
비타민 C(mg)		66.9	(1.7)	70.8	(2.9)	62.8	(1.9)
급원별 에너지 섭취 분율(%)	단백질	15.8	(0.1)	16.2	(0.1)	15.5	(0.1)
	지방	26.3	(0.2)	26.2	(0.2)	26.5	(0.2)
	탄수화물	57.8	(0.2)	57.6	(0.3)	58.1	(0.3)

※ 2005년 추계인구로 연령표준화

자료: 질병관리청(2024). 2023 국민건강통계.

(2) 무기질과 비타민

티아민, 리보플라빈 등의 섭취비율은 섭취기준 대비 양호하였고, 나트륨은 약간 감소하는 경향을 보였다. 그러나 칼슘과 비타민 A의 섭취비율은 개선되지 않았으며, 칼륨, 비타민 D, 비타민 E, 엽산, 비타민 C 등의 섭취 수준도 여전히 낮았다.

특히, 2023년도 권장섭취량 대비 섭취비율이 낮은 영양소를 살펴보면, 칼슘 65.5%, 비타민 A 60.9%, 비타민 D 30.4%, 비타민 E 62.1% 등으로 섭취량이 매우 저조하였다(**표 3-5**).

표 3-5 주요 영양소의 섭취기준 대비 섭취비율 추이(1세 이상)

평균(표준오차) [단위: %]

구분	2014년 (n=6,801)		2015년 (n=6,628)		2016년 (n=7,040)		2017년 (n=7,167)		2018년 (n=7,064)	
단백질	159.3	(1.4)	162.5	(1.8)	146.8	(1.4)	145.6	(1.7)	144.2	(1.4)
칼슘	68.4	(0.7)	69.8	(0.8)	69.0	(0.8)	69.3	(0.8)	68.4	(0.8)
나트륨	197.4	(2.2)	204.4	(3.1)	175.6	(2.3)	175.2	(2.1)	171.5	(2.0)
칼륨	86.7	(0.8)	86.8	(0.9)	81.6	(0.8)	80.4	(0.8)	76.2	(0.7)
철	164.0	(4.6)	160.9	(2.0)	114.3	(1.4)	113.0	(1.5)	110.8	(1.3)
비타민 A(RAE)*	119.2	(3.3)	112.5	(2.7)	60.7	(1.5)	59.0	(1.1)	58.3	(1.1)
비타민 D	–	–	–	–	35.4	(1.2)	36.3	(1.1)	34.2	(1.0)
비타민 E	–	–	–	–	59.6	(0.7)	60.5	(0.7)	58.8	(0.7)
티아민	186.5	(1.7)	186.6	(1.8)	127.2	(1.3)	124.4	(1.7)	123.8	(1.3)
리보플라빈	110.7	(1.1)	112.7	(1.3)	128.5	(1.4)	128.9	(1.6)	130.4	(1.5)
나이아신	116.1	(1.2)	116.8	(1.4)	95.9	(1.0)	95.6	(1.3)	93.1	(1.0)
엽산	–	–	–	–	83.2	(0.8)	82.0	(1.0)	79.3	(0.7)
비타민 C	104.6	(2.8)	102.3	(3.1)	68.9	(1.6)	70.1	(1.8)	68.0	(1.6)
구분	2019년 (n=7,147)		2020년 (n=5,808)		2021년 (n=5,940)		2022년 (n=5,830)		2023년 (n=6,786)	
단백질	146.1	(1.3)	143.1	(1.6)	144.0	(1.6)	131.6	(1.3)	133.4	(1.2)
칼슘	64.9	(0.6)	63.3	(0.7)	64.3	(0.9)	64.6	(0.7)	65.5	(0.7)
나트륨	172.7	(1.9)	166.8	(2.1)	–	–	136.6	(1.3)	139.4	(1.6)
칼륨	77.5	(0.8)	74.4	(0.7)	75.0	(0.8)	72.1	(0.7)	73.4	(0.7)
철	89.8	(1.1)	89.2	(1.2)	92.7	(1.7)	86.8	(1.2)	85.5	(1.2)
비타민 A(RAE)*	59.3	(0.8)	59.6	(1.3)	61.7	(1.1)	60.4	(1.1)	60.9	(1.3)
비타민 D	32.1	(1.0)	30.6	(1.1)	31.9	(1.1)	31.4	(1.0)	30.4	(1.0)

(계속)

구분	2019년		2020년		2021년		2022년		2023년	
	(n=7,147)		(n=5,808)		(n=5,940)		(n=5,830)		(n=6,786)	
비타민 E	63.0	(0.6)	61.9	(0.7)	62.3	(0.8)	61.7	(0.7)	62.1	(0.6)
티아민	110.7	(1.3)	107.4	(1.6)	108.4	(1.3)	105.5	(1.3)	110.6	(1.2)
리보플라빈	128.6	(1.2)	128.7	(1.4)	129.2	(1.6)	128.1	(1.3)	130.9	(1.4)
나이아신	89.0	(0.9)	87.3	(1.2)	90.7	(1.1)	88.2	(1.1)	90.0	(0.9)
엽산	79.0	(0.8)	75.7	(0.8)	78.0	(0.9)	76.6	(0.8)	76.6	(0.8)
비타민 C	75.1	(1.8)	67.1	(2.0)	75.0	(2.9)	77.7	(2.1)	75.5	(1.9)

* 2014~2015년: RE, 2016~2023년: RAE

자료: 질병관리청(2024). 2023 국민건강통계.

2023년 국민건강영양조사에 따르면, 영양소 섭취기준 미만 섭취자의 분율이 70% 이상인 영양소는 칼슘과 비타민 A였다. 칼슘의 경우 12~18세의 82.3%가 평균필요량 미만으로 섭취하였으며, 1~2세를 제외한 모든 연령층에서 평균필요량 미만 섭취자의 비율이 60% 이상으로 조사되었다(표 3-6). 이에 따라 우리 국민의 칼슘 영양상태를 개선하기 위한 지속적인 대책이 필요하다.

비타민 A 역시 1세 이상 전 국민의 73.1%가 평균필요량 미만으로 섭취하였으며, 특히 12세 이상 모든 연령층에서 그 비율이 70%를 초과하였다. 또한 엽산과 비타민 C도 1세 이상 전 국민의 평균필요량 미만 섭취자 비율이 각각 60.2%, 69.6%에 달해 영양상태가 불량한 것으로 나타났다. 최근 채소와 과일의 섭취량이 지속적으로 감소함에 따라 비타민 A, 엽산, 비타민 C의 섭취도 줄어들고 있어, 채소와 과일 섭취를 늘릴 수 있는 영양교육이 필요하다.

영양 섭취 부족자는 에너지 섭취량이 필요추정량의 75% 미만이면서 칼슘, 철, 비타민 A, 리보플라빈의 섭취량이 평균필요량 미만인 경우를 말한다. 우리나라 국민의 17.9%가 영양 섭취 부족자에 해당했으며, 여성에서 비율이 더 높았고, 특히 12~18세와 하위 소득층에서 그 비율이 가장 높았다.

한편, 에너지 섭취량이 필요추정량의 125% 이상이면서 지방 섭취량이 에너지적정비율을 초과한 에너지/지방 과잉 섭취자의 비율은 전체 7.3%였으며, 19~29세와 상위 소득층에서 가장 높았다(그림 3-4).

표 3-6 주요 영양소의 영양소 섭취기준 미만 섭취자 분율

분율(표준오차) [단위: %]

구분	에너지		단백질		칼슘		철		비타민 A	
전체(1세 이상)	36.7	(0.8)	22.1	(0.7)	70.8	(0.7)	51.0	(0.9)	73.1	(0.8)
1~2	4.5	(2.4)	1.5	(1.4)	38.2	(5.6)	52.9	(7.0)	28.5	(8.2)
3~5	19.4	(3.6)	2.5	(1.4)	63.9	(5.4)	49.9	(4.7)	43.5	(7.7)
6~11	20.1	(2.4)	9.9	(1.6)	71.0	(2.9)	62.8	(3.3)	56.6	(4.1)
12~18	43.7	(3.1)	21.7	(2.1)	82.3	(2.2)	79.3	(2.1)	74.9	(3.6)
19~29	43.4	(2.4)	22.0	(1.9)	75.2	(2.0)	62.6	(2.4)	80.5	(2.6)
30~49	41.8	(1.4)	18.9	(1.2)	69.3	(1.4)	60.9	(1.3)	78.0	(1.9)
50~64	33.0	(1.3)	21.9	(1.2)	66.7	(1.3)	34.2	(1.4)	74.6	(1.8)
65+	34.8	(1.4)	34.4	(1.4)	74.2	(1.4)	36.8	(1.5)	77.9	(1.6)
구분	티아민		리보플라빈		나이아신		엽산		비타민 C	
전체(1세 이상)	44.0	(0.7)	29.9	(0.7)	52.4	(0.7)	60.2	(0.8)	69.6	(0.8)
1~2	18.3	(4.5)	5.3	(2.4)	13.7	(4.3)	39.1	(6.3)	38.4	(6.4)
3~5	12.6	(3.0)	8.5	(2.7)	22.9	(3.3)	35.8	(4.9)	40.8	(4.5)
6~11	23.5	(2.5)	11.3	(1.9)	31.8	(2.9)	50.0	(3.2)	47.8	(2.8)
12~18	40.7	(2.9)	34.1	(2.9)	52.5	(2.9)	76.8	(2.4)	69.9	(2.6)
19~29	44.5	(2.4)	31.9	(2.2)	48.4	(2.6)	76.0	(2.0)	77.1	(2.0)
30~49	46.4	(1.3)	27.8	(1.3)	52.3	(1.3)	66.1	(1.4)	74.1	(1.3)
50~64	46.6	(1.3)	30.8	(1.1)	55.8	(1.3)	50.0	(1.5)	67.9	(1.4)
65+	48.0	(1.5)	37.9	(1.6)	61.8	(1.4)	54.2	(1.6)	70.2	(1.4)

※ 영양소 섭취기준: 에너지-필요추정량의 75%; 그 외 영양소-평균필요량

※ 2005년 추계인구로 연령표준화

자료: 질병관리청(2024). 2023 국민건강통계.

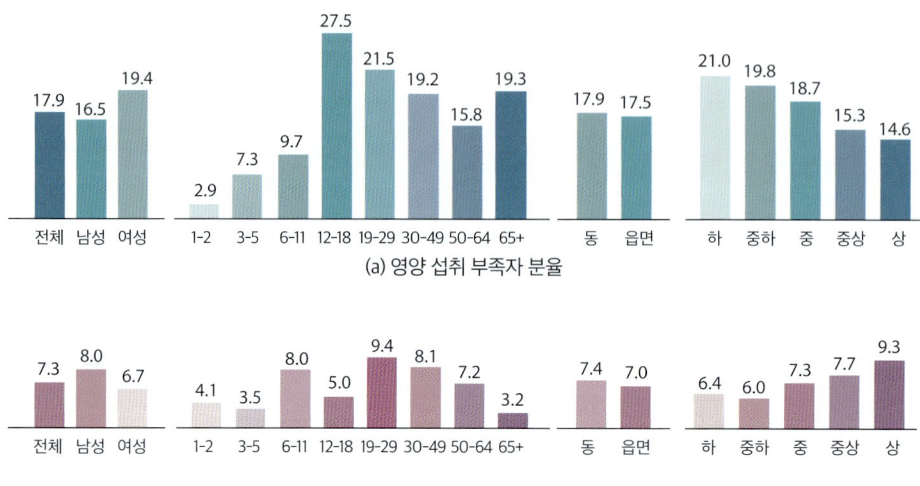

그림 3-4 영양 섭취 부족자 및 에너지/지방 과잉 섭취자 분율

※ 영양 섭취 부족자 분율: 에너지 섭취량이 필요추정량의 75% 미만이면서 칼슘, 철, 비타민 A, 리보플라빈의 섭취량이 평균필요량 미만인 분율, 1세 이상

※ 에너지/지방 과잉 섭취자 분율: 에너지 섭취량이 필요추정량의 125% 이상이면서 지방 섭취량이 에너지적정비율을 초과한 분율

자료: 질병관리청(2024). 2023 국민건강통계.

3) 식생활 실태

(1) 아침식사 결식

2023년 국민건강영양조사에 따르면 아침식사 결식률은 코로나19 이후 크게 증가했으며(그림 3-5), 남녀 모두 19~29세에서 가장 높았다(남성 54.2%, 여성 60.6%). 그다음은 12~18세(남성 45.6%, 여성 45.4%), 30~49세(남성 44.8%, 여성 37.4%) 순이었다(그림 3-6).

특히, 청소년기의 아침식사는 밤 동안의 공복상태에서 혈당을 유지해 두뇌와 신체 조직에 에너지를 공급하고, 하루 식사 균형을 맞추며 정상 체중 유지, 식욕 조절, 올바른 식습관 형성에 중요하다. 또한 학업 성취도와도 관련이 있다는 연구 결과가 있다. 아침을 거르는 주된 이유는 시간이 없거나 식욕이 없어서인데, 이를 줄이기 위해 간단하면서도 다양한 형태의 아침식사 정보를 제공할 필요가 있다.

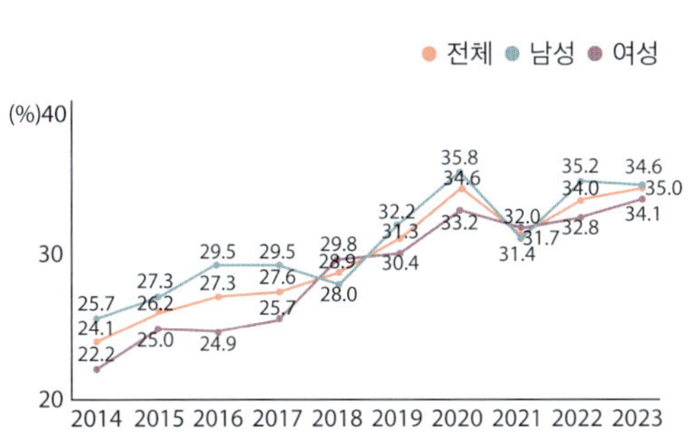

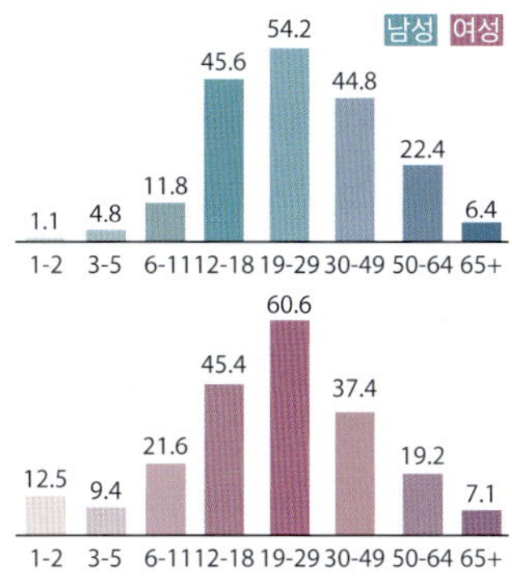

그림 3-5 아침식사 결식률 추이(1세 이상)

자료: 질병관리청(2024). 2023 국민건강통계.

그림 3-6 연령별 아침식사 결식률

(2) 외식

소득 증가와 여성의 사회활동 확대 등으로 식생활이 간편화·다양화·고급화되면서 외식 빈도는 지속적으로 증가하다가, 2019년 이후 코로나19로 인해 감소하였다. 국민건강영양조사 결과, 우리 국민의 하루 1회 이상 외식 비율은 2018년 남성 43.5%, 여성 26.9%로 꾸준히 증가하는 추세였으나, 2021년에는 남성 31.4%, 여성 19.4%로 감소하였다. 이후

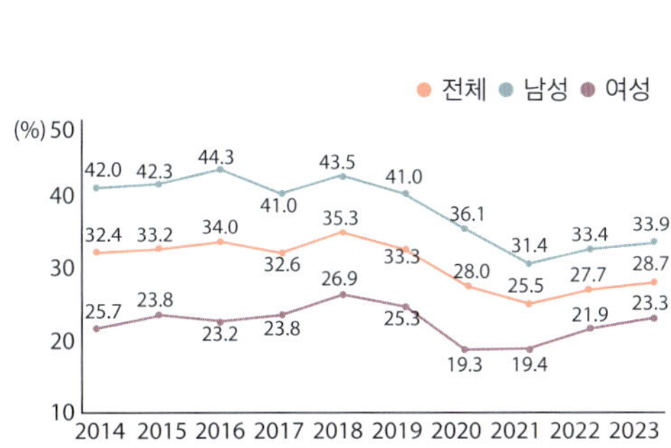

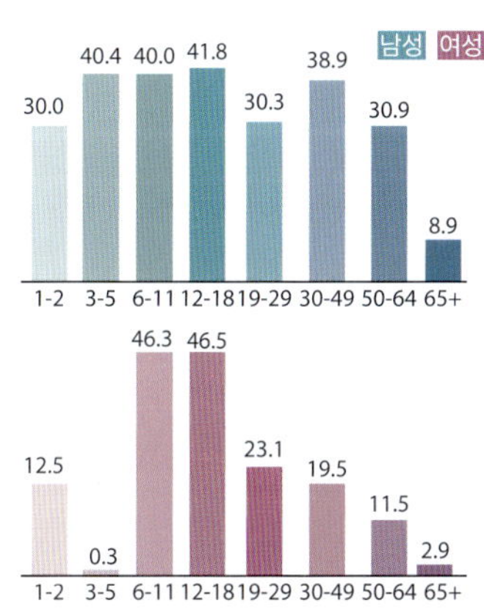

그림 3-7 하루 1회 이상 외식률 추이(1세 이상)

자료: 질병관리청(2024). 2023 국민건강통계.

그림 3-8 연령별 하루 1회 이상 외식률

2022년부터 다시 증가세를 보이고 있으며, 남녀 모두 12~18세 연령층에서 외식 비율이 가장 높았다(그림 3-7, 3-8).

(3) 과일, 패스트푸드, 단맛 음료 섭취

2024 청소년건강행태조사 결과, 과일 섭취율은 남학생 18.3%, 여학생 19.0%로 지속적으로 감소하는 추세이나 2023년에 비해서는 소폭 증가하였다. 또한 중학교에서 고등학교로 갈수록 과일 섭취율은 낮아졌다(그림 3-9, 3-10). 주 3회 이상 패스트푸드 섭취율은 남학생 31.2%, 여학생 26.5%로 꾸준히 증가하고 있으며, 고등학생의 섭취율이 더 높았다(그림 3-11, 3-12). 주 3회 이상 단맛 음료를 섭취하는 비율은 남학생 68.8%, 여학생 59.7%였으

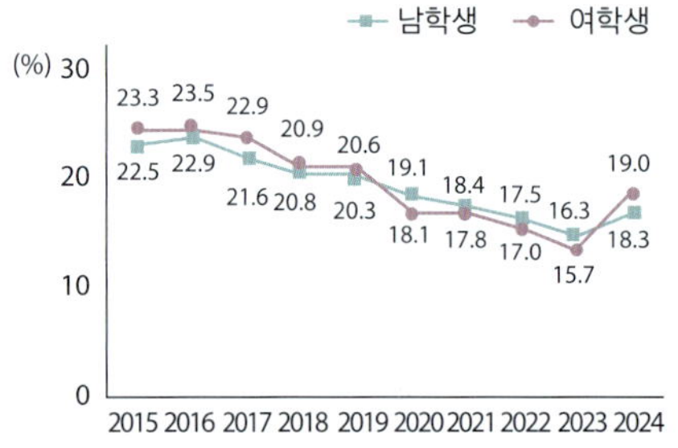

그림 3-9 청소년 과일 섭취율 추이(1일 1회 이상)

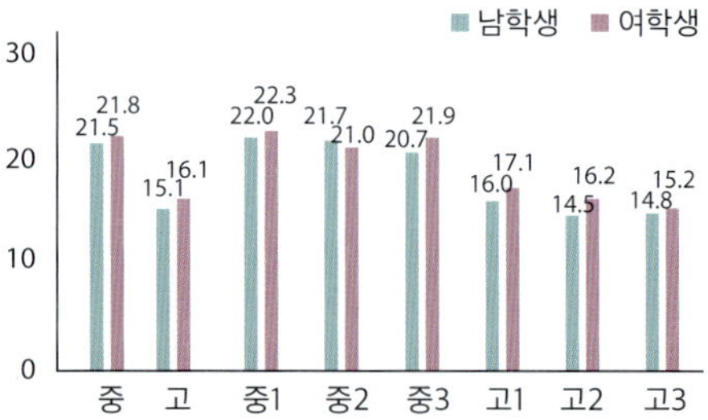

그림 3-10 청소년 학년별 과일 섭취율(1일 1회 이상)

자료: 교육부, 질병관리청(2024). 제20차 청소년건강행태조사 통계.

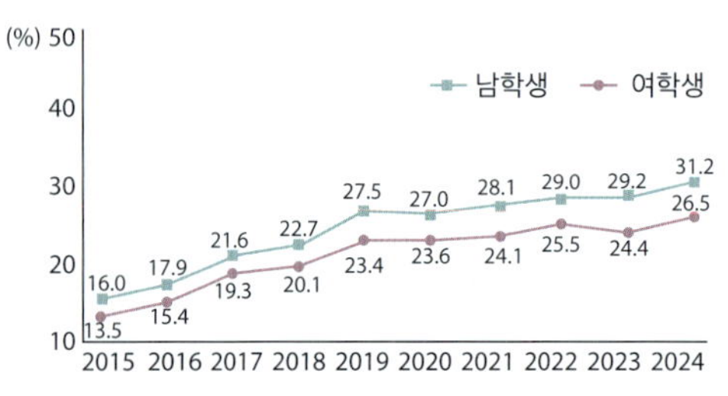

그림 3-11 청소년 패스트푸드 섭취율 추이(주 3회 이상)

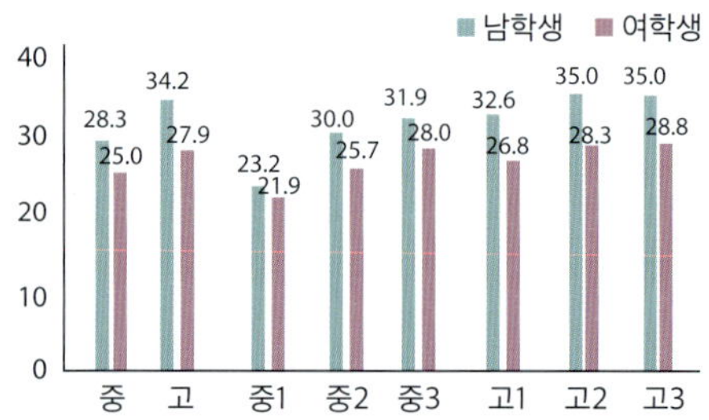

그림 3-12 청소년 학년별 패스트푸드 섭취율(주 3회 이상)

자료: 교육부, 질병관리청(2024). 제20차 청소년건강행태조사 통계.

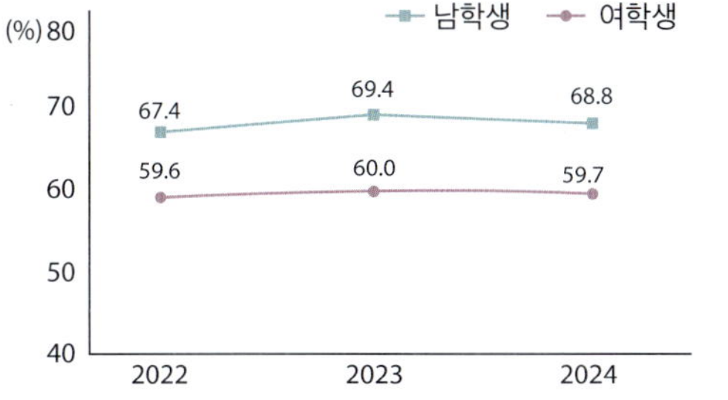

그림 3-13 청소년 단맛 음료 섭취율 추이(주 3회 이상)

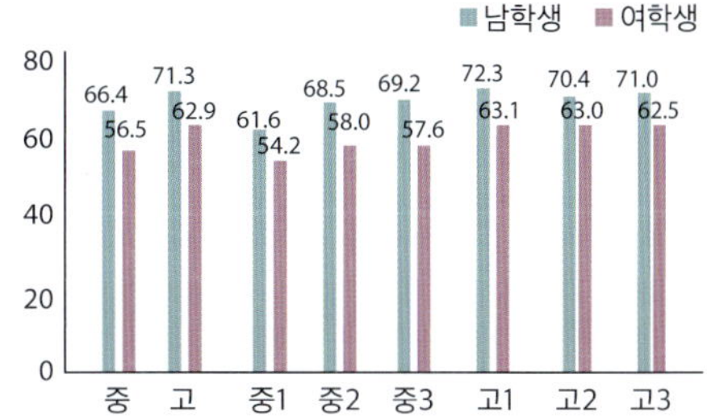

그림 3-14 청소년 학년별 단맛 음료 섭취율(주 3회 이상)

※ 탄산음료(제로슈거 제외), 에너지음료(핫식스, 레드불, 박카스), 이온음료(게토레이, 포카리스웨트), 과즙음료(썬키스트 드링크, 카프리썬), 커피음료(커피믹스, 레쓰비), 가당우유(초코우유, 바나나우유) 등

자료: 교육부, 질병관리청(2024). 제20차 청소년건강행태조사 통계.

며, 고등학생의 섭취율이 더 높았다(그림 3-13, 3-14).

이처럼 에너지 공급 위주의 패스트푸드와 단맛 음료 섭취가 꾸준히 늘고, 특히 학년이 올라갈수록 증가하는 경향을 보여 청소년의 식품 섭취 실태가 심각함을 알 수 있다.

4) 그 밖의 건강 관련 요인

(1) 음주

2023년 국민건강영양조사에 따르면, 19세 이상 남성의 월간 음주율은 68.0%, 여성은 50.1%였다. 남성은 감소 추세를 보이고, 여성은 증가하다가 코로나19 시기에 잠시 줄었다가 다시 증가하는 양상을 보였다.

연령별로는 남성은 40대(74.9%), 여성은 20대(64.0%)에서 가장 높았다(그림 3-15, 3-16). 남성은 40대까지 월간 음주율이 증가하다가 50대 이후 감소했으며, 여성은 연령이 높아질수록 감소하였다. 고위험 음주율은 남성 19.9%, 여성 7.7%였고, 연령별로는 남성 40대(29.7%), 여성 20대(10.3%)에서 가장 높았다(그림 3-17, 3-18).

알코올 과다 섭취는 간질환, 위염, 식도염, 비만, 당뇨, 심장질환 등을 일으키며, 영양 불량을 초래할 수 있다. 또한 불면증, 우울증, 자살, 기억 상실 등의 정신적 문제와 더불어 가정 불화, 이혼, 실업과 같은 사회적 문제의 원인이 된다. 특히, 청소년기의 음주는 영양상태뿐

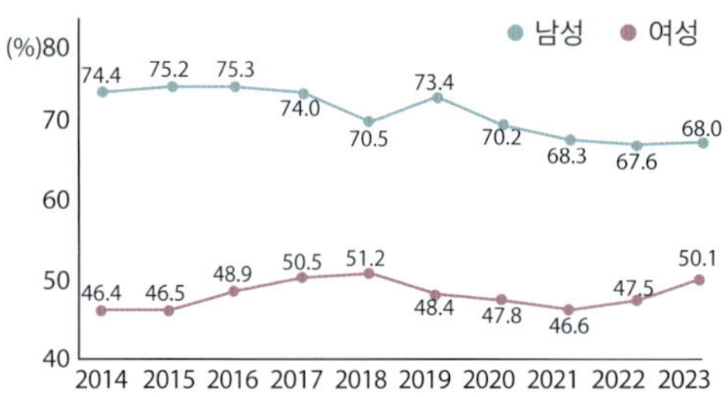

그림 3-15 월간 음주율 추이(19세 이상)

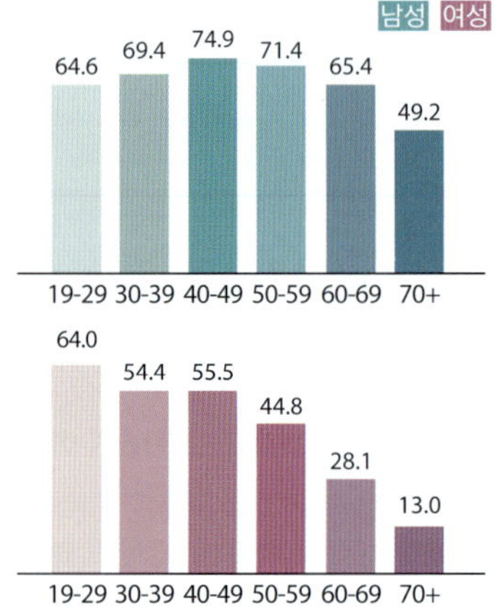

그림 3-16 연령별 월간 음주율

※ 월간 음주율: 최근 1년 동안 한 달에 1회 이상 음주한 분율

※ 2005년 추계인구 연령표준화

자료: 질병관리청(2024). 2023 국민건강통계.

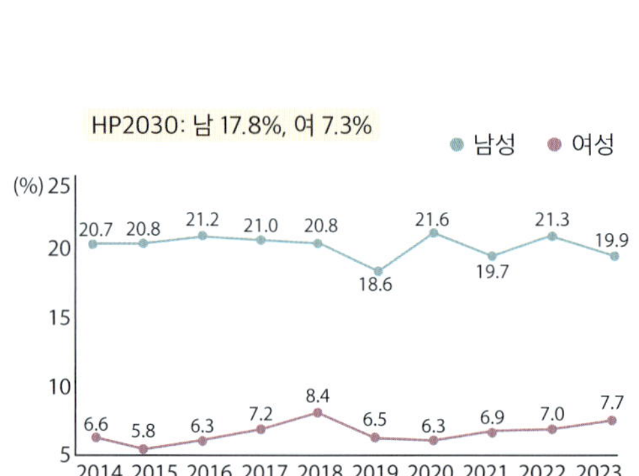

그림 3-17 고위험 음주율 추이(19세 이상)

남성 여성

15.4 15.3 29.7 26.0 18.5 7.7

19-29 30-39 40-49 50-59 60-69 70+

10.3 9.5 9.0 5.9 2.9 0.2

19-29 30-39 40-49 50-59 60-69 70+

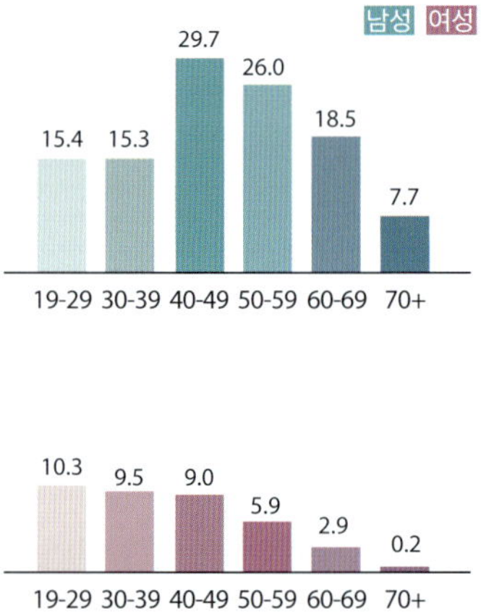

그림 3-18 연령별 고위험 음주율

※ 고위험 음주율: 최근 1년 동안 1회 평균 음주량이 남자의 경우 7잔 이상, 여자의 경우 5잔 이상이며 주 2회 이상 음주하는 분율

자료: 질병관리청(2024). 2023 국민건강통계.

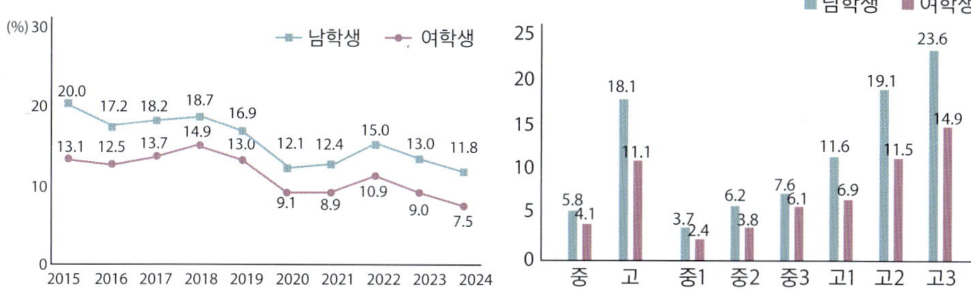

그림 3-19 청소년 현재 음주율 추이

그림 3-20 청소년 학년별 현재 음주율

자료: 교육부, 질병관리청(2024). 제20차 청소년건강행태조사 통계.

만 아니라 성장과 학습능력, 적응능력 등에 돌이킬 수 없는 결과를 남길 수 있다.

2024년 청소년건강행태조사에 따르면 청소년의 현재 음주율은 남학생 11.8%, 여학생 7.5%로 2015년에 비해 감소하였다. 그러나 성인과 달리 남녀 간 차이가 크지 않고, 중학교에서 고등학교로 올라갈수록 음주율이 크게 증가하였다(그림 3-19, 3-20).

여성은 알코올이 흡수되어 간으로 가는 과정에서 간의 알코올 분해효소에 의한 알코올 분해 능력이 남성에 비해 훨씬 낮아 같은 양을 마셔도 건강에 미치는 해가 더 크다. 특히, 청소년기 여성의 음주 습관은 성인 이후에도 이어질 수 있어 더욱 주의가 필요하며, 청소년 대상 음주 예방 교육이 시급하다.

(2) 흡연

국민건강영양조사에 따르면, 19세 이상 성인의 현재 흡연율은 남성의 경우 2014년 43.2%에서 2023년 32.4%로 감소하는 추세를 보였다. 반면, 여성은 2014년 5.7%에서 2023년 6.3%로, 2022년을 제외하면 감소하지 않았다. 연령별로는 남성은 50대가 42.1%로 가장 높았으며, 여성은 20대가 12.1%로 가장 높았다(그림 3-21, 3-22).

청소년의 흡연율은 전반적으로 감소하는 추세를 보였으며, 2024년에는 남학생 4.8%, 여학생 2.4%였다. 그러나 남학생의 경우 중학교에서 고등학교로 올라갈수록 현재 흡연율이 급격히 증가하였다(그림 3-23, 3-24).

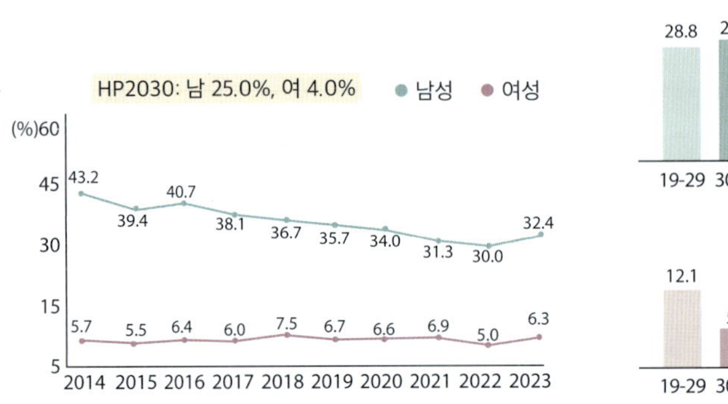

그림 3-21 성인 현재 흡연율 추이(19세 이상)

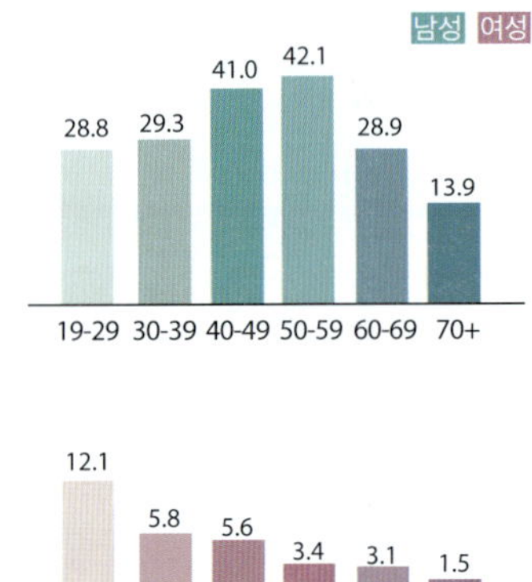

그림 3-22 연령별 현재 흡연율

※ 현재 흡연율: 평생 일반담배(궐련)를 5갑(100개비) 이상 피웠고, 현재 일반담배(궐련)를 피우는 분율

※ 2005년 추계인구로 연령표준화

자료: 질병관리청(2024). 2023 국민건강통계.

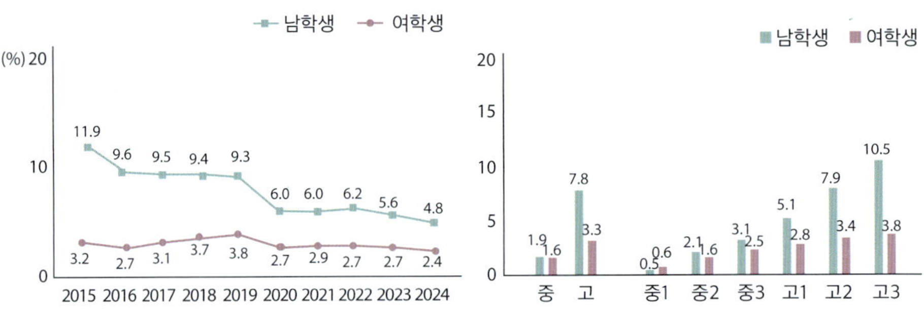

그림 3-23 청소년 현재 흡연율 추이

그림 3-24 청소년 학년별 현재 흡연율

※ 현재 흡연율: 최근 30일 동안 1일 이상 일반담배(궐련)를 흡연한 사람의 분율

자료: 교육부, 질병관리청(2024). 제20차 청소년건강행태조사 통계.

(3) 신체활동

유산소 신체활동 실천율은 남녀 모두 감소하다가 2021년 이후 다시 증가하여 2023년에는 남성 54.4%, 여성 50.4%를 기록하였으며, 연령이 높을수록 감소하였다(그림 3-25, 3-26). 근력운동 실천율은 조금씩 증가하는 경향을 보여 2014년 남성 29.4%에서 2023년 35.6%

로, 여성은 12.8%에서 18.9%로 증가하였다(그림 3-27, 3-28).

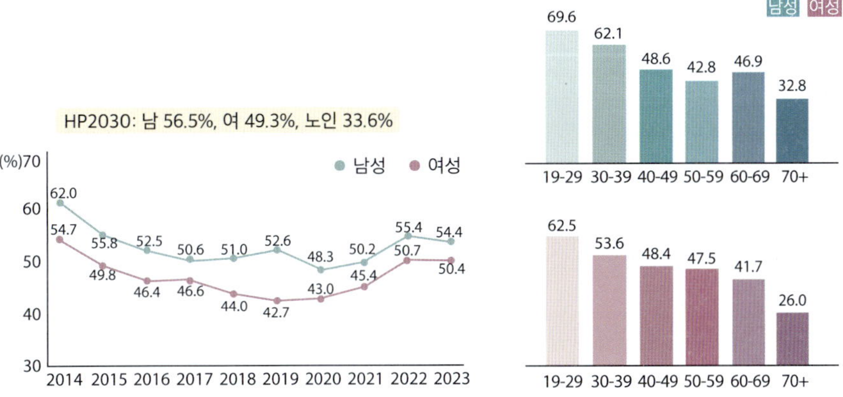

그림 3-25 유산소 신체활동 실천율 추이(19세 이상)

그림 3-26 연령별 유산소 신체활동 실천율

※ 유산소 신체활동 실천율: 일주일에 중강도 신체활동을 2시간 30분 이상 또는 고강도 신체활동을 1시간 15분 이상 또는 중강도와 고강도 신체활동을 섞어서(고강도 1분은 중강도 2분) 각 활동에 상당하는 시간을 실천한 분율

자료: 질병관리청(2024). 2023 국민건강통계.

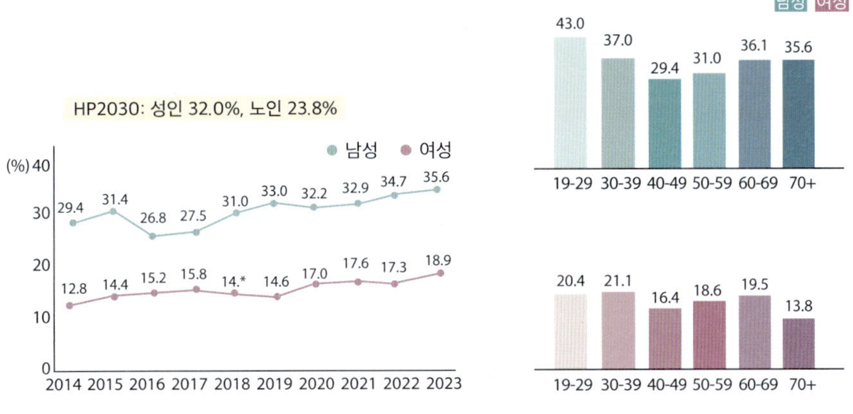

그림 3-27 근력운동 실천율 추이(19세 이상)

그림 3-28 연령별 근력운동 실천율

※ 근력운동 실천율: 최근 1주일 동안 팔굽혀펴기, 윗몸 일으키기, 아령, 역기, 철봉 등의 근력운동을 2일 이상 실천한 분율

※ 2005년 추계인구로 연령표준화

자료: 질병관리청(2024). 2023 국민건강통계.

2. 식생활 변화에 따른 건강상태 변화

1) 질병 구조의 변화

우리나라는 고령화, 경제 수준 향상, 의료기술의 발달로 평균수명이 증가하여 2006년 OECD 기대수명(78.9세)을 넘어섰고, 2023년에는 기대수명이 83.5세(남성 80.6세, 여성 86.4세)에 이르렀다. 그러나 유병기간을 제외한 건강수명은 2021년 기준 남성 70.7세, 여성 74.1세로, 기대수명과의 격차가 커지면서 일생 중 질병을 앓는 기간이 늘어나고 있다(그림 3-29).

2023년 우리나라의 3대 사망원인은 암, 심장질환, 폐렴으로, 전체 사망원인의 41.9%를 차지하였다. 이 중 암으로 인한 사망은 24.2%였으며, 암 사망률은 폐암, 간암, 대장암, 췌장암, 위암 순으로 나타났다.

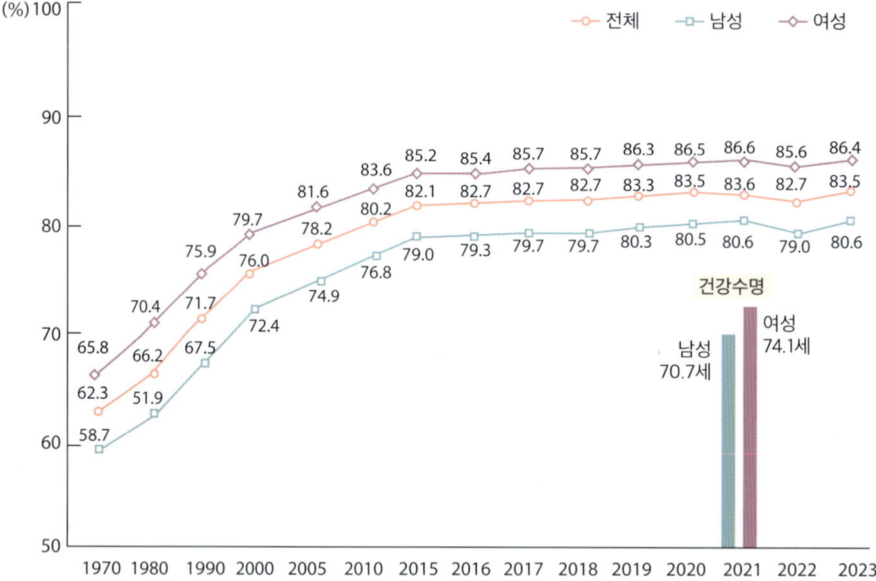

그림 3-29 우리나라 기대수명

자료: 통계청(2024). 생명표.

또한 2023년에는 고령 관련 질환인 알츠하이머병과 패혈증의 사망률이 증가하였고, 80세 이상 사망자가 늘어나 전체 사망자의 54.0%를 차지하였다(표 3-7).

표 3-7 우리나라 연도별 주요 사망원인

순위 \ 연도	1990	2000	2005	2010	2015	2020	2023
1	악성 신생물(암)	악성 신생물(암)	악성 신생물(암)	악성 신생물(암)	악성 신생물(암)	악성 신생물(암)	악성 신생물(암)
2	뇌혈관 질환	뇌혈관 질환	뇌혈관 질환	뇌혈관 질환	심장질환	심장질환	심장질환
3	심장질환	심장질환	심장질환	심장질환	뇌혈관 질환	폐렴	폐렴
4	운수사고	운수사고	자살	고의적 자해(자살)	폐렴	뇌혈관 질환	뇌혈관 질환
5	고혈압성 질환	간질환	당뇨병	당뇨병	고의적 자해(자살)	고의적 자해(자살)	고의적 자해(자살)
6	간질환	당뇨병	간질환	폐렴	당뇨병	당뇨병	알츠하이머병
7	당뇨병	만성 하기도 질환	운수사고	만성 하기도 질환	만성 하기도 질환	알츠하이머병	당뇨병
8	호흡기 결핵	자살	만성 하기도 질환	간질환	간질환	간질환	고혈압성 질환
9	만성 하기도 질환	고혈압성 질환	고혈압성 질환	운수사고	운수사고	고혈압성 질환	패혈증
10	자살	추락사고	폐렴	고혈압성 질환	고혈압성 질환	패혈증	코로나19

자료: 통계청(2024). 2023 사망원인통계.

2) 비만

비만은 고혈압, 당뇨병, 암 등 만성퇴행성 질환의 주요 원인으로, 최근에는 하나의 질병으로 간주되고 있다. 2023년 국민건강영양조사에 따르면, 19세 이상 성인의 비만 유병률(체질량지수 25 kg/m^2 이상)은 남성 45.6%, 여성 27.8%였으며, 남성은 증가 추세를 보였고 여성은 소폭 증가하였다. 연령별로 보면 남성은 30대 50.4%, 40대 50.2%, 50대 49.9%로, 30~50대에서 비만율이 매우 높다가 이후 연령이 증가할수록 감소하는 경향을 나타냈다. 반면, 여성은 연령이 높아질수록 비만율이 증가하는 양상이었다(그림 3-30, 3-31).

그림 3-30 비만 유병률 추이(19세 이상)

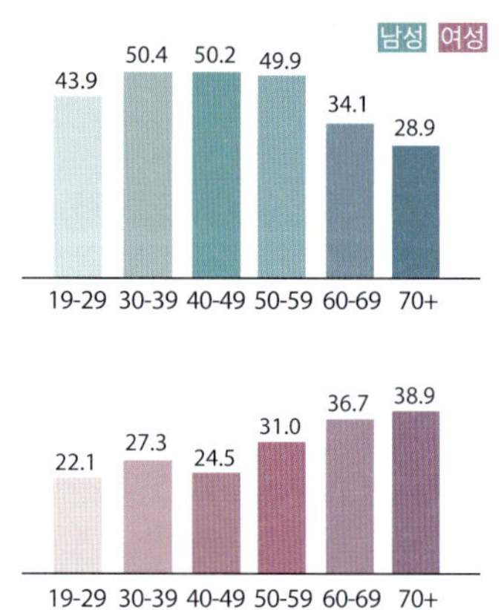

그림 3-31 연령별 비만 유병률(체질량지수 기준)

※ 비만 유병률: 체질량지수가 25 kg/m^2 이상인 분율

자료: 질병관리청(2024). 2023 국민건강통계.

청소년 비만 역시 지속적으로 증가하였다. 청소년 비만 유병률(연령별 체질량지수 95백분위수 이상)은 2015년 남학생 8.8%, 여학생 6.1%에서 2024년 남학생 15.5%, 여학생 9.2%로 증가하였다. 특히, 남학생의 비만 증가율이 높았으며, 고등학교로 올라갈수록 비만 유병률이 높게 나타났다(그림 3-32, 3-33).

이처럼 비만 유병률이 증가함에 따라, 비만으로 인한 사회적·경제적 비용 부담도 지속적으로 증가할 것으로 예상된다.

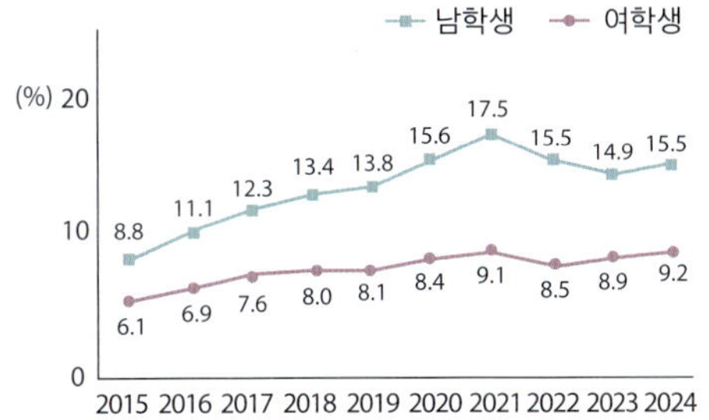

그림 3-32 청소년 비만율 추이

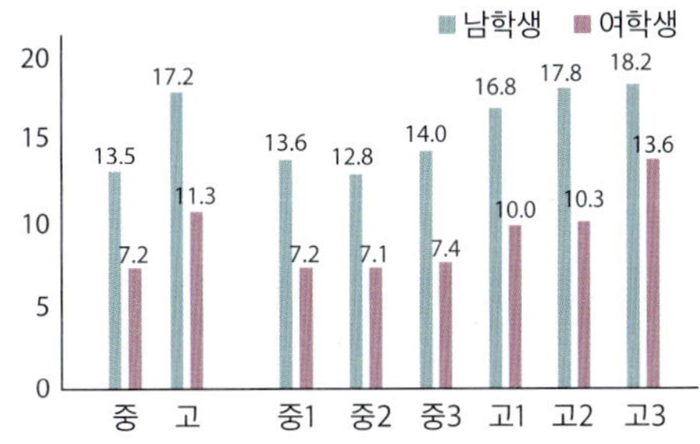

그림 3-33 청소년 학년별 비만율

※ 자가기입 신장, 체중으로 비만율 산출

※ 비만 기준: 2017 소아청소년 성장도표 연령별 체질량지수 기준 95백분위수 이상

자료: 교육부, 질병관리청(2024). 제20차 청소년건강행태조사 통계.

3) 당뇨병

2023년 국민건강영양조사에 따르면 19세 이상 성인의 당뇨병 유병률은 남성 12.0%, 여성 6.9%였으며, 연령이 높아질수록 유병률이 증가하였다. 특히, 여성은 50대 이후 당뇨병 유병률이 크게 상승하였다(그림 3-34, 3-35).

그림 3-34 당뇨병 유병률 추이(19세 이상)

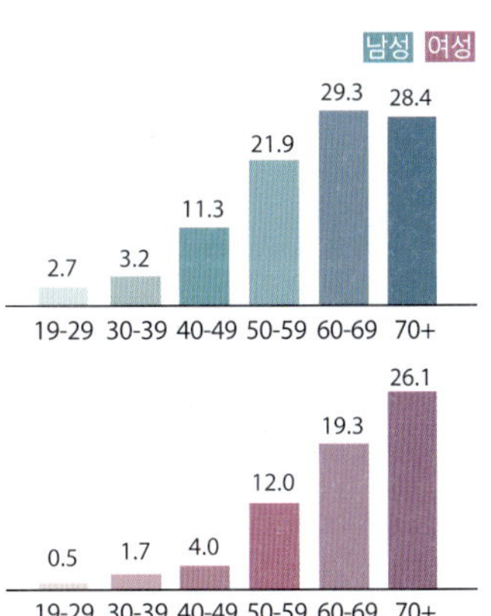

그림 3-35 연령별 당뇨병 유병률

※ 당뇨병 유병률: 공복혈당이 126 mg/dL 이상이거나 의사진단을 받았거나 혈당강하제 복용 또는 인슐린 주사를 사용하거나, 당화혈색소 6.5% 이상인 분율

※ 2022년 임상검사 분석기관 변경으로 추이 비교 시 주의 필요

자료: 질병관리청(2024). 2023 국민건강통계.

4) 고혈압

2023년 국민건강영양조사에 따르면 19세 이상 성인의 고혈압 유병률은 남성 23.4%, 여성 16.5%로 나타났으며, 연도별로 다소 변동은 있었으나 2014년(남성 23.8%, 여성 16.4%)과 비교했을 때 비슷한 수준이었다.

남녀 모두 연령이 증가할수록 고혈압 유병률이 높아졌으며, 여성은 50대 이후 크게 증가하였다. 특히, 70세 이상에서는 남성의 68.4%, 여성의 68.3%가 고혈압을 앓고 있어, 노인의 고혈압 유병률이 매우 높음을 보여준다. 이에 따라 혈압 조절을 위한 생활요법 실천의 중요성이 강조된다(그림 3-36, 3-37).

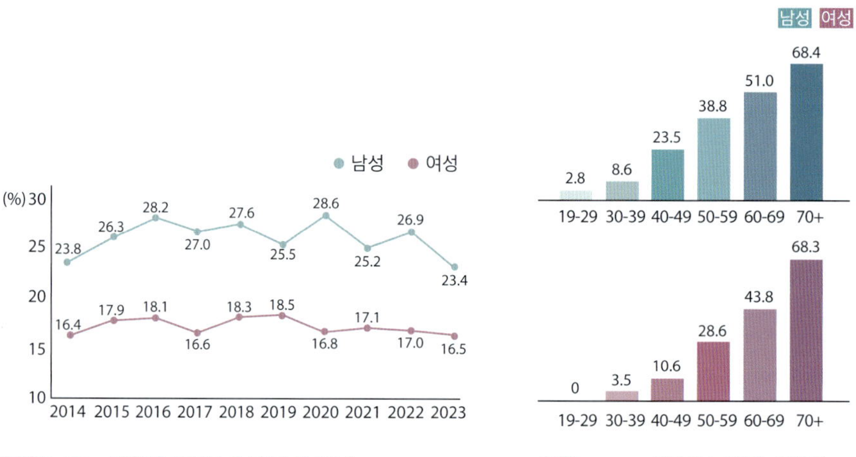

그림 3-36 고혈압 유병률 추이(19세 이상)

그림 3-37 연령별 고혈압 유병률

※ 고혈압 유병률: 수축기혈압이 140 mmHg 이상이거나 이완기혈압이 90 mmHg 이상 또는 고혈압 약물을 복용하는 분율

※ 2021년 진동형 혈압계로 변경되어 추이 비교 시 주의 필요

자료: 질병관리청(2024). 2023 국민건강통계.

5) 이상지질혈증

이상지질혈증은 혈액 내 총콜레스테롤, LDL-콜레스테롤, 중성지방이 높거나 HDL-콜레스테롤이 낮은 상태를 말하며, 심혈관계 질환의 주요 위험요인이다. 2023년 국민건강영양조사에 따르면, 19세 이상 성인의 고콜레스테롤혈증 유병률은 남성 19.9%, 여성 21.4%

로, 2014년(남성 11.0%, 여성 11.9%)에 비해 남녀 모두 지속적으로 증가하였다. 다만, 남성은 2022년 이후 약간 감소하는 경향을 보였다. 남녀 간 유병률은 비슷하였으며, 남녀 모두 60대에서 가장 높게 나타났다(그림 3-38, 3-39).

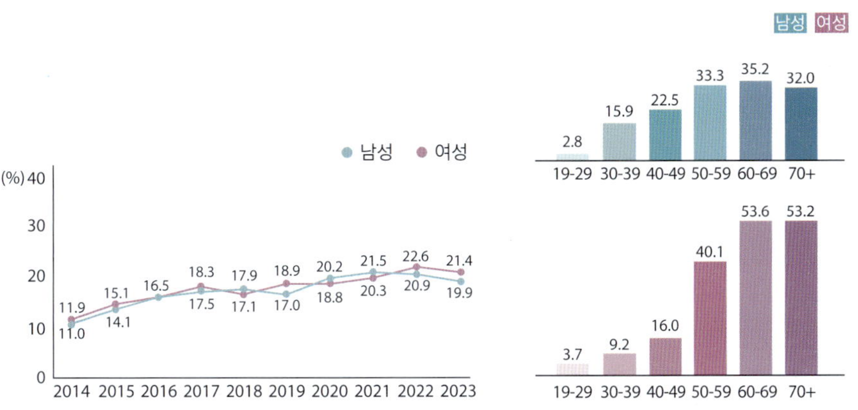

그림 3-38 고콜레스테롤혈증 유병률 추이(19세 이상)

그림 3-39 연령별 고콜레스테롤혈증 유병률

※ 고콜레스테롤혈증 유병률: 혈중 총콜레스테롤이 240 mg/dL 이상이거나 콜레스테롤강하제를 복용하는 분율

※ 2005 추계인구로 연령표준화

자료: 질병관리청(2024). 2023 국민건강통계.

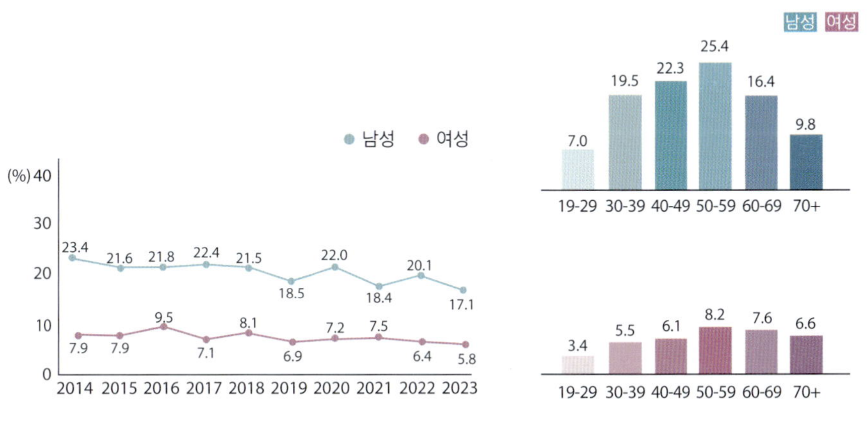

그림 3-40 고중성지방혈증 유병률 추이(19세 이상)

그림 3-41 연령별 고중성지방혈증 유병률

※ 고중성지방혈증 유병률: 혈중 중성지방이 200 mg/dL 이상인 분율

※ 2005 추계인구로 연령표준화

자료: 질병관리청(2024). 2023 국민건강통계.

또한 19세 이상 성인의 고중성지방혈증 유병률은 남성 17.1%, 여성 5.8%로, 2014년(남성 23.4%, 여성 7.9%)에 비해 전반적으로 감소하는 추세였다. 남녀 모두 50대에서 유병률이 가장 높았다(그림 3-40, 3-41).

ACTIVITY

우리나라 국민의 식생활 및 영양 섭취 실태를 분석하고, 그로부터 나타나는 건강문제의 양상을 살펴보자.

1. 우리나라 국민의 식품 및 영양 섭취 실태와 그로 인해 발생하는 건강문제에는 무엇이 있는지 생각해 보자.
2. 국민의 잘못된 식습관으로 인해 나타나는 건강문제에는 어떤 것들이 있는지 생각해 보자.

SUMMARY

- **식품 소비 실태**: 최근 20여 년간 우리 국민의 식품 소비는 큰 변화를 보였다. 가장 두드러진 변화는 남녀 모두에서 곡류·채소류·과일류 섭취가 감소한 반면, 육류와 음료류 섭취는 증가하고 있다는 점이다.
- **영양소 섭취 실태**: 에너지 섭취량은 감소 추세이며, 지방 에너지 섭취비율은 지속적으로 증가하고 있다. 칼슘, 비타민 A, 칼륨, 비타민 D·E, 엽산, 비타민 C 등의 섭취 수준은 여전히 부족한 상태이다.
- **식생활 실태**: 아침식사 결식률과 외식 비율이 꾸준히 증가하고 있다. 중·고등학생의 패스트푸드 및 당류 음료 섭취량도 지속적으로 증가하며, 특히 중학교에서 고등학교로 올라갈수록 그 비율이 더욱 높아진다.
- **음주 및 흡연**: 남성의 월간 음주율은 감소하고 있으나, 여성은 감소하지 않고 있다. 청소년의 경우 남녀 간 음주율 차이가 크지 않았다. 흡연의 경우 남성은 감소 추세를 보이지만 여성은 감소하지 않았으며, 청소년은 중학교에서 고등학교로 갈수록 흡연율이 급격히 상승하였다.
- **질병 구조의 변화**: 2023년 우리나라의 3대 사망원인은 암, 심장질환, 폐렴이다. 전체 사망자의 24.2%가 암으로 사망했으며, 암 사망률 순위는 폐암, 간암, 대장암, 췌장암, 위암 순이었다.
- **비만 발생률**: 남성의 비만율은 뚜렷한 증가 추세이며, 여성은 소폭 증가하였다. 남성은 30~50대 비만율이 매우 높고, 여성은 연령 증가에 따라 비만율이 지속적으로 상승한다.
- **당뇨병 유병률**: 남성의 당뇨병 유병률은 연령이 증가할수록 높아지며, 여성은 50대 이후 유병률이 크게 상승한다.
- **고혈압 유병률**: 연도별 변동은 있으나, 전체적으로 비슷한 수준을 유지하고 있다. 성인 남녀 모두 연령 증가에 따라 고혈압 유병률이 높아지며, 특히 여성은 50대 이후 크게 증가한다.
- **이상지질혈증 유병률**: 성인의 고콜레스테롤혈증은 남녀 모두에서 지속적으로 증가하고 있다. 반면, 고중성지방혈증 유병률은 감소 추세를 보였다.

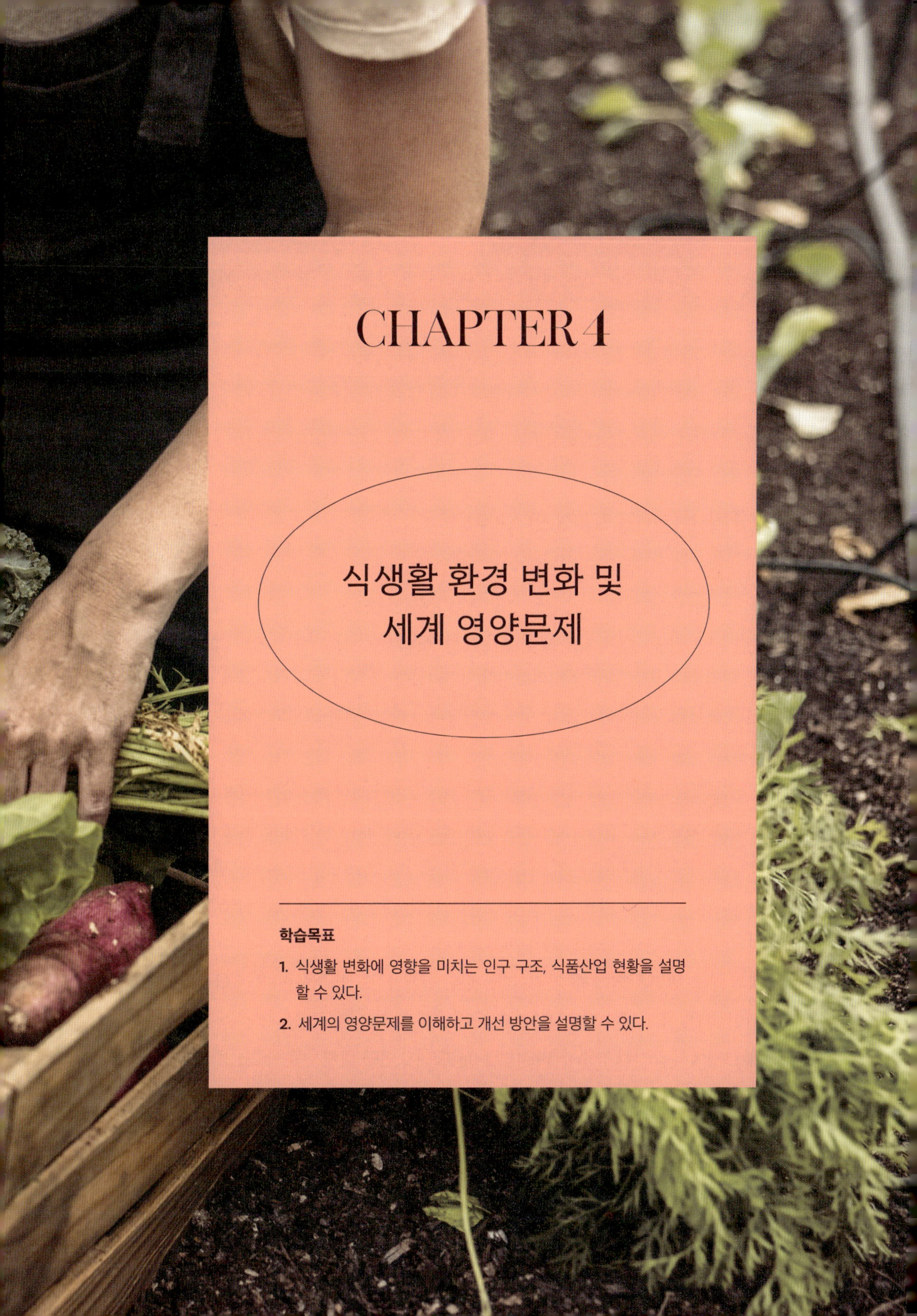

CHAPTER 4

식생활 환경 변화 및 세계 영양문제

학습목표

1. 식생활 변화에 영향을 미치는 인구 구조, 식품산업 현황을 설명할 수 있다.
2. 세계의 영양문제를 이해하고 개선 방안을 설명할 수 있다.

CHAPTER 4

급변하는 사회환경 속에서 인구 고령화, 소규모 가정 증가, 여성의 사회활동 확대 등으로 인해 식생활 환경이 변화하고 있다. 이러한 변화와 함께 건강에 대한 관심이 높아지면서 식품산업의 환경 또한 빠르게 달라지고 있다.

이 장에서는 변화하는 식생활 환경 속에서 나타나는 주요 영양문제와 더불어, 다가올 식품 위기와 전 세계적인 영양문제를 살펴본다.

1. 식생활 변화의 환경적 요인

1) 인구 구조의 변화

우리나라의 인구 구조는 지난 수십 년간 급격히 변화해 왔으며, 특히 고령화는 사회 전반에 큰 영향을 미치는 중요한 인구학적 현상이다. 1960년대 이후 급속한 산업화와 경제 성장을 겪으면서 출산율은 저하되고 평균 수명은 연장되었고, 그 결과 고령화가 빠르게 진행되었다.

통계청의 장래인구추계에 따르면 전체 인구 중 65세 이상 인구 비율은 1970년대 3.1%에 불과했으나, 2000년에는 7.2%에 이르러 UN이 정의한 고령화사회(aging society, 노인인구 비율 7% 이상)에 진입하였다. 이후에도 꾸준히 증가해 2018년에는 14%를 넘어 고령사회(aged society, 노인인구 비율 14% 이상)로 접어들었으며, 이는 프랑스나 미국 등 주요 선진국과 비교해도 매우 빠른 속도로 평가된다(표 4-1).

고령화의 주요 원인은 크게 두 가지이다. 첫째, 합계출산율의 저하이다. 우리나라의 합계출산율(여성 1명이 가임기간인 15~49세 동안 낳을 것으로 예상되는 평균 출생아 수)은 1970년 4.53명에서 급격히 감소해 1984년 2.06명으로, 인구 대체 수준인 2.1명 아래로 떨어졌다. 이후 출산율은 지속적으로 하락하여 2000년 1.48명, 2010년 1.23명, 2024년에는 0.75명까지 낮아졌다(그림 4-1). 우리나라는 2013년 이후 OECD(경제협력개발기구) 회원

표 4-1 세계 여러 나라의 고령사회 진입 현황

구분	도달 연도			증가 소요 연수	
	7%(고령화)	14%(고령)	20%(초고령)	7%→14%	14%→20%
한국	2000	2017	2026	17	9
일본	1970	1994	2006	24	12
독일	1932	1972	2009	40	37
미국	1942	2015	2036	73	21
프랑스	1864	1979	2018	115	37

※ 한국의 경우, 실제 초고령사회 도달 연도는 2024년 12월이며, 고령사회에서 초고령사회로의 증가 소요 연수(14%→20%)는 7년이다.

자료: 통계청(2020). 인구동태연보.

국 가운데 합계출산율이 가장 낮은 초저출산국가(1.3명 미만)로 분류되고 있다.

둘째, 평균수명의 연장도 고령화를 가속화하는 주요 요인이다. 의학 기술 발전, 생활 수준 향상, 위생환경 개선 등으로 평균 기대수명은 1970년 62.3세에서 2000년 76.0세, 2023년에는 83.5세(남성 80.6세, 여성 86.4세)로 크게 늘었다. 이는 OECD 국가 중에서도 빠른 증가세로 꼽힌다(CHAPTER 3, 그림 3-29).

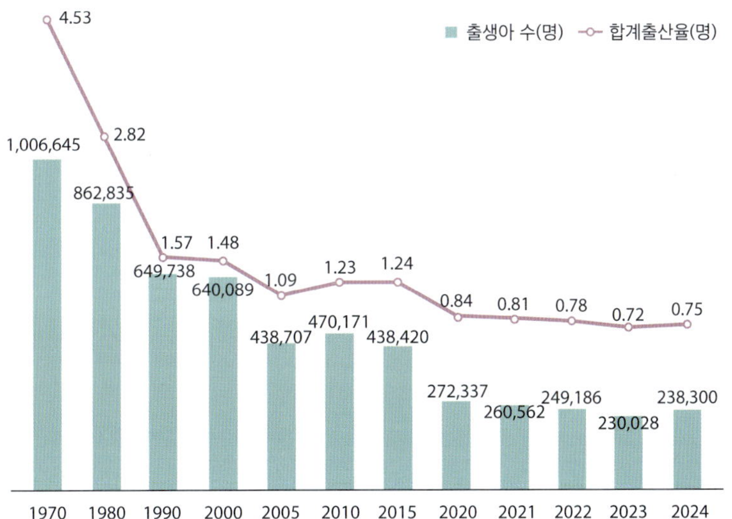

그림 4-1 출생아 수 및 합계출산율 추이

이러한 인구 구조의 변화는 생산가능인구(15~64세) 감소와 더불어 사회적·경제적 부담을 심화시키고 있다. 통계청은 생산가능인구는 2020년을 정점으로 감소하기 시작했으며, 반대로 65세 이상 고령인구 비중은 지속적으로 증가할 것으로 예측하고 있다. 특히, 2029년부터는 사망자 수가 출생아 수를 초과하는 '자연인구 감소현상'이 본격화될 것으로 예측된다(그림 4-2, 4-3).

또한 고령화는 노년부양비 증가라는 사회적 문제로 이어진다. 노년부양비란 15~64세 생

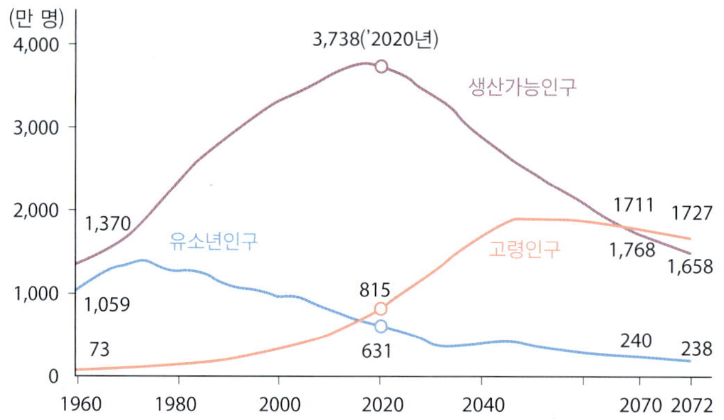

그림 4-2 연령별 인구 구조

자료: 통계청(2023). 장래인구추계: 1960~2072.

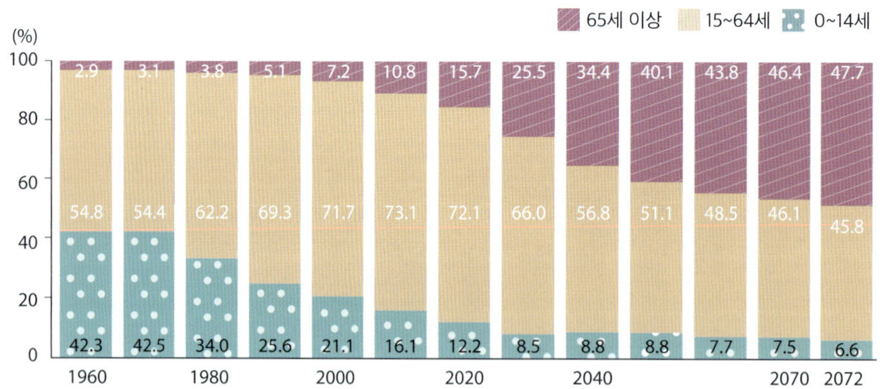

그림 4-3 연령별 인구 구성비

자료: 통계청(2023). 장래인구추계: 1960~2072.

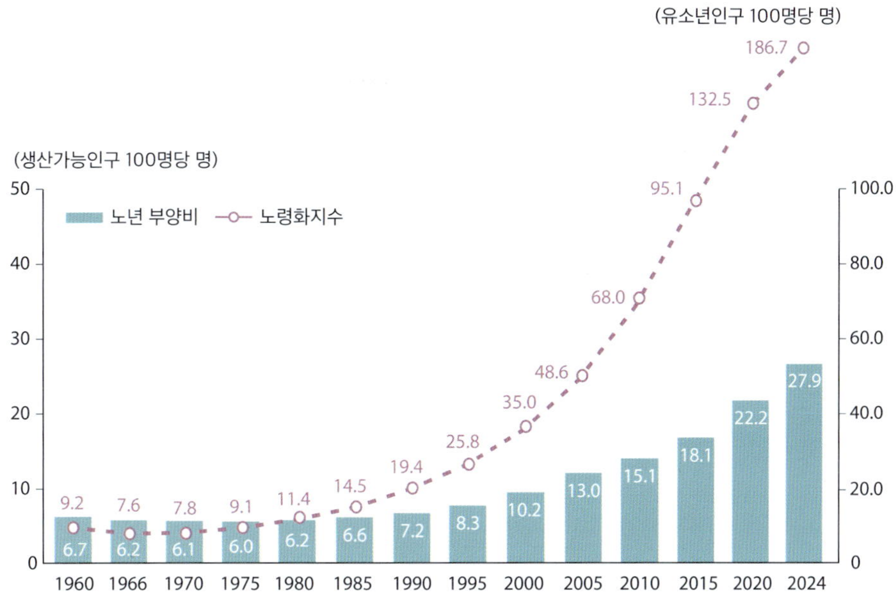

그림 4-4 **노년부양비 및 노령화지수**

※ 노령화지수: (65세 이상 인구/0~14세 인구) × 100

※ 노년부양비: (65세 이상 인구/15~64세 인구) × 100

자료: 통계청(2024). 인구주택총조사.

산가능인구 100명이 부양해야 하는 65세 이상 인구수를 뜻한다. 우리나라의 노년부양비는 1960년 6.7명에서 2024년 27.9명으로 4배 이상 증가했으며, 이는 생산가능인구 3.6명이 고령자 1명을 부양해야 함을 의미한다(그림 4-4).

2) 소규모 가정 및 여성 경제활동 인구의 증가

현대 사회의 가족 구성은 과거의 대가족 중심에서 핵가족, 1인 가구, 노인 가구 등 소규모 가구 중심으로 변화하였다. 특히, 1인 가구는 지속적으로 증가하여 2024년 전체 가구의 36.1%를 차지했으며, 2인 이하 소가구 비율은 65.1%에 달해 전체 가구의 약 3분의 2가 1~2인으로 구성되었음을 보여준다. 또한 가구주의 연령이 65세 이상인 고령자 가구는 전체 가구 중 26.5%를 차지하였고, 고령자 1인 가구는 전체의 10.3%에 해당하였다(그림 4-5, 4-6).

여성의 경제활동 참여 역시 꾸준히 증가하였다. 코로나19의 영향으로 2018년 대비 2020년 경제활동은 다소 감소했으나, 2010년 54.5%에서 2024년 56.3%로 증가하였고 여성 고용률 또한 상승 추세를 보였다(그림 4-7). 여성의 사회적·경제적 활동 증가는 전통적인 가정 내 역할을 변화시켜 가족이 함께 식사하는 비율을 줄이고, 식사 준비 시간의 제약으로 가공식품, 외식, 즉석조리식품 등 식사의 외부화를 촉진하고 있다.

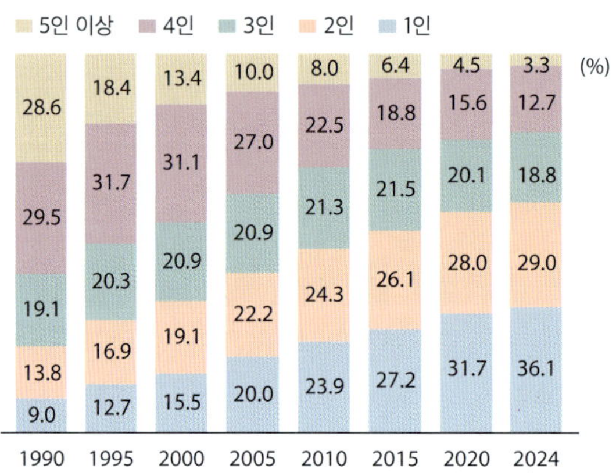

그림 4-5 가구원 수 규모 변화 추이

자료: 통계청(2024). 인구주택총조사.

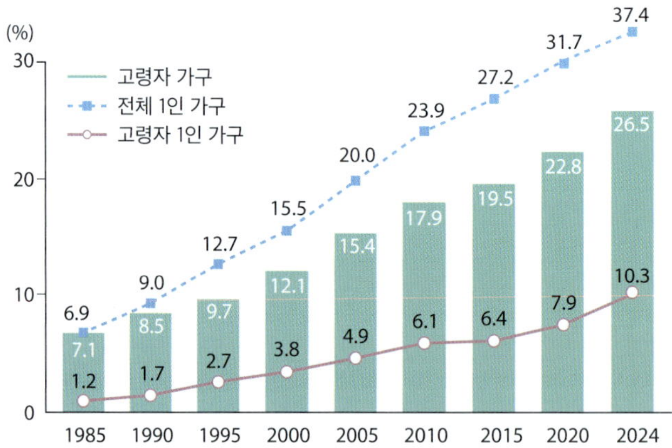

그림 4-6 고령자 가구 추이

자료: 통계청(2024). 고령자통계.

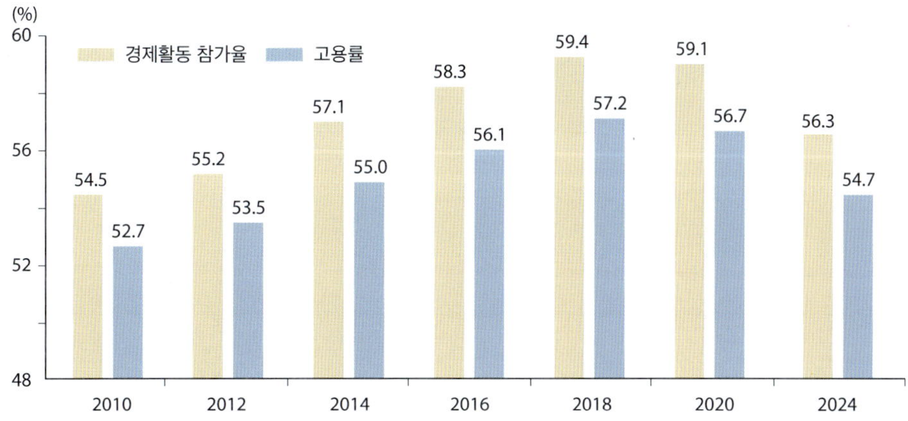

그림 4-7 **여성 경제활동 참가율 및 고용률**

※ 여성 경제활동 참가율(%): 여성 경제활동인구(취업자+실업자)/만 15세 이상 여성인구

※ 고용률(%): 취업자/생산가능인구(15~64세)

자료: 통계청(2024). 경제활동인구조사.

과거에는 가정 내 전통적인 식단을 통해 비교적 균형 잡힌 식사가 가능했으나, 오늘날 식사의 외부화는 영양 불균형, 조리 과정에서의 영양소 손실, 첨가물의 과다 사용, 위생문제 등으로 이어질 수 있으며, 이는 장기적으로 국민 건강에 부정적인 영향을 미칠 수 있다.

따라서 식품 선택에 있어서는 관능적 기호뿐만 아니라 영양학적·질적 측면도 고려해야 하며, 이를 위해 소비자 대상의 식생활 교육은 물론 식품 생산·가공업자, 외식 산업 종사자, 식품 포장재 산업 등 식품 관련 업계에서도 사회적 책임과 윤리적 경영을 기반으로 한 질적 향상이 필요하다.

3) 노인 인구 증가 및 경제력 저하에 따른 식생활의 변화

(1) 노인가구 증가와 고령자의 경제활동 상태

통계청 자료에 따르면 2024년 우리나라 65세 이상 고령자의 경제활동 참가율은 38.2%로, 2010년 이후 꾸준히 증가하는 추세를 보였다(그림 4-8). 그러나 경제활동 참여 확대에도 불구하고 우리나라 노인의 경제력은 여전히 취약하다. 65세 이상 은퇴 연령층의 소득 분배 지

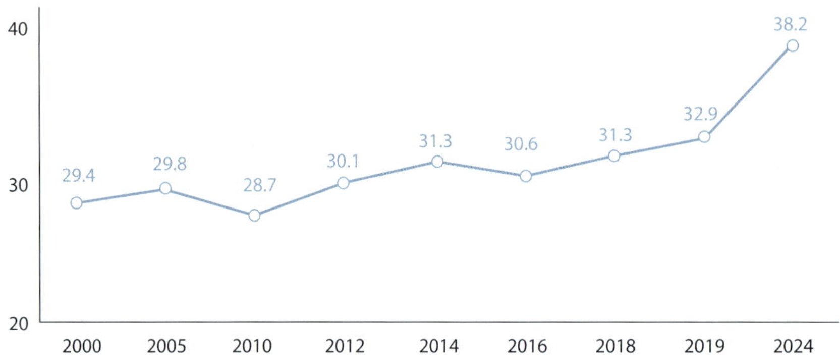

그림 4-8 고령자(65세 이상) 고용률

자료: 통계청(2024). 고령자통계.

표는 점차 개선되고 있으나, 상대적 빈곤율은 OECD 회원국 가운데 여전히 가장 높은 수준을 기록하고 있다.

2024년 통계청 자료에 따르면 고령자의 상대적 빈곤율(중위소득 50% 이하 인구 비율)은 39.8%, 소득 5분위 배율(상위 20%와 하위 20%의 평균 소득 비율)은 7.11로, 노인 빈곤문제가 심각함을 보여준다(표 4-2). 이와 동시에 고령자의 의료비 부담도 지속적으로 증가하고 있다. 2023년 건강보험 통계에 따르면, 65세 이상 고령자의 진료비는 48조 9,011억 원으로 국민 전체 진료비의 44.1%를 차지하였다. 또한 고령자 1인당 연간 진료비는 543만 원으로, 전체 국민 1인당 평균 진료비인 215만 5천 원의 약 2.5배에 달하였다(그림 4-9).

표 4-2 노인 빈곤율

(단위: %)

구분	상대적 빈곤율 (중위소득 50% 이하)		소득 5분위 배율 (상위 20%와 하위 20% 평균소득 비율)	
	15~65세 (근로연령인구)	66세 이상 (은퇴연령인구)	15~65세 (근로연령인구)	66세 이상 (은퇴연령인구)
2012	13.9	47.0	7.13	11.48
2015	12.9	44.3	6.09	9.27
2018	11.8	43.4	5.67	7.94
2023	9.8	39.8	4.93	7.11

자료: 통계청, 한국은행, 금융감독원(2024). 가계금융복지조사.

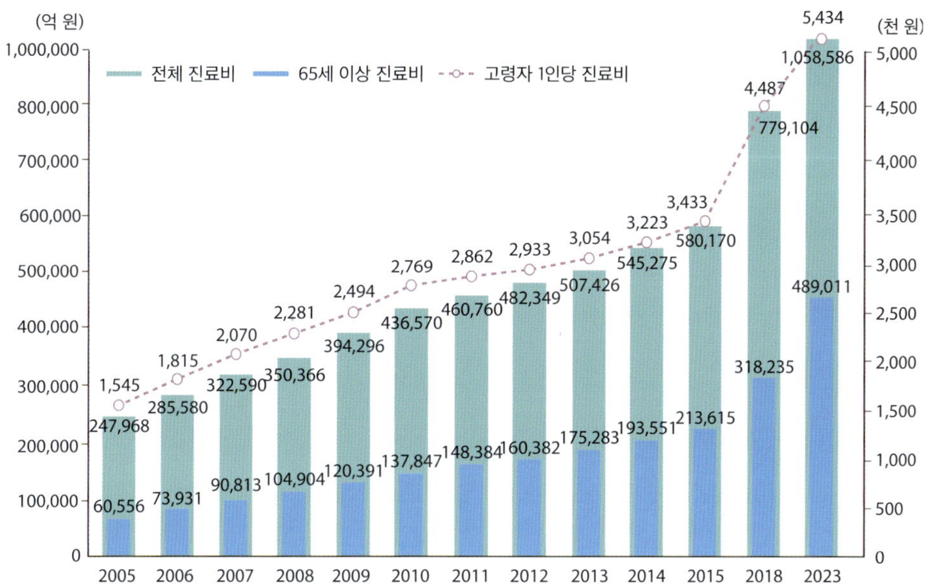

그림 4-9 **건강보험 진료비 현황**

자료: 국민보험공단, 건강보험심사평가원(2023). 건강보험통계.

(2) 노인의 식생활과 건강의 문제점

노년기의 경제적 어려움은 식생활의 질을 저하시켜 장기적으로 의료비 증가를 초래한다. 특히, 고혈압, 동맥경화, 심장질환, 당뇨병, 골다공증 등 노년기에 흔히 발생하는 주요 만성질환은 식습관과 밀접하게 관련되어 있다. 여러 연구에서도 올바른 식습관을 가진 노인이 그렇지 않은 노인보다 건강상태가 양호한 것으로 보고되고 있다.

2023년 노인실태조사에 따르면 전체 노인의 86.1%가 한 가지 이상의 만성질환을 가지고 있었으며, 63.9%는 두 가지 이상의 만성질환을 동시에 앓고 있는 복합 이환자로 나타났다. 노인 1인당 평균 만성질환 수는 2.2개였다. 성별로는 여성 노인(87.2%)의 만성질환 유병률이 남성 노인(84.6%)보다 높았으며, 연령이 높을수록, 배우자가 없거나 독거인 경우 그리고 저학력·저소득층일수록 만성질환 유병률이 높은 경향을 보였다.

(3) 노인의 약물 및 건강보조식품 섭취 실태

노년기에는 만성질환 관리로 인해 다수의 약물을 동시에 복용하는 경우가 많다. OECD 자료에 따르면, 2021년 기준 우리나라 75세 이상 노인 환자의 64.2%가 5개 이상의 약물을 복용하고 있었는데, 이는 OECD 평균(48.6%)보다 높은 수치로 노인의 약물 섭취 문제가 심각함을 보여준다.

한편, 최근 건강기능식품 시장이 급격히 성장하면서 노인의 건강보조식품 섭취율도 크게 증가하고 있다. 이러한 경향은 건강 유지·증진에 긍정적인 측면이 있으나, 동시에 특정 영양소의 과잉 섭취로 인한 영양 불균형과 약물과의 상호작용 위험을 초래할 수 있어 주의가 필요하다.

2. 식량자급률 및 식품산업 관련 현황

1) 우리나라 식량자급률

(1) 식량자급률

우리나라의 식량자급률은 OECD 가입국과 비교할 때 매우 낮은 수준으로, 식량 자급 기반이 취약한 실정이다. 곡류 자급률은 1970년대 이후 지속적으로 감소하여 1990년 43.8%에서 2023년 19.5%로 크게 하락하였다. 품목별로 보면, 주식인 쌀의 자급률은 1990년 이후 약 90% 수준을 유지해 비교적 안정적인 반면, 밀은 1% 내외로 거의 전량을 수입에 의존하고 있다. 육류 자급률 역시 뚜렷하게 감소하여 1990년 92.9%에서 2023년 72.4%로 낮아졌다(표 4-3).

이러한 자급률 하락의 배경에는 1960년대 이후 공산품 위주의 수출 주도형 경제정책으로 농업 부문의 수익성이 크게 악화되면서 공급력이 제한된 점 그리고 식생활 구조가 곡물 중심에서 육류 중심으로 전환되며 사료용 곡물 수요가 증가한 점이 있다. 또한 식량 수입 증가에 따른 국내 생산량 감소라는 구조적 변화도 자급률 하락의 주요 원인으로 작용하였다.

앞으로도 식량자급률이 현재와 같은 추세로 하락한다면, 지구온난화와 같은 기후변화, 국제 분쟁, 전쟁 등 외부 요인에 따라 우리나라의 안정적인 식량 공급 체계가 심각한 위기를 맞을 수 있다. 따라서 식량 자급 기반 강화를 위한 국가 차원의 전략적 접근이 필요하다.

표 4-3 주요 식품의 자급률 추이

(단위: %)

구분	1990	1995	2000	2005	2010	2015	2020	2023
곡류	43.8	30.0	20.8	29.4	28.1	24.0	20.2	19.5
쌀	108.3	91.1	102.9	96.0	104.5	101.0	90.7	92.3
밀	0.1	0.3	0.1	0.2	0.9	0.7	0.5	1.2
두류	24.5	11.7	8.2	10.7	11.0	10.8	8.8	10.6
종실류	86.3	44.7	34.2	29.6	30.7	35.4	34.9	38.4
채소류	98.8	99.2	97.7	94.5	90.7	87.7	86.4	85.2
과실류	102.5	93.2	88.7	85.6	81.0	78.8	73.2	74.4
육류	92.9	89.2	83.9	81.6	78.6	76.3	76.8	72.4
쇠고기	53.6	50.8	53.2	48.1	43.2	46.0	37.2	40.0
달걀류	100.0	99.9	100.0	99.3	99.7	99.7	99.4	99.4
우유류	92.8	93.3	81.2	72.8	66.3	56.6	47.9	45.4
어패류	121.7	100.4	87.8	60.0	68.1	57.9	48.9	57.0

자료: 한국농촌경제연구원(2023). 식품수급표.

(2) 식량자급률 목표 설정 및 소비 측면에서의 제고

주요 선진국 중 우리나라와 함께 식량자급률이 가장 낮은 일본은 식량 공급 불안정에 대한 위기감으로 2000년 식량자급률 목표를 설정하였다. 일본은 자국산 식량이 수입산보다 비싸더라도 국내 자급의 필요성에 대한 국민적 공감대를 형성하고, 생산비 절감을 도모하는 동시에 자급률 향상 정책을 추진하였다.

또한 단순한 생산 확대에는 한계가 있음을 인식하고 소비자의 역할을 강조하며 「식육기본법(食育基本法)」을 제정하였다. 이를 통해 일본식 식생활 추구, 균형 잡힌 영양 섭취 등 국민 식생활 교육을 강화하여 소비 측면에서 자급률 제고를 도모하고 있다.

우리나라도 최근 일본보다 더 빠른 속도로 식량자급률이 하락함에 따라 국가 차원의 목표치를 설정하였다. 식량자급률 증가는 우선적으로 품종 개량, 재배 기술 개발, 농경지 기반 정비 등 생산 측면에서 검토될 수 있다. 그러나 동시에 적정한 영양 섭취와 바람직한 식생활 실천을 통해서도 향상될 수 있다. 특히, 서양식 식사 형태가 확산되는 추세에서 국민이 한국형 식생활로 전환한다면 국내 농산물 소비가 촉진되어 자급률 향상에 기여할 수 있다. 실제 연구에 따르면, 아침식사를 한식으로 섭취할 경우 양식 대비 식량자급률이 약 55% 높아지고 지방의 에너지 비율은 감소하여 영양학적으로도 긍정적인 효과가 나타났다.

2) 우리나라 식생활 환경 변화에 따른 식품 관련 산업 현황

(1) 식품 관련 산업 현황

경제 성장과 산업화·도시화에 따른 사회적·경제적·문화적 변화는 국민의 식생활뿐만 아니라 식품산업 구조에도 큰 영향을 미쳤다. 식품 소비 구조가 변화하면서 조리가 복잡하고 시간이 많이 드는 식품보다 편의식품을 선호하는 경향이 강화되었고, 맛, 영양, 포장, 위생에 대한 관심도 높아졌다.

특히, 코로나19로 인해 외식이 줄고 가정식 수요가 늘어나면서 가정간편식(HMR) 시장이 확대되었으며, 배달 음식 증가로 포장·일회용 용기 산업과 식육제품 수요도 동반 상승하였다. 동시에 건강을 중시하는 소비 경향이 나타나면서 건강기능식품에 대한 관심도 확대되었다.

2024년 국내 식품산업의 특징을 살펴보면, 건강과 즐거움을 동시에 추구하는 가치 소비가 확산되면서 헬시플레저(healthy pleasure), 웰에이징(well-aging)과 같은 건강 트렌드

표 4-4 식품산업 생산실적[1] 연도별 현황

구분		생산액(억 원)			최근 3년 연평균 성장률(%)	전년 대비 성장률(%)
		2022년	2023년	2024년		
제조업체	식품 등[2]	677,062	699,308	742,920	4.8	6.2
	축산물	344,998	357,983	377,714	4.6	5.5
	건강기능식품	28,050	27,584	27,618	−0.8	0.1
합계		1,050,110	1,084,875	1,148,252	4.6	5.8

1) 생산실적은 생산액 기준

2) 식품제조가공업(주류, 조사처리), 식품첨가물제조업, 용기·포장류제조업 포함

자료: 식품의약품안전처, 식품안전정보원(2025). 2024 식품 등의 생산실적.

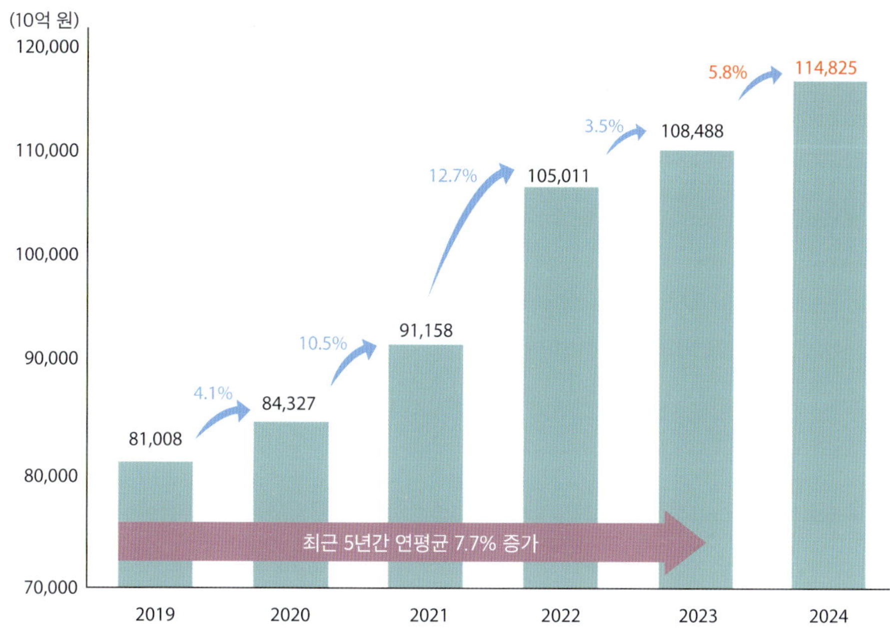

그림 4-10 최근 5년간 식품산업의 연평균 증가율

자료: 식품의약품안전처, 식품안전정보원(2025). 2024 식품 등의 생산실적.

를 반영한 제품 개발과 생산이 증가하였다. 품목별로는 제로슈거 제품, 식물성 원료 기반 제품, 고단백 제품 생산 실적이 전년 대비 크게 늘었고, 축산물은 저당·저염·저지방 제품, 고단백·저지방 부위 활용 제품, 무항생제·동물복지 제품의 생산이 꾸준히 증가하였다.

건강기능식품 분야에서는 비타민과 무기질 제품의 생산이 매년 성장하여, 전통적으로 시장을 주도하던 홍삼 제품을 제치고 2024년 생산액 기준 1위를 기록하였다. 같은 해 국내 식품산업 생산실적은 14조 원으로, 국내총생산(GDP) 대비 4.5%, 제조업 총생산 대비 16.8%를 차지하였다(**표 4-4**, **그림 4-10**).

더 알아보기

가정간편식(HMR, Home Meal Replacement)

즉석 밥, 국 등과 같이 바로 먹거나 간단히 데워 조리·섭취할 수 있도록 편의성을 높인 가정식 대용식의 총칭이다. 신선편의식품, 즉석조리식품, 즉석섭취식품, 간편조리세트 등 다양한 즉석섭취 편의식품류가 이에 포함된다.

(2) 식사의 외부화에 따른 식품산업 확대

현대 식생활의 특징은 다양화·간편화·고급화 그리고 건강·안전 지향으로 요약할 수 있으며, 우리나라에서는 특히 '간편화' 경향이 두드러진다. 이는 가사노동을 줄이기 위해 조리를 외부화(outsourcing)하는 것으로, 미리 조리된 식품의 구매와 외식을 포함한다.

최근에는 식생활 외부화에 대한 인식 변화와 식품공업 및 외식산업의 발전으로, 포장·배달이 가능한 다양한 식품이 등장하면서 즉석조리식품과 간편조리세트 등 중간 형태의 식사를 이용하는 사람이 급격히 증가하고 있다.

국내 외식시장(음식점 및 주점업) 규모는 1990년 약 18조 원에서 2023년 191조 원으로 빠르게 성장하였다(그림 4-11). 가계 식비 지출 추이를 보면, 1990년부터 2004년까지는 식료품비(비주류 음료 포함) 비중이 감소하고 외식비 비중이 증가하는 현상이 뚜렷했다. 그러나 2020~2021년 코로나19 시기에는 외식비 비중이 급감하고 식료품비 비중이 크게 늘었다. 이후 2022년부터 외식비는 빠르게 회복하여, 2022년 가계소비지출의 14%, 2023년 14.3%, 2024년 14.5%로 사상 최고치를 경신하였다(그림 4-12).

식생활의 외부화는 '食(최종 소비)'과 '農(농업 생산)' 사이의 거리를 확대하며, 그 사이에 식품제조업자, 유통업자, 외식사업자 등 다양한 경제 주체가 개입한다. 이로 인해 전통적인 가정식의 문화와 건강 기능성이 일부 약화될 수 있다.

한편, 식품시장은 전 세계적으로 꾸준한 성장을 이어가고 있다. 2020년대 중반 기준 세계 식품시장 규모는 약 9조 달러 이상으로, 자동차 시장(2조~3조 달러)이나 IT 시장(4조~5조 달러)을 훨씬 상회한다. 2024년에는 약 9조 7,800억 달러에 달해 IT 시장의 약 4배, 자동차 시장의 약 5배 규모로 확대되었으며, 특히 아시아·태평양 지역의 성장이 두드러진다.

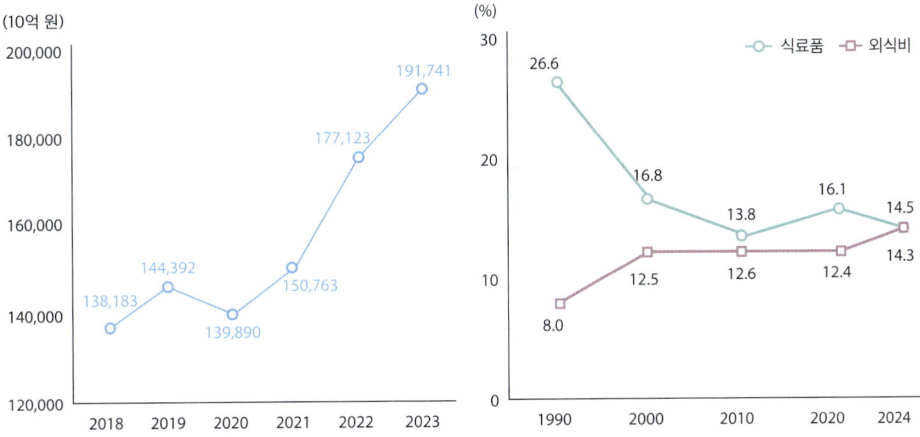

그림 4-11 국내 외식산업의 시장 규모(매출액)

자료: 농림축산식품부, 한국농수산유통공사(2025). 2024 식품 외식산업 주요 통계.

그림 4-12 가계소비지출 대비 외식비·식료품 비중 추이

※ 2인 이상 도시가구 기준(다만, 2017~2018년은 1인 이상 도시가구)

자료: 통계청(2024). 가계동향조사.

(3) 건강기능식품산업 확대

경제 수준의 향상과 평균 수명의 연장은 국민의 건강에 대한 관심을 높였으며, 만성퇴행성 질환의 상당수가 대사성 질환이라는 점에서 사후 치료보다는 사전 예방의 중요성이 강조되고 있다. 이에 따라 식품에도 단순한 열량·영양소 공급을 넘어 건강기능성이 요구되면서, 건강기능식품산업은 국내외에서 하나의 독립된 산업군으로 성장하였다.

국내 건강기능식품 시장은 1990년대 중반부터 IMF 외환위기 시기를 제외하고 꾸준히 성장했으며, 최근에는 생활습관병 예방, 면역력 강화, 장 건강, 뼈 건강 등 기능성 중심 소비가 두드러지고 있다. 2024년 국내 생산액 기준 상위 5개 품목은 비타민/무기질, 홍삼, 프로바이오틱스, EPA/DHA 함유 유지, 혼합추출물(예: 헤모힘 당귀 등)이었으며(그림 4-13), 소비자가 자주 섭취하는 품목 역시 비타민/무기질, 오메가-3류, 발효 미생물(프로바이오틱스), 인삼류, 건강즙/엑기스 순으로 나타났다(표 4-5).

정부는 효능이 입증되지 않은 제품의 무분별한 유통과 소비자 피해를 방지하기 위해 2002년 「건강기능식품에 관한 법률」을 제정·공포하였으며, 동물실험과 인체적용시험을 통

해 과학적으로 효능이 검증된 성분에 한해 기능성 표시를 허용하고 있다. 그러나 건강기능식품이 질병 치료제로 오인되거나, 여러 제품을 동시에 과량 섭취하는 사례가 여전히 발생하고 있다.

따라서 건강기능식품은 식생활을 보완하는 수단임을 분명히 하고, 균형 잡힌 식생활과 병행될 때 효과가 극대화된다는 점을 알리는 지속적인 교육과 홍보가 필요하다. 동시에 기

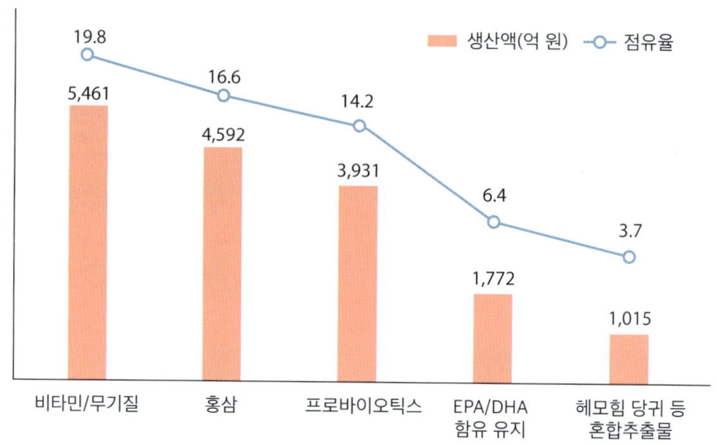

그림 4-13 건강기능식품 생산실적 현황(생산액 상위 5개 제품, 2024년)

자료: 식품의약품안전처, 식품안전정보원(2025). 2024 식품 등의 생산실적.

표 4-5 건강기능식품/건강식품 다빈도 섭취식품(2024년)

(단위: %)

구분	비타민/무기질	필수 지방산/오메가3	발효미생물류(유산균, 프로바이오틱스)	인삼류(인삼, 홍삼)	건강즙/엑기스	아미노산/단백질	식이섬유	당/탄수화물	건강환/분말	클로렐라/엽록소
건강(기능)식품 섭취가구	62.0	41.1	39.9	33.4	15.1	13.8	13.7	8.6	8.0	3.9

※ 건강(기능)식품을 먹는 응답 가구 중 섭취 비율

자료: 한국농촌경제연구원(2024). 2024 식품소비행태조사 통계 보고서.

능성 원료의 다양화, 과학적 근거 강화, 안전성 확보, 국제 기준과의 조화가 앞으로 산업 발전의 핵심 과제가 될 것이다.

3. 세계의 영양문제

1) 세계 식량 위기

2025년 세계 인구는 약 81억 명에 달하며, 2050년에는 97억 명에 이를 것으로 전망된다. 그러나 인구 증가와 함께 식량 위기는 더욱 심화되고 있으며, 기아 인구 또한 지속적으로 증가할 것으로 예상된다. 세계식량위기보고서(GRFC 2025)에 따르면, 기후변화, 러시아-우크라이나 전쟁을 비롯한 지역 분쟁, 코로나19의 장기적 여파, 국제 곡물 가격 상승, 공급망 불안정 등 복합적 요인으로 인해 세계 식량 수급 상황은 악화되고 있다. 이는 지속가능발전목표(SDGs) 달성을 심각하게 위협하고 있다.

식량 불안과 영양실조의 심각성은 IPC(Integrated Food Security Phase Classification, 통합적 식량불안단계 분류)를 통해 평가된다(표 4-6). IPC는 식량 불안을 단계별로 분류하여 위기의 정도를 진단하며, 영양실조 역시 5단계로 구분한다. 2024년 세계 기아 수준은 최고치를 경신했으며, IPC 3단계(식량 위기) 이상에 처한 인구는 53개 국가 또는 지역에서 약 2억 9,530만 명에 달해 지속적으로 증가하고 있다(그림 4-14). 식량 위기를 겪는 국가는 심각한 영양실조와 저개발국의 빈곤으로 인한 영양 부족 등 다양한 문제에 직면해 있다.

2) 세계 영양불량

「세계 식량안보 및 영양 현황 보고서(FAO, 2025)」에 따르면, 전체 인구 대비 기아 인구 비율은 2010년 이후 큰 변동이 없다가 코로나19 이후 급격히 증가하였다. 최근 2~3년 사이 소폭 감소(2022년 8.7%, 2023년 8.5%)하는 추세를 보였으나, 아직 팬데믹 이전 수준으로 회복하지 못한 상태이다. 2024년 기준 전 세계 약 6억 7,300만 명(인구의 8.2%)이 기아상태이

표 4-6 IPC의 척도와 분류

구분	심각한 식량 불안	만성적 식량 불안	심각한 영양실조
식량 불안과 영양실조의 정의	원인, 상황 또는 지속 기간과 관계없이 특정 시점에 발견되며 생명과 생계를 위협하는 심각성 또는 식량 불안	계절에 따른 식량 불안을 포함해 주로 구조적인 원인에 따른 장기간 지속하는 식량 불안	사람의 마른 상태나 부종의 존재로 표현되는 GAM (Global Acute Malnutrition)
전략적 목표와 대응	생명이나 생계를 위협하는 심각한 식량 불안을 예방하거나 감소시키기 위한 단기 목표	활동적이고 건강한 생활을 위한 식량 소비의 품질과 양의 중장기 개선	심각한 영양실조의 높은 수준을 예방하거나 감소시키기 위한 단기 및 장기 목표
심각도	최소/없음(minimal/none) 스트레스(stressed) 위기(crisis) 비상(emergency) 재앙/기근(catastrophe/famine)	1. 최소/없음(minimal/none) 2. 약간(mild) 3. 보통(moderate) 4. 심각(severe)	허용 가능(acceptable) 경보(alert) 심각(serious) 위급(critical) 매우 위험(extremely critical)
분석 초점	식량 에너지 격차가 큰 가구 비율이 높은 지역 또는 삶과 생계를 위협할 수 있는 생계 변화 전략 파악	다량 및 미량 영양소 측면에서 적절한 식량 필요량을 장기간 획득할 수 없는 가구 비율이 높은 지역 파악	허약하거나 부종을 지닌 어린이 비율이 높은 지역 파악

자료: IPC(2021).

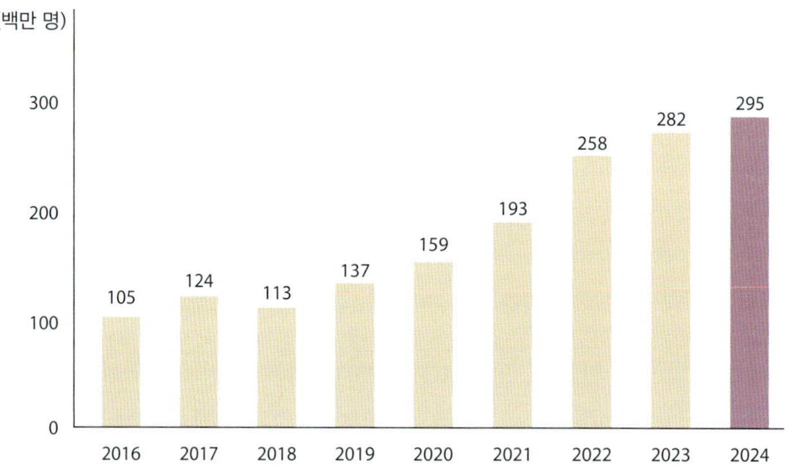

그림 4-14 IPC 3단계인 식량 위기 이상에 처한 세계 인구 추이

자료: Food Security Information Network(2024).

며, 약 23억 명(28%)은 중간 또는 심각한 수준의 식량 불안, 약 9억 2,150만 명(11.2%)은 심각한 식량 불안에 직면했다고 보고되었다(그림 4-15).

지역별 기아 인구 비율은 아프리카 20.2%, 오세아니아 7.6%, 아시아 6.7%, 라틴아메리카 5.1%, 북아메리카와 유럽 2.5% 순이었다. 인구 비율로는 아프리카가 가장 높았으나, 인구수로는 아시아가 가장 많았다.

UN은 2015년 발표한 지속가능발전 어젠다에서 2030년까지 기아를 퇴치하겠다고 선언했으나, 전망에 따르면 2030년에도 약 6억 6,000만 명(세계 인구의 7.6%)이 여전히 기아상태일 것으로 보인다. 이는 목표 달성이 사실상 불가능함을 시사하며, 기아와 식량 불안이 여전히 국제사회가 직면한 핵심 과제임을 보여준다.

UN이 제시한 지속가능발전목표는 2030년까지 경제적·사회적·환경적 의제를 고려하여 지구상의 빈곤을 종식시키기 위해 수립된 것으로, 총 17개의 세부 목표가 있다. 이 중

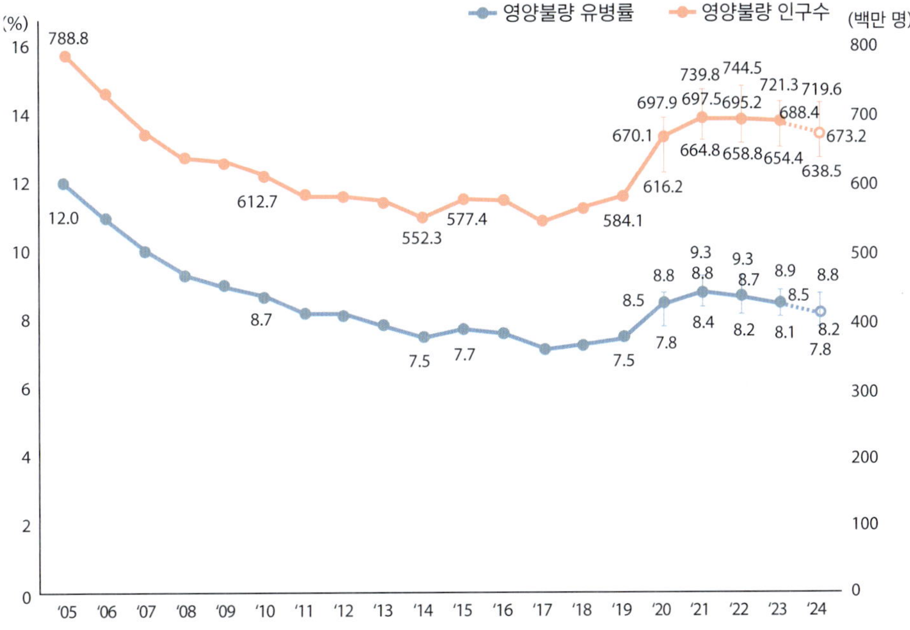

그림 4-15 **세계 영양불량 인구**

자료: FAO, WHO & UNICEF(2025). The state of Food Security and Nutrition in the World(SOFI).

12개 목표는 영양과 직간접적으로 연관된다(그림 4-16). 세계 영양불량 문제와 2030년 세계 영양 목표는 그림 4-17에 제시하였다.

세계 영양불량 문제는 복합적 양상을 띤다. 만성영양불량 상태인 성장지연(stunting, 나이에 비해 키가 작은 어린이)의 유병률은 2012년 26.4%에서 2024년 23.2%로 감소하여 개선이 있었으나, 급성영양불량 상태인 쇠약(wasting, 키에 비해 체중이 적은 어린이)과 아동 과체중(overweight)의 전 세계 유병률은 거의 변화가 없었으며, 2024년 각각 6.6%와 5.5%로 보고되었다. 이는 아동 영양실조의 구조적 문제 해결이 여전히 미흡함을 보여준다.

긍정적인 변화로는, 생후 6개월 미만 영아의 완전 모유수유율이 2012년 37.0%에서 2023년 47.8%로 크게 증가하여, 모유수유촉진정책이 아동 건강과 향후 영양 개선에 중요한 역할을 하고 있음을 확인할 수 있다. 그러나 여성의 영양상태는 악화되는 추세를 보였다. 15~49세 여성의 빈혈 유병률은 2012년 27.6%에서 2023년 30.7%로 증가했으며, 지역별로도 개선되지 않거나 오히려 악화된 사례가 많았다.

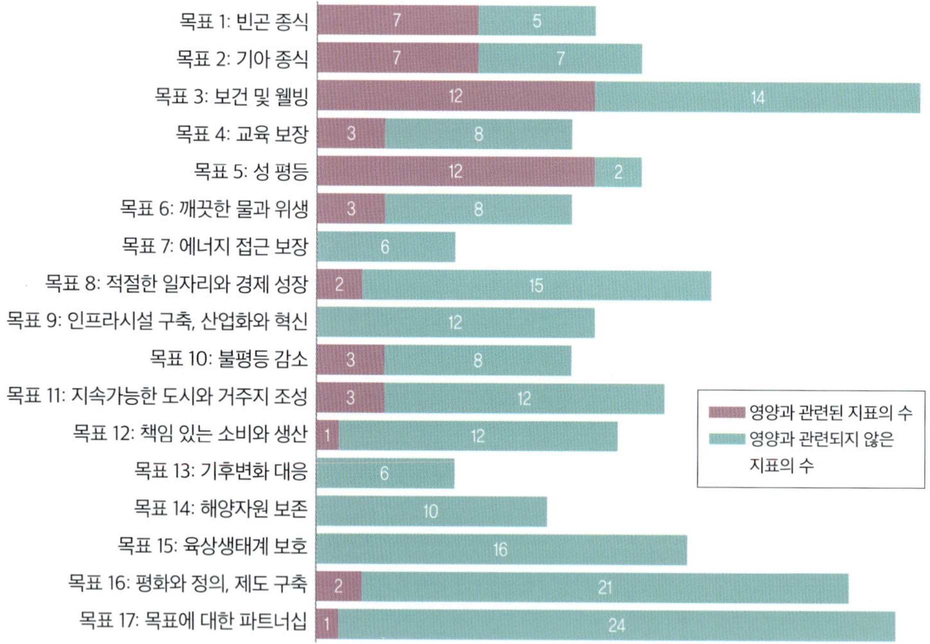

그림 4-16 영양과 관계가 깊은 지속가능개발목표 세부 목표

자료: International Food Policy Research Institute(2016).

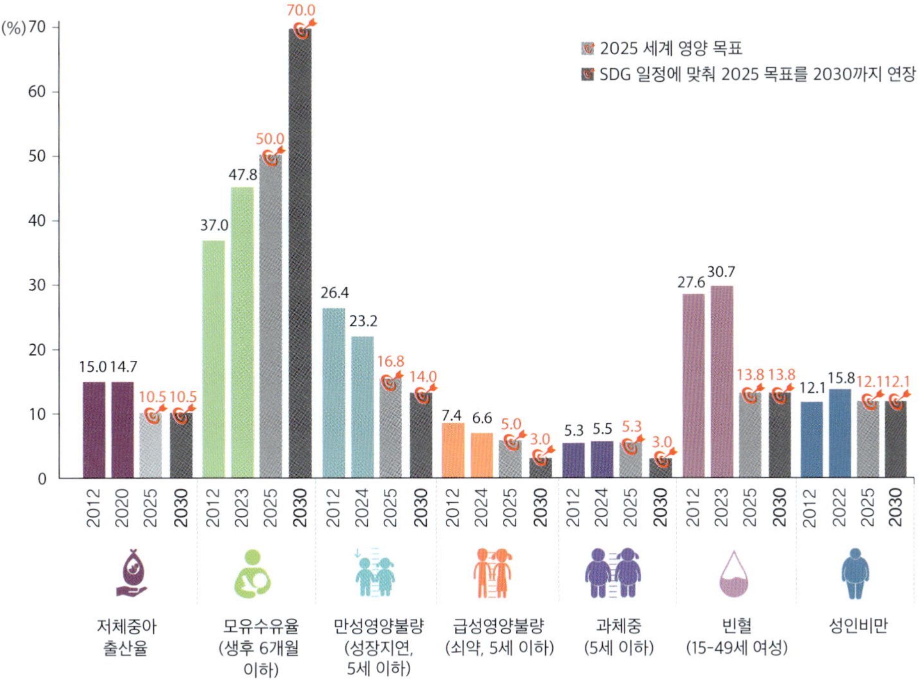

그림 4-17 **세계 영양불량 상태 및 영양 목표**

자료: FAO, WHO & UNICEF(2025). The state of Food Security and Nutrition in the World(SOFI).

또한 성인 비만율은 2012년 12.1%에서 2022년 15.8%로 증가하여, 영양결핍과 과잉영양이 동시에 존재하는 영양불량의 양극화 문제가 심화되고 있음을 보여준다. 새로운 세계영양지표에 따르면, 생후 6~23개월 영아의 약 3분의 1, 가임기 여성의 약 3분의 2가 최소한의 식단 다양성(minimum dietary diversity)을 달성하지 못한 것으로 나타났다. 이는 여성과 아동의 균형 잡힌 식단 보장이 시급한 과제임을 의미한다.

3) 북한의 영양실태

(1) 5세 미만 아동의 영양

『북한 주민의 영양 개선을 위한 실태 분석 및 협력 방안 연구 보고서(통일부, 2022)』에 따르면, 북한의 5세 미만 아동 영양상태는 지난 수십 년간 점진적으로 개선되었으나, 여전히 심각한 수준에 머물러 있다. 1998년 만성영양불량(stunting) 비율은 62.3%였으나, 2017년 19.1%로 감소하였다(그림 4-18). 급성영양불량(wasting) 역시 같은 기간 15.6%에서 2.5%로 줄었다. 그럼에도 약 31만 2천 명, 즉 5명 중 1명이 만성영양불량 상태에 있어 신체적·정신적 발달 지연이 우려된다. UN 지속가능발전목표에서 제시한 2030년 '5세 미만 아동의 만성영양불량' 목표치는 12.8%로, 남한(2.2%)은 이미 달성했으나 북한은 여전히 목표치를 크게 상회한다.

연령별로는 만성영양불량이 생후 12개월 이후 꾸준히 증가하여 48개월까지 이어지는데, 이는 장기간 식량 부족의 누적 결과로 해석된다. 특히, 12개월 미만 영아에서도 성장 지연이 나타나는 것은 모성 영양불량이 태아 성장 제한과 신생아 영양불량으로 이어지는 악순환을 반영한다. 이유식 부족 역시 중요한 원인이다.

지역적·사회경제적 격차도 뚜렷하다. 도시 지역은 15.6%, 농촌 지역은 24.4%였으며, 소득 하위 20% 가정 아동의 만성영양불량은 27.0%로 상위 40%보다 2배 이상 높았다. 지역별로는 평양이 10.1%였던 반면, 양강도는 31.8%에 달했다.

5세 미만 아동 사망률은 1990년 출생아 1,000명당 43명에서 2000년 60명으로 악화되었다가 이후 개선되어 2020년에는 17명으로 크게 감소하였다. 그러나 여전히 동아시아 평균(14명)보다 높으며, 영아 및 신생아 사망률에서도 같은 경향이 확인된다.

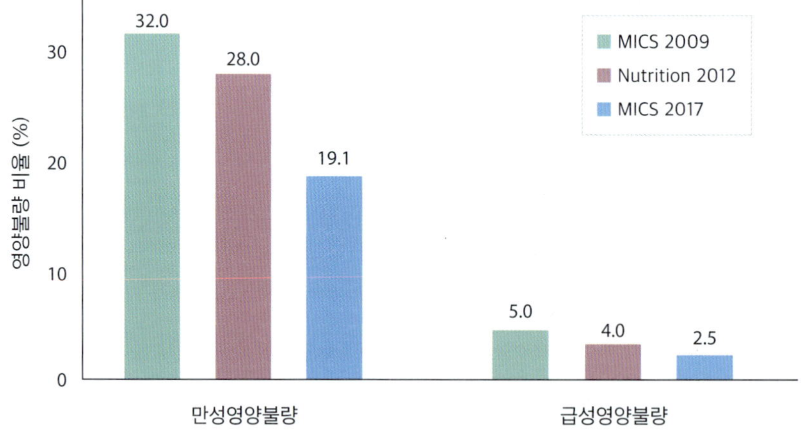

그림 4-18 북한 5세 미만 아동 영양불량 추이

자료: Central Bureau of Statistics of the DPR Korea and UNICEF(2017). Multiple Indicator Cluster Survey.

(2) 가임기 여성의 영양

가임기 여성의 빈혈은 태아 성장과 모성 건강에 심각한 영향을 미친다. 북한 여성의 빈혈 유병률은 2000년 35.0%에서 2010년 31.6%로 감소했으나, 이후 다시 증가하여 2019년 33.9%로 보고되었다. 이는 가임기 여성 3명 중 1명이 철 결핍성 빈혈상태임을 의미한다. UN 지속가능발전목표의 2030년 목표치(14.3%)에 비해 현저히 높고, 글로벌 평균(29.9%)보다도 높다.

2012년 북한 영양조사에 따르면, 가임기 여성의 49.6%만이 최소 식품군(10개 중 5개 이상)을 충족해 절반 이상이 식품 다양성 부족상태였다. 그 결과 철, 아연, 비타민 A, 요오드 등 미량영양소 결핍이 광범위하게 나타난다.

모성사망비는 2000년 인구 10만 명당 139명에서 2017년 89명으로 감소하였다. 이는 세계 평균(211명)보다 낮으나 남한(11명)보다는 8배 이상 높다. 주요 사망 원인은 출산 후 출혈, 감염, 패혈증 등으로 전체의 3분의 2 이상을 차지한다. 북한에서는 약 7.8%의 출산이 가정에서 이루어지며, 필수 의약품 부족과 열악한 모성 영양상태가 높은 사망률로 이어지고 있다.

(3) 북한 영양불량의 다중부담

북한은 개발도상국에서 흔히 나타나는 영양불량의 이중부담(double burden of malnutrition) 현상을 겪고 있다. 즉, 전통적인 영양결핍과 더불어 비만과 만성질환이 동시에 증가하고 있다.

1990년 대비 2019년 질병부담을 비교하면, 모성사망과 감염성 질환은 감소했으나 당뇨병·심혈관질환 등 만성질환은 증가하였다(그림 4-19). 성인 비만(체질량지수≥30) 유병률은 2019년 남성 7.3%, 여성 8.3%로 꾸준히 상승하였다.

당뇨병 유병률 역시 남성은 2014년 5.8%에서 2019년 6.2%로, 여성은 5.9%에서 6.1%로 증가하였다(그림 4-20). WHO가 2018년 발표한 「비감염성질환 국가 프로필」에 따르면 북한의 만성질환 사망 비율은 84%로, 전 세계 평균(70%)보다 높았다.

2019년 FAO·WFP 합동보고서는 북한 인구의 40%가 식품 불안정 상태에 있다고 분석하였다. 이는 주민들의 식생활이 단순히 칼로리 충족에 집중될 뿐, 단백질, 비타민, 무기질

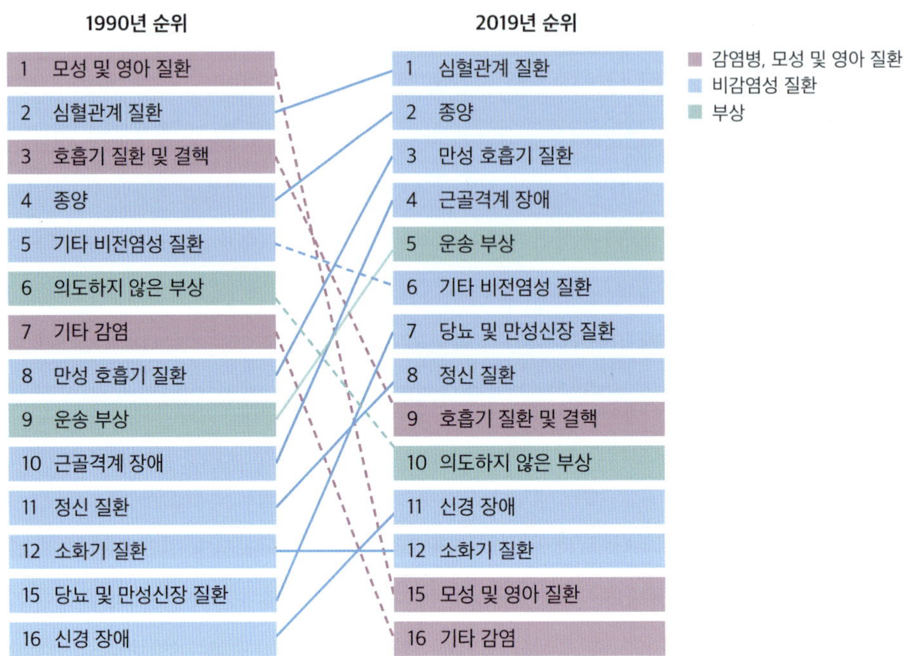

그림 4-19 북한의 질병부담 우선순위 변화

자료: Vos et al.(2020). Global burden of 369 diseases and injuries in 204 countries and territories, 1990-2019. Lancet.

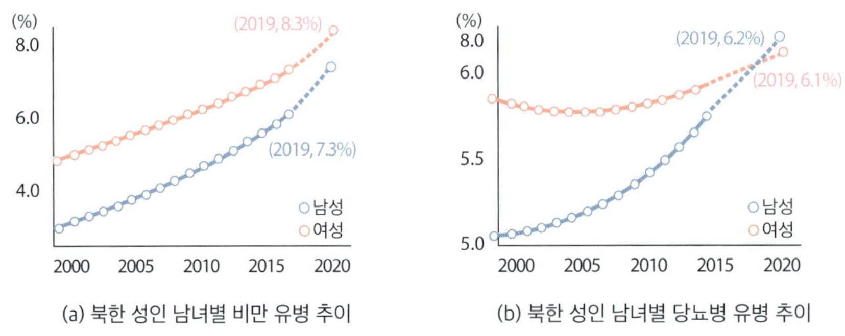

(a) 북한 성인 남녀별 비만 유병 추이

(b) 북한 성인 남녀별 당뇨병 유병 추이

그림 4-20 북한 성인 남녀별 비만과 당뇨병 유병 추이

자료: NCD Risk Factor Collaboration(2022). Global Nutrition Report. Country Nutrition Profiles.

다양성은 확보되지 못함을 보여준다. 그 결과 숨은 기아(hidden hunger)가 광범위하게 발생하며, 특히 임신·출산 및 생후 1,000일 기간 중 태아와 영유아 발달에 치명적 영향을 미친다.

UNICEF·WHO·세계은행 공동 조사에 따르면, 북한은 가임기 여성 빈혈과 5세 미만 아동 성장 지연이 동시에 높은 '영양불량 다중부담 국가'로 분류된다. 이는 북한의 보건·영양정책이 단순한 식량공급을 넘어, 모자보건 강화, 식품 다양성 확보, 만성질환 예방까지 통합적으로 접근해야 함을 시사한다.

ACTIVITY

조를 나누어 세계인의 영양 실태와 건강문제를 조사하고, 해결 방안을 토론한 뒤 결과를 정리해 보자.

1. '21세기에는 식량이 무기가 될 수 있다.'라는 말의 의미를 생각해 보자.
2. '세계는 하나의 구명보트(lifeboat)'라는 말의 의미를 생각해 보자.
3. 세계의 굶주리는 아동을 위해 우리가 할 수 있는 일을 생각해 보자.

SUMMARY

- **식생활 환경 변화**: 인구 고령화, 1인 가구의 증가, 여성의 사회활동 확대는 식품 소비 트렌드 및 식생활 환경 전반에 큰 영향을 미친다.
- **식품산업 트렌드**: 가정간편식(HMR) 시장의 성장, 푸드테크의 발전, 헬시플레저 및 ESG 경영에 대한 관심은 현대 식품산업의 주요 변화이다.
- **영양불량의 이중부담**: 전 세계적으로 영양결핍 문제와 비만·과체중 문제가 한 국가나 가정 내에 동시에 발생하는 '영양불량의 이중부담'이 심각하다.
- **세계 식량 안보 위기**: 기후변화, 국제 분쟁, 감염병 등은 세계 식량 안보를 위협하며, 북한을 포함한 많은 국가가 아동 성장 지연 등 심각한 영양문제를 겪고 있다.
- **국제적 노력과 지속가능발전목표(SDGs)**: UN, WHO, FAO 등 국제기구들은 SDGs(지속가능발전목표)의 '기아 종식(Goal 2)' 달성을 위해 영양 개선 및 지속가능한 농업 강화 등 다각적인 노력을 기울이고 있다.

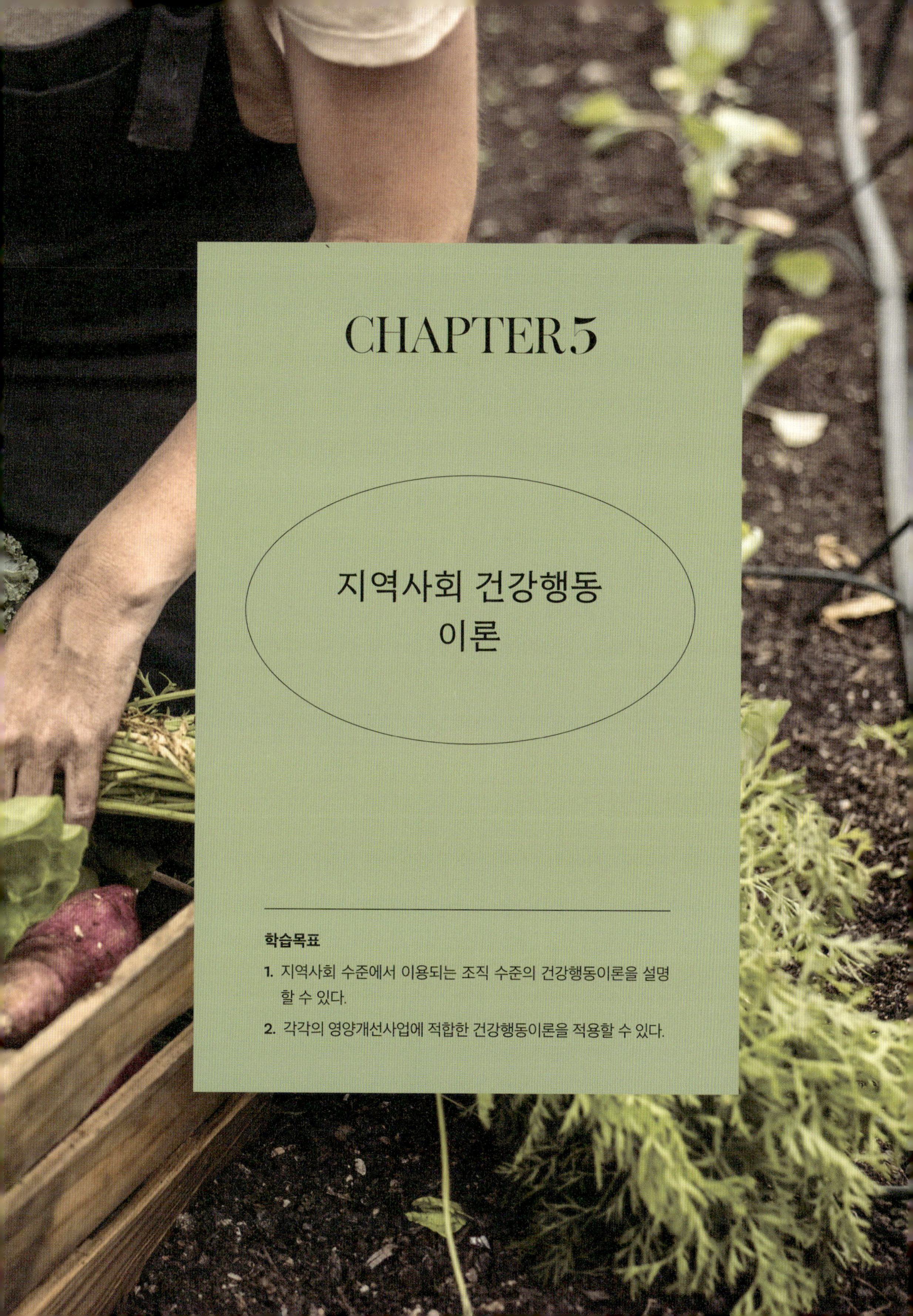

CHAPTER 5

지역사회 건강행동 이론

학습목표

1. 지역사회 수준에서 이용되는 조직 수준의 건강행동이론을 설명할 수 있다.
2. 각각의 영양개선사업에 적합한 건강행동이론을 적용할 수 있다.

CHAPTER 5

지역사회 영양개선사업의 목표는 지역주민의 행동 변화를 통해 영양상태를 개선하고 건강을 증진하는 것이다. 이를 효과적으로 수행하기 위해 지역사회영양사는 영양과 관련된 건강행동이론을 이해하고, 이를 토대로 건강 증진 방법과 전략을 수립·활용할 수 있어야 한다.

특히, 지역사회 영양개선사업의 계획·실행·평가 단계에서 사회심리학, 행동과학, 마케팅 이론을 적용한 건강행동이론 접근은 보건·영양사업을 보다 치밀하고 구체적으로 설계하도록 돕고, 건강 실천을 위한 행동 변화를 이끌며, 사업 효과를 명확히 평가할 수 있도록 한다.

건강행동이론과 모델은 적용 방법이나 대상에 따라 다양하다. 이러한 이론들은 개인 수준의 행동 이해, 개인 간 상호작용 수준의 행동 이해 그리고 조직 수준의 변화 이해로 구분되기도 한다.

이 장에서는 지역사회 수준에서 주로 활용되는 조직 수준의 건강증진이론인 혁신확산모델, 생태학적 접근모델, PRECEDE-PROCEED 모델, 로직모델, 사회마케팅모델을 중심으로 살펴보고자 한다.

1. 혁신확산모델

혁신 확산은 새로운 아이디어나 기술이 일정한 경로를 통해 사회 구성원에게 전달되는 과정으로, 채택과 확산을 통해 이루어진다. 지역사회 내 대부분의 구성원은 새로운 것을 쉽게 수용하지 못하지만, 개혁적인 성향을 가진 일부 사람들이 이를 먼저 받아들이고 다른 사람들이 뒤따름으로써 혁신이 확산된다.

혁신확산모델은 로저스(E. M. Rogers)와 슈메이커(F. F. Shoemaker)가 개발한 것으로, 총 5단계로 구성되어 있다(그림 5-1).

대부분의 사람들은 새로운 아이디어를 접할 때 처음에는 매우 조심스럽게 반응하지만, 시간이 지나면서 동료들의 영향을 받아 점차 혁신을 받아들인다. 그러나 일부 사람들은 옛

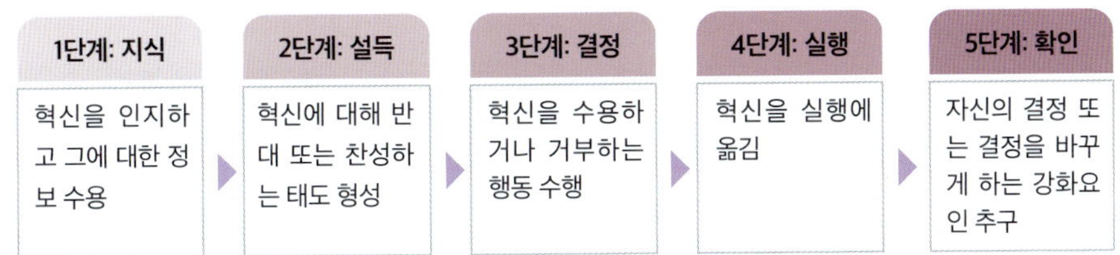

그림 5-1 혁신확산모델의 5단계 구성요소

것을 고집하며 새로운 것을 쉽게 수용하지 않는데, 대체로 나이가 많거나 혼자 사는 사람들이 이 부류에 속한다. 이들은 혁신을 가장 늦게 받아들이는 집단이다.

한 사회체계에서 혁신이 전파되는 양상은 성장곡선과 유사한 S자 형태를 띠며, 사회 구성원의 약 10~25%가 혁신을 채택하면 나머지는 비교적 빠른 속도로 혁신을 수용하게 된다.

2. 생태학적 접근모델

행동변화이론들은 주로 개인의 행동 변화 과정을 강조하기 때문에 사회적·문화적·물리적 환경에 대한 고려가 부족하다는 지적을 받는다. 맥레로이(D. McLeroy)는 개인의 행동뿐만 아니라 환경적 요인을 함께 고려하는 생태학적 접근을 강조하였다. 즉, 행동은 개인 내 요인, 개인 간 요인, 지역사회 등 다양한 요인에 의해 결정되므로, 행동을 변화시키기 위해서는 개인뿐만 아니라 광범위한 요인을 함께 변화시켜야 한다는 접근 방식이다.

예를 들어, 신체활동량을 늘리기 위해서는 개인의 의지뿐만 아니라 운동시설 마련, 출퇴근 시 자동차나 버스 대신 걷기나 자전거를 이용하는 등 운동량을 증진시킬 수 있는 환경이 매우 중요한 역할을 한다.

생태학적 접근 방법에서는 건강 프로그램의 중재 효과를 극대화하기 위해 다양한 차원의 중재 프로그램이 필요하다. 개인·단체·기관·사회·공공보건정책 차원에서 프로그램을 설계하거나, 학교·직장·보건의료기관·지역사회라는 네 가지 세팅에서 개인·기관·정부의 세 수준으로 동시에 접근하기도 한다(표 5-1).

표 5-1 생태학적 접근모델의 고려요인 및 중재전략

수준	고려요인	중재전략
개인 내 수준	• 개인의 지식, 태도, 행동 등 개인의 내적 요인	• 교육, 서비스 제공, 인센티브
개인 간 수준	• 소셜 네트워크, 사회적 지지 시스템(가족, 친구, 동료 등)	• 네트워크 활용, 사회적 친목 모임 활용
지역사회 수준	• 사회조직, 기관, 지역사회, 정책	• 조직관계이론 적용 • 사회마케팅, 매체 홍보 • 정책 개발, 옹호

자료: 배상수(2016).

3. PRECEDE-PROCEED 모델

PRECEDE-PROCEED 모델은 건강 프로그램 및 보건 사업을 계획하고 수행하는 데 널리 활용된다. 이 모델은 역학, 생태학, 사회과학, 행동과학, 교육학, 공중보건 행정 및 정책 연구 등을 기반으로 다차원적·다면적으로 접근하며, 보건·영양문제의 진단, 프로그램 계획, 실행 및 평가 과정에서 증거 활용의 체계적 절차를 제시한다.

건강과 건강 위험요인은 다양한 요인에 의해 영향을 받기 때문에, 행동적·환경적·사회적 변화를 유도하기 위해서는 다면적이고 증거 기반의 체계적 접근이 필요하다.

1) PRECEDE-PROCEED 모델 개념

PRECEDE는 'Predisposing, Reinforcing and Enabling Constructs in Educational/Ecological Diagnosis and Evaluation'의 머리글자를 딴 용어이다. PRECEDE는 문제를 진단하고 프로그램을 개발하는 단계로, 측정 가능한 목표와 기준을 설정해야 한다. 이 단계에서는 지역사회의 보건·영양문제를 진단·평가하고 관련 프로그램 개발을 위해 사회적 평가, 역학적 평가, 교육적·생태학적 평가, 건강 프로그램 및 정책 개발의 네 단계를 거쳐 체계적으로 진행한다.

PROCEED는 'Policy, Regulatory, and Organizational Constructs in Educational and Environmental Development'의 머리글자를 딴 용어이다. PROCEED는 프로그램

을 평가하는 단계로, 모니터링을 통해 지속적으로 질을 개선하도록 한다. 이 단계는 과정평가, 단기평가, 중간평가, 장기평가로 구분된다. 그림 5-2는 PRECEDE-PROCEED 모델 이론을 도식화한 것이다.

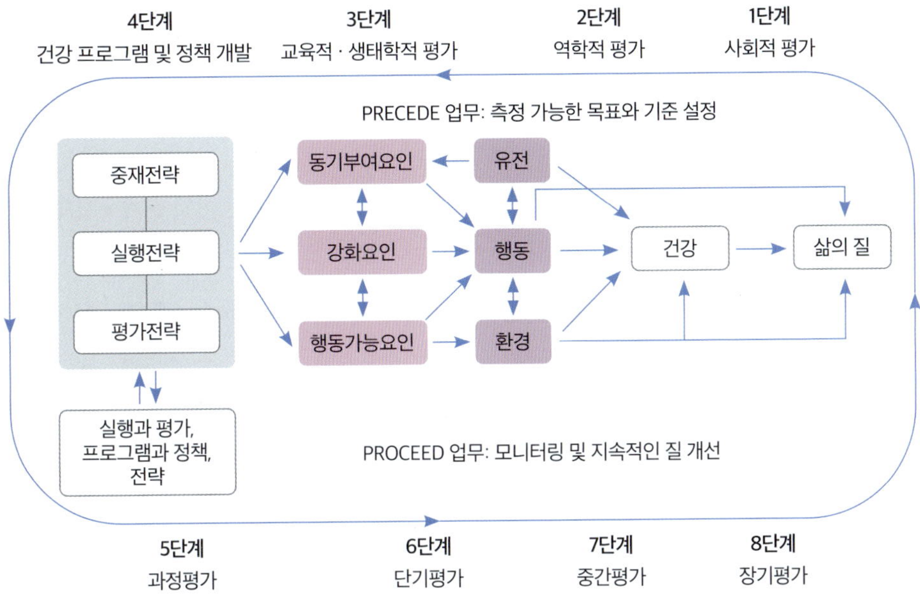

그림 5-2 PRECEDE-PROCEED MODEL 2022

자료: Green et al.(2022).

2) PRECEDE-PROCEED 모델의 단계

(1) 1단계: 사회적 평가

사회적 평가(social assessment)란 지역사회 주민의 사회문제를 파악하고, 삶의 질과 관련된 요인을 찾아내는 과정이다. 예를 들어, 특정 지역의 실업률, 주거환경 문제, 교통문제, 교육문제 등은 지역사회의 사회적 평가에서 삶의 질과 관련된 요인으로 다루어진다.

(2) 2단계: 역학적 평가

역학적 평가(epidemiological assessment)란 지역주민의 보건상태나 건강·질병 발생 양상을 진단하는 과정이다. 이러한 양상은 지역의 사망률이나 질병 유병률과 같은 통계자료를 활용하여 파악할 수 있다. 이 단계에서는 확인된 건강 및 질병문제에 어떠한 행동과 환경요인이 관련되었는지 규명하고, 영양개선사업을 통해 실제로 변화가 가능한지를 모색한다.

예를 들어, 지역주민에게 관상 심장질환의 위험요인으로 알려진 고지혈증, 음주, 흡연, 비만, 고지방 식사 등의 바람직하지 않은 행동 및 환경요인이 있는지, 이러한 위험요인을 줄이기 위해 어떠한 행동 변화를 유도해야 하는지를 분석한다.

(3) 3단계: 교육적·생태학적 평가

교육적·생태학적 평가(educational and ecological assessment)란 이전 단계에서 설정된 영양문제와 관련된 행동에 영향을 미치는 요인을 분석하는 과정이다. 행동에 영향을 미치는 요인은 크게 동기부여요인(predisposing factors), 강화요인(reinforcing factors), 행동가능요인(enabling factors)으로 구분된다.

① 동기부여요인

건강 관련 행동 변화를 위해 필요한 동기를 부여하는 요인으로, 영양 지식, 태도, 자아효능감 등 개인 내적 수준의 인지적 요소가 해당된다.

② 강화요인

습득한 행동이 지속되도록 지원·강화하는 요인으로, 가족·친구·동료·보건의료 전문가 영향, 지지 및 보상 등이 이에 속한다.

③ 행동가능요인

행동 수행에 필요한 기술, 수단, 자원을 의미한다. 즉, 행동이 변화되려면 동기부여요인뿐만 아니라 이를 실행할 수 있는 기술과 자원이 필요하다. 보건소나 병원 접근성, 자원 활용 가능성 등이 이에 해당하며, 주로 조직이나 지역사회 수준에서 결정된다.

(4) 4단계: 건강 프로그램 및 정책 개발

4단계는 1~3단계의 진단·평가와 연계되며, 이 단계에서 중재전략, 실행전략, 평가전략이 개발되고 실행된다. 과거 PRECEDE-PROCEED 모형에서는 4단계를 행정적·정책적 진단 단계, 5단계를 실행 단계로 보았으나, 2022년에 제시된 새로운 PRECEDE-PROCEED 모형에서는 4단계와 5단계를 모두 프로그램 수행 및 평가의 핵심 단계로 강조한다. 즉, 3단계에서 파악한 동기부여요인, 강화요인, 행동가능요인을 토대로 4단계에서 건강 프로그램 및 정책을 개발하고, 5단계에서 그 전략의 실행 과정을 평가한다.

① 중재전략

사회적·역학적·생태학적 진단 수준에 따라 중재전략을 개발한다. 동기부여요인, 강화요인, 행동가능요인과 관련 이론 및 다양한 접근을 활용하여 핵심 요소를 결정한다.

② 실행전략

실행 개념을 이해하고, 프로그램 시행에 필요한 도구, 계획, 평가와 관련된 요소를 설정한다. 여기에는 진행 요원, 참여자, 비용, 적용 가능성 등이 포함된다.

③ 평가전략

다양한 평가 방법을 마련하고, 평가 수행 단계를 설명한다. 또한 널리 활용되는 평가 표준(효용성, 실현 가능성, 적절성, 정확성, 평가 책임)이 각 단계에서 어떻게 적용되는지 설명하며, 프로그램 평가에 활용할 수 있는 핵심 자원을 규정한다.

(5) 5단계: 과정평가

5단계는 중재 과정의 평가에 중점을 두며, 계획한 내용이 단계별로 적시에 적절하게 실행되는지를 확인한다.

(6) 6단계: 단기평가

영양개선사업 후 건강한 식생활에 대한 사회적 규범, 지식·기술, 자아 효능감, 가족 지지 등이 증가했는지를 평가한다.

(7) 7단계: 중간평가

건강한 식행동의 증가, 건강한 음식에 대한 접근성 개선 여부를 평가한다.

(8) 8단계: 장기평가

전반적인 건강상태 개선, 비만 및 만성질환 예방 효과를 평가한다.

4. 로직모델

로직모델(logic model)은 보건사업의 구성요소와 그 사이의 관계를 도식적으로 나타내는 방법으로, 논리적 모형 또는 투입-산출모델이라고도 한다. 이 모델은 프로그램 운영 단계에서부터 단기적·장기적 결과에 이르기까지 과정을 논리적 흐름으로 제시하여 자원의 투입, 실행 및 산출 그리고 결과에 이르는 전체 과정을 체계화한다. 이를 통해 효율적인 실행전략을 세울 수 있으며, 보건사업활동 목적 달성의 전 과정을 한눈에 파악할 수 있다. 특히, 지역사회 보건 프로그램의 성과 평가에서 중요한 도구로 활용되며, 보건사업 관계자들에게 사업 내용을 이해시키는 수단이 된다.

그림 5-3과 같이 로직모델에 사용되는 요소는 투입, 산출, 결과 및 영향으로 구분된다. 로직모델을 적용한 보건·영양 프로그램에서 투입(input)이란 보건·영양활동에 직접 투입되는 인적·물적·경제적 자원, 즉 인력, 시설, 장비, 시간, 예산, 정보 등을 말한다. 산출(output)이란 보건·영양활동과 참여로 나타나는 측정 가능한 실적, 즉 영양교육 프로그램 개발 및 서비스 제공, 교육 횟수, 영양교육 참여자 수 등을 의미한다. 결과 및 영향(outcome and impact)이란 보건·영양활동이 대상자 또는 지역사회에 일으킨 변화를 뜻하며, 단기·중기·장기로 구분할 수 있다. 여기에는 영양 관련 지식·태도·행동의 변화, 건강 수준의 변화 등이 포함된다.

로직모델의 과정에 따라 실시하는 평가는 시기에 따라 구조평가, 과정평가, 결과평가로 구분된다. 구조평가는 프로그램이 실시되기 전에 자원이 투입되는 단계를 평가하는 것으로, 인력, 시설, 장비, 예산 자원의 적절성을 평가하는 것이다. 과정평가는 프로그램이 진행되는 동안 수행되며, 계획과 실제 진행 정도를 비교하여 목표 달성이 가능하도록 프로그램을 조정하는 데 활용된다. 프로그램 개발 및 운영 내용, 서비스 제공, 홍보 정도, 참여 정도 등에 대한 평가가 이에 해당한다. 결과평가는 프로그램 종료 후 시행되는 평가로, 대상자나 지역사회에 미친 효과를 측정한다. 즉, 대상자의 지식·태도·행동 변화, 건강 수준 변화, 지역사회에 대한 파급 효과 등을 평가하며, 이를 통해 프로그램의 지속 및 확대 여부를 결정할 수 있다.

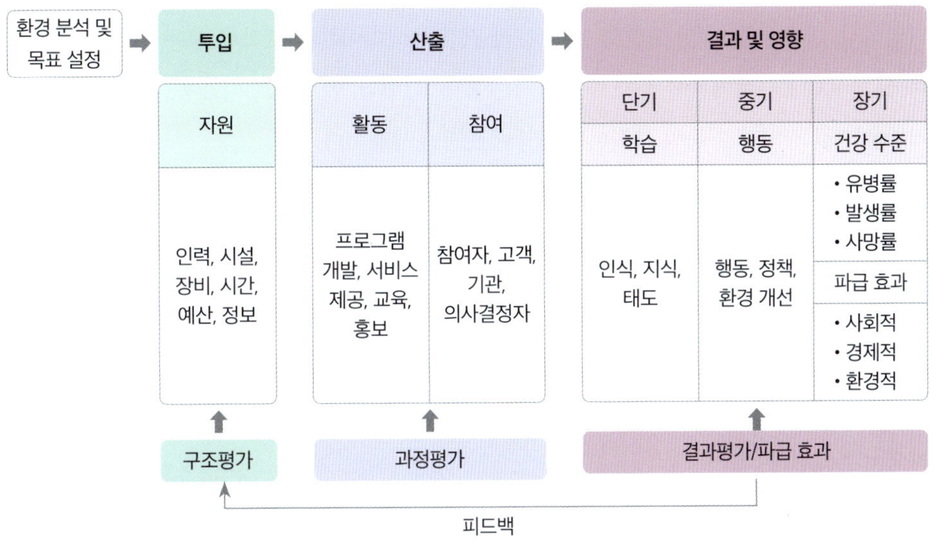

그림 5-3 로직모델을 이용한 사업실행전략

자료: 배상수(2016).

5. 사회마케팅모델

1) 사회마케팅의 정의

사회마케팅(social marketing)은 물건을 판매하거나 판매를 촉진하는 행위를 의미하는 마케팅의 개념을 지역사회에 도입하여, 사회적 건강증진 서비스를 계획하고 실행하는 방법이다. 이는 상업 마케팅의 기술을 활용하여 특정집단이 사회적 아이디어나 관행을 수용하도록 유도하고, 궁극적으로 집단의 행동을 변화시키는 것을 목적으로 한다. 즉, 소비자 행동이론을 마케팅 도구와 기술에 접목하여 소비자의 신념, 태도, 가치, 활동, 행동의 변화를 이끌고자 하는 것이다.

영양 프로그램을 수행할 때도 사업 목표가 대상집단의 요구와 부합하지 않으면 성공하기 어렵다. 따라서 영양 프로그램의 대상자를 '영양 서비스를 구매하는 소비자'로 보고, 프로그램 기획 단계에서부터 소비자 중심의 개념을 도입해야 한다.

사회마케팅은 물건이 아닌 아이디어나 행위를 판촉하는 것을 특징으로 한다. 예를 들어, 저염식사, 골다공증 예방, 고혈압 검진 등의 건강 아이디어를 홍보하여 행동 변화를 유도한다. 또한 TV나 인쇄매체를 통해 이루어지는 흡연, 고혈압, 안전벨트 미착용, 음주운전, 자살 예방을 위한 공익광고 등이 사회마케팅의 대표적인 사례이다.

일반적인 마케팅이 표적 소비자의 욕구와 필요를 충족시키는 데 중점을 두는 반면, 사회마케팅은 표적 소비자의 태도와 행동 변화를 목표로 한다. 따라서 건강 아이디어의 전달자는 다음 네 가지 행동 변화를 이해해야 한다.

① 지식 변화

지식을 변화시키는 것은 가장 쉽게 판매할 수 있으나, '아는 것과 실천하는 것' 사이에는 큰 간극이 존재한다.

② 태도 변화

지식 변화보다 더 어려운 단계로, 사람들이 변화해야 하는 이유를 이해하고 시간, 돈, 에너지 등의 대가를 지불하면서 태도를 바꾸는 것이다. 고혈압, 이상지질혈증, 유방암 검진 참여 등이 해당된다.

③ 행동 변화

태도 변화보다 더 높은 수준의 변화로, 개인이 감당해야 할 시간, 에너지, 비용이 훨씬 많다. 저지방·저콜레스테롤 식이요법 실천, 규칙적인 운동습관 형성 등이 해당된다.

④ 가치 변화

네 가지 유형의 변화 중 가장 달성하기 어렵다. 출산장려정책을 통해 인구수 증가와 같은 변화가 이에 해당된다.

사회마케팅은 단순한 홍보 차원을 넘어 표적집단의 태도와 지식뿐만 아니라 행동 변화까지 이끌어낼 수 있으므로 다양한 사회문제에 적용될 수 있다.

2) 사회마케팅 계획

영양개선전략과 영양 프로그램 계획의 목표를 달성하기 위해서는 마케팅 전략을 단계적으로 수립해야 한다. 사회마케팅 전략을 적용한 영양 프로그램 계획 방법은 그림 5-4와 같다.

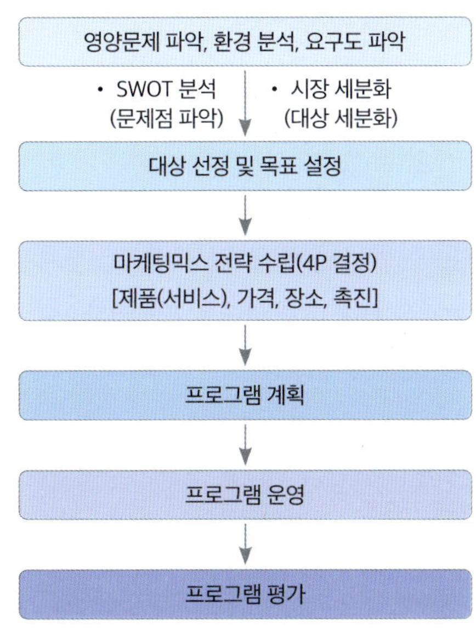

그림 5-4 사회마케팅을 적용한 영양 프로그램 계획

(1) 환경 분석을 통한 요구 파악

영양 프로그램을 계획하기 위해서는 대상집단의 문제를 파악하고 환경 분석을 통해 요구를 확인해야 한다. 이를 위해 핵심 그룹을 대상으로 지역사회의 요구를 진단하거나 SWOT 분석을 활용한다.

SWOT 분석은 강점(Strength), 약점(Weakness), 기회(Opportunity), 위협(Threat)의 머리글자를 딴 것으로, 제품, 서비스, 프로그램의 현황과 강점·약점, 외부 환경의 기회와 위협요인을 판단하는 기법이다(그림 5-5). 즉, 소비자, 경쟁업체, 다른 제품이나 프로그램, 사업에 영향을 미칠 수 있는 모든 요인에 대한 평가가 포함된다. 이 단계는 마케팅 계획 전체의 성공 여부에 큰 영향을 미칠 수 있는 중요한 과정이라 할 수 있다.

	긍정적	부정적
내부요인	S (강점)	W (약점)
외부요인	O (기회)	T (위협)

그림 5-5 SWOT 분석

(2) 시장 세분화 및 목표 설정

상황 분석을 통해 요구도를 파악했다면, 시장을 세분화하여 구체적인 대상자를 정하고 그에 맞는 목표를 설정해야 한다. 즉, 개발된 제품이나 서비스가 잠재시장에서 어떻게 받아들여질지를 분석하려면, 주요 고객이 될 소비자 집단을 표적시장으로 선정해야 한다. 경우에 따라 표적시장을 더욱 세분화할 필요가 있다.

예를 들어, 폐경기 중년 여성을 위한 인터넷 영양상담을 계획한다면, 폐경기 여성 전체를 표적시장으로 삼기보다는 컴퓨터 사용이 가능한 여성으로 범위를 좁히는 것이 효과적이다. 일반적으로 전체 표적시장을 대상으로 프로그램을 만드는 일은 비현실적이므로, 실제로는 동질성이 있고 뚜렷하게 구분되는 집단을 세분화하여 표적시장으로 삼아야 한다.

시장 세분화를 하면 소비자의 요구나 행동 패턴을 보다 명확히 파악할 수 있으며, 집단별로 적합한 서비스 제공 방식을 구체적으로 확인할 수 있다. 또한 표적집단에 맞는 프로그램이나 서비스를 제공함으로써 영양·건강 교육자원을 효율적으로 활용할 수 있다. 예를 들어, 45세 이상의 성인을 잠재시장으로 삼을 경우, 은퇴자, 50대 직장인, 폐경 후 여성, 독신, 자녀가 있는 부부, 자녀가 없는 부부 등으로 세분화할 수 있다.

인구 특성에 따른 시장 세분화는 제품(서비스) 구입자, 구매 이유, 세분화된 시장 탐색 등의 단계를 거쳐 이루어진다. 또한 시장조사를 통해 지리적 환경, 인구학적 특성을 고려하여 건강증진 및 질병 예방 서비스나 프로그램의 표적집단을 결정할 수 있다. 이때 그림 5-6과 같은 네 가지 기준을 참고하면 도움이 된다.

영양 및 공중 보건 프로그램의 개발과 표적화를 위해 인구학에 대한 이해는 필수적이다. 예를 들어, 보건소에서 금연, 운동 프로그램, 모자 영양 관리, 암 예방, 고혈압 관리, 당뇨병

지리적 세분화	인구학적 세분화	심리학적 세분화	행동학적 세분화
지역, 인구밀도, 기후	연령, 성, 수입, 직업, 교육 수준, 가족 규모, 종교, 인종, 결혼상태, 생활주기	개인의 가치, 태도, 견해, 인성, 행동, 생활양식, 변화에 대한 준비 정도	구매 빈도, 구매 경위, 상품에 대한 태도

그림 5-6 시장 세분화 시 고려요인

교육, 영아사망률 감소를 위한 프로그램을 추진할 때 지역 인구 동태를 파악하지 못하면 적절한 표적집단을 찾아내기 어렵다. 따라서 프로그램이 실행될 지역의 주민 수, 성별 및 연령 분포, 사회적·경제적 수준, 주거 상황, 출산율 등의 정보를 확보하는 것이 반드시 필요하다.

(3) 마케팅 전략 수립

표적집단의 요구와 필요에 맞는 프로그램을 계획하려면 마케팅 전략이 필요하다. 마케팅 전략을 구성하는 네 가지 요소(4Ps)인 제품(Product), 가격(Price), 장소(Place), 촉진(Promotion)을 합해 '마케팅 믹스(marketing mix)'라고 한다.

마케팅 믹스란 소비자가 가진 것과 제공되는 제품(서비스) 사이의 자발적 교환에 영향을 미치는 네 가지 요소를 묶은 개념이다. 표적집단의 요구가 파악되면 이를 토대로 마케팅 믹스를 구성할 수 있다. 성공적인 마케팅이란 적시 적소에 알맞은 가격으로 알맞은 제품, 서비스, 프로그램을 제공하는 것이다. 그림 5-7은 마케팅 믹스의 구성을 보여준다.

① 제품

지역사회영양에서의 제품은 보건·영양교육, 보건의료정책 서비스 등을 의미한다. 지역사회영양제품은 대상집단의 문제를 해결하거나 요구를 충족할 수 있는 서비스(영양 프로그램)를 제공해야 하며, 시장 세분화를 통해 표적시장의 요구에 맞는 서비스를 개발해야 한다.

② 장소

장소는 제품이나 서비스가 제공되는 곳을 의미하며, 이를 전달하는 분배 경로도 포함된다. 장소는 고객 입장에서 접근성과 편리함, 편안함을 줄 수 있어야 한다.

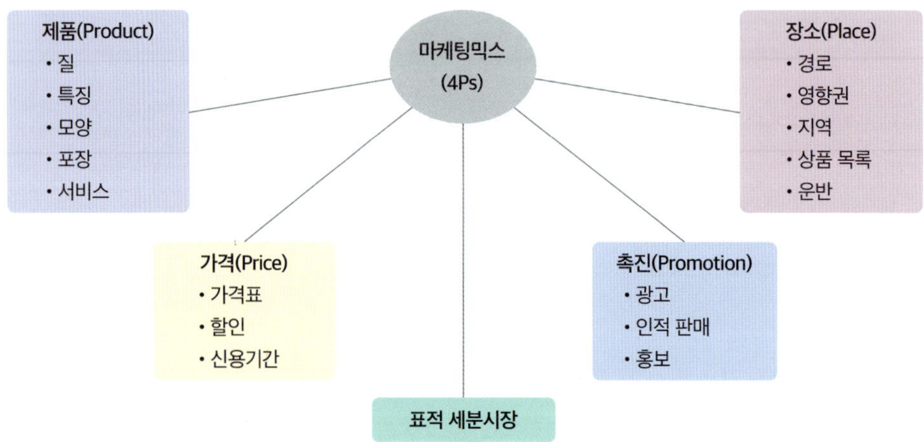

그림 5-7 마케팅 믹스

분배 경로에는 고객이 제품이나 서비스를 선택할 때 관여하는 개인, 시설, 대리업체 등이 포함되며, 지역사회영양사의 경우 보건 담당자, 보건기구나 조직, 대규모 시장, 소매업자 등이 분배 경로가 될 수 있다. 따라서 영양 프로그램을 시행할 때는 어떠한 장소와 경로가 적합한지를 고려해야 한다.

③ 가격

가격은 프로그램에 참여하거나 서비스를 받을 때 발생하는 금전적·시간적·정신적·육체적 비용을 의미한다. 유형의 비용에는 지역사회영양사에게 지급되는 서비스 요금이 포함되고, 무형의 비용에는 고객이 서비스를 이용하는 데 드는 시간, 노력, 불편 등이 포함된다.

고객이 무엇을 '비용'으로 인식하는지를 이해하면 참여를 더 쉽게 유도할 수 있다. 즉, 프로그램 참여로 얻는 이득이 비용보다 크다고 느낄 때 참여 가능성이 높아진다. 필요하면 인센티브를 제공하여 고객을 설득하거나 참여를 촉진할 수도 있다.

④ 촉진

촉진은 제품이나 프로그램을 알리고 홍보하는 방법과 전략을 의미한다. 즉, 기관이나 단체가 표적시장에 정보를 제공하고 설득하는 과정에서 이루어지는 의사소통이다. 매체, 메시지, 전달 형식을 선정할 때는 표적시장의 요구에 적합해야 한다.

(4) 프로그램 계획 및 운영

프로그램을 계획한 후에는 예산과 일정표를 작성한다. 예산에는 마케팅 전략을 수행하는 데 필요한 모든 비용이 포함되며, 여기에는 교육비뿐만 아니라 홍보비용 등도 포함된다. 일정표에는 제품이나 서비스의 판매가 시작되기 전 또는 판매 기간 동안, 표적시장에서 상품이나 서비스의 인지도를 높이기 위해 매월 또는 매주 수행할 마케팅 활동 내용을 기록한다. 마케팅 계획이 완성되면 프로그램을 계획에 따라 실행한다.

(5) 프로그램 관리 및 평가

프로그램을 수행한 후에는 그 효과를 평가해야 한다. 마케팅 전략이 제때 적절한 메시지를 목표 청중에게 전달했는지, 목표를 달성했는지, 서비스를 통해 누가 이득을 얻고 있는지, 지식·태도·행동에 어떠한 변화가 있었는지, 앞으로 서비스를 더 효과적으로 만들기 위해 무엇을 해야 하는지 등을 양적·질적으로 분석한다.

이러한 평가 결과는 마케팅 전략 수정이나 상품·서비스의 포지셔닝(positioning) 개선에 반영할 수 있다. 상황 분석을 철저히 하고 대상집단에 맞는 마케팅 믹스를 적절히 구성하여 계획을 세웠다면 프로그램을 효과적으로 운영할 수 있을 것이다. 상황은 늘 변화하며 마케팅은 지속되는 과정이므로, 프로그램의 목표를 끊임없이 재평가해야 한다.

더 알아보기

지역사회영양학 분야에서 서비스 디자인 활용

디지털 방식으로 정보를 접하고 소셜 미디어 의존도가 큰 젊은 세대를 대상으로 영양중재 프로그램을 개발하고자 할 때는 개인적·맥락적 결정요인에 대한 심층 분석 및 정보 습득과 활용 과정에 대한 이해가 필요하다. 이러한 대상자 이해와 효과적인 영양중재전략 수립에 새롭게 활용되는 접근법이 바로 '서비스 디자인'이다.

서비스 디자인은 기존 데이터를 정량적으로 분석해 표준이 되는 대상자를 만드는 대신, 새롭게 개발할 서비스나 제품이 실제 사용자의 요구를 충족해야 한다는 전제에서 출발한다. 즉, 서비스 디자인은 사용자나 대상자의 경험을 디자인하는 분야로 감성과 주관적 경험, 문화를 지닌 총체적 인간으로서의 사용자 파악을 중요시한다.

최근에는 서비스 디자인에서 사용하는 프로브(probes)와 페르소나(persona)를 접목한 식생활 가이드 개발이 시도되고 있다. 조은빈 외(2022)의 연구에 따르면, 청소년들이 작성한 프로브 자료(사진, 글, 일기장 등 열린 질문을 활용한 분석 방법)를 분석하여 네 가지 유형의 페르소나를 도출하였다.

건강식사형	감정식사형	편리식사형	유행식사형
가족과 함께 지내며 가족이 챙겨주는 아침식사를 하고, 건강한 식생활을 즐기는 유형	감정에 치우쳐 식사의 질과 양이 달라지며, 식생활 패턴이 가장 좋지 않은 유형	외식이나 매식에 의존하고 직접 조리를 거의 하지 않으며, 신선식품 섭취가 특히 부족한 유형	건강에 관심은 많으나 유행을 따라가며 결국 건강한 식습관을 갖지 못하는 유형

즉, 프로브라는 공감적 자료수집 도구를 통해 청소년의 삶과 식생활을 깊이 이해하고, 이를 기반으로 한 페르소나를 개발하여 효과적인 식생활 가이드 제작에 활용할 수 있음을 보여준다. 앞으로도 지역사회영양학 분야에서 서비스 디자인 방법을 적용한다면, 대상자의 인구사회학적 특성과 생활 패턴을 반영한 맞춤형 영양중재 프로그램 개발이 가능할 것이다.

자료: 조은빈 외(2022).

ACTIVITY

건강행동이론을 실제 영양개선사업과 마케팅 전략 수립에 어떻게 활용할 수 있는지 탐구해 보자.

1. 우리나라에서 수행된 영양개선사업의 사례를 제시하고, 그 사업의 계획이 어떠한 행동이론과 모델에 근거하여 수립되었는지 분석해 보자.
2. 온라인 체중 조절 영양상담 웹사이트를 개설한다고 가정하고, 이에 적합한 마케팅 전략을 수립해 보자.

SUMMARY

지역사회 수준에서 주로 이용되는 조직 수준의 건강증진이론에는 혁신확산모델, 생태학적 접근모델, PRECEDE-PROCEED 모델, 로직모델, 사회마케팅모델 등이 있다.

- **혁신확산모델**: 혁신 확산은 새로운 아이디어나 기술이 일정한 경로를 통해 사회 구성원에게 전달되는 과정으로, 채택과 확산을 통해 이루어진다. 개혁적인 성향의 일부 사람들이 새로운 것을 먼저 받아들이고 다른 사람들이 뒤따름으로써 혁신이 확산되도록 하는 모델이다.
- **생태학적 접근모델**: 행동은 개인 내 요인, 개인 간 요인, 지역사회 등 여러 요인에 의해 결정되므로, 행동을 변화시키기 위해서는 개인뿐만 아니라 광범위한 환경적 요인을 변화시켜야 한다는 접근 방식이다.
- **PRECEDE-PROCEED 모델**: 건강 프로그램 및 보건사업을 계획하고 수행하는 데 널리 활용된다.
  - PRECEDE: 문제를 진단하고 프로그램을 개발하는 단계로, 사회적 평가, 역학적 평가, 교육적·생태학적 평가, 건강 프로그램 및 정책 개발의 네 단계로 진행된다.
  - PROCEED: 프로그램을 평가하는 단계로, 과정평가, 단기평가, 중간평가, 장기평가로 진행된다.
- **로직모델**: 보건사업의 구성요소와 그 사이의 관계를 도식적으로 나타내는 방법으로, 논리적 모형 또는 투입-산출모델이라고도 한다. 자원 투입, 프로그램 실행 및 산출, 결과 및 영향으로 구분하여 전체 과정을 체계화한 모델이다.
- **사회마케팅모델**: 마케팅 개념을 물건이 아닌 아이디어나 행위의 판촉에 적용한 모델로, 지역사회에서 건강증진 서비스를 계획하고 실행하는 데 이용된다. 사회마케팅 전략을 적용한 영양 프로그램을 운영하려면 환경 분석을 통한 요구 파악, 시장 세분화 및 목표 설정, 마케팅 전략 수립(4P), 프로그램 계획 및 운영, 프로그램 관리 및 평가를 고려해야 한다.

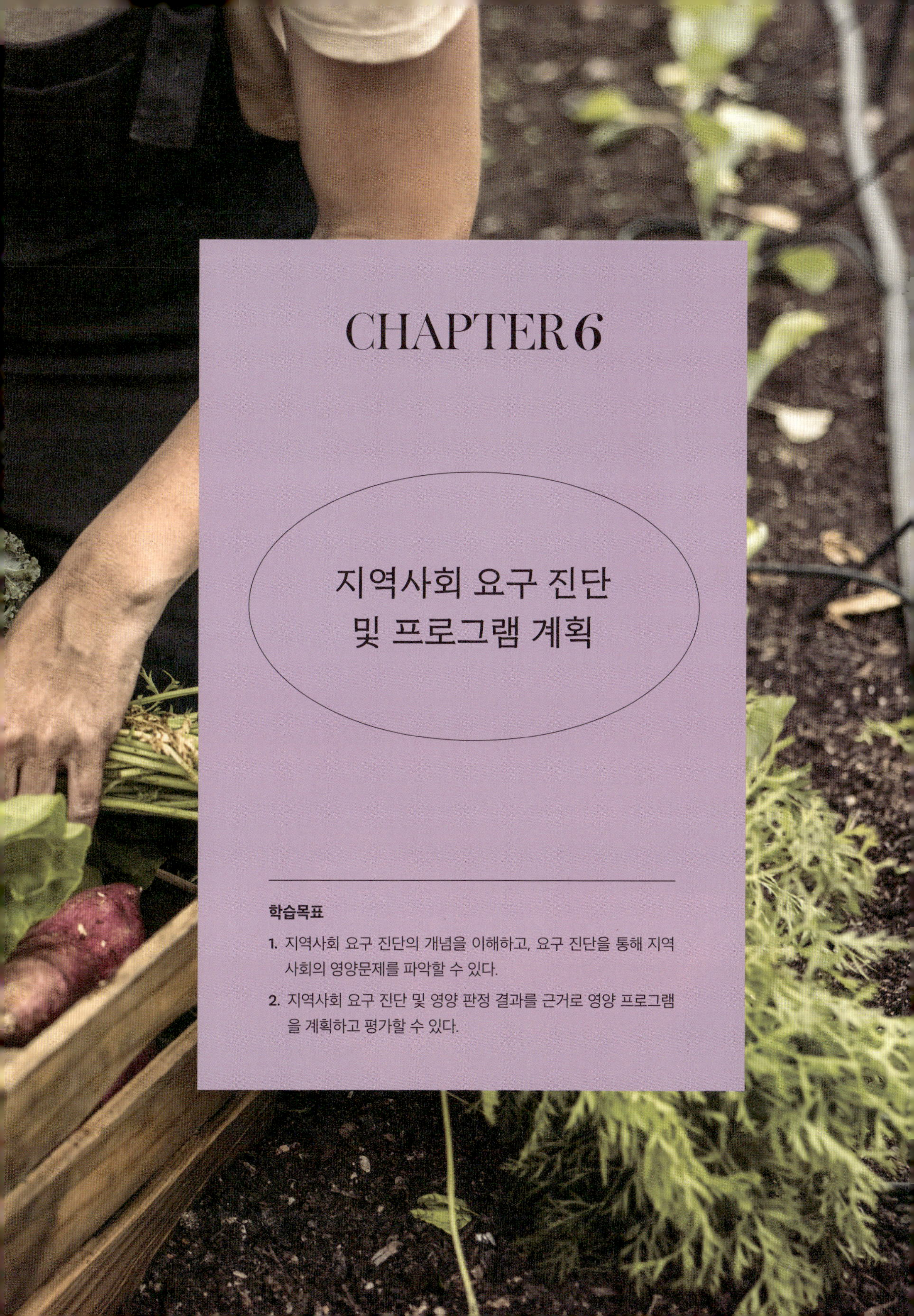

CHAPTER 6

지역사회 요구 진단 및 프로그램 계획

학습목표

1. 지역사회 요구 진단의 개념을 이해하고, 요구 진단을 통해 지역사회의 영양문제를 파악할 수 있다.
2. 지역사회 요구 진단 및 영양 판정 결과를 근거로 영양 프로그램을 계획하고 평가할 수 있다.

CHAPTER 6

지역사회에서 영양 프로그램을 수행하려면 우선 지역사회 요구 진단이 필요하다. 즉, 요구 진단을 통해 대상집단이 가진 영양문제와 그 원인, 현재 시행 중인 영양 서비스와 보건사업의 진행 여부, 문제 개선 방법, 대상집단의 요구사항을 파악함으로써 지역주민에게 필요한 영양 프로그램을 체계적으로 계획할 수 있다.

1. 지역사회 요구 진단

1) 지역사회 요구 진단의 개념

지역사회 요구 진단은 지역사회의 건강문제 및 영양문제와 이러한 문제에 영향을 미치는 요인을 파악하고 지역주민들이 영양 프로그램에서 요구하는 것을 찾는 과정이다. 지역사회 요구를 진단하려면 대상집단의 생활양식과 영양상태에 영향을 주는 요인을 종합적으로 파악할 수 있는 자료를 수집해야 한다.

이러한 지역사회 요구 진단을 통해 지역사회의 영양 취약집단을 찾아내고, 기존의 보건·영양개선사업이 지역주민의 요구에 부합하는지, 지역의 영양문제를 해결할 수 있는지를 평가할 수 있다.

지역사회의 영양상태를 파악할 때는 기존 자료를 활용하는 것이 바람직하지만, 이 자료만으로는 개인 수준의 특정 영양문제를 확인하기 어렵다. 또한 국가나 지역사회 단위의 통계가 충분하지 않을 경우 요구 진단이 어렵고, 오류가 발생할 가능성도 높다. 지역사회 요구를 종합적·체계적으로 파악하기 위해 많이 활용되는 이론적 방법이 PROCEDE-PROCEED 모델이다(Chapter 5 참조).

2) 지역사회 요구 진단의 내용 및 방법

(1) 지역사회의 건강·영양문제 파악

지역사회의 요구를 진단하려면 우선 지역사회의 건강·영양문제를 파악해야 한다. 즉, 어떤

지역사회 건강·영양문제 요구 진단 과정		영양 프로그램 선정
• 지역사회의 건강·영양문제 파악 • 진단요소 결정(대상, 목표, 자료 유형 등) • 대상집단의 영양문제와 관련된 자료 수집 및 요인 분석 • 대상집단의 프로그램 요구도 조사 • 기존 영양 프로그램 조사 • 영양사업 계획을 위한 기초 자료 제공 및 공유	➡	• 영양문제 선정 • 프로그램 우선순위 결정

그림 6-1 지역사회 요구 진단 과정

집단에 어떠한 영양문제가 있는지, 그 문제에 해당하는 사람이 얼마나 되는지, 이러한 문제가 건강상태에 어떤 영향을 미치는지를 조사해야 한다.

더 알아보기

영양문제 사례 서술 예시

구리시 사례

1996~1998년 3년간 구리시의 사망원인 조사에 따르면, 뇌혈관 질환 사망률이 12.3%로 전국 평균보다 높았다. 구리시 주민을 대상으로 한 건강 생활습관 조사 결과, 남성의 흡연율은 64%, 음주율은 73%, 비운동자의 비율은 58%로 나타났다.

이러한 위해 건강 생활습관은 뇌졸중의 주요 위험요인이다. 그러나 구리시 주민 중 뇌혈관 질환의 주요 원인인 고혈압이 있는 사람이나 고염식을 하는 사람의 비율은 파악되지 않았으며, 이를 줄이기 위한 사업도 시행되지 않았다.

저체중아 출산 사례

미국 국민건강영양조사에 따르면 저체중아 출산율은 1996년 7.4%에서 1997년에는 7.6%로 증가하여, 지난 20년 중 가장 높은 수치를 기록하였다. A 도시 내 모든 병원의 통계에 의하면, 이 도시의 저체중아 출산율은 8.2%로 전국 평균보다 높게 나타났다. 저체중아는 정상 체중아에 비해 유병률과 사망률이 매우 높았으나, 그 원인은 아직 규명되지 않았다.

(2) 진단요소 결정

지역사회 요구를 진단하기 위해서는 진단요소를 먼저 결정해야 한다. 진단요소에는 지역사회의 범위, 대상집단 결정, 요구 진단의 목적 및 목표, 필요한 자료의 유형 등이 포함된다.

① 지역사회 규정

지역사회의 요구를 진단하기 위해서는 먼저 그 범위를 규정해야 한다. 이 범위는 군·면·동·구와 같은 작은 단위나 시·도·국가와 같은 큰 단위 등 특정 행정구역에 거주하는 사람들일 수 있다. 또는 보건소·학교·병원·직장 등 특정 기관에 속한 사람들로 정의할 수도 있다.

② 요구 진단의 목적 및 목표 결정

지역사회 요구 진단은 뚜렷한 목적을 가지고 진행해야 자료 수집이 용이하다. 목적의 예로는 영양취약집단 파악, 집단의 영양 요구 규명 및 우선순위 결정, 영양문제에 영향을 주는 요인 파악, 기존 지역사회 프로그램에 대한 만족도 조사, 목표 집단에 맞는 영양중재활동 계획, 평가를 위한 기초 자료 마련 등이 있다.

여기서 '목적(goals)'은 요구 진단을 통해 이루고자 하는 넓은 의미의 지향점을 말한다. '목표(objectives)'는 목적을 달성하기 위해 필요한 구체적 활동으로, 그 결과를 측정할 수 있는 것을 의미한다.

③ 대상집단 결정

지역사회 요구 진단의 초점은 목표집단(영양취약집단)을 결정하는 것이다. 일반적으로 목표집단은 판정이 끝날 때까지 유지되나, 넓은 집단(예: 1세 미만 영아를 양육하는 모든 여성)으로 시작해 세부집단(예: 1세 미만 영아를 양육하는 10대 여성)으로 좁혀질 수도 있다.

④ 자료 유형 규정

요구 진단에 필요한 자료는 목적과 목표에 따라 달라질 수 있다. 관련 자료는 문헌이나 정부자료에서 얻을 수 있으며, 필요에 따라 대상집단으로부터 직접 수집할 수도 있다.

표 6-1에는 여성의 뇌혈관 질환을 예로 들어 지역사회 요구 진단요소를 제시하였다.

표 6-1 여성의 뇌혈관 질환과 관련된 지역사회 진단요소 예시

진단요소	여성의 뇌혈관 질환
영양문제 서술	• 뇌혈관 질환은 여성의 주요 사망 원인이지만, 많은 여성이 그 위험을 잘 알지 못한다. 또한 서울시와 경기도에 거주하는 여성들의 뇌혈관 질환 위험요인은 아직 충분히 파악되지 않았다.
지역사회 규정	• 서울특별시와 경기도
진단 목적	• 여성의 뇌혈관 질환 영양 개선 프로그램 개발 여부에 대한 정보 수집
목표 집단	• 18세 이상 여성
목적 설정	• 뇌혈관 질환 감소에 관한 기존 프로그램이나 뇌혈관 질환 관련 지식, 태도, 습관 파악
세부 목표 설정	• 3개월 내에 18세 이상 여성 250명에 대한 다음 사항을 파악한다. – 뇌혈관 질환 관련 여성의 지식, 태도, 습관 – 뇌혈관 질환 감소를 위한 기존 프로그램 – 기존 프로그램 전달에서의 틈새 확인
필요한 자료 유형: 지역사회 조건	• 50세 이상 여성 사망률, 질병이환율 • 기존 프로그램 – 병원, 의원 – 체력 단련 / 스포츠센터 – 보건소 • 교육자료 – 병원 – 보건전문가 – 식품 / 의약품 회사 – 서점
필요한 자료 유형: 배경 조건	• 흡연 관련 광고 • 뇌혈관 질환에 대한 신문·잡지 기사

(3) 대상집단의 영양문제 관련 자료 수집 및 요인 분석

진단요소가 결정되면 지역사회와 관련된 자료를 수집해야 한다. 이 자료는 객관적 자료(양적 자료)와 주관적 자료(질적 자료)로 구분된다.

객관적 자료에는 인구통계(예: 평균 수명, 주요 사망 원인 등), 연구 논문, 병원 기록, 보건 관련 조사자료 등이 포함된다. 주관적 자료는 지역사회의 역사 및 과거의 영양·건강문제에 대한 정보를 잘 알고 있는 정보 제공자와의 면담 등을 통해 얻을 수 있는 자료를 의미한다.

더 알아보기

흔히 사용되는 보건 통계자료

출생률(birth rate)

한 인구집단 내에서 일정 기간(보통 1년)을 기준으로 출생한 어린이의 수를 그 인구집단의 인구수로 나눈 후 1,000을 곱한 것이다.

$$\text{조출생률} = \frac{\text{1년간 총 출생아 수}}{\text{해당 연도 연 중앙 인구수}} \times 1{,}000$$

사망률(mortality rate)

한 인구집단 내에서 일정 기간 사망한 사람의 수를 그 인구집단의 인구수로 나눈 후 1,000을 곱한 것이다.

$$\text{조사망률} = \frac{\text{1년간 총 사망자 수}}{\text{해당 연도 연 중앙 인구수}} \times 1{,}000$$

영아사망률(infant mortality rate)

출생한 아기 중 생후 1년 내에 사망한 영유아의 비율에 1,000을 곱한 것이다. 사망률은 사망원인에 따라 세분할 수 있으며, 이를 '사망원인별 사망률'이라고 한다. 특정 원인별 사망률을 구하는 식은 일반 사망률과 유사하나, 곱하는 수를 1,000 대신 1만이나 10만으로 바꾸어 구할 수 있다.

$$\text{영아사망률} = \frac{\text{연간 1세 미만 사망자 수}}{\text{연간 출생자 수}} \times 1{,}000$$

질병이환율(morbidity rate)

특정 지역사회에서 건강인에 대한 특정 질병 환자의 비율을 나타내는 것으로, 발병률(incidence rate)과 유병률(prevalence rate)로 구분된다. 발병률은 일정 지역에서 일정 기간 동안 새로 진단받은 환자의 수가 그 집단 전체 인구에서 차지하는 비율이며, 유병률은 일정 지역, 일정 시점에서 그 질병 이환자의 총수가 그 집단 전체 인구에서 차지하는 비율이다.

$$\text{발병률} = \frac{\text{일정 지역에서 일정 기간 동안 특정 질병으로 새로 진단받은 환자 수}}{\text{기간 중 질병에 걸릴 위험이 있는 전체 인구수}}$$

$$\text{유병률} = \frac{\text{일정 지역, 일정 시점에서 특정 질병이환자 수}}{\text{그 집단의 전체 인구수}}$$

① 자료 수집 형태

영양 프로그램이나 건강증진 프로그램의 목적은 개인이나 집단의 행동을 건강하게 변화시키고, 이들을 둘러싼 환경을 개선하여 영양 및 건강상태를 향상시키는 데 있다. 따라서 수집되는 자료는 지역사회의 영양문제와 이에 영향을 미치는 환경적 요인을 구체적으로 조사한 것이어야 한다.

- **개인의 생활양식 및 식생활**: 지역사회의 영양평가는 대부분 대상집단의 생활양식 및 식생활과 관련이 있다. 이때는 대상집단의 식품 및 영양소 섭취, 식습관이 영양상태에 어떠한 영향을 주는지를 조사한다. 생활양식에는 신체활동과 여가활동 정도, 스트레스, 흡연, 음주, 약물 사용 등이 포함된다.
  영양상태는 식품 섭취와 이용에 의해 직접적으로 영향을 받을 뿐만 아니라 식품 공급에도 좌우된다. 따라서 먼저 식품 공급 상황을 조사해야 한다. 식품 공급은 지역의 지리적 여건, 기후, 토양, 노동력, 자본 등 농업요인에 따라 달라진다. 저소득층의 식품 섭취를 평가할 때는 지역 전체의 식품 분배 방식, 정부의 식품 공급 조절 방식 등을 살펴본다. 또한 개인의 식품 섭취는 기호, 인식, 태도, 건강 관련 신념뿐만 아니라 생물학적·심리적·문화적 요인과 생활양식에도 영향을 받는다. 영양소의 이용은 활동 정도, 흡연상태, 식이 보충제 사용, 약물과 영양소의 상호작용, 생리적 상태(예: 성장, 임신 등)에 의해 달라진다.

- **생활, 작업 및 사회환경**: 대상집단의 생활환경, 작업환경, 교육 수준, 직업, 수입 등도 건강상태에 영향을 미친다. 사회적·경제적 수준이 낮을수록 만성질환 유병률과 스트레스 수준은 높고, 의료 관리의 기회는 적으며 치료 효과도 떨어진다. 특히, 어린이의 건강과 가난은 밀접한 관련이 있다. 편부·편모 가정의 어린이는 양쪽 부모가 있는 어린이에 비해 건강상태가 취약하다. 따라서 어린이의 가족 상황, 부모나 후견인의 교육 및 고용상태, 가족 규모, 자동차 소유 여부, 생활보호 대상 여부 등을 구체적으로 조사해야 한다.
  가족, 친구, 동료와 같은 사회적 집단도 개인의 건강과 영양상태에 영향을 주며, 특히 가족의 가치, 태도, 전통은 개인의 식품 선택과 건강에 지속적인 영향을 미친다.

표 6-2에는 지역사회의 건강문제 파악을 위한 자료의 형태가 제시되어 있다. PRO-CEDE-PROCEED 모델에 따르면 인구학적 자료와 추이는 사회적 평가에, 지역사회 보건통계는 역학적 평가에, 지역사회 서비스와 프로그램은 교육적·생태학적 평가에 해당된다.

지역사회의 영양문제나 요구 진단의 목적에 따라 다양한 형태의 자료를 활용하고 분석모델을 적용할 수 있다.

표 6-2 지역사회 관련 자료의 형태

자료	형태
지역사회의 조직력과 구조	• 정부 및 지자체 조직도(시, 도 등) • 보건복지부의 조직도(시, 도 등) • 건강 관련 기관 조직(대한영양사협회) 등 • 지역사회 그룹과 지도자(대한 YMCA) • 대중매체의 리포터와 기타 다른 사람들
인구학적 자료와 추이	• 연령별·성별·혼인별 인구수 • 가구의 크기와 구성(가족 수, 자녀 수, 부부로 구성된 가족의 비율, 편부모 가족의 비율)
지역사회 보건통계	• 사망률 통계(나이·성·원인·지역별 사망률) • 이환율 통계(질병상태의 분포) • 임산과 출생 통계[나이, 모체의 출산 경험, 임신주기, 산전 관리를 받은 모체의 비율, 미혼모, 유아의 출생체중(쌍둥이 등), 임신율, 유아사망률] • 직업병(발생, 분포) • 사망 원인 • 기대 여명 • 건강 측정(예방주사, 흡연, 약물 사용, 고혈압, 비만, 혈청 콜레스테롤, 납 검출) • 식품과 영양소 섭취 • 보건재원의 사용(환자가 의사를 만나는 빈도, 병원과 치과병원 방문 횟수) • 시설(단·장기간 병원시설)
지역사회 서비스와 프로그램	• 정부 투자의 식품보조 프로그램 • 병원 클리닉, 지역 보건소, 스포츠센터, YMCA, YWCA, 공중보건 부문, 자발적 건강조직, 학교, 대학, 전문대학, 시민단체에 의한 건강과 영양 서비스 및 프로그램 • 1차적 진료기관(위치와 접근 용이성) • 무료 급식소, 푸드뱅크(food bank) • 영양학자, 영양사, 건강 전문인에 의해 제공되는 프로그램과 서비스

② 자료 수집 방법

- 조사(survey): 영양 요구를 가장 정확히 파악하는 방법은 각 개인을 조사하거나 직접 판정을 실시하는 것이다. 조사는 면담, 건강 측정, 전화, 우편 등을 통해 수행할 수 있으며, 질문지나 숙련된 면담자를 통해 질적·양적 자료를 모두 수집할 수 있다. 질문지를 고안해 조사를 실시하려면 조사 전문가, 통계학자, 역학 전문가, 공중보건학자, 영양학자 등 여러 전문가의 협력이 필요하다. 직접적인 조사 방법으로는 식사섭취조사, 신체계측조사, 생화학적 조사, 임상조사 등이 있다(그림 6-2).

  조사의 첫 단계는 목적을 결정하는 것이다. 목적에는 식품 섭취 평가, 식습관 패턴 평가, 식품 안정성 평가, 식품 공급의 충분성 파악, 식품의 영양적 질 평가, 대상집단의 영양소 섭취 측정, 식사와 건강과의 관련성 검토, 교육 프로그램의 효율성 평가 등이 있다.

  두 번째 단계는 질문지 작성, 예비조사, 적절한 표본 추출이다. 조사자와 분석자는 반드시 적절한 훈련을 받아야 하며, 조사 가능성, 수집 자료의 질, 분석 및 활용 방법도 함께 고려해야 한다. 영양조사는 개인의 건강과 영양상태를 판정하는 중요한 도구이므로 신뢰할 만한 정보를 얻기 위해 신중하게 고안·수행되어야 한다.

- 선별(screening): 지역사회 대상집단 중 영양문제를 가진 사람을 일차적으로 파악하거나, 질병이 있는 사람을 가능한 한 빨리 찾아내어 병의 진행을 막는 예방적 건강 프로그램에 활용되는 방법이다.

  선별은 간단하고 비용이 많이 들지 않지만, 조사 목적에 맞는 선별도구를 사용해야 한다. 도구는 타당도와 신뢰도가 검증된 문항을 사용하는 것이 바람직하며, 위험 수준

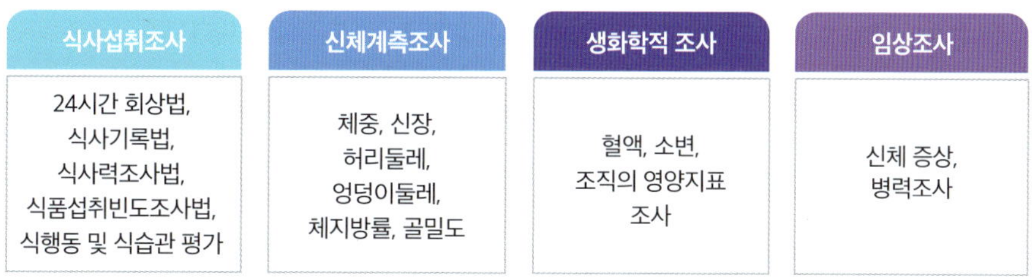

그림 6-2 영양상태 조사 방법

을 구분할 기준치가 필요하다. 대표적인 예로 NSI(Nutrition Screening Initiative), MNA(Mini Nutritional Assessment) 등이 있다.

- 핵심 그룹 면담(focus group interview): 대상집단에 관한 정보를 얻는 방법 중 하나로, 보통 5~12명으로 구성된 그룹을 1~3시간 면담한다. 수집된 자료는 지역사회 요구 진단, 마케팅 전략 수립, 기존 프로그램 개선 등에 활용된다. 이를 통해 지역 영양문제 발생 배경과 대상집단의 문제 인식에 대한 질적 정보를 얻을 수 있다.
  핵심 그룹 면담은 민감하거나 비용이 많이 드는 정보를 비교적 쉽게 수집할 수 있으며, 개인 면담보다 비용과 시간이 적게 든다.

③ 자료 분석 및 해석

자료를 수집한 후에는 분석 과정을 거친다. 지역사회와 대상집단의 영양문제에 관한 자료를 종합하여 다음과 같이 해석한다.

- 첫째, 대상집단의 건강상태를 해석한다.
- 둘째, 대상집단을 대상으로 제공되는 보건의료 서비스나 프로그램의 유형을 해석한다.
- 셋째, 대상집단의 건강상태와 지역사회의 보건의료 서비스 간의 관계를 해석한다.
- 넷째, 대상집단의 주요 영양문제와 주변 환경을 연계하여 분석한다.

(4) 대상집단의 프로그램 요구도 조사

대상집단이 지역사회영양 프로그램에서 필요로 하는 바를 확인하는 것은 중요하다. 요구도 조사를 통해 참여율과 프로그램의 효과를 높일 수 있으며, 이를 위해 핵심 그룹 면담이나 설문조사를 활용할 수 있다.

(5) 기존 영양 프로그램 조사

대상집단이 원하는 프로그램이 과거에 진행되었거나 현재 운영 중인지 확인한다. 유사한 프로그램이 진행되고 있다면 인적·물적 자원의 중복을 검토하고, 보건소나 다른 기관과의 연계를 통해 공동 활용 방안을 모색한다.

(6) 영양사업 계획을 위한 기초 자료 제공 및 공유

지역사회 요구 진단 결과는 영양사업의 기초 자료로 활용될 수 있으며, 다른 기관과 공유하면 협조를 통해 경비도 절감할 수 있다. 다만, 지역주민의 동의 없이 결과를 발표하거나 제공할 경우 반발이 일어나거나 비난을 받을 수 있으므로, 민감한 이슈는 반드시 사전 허락을 받은 후에 활용한다.

(7) 영양문제 선정

① 영양문제 선정

대상집단의 요구 진단 결과를 바탕으로 영양문제를 선정한다. 선정된 영양문제는 지역사회, 관련 단체, 전문가, 주민과 공유하며, 이를 해결하기 위한 새로운 영양 개선 프로그램을 개발할 수 있다.

② 영양 프로그램의 우선순위 결정

대부분의 지역사회는 하나 이상의 영양문제를 가지고 있으며, 모든 문제를 하나의 영양중재 활동으로 해결할 수는 없다. 따라서 확인된 영양문제 중 우선적으로 해결해야 될 문제를 정해야 한다. 우선순위 결정기준은 다음과 같다(그림 6-3).

영양문제의 크기	영양문제의 심각성	중재의 효과성	정책적 지원 가능성
많은 대상자에게 나타나는 영양문제	영양문제로 인해 긴급하고 심각한 상황으로 이어지는 문제	영양중재활동을 통해 개선 가능성이 높은 문제	정부, 공공기관, 지역단체 등에서 정책적으로 지원 가능한 문제

그림 6-3 영양 프로그램의 우선순위 결정기준

2. 영양 프로그램 계획

지역사회 요구 진단 및 영양 판정 결과 도출된 영양문제를 해결하거나 개선하기 위해서는 영양중재 프로그램이 필요하다. 지역사회 영양 프로그램은 여러 요인에 의해 계획될 수 있으며, 그 계획 과정은 그림 6-4와 같이 진행된다.

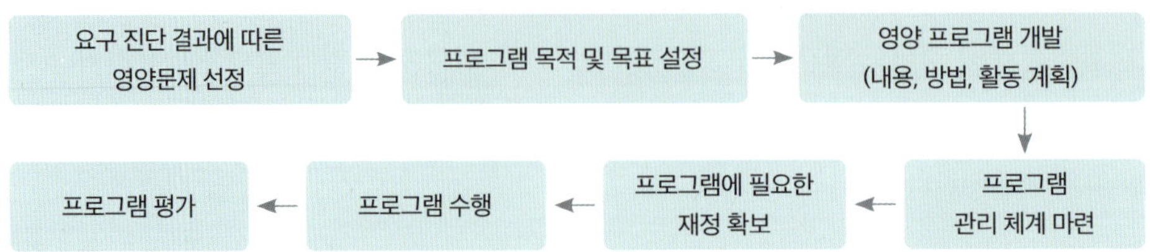

그림 6-4 영양 프로그램 계획 과정

1) 제1단계: 요구 진단 결과에 따른 영양문제 선정

영양 프로그램 계획의 첫 단계는 지역사회 요구 진단 결과로 나타난 여러 문제 중에서 우선적인 영양문제를 선정하고, 그 가능한 원인들을 기술하는 것이다. 즉, 지역사회의 다양한 영양문제 가운데 우선순위를 정해 선정해야 한다.

영양문제를 선정한 후에는 이를 일으킬 만한 원인을 파악한다. 경제적 요인, 식품 선택의 문제, 생활습관 등 다양한 요인이 있을 수 있다. 일반적으로 영양문제는 여러 요인이 복합적으로 작용하여 발생하므로, 그중에서도 가장 중요한 원인을 찾아내는 것이 필요하다.

더 알아보기

영양 프로그램 계획에 영향을 미치는 요인

- 지역사회 진단 결과에서 문제점이 드러날 때
- 영양 관련 연구 결과로 문제점이 제시될 때
- 국가기관이나 지방자치단체의 명령이나 위임이 있을 때
- 지역사회 지도자, 사회단체, 민간기구 등의 요구가 있을 때
- 새로운 영양 프로그램을 위한 예산이 확보되었을 때
- 정부 정책상 필요할 때

2) 제2단계: 프로그램 목적 및 목표 설정

목적은 추구하는 변화나 성과에 대한 광범위한 기술인 데 비해, 목표는 설정된 기간 안에 달성할 수 있는 보다 구체적이고 계량 가능한 활동을 의미한다.

(1) 목적 설정

목적은 영양문제 개선을 통해 변화시키고자 하는 것으로, 광범위하고 포괄적으로 기술한다. 예를 들어, 병원의 산전 프로그램에 참여하는 임신부의 건강을 증진시키거나, 어린이 급식관리지원센터의 관리를 받는 유치원 아동의 성장을 향상시키는 것 등을 들 수 있다.

(2) 목표 설정

목표는 영양 프로그램 수행 후 기대되는 결과로, 측정 가능한 변화를 구체적으로 제시한다. 즉, 목표에는 누구에게, 언제, 얼마나 많은 변화가 나타나기를 기대하는지를 구체적인 수치와 함께 명시해야 한다. 일반적으로 이러한 목표는 결과 목표를 의미하나, 사업계획서에는 사업 운영과 진행에 관한 구조 목표와 과정 목표도 제시해야 한다.

① 구조 목표

인적 자원, 예산, 운영 체계 및 관리, 기관 자원의 활용, 프로그램 협조 등과 관련된 목표이다. 예를 들어, '각 지역사회영양사는 영양 프로그램 수행과 관련하여 매월 말일에 다음 달 항목별 비용계획을 제출해야 한다.'와 같은 내용이 해당된다.

② 과정 목표

영양 프로그램 수행 과정에서 지역사회영양사 및 보건팀 등이 진행하는 활동에 관한 목표이다. 예를 들어, '12주 영양프로그램에서 영양사는 매주 2시간씩 올바른 식사법에 관한 강의를 실시한다.'와 같이 제시할 수 있다.

③ 결과 목표

영양 프로그램을 통해 달성하고자 하는 성과, 즉 결과에 관한 목표이다. 예를 들어, '2020년까지 2세 이하 저소득층 아동의 철 결핍증을 10% 미만으로 감소시킨다.'와 같이 참여 대상자의 영양지식, 태도, 행동 등의 변화를 구체적으로 제시하여 달성 정도를 확인할 수 있어야 한다. 이러한 결과 목표는 보통 두 가지 수준으로 작성된다(그림 6-5).

첫 번째 목표는 영양문제의 원인을 변화시켜 문제 개선에 기여할 수 있는 가까운 목표이다. 두 번째 목표는 영양문제 자체를 개선하는 것이다. 예를 들어, 한 지역의 중학교 2학년 여학생들이 몇 년간 부적절한 에너지 제한 다이어트를 하여 '체중 감소' 현상이 나타났다고 가정하자. 지역사회영양사는 이를 '체중 조절에 관한 올바른 지식 부족'에서 비롯된 문제로 판단하고, 영양교육 프로그램을 계획할 수 있다. 이 경우 다음과 같이 두 단계의 목표를 설정할 수 있다.

- 중학교 2학년생의 체중 조절 관련 올바른 지식을 1년 이내에 50% 증가시킨다.
- 에너지 섭취 부족으로 체중이 2.5 kg 이상 감소한 중학교 2학년생 수를 1년 이내에 전년도보다 25% 감소시킨다.

첫 번째 목표는 '영양문제의 원인(체중 조절 방법에 관한 지식 부족)'에 대한 것이고, 두 번째 목표는 '영양문제 자체(성장기의 부적절한 체중 감소)'에 대한 것이다. 각 목표에는 특정 변화가 명확히 제시되어 있으며, 변화 폭은 25~50%, 변화 대상자는 중학교 2학년생, 변화 시기는 1년 이내로 규정되어 있다.

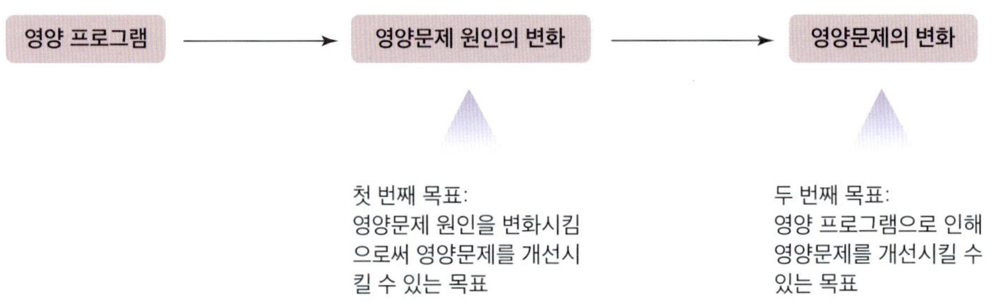

그림 6-5 지역사회 영양 프로그램을 위한 두 가지 수준의 결과 목표

3) 제3단계: 영양 프로그램(안) 개발

목적과 목표를 설정했다면, 이를 근거로 영양 프로그램(안)을 개발한다. 여러 프로그램 중 하나를 선택할 때는 해당 지역사회의 영양문제 원인 가운데 한두 가지 핵심 요인을 변화시

켜 문제를 해결할 수 있는 것을 선택한다.

영양 프로그램은 다양한 형태로 개발될 수 있다. 개인이나 집단의 지식·태도·식행동 변화를 위한 영양교육 및 상담, 영양문제 해결을 위한 보충식이나 식품·급식 제공과 같은 영양중재 프로그램, 지역사회의 식품환경 변화를 위한 영양정책 프로그램 또는 특별 이벤트나 캠페인 등 여러 방법이 가능하다.

영양 프로그램(안)을 효과적으로 개발하려면 영양교육의 내용뿐만 아니라 실행 방법, 활동 계획, 마케팅 계획도 포함해야 한다. 또한 수혜자 수, 프로그램 수행에 필요한 인력·장비·예산, 관련 법령, 적절한 교육 매체, 효과 관리 책임자, 사무실 및 교육 장소, 직원의 사전 훈련 수준 등도 함께 고려해야 한다.

특히, 홍보를 위한 마케팅 계획은 무형의 상품인 '영양교육 관련 지식·태도·행동'을 대상으로 하는 사회마케팅 모델을 적용해 4P(Product: 상품, Price: 비용, Place: 장소, Promotion: 판촉)의 개념을 도입할 수 있다(CHAPTER 5 참조). 즉, 상품(영양 프로그램)은 집단의 요구에 부합해야 하며, 가용한 시간·예산·자원 안에서 추진되어야 한다. 비용은 물질적 비용과 사회적 비용 모두 충족할 수 있어야 하고, 장소는 누구나 쉽게 접근할 수 있는 곳이어야 한다.

4) 제4단계: 프로그램 관리체계 마련

영양 프로그램을 효율적으로 수행하기 위해서는 인적 자원과 자료 관리가 중요하다. 여기서 인적 자원이란 프로그램 개발을 담당하고, 해당 프로그램이 목표 달성에 적합한지를 판단하는 사람을 의미한다. 자료 관리에서는 수혜자 정보, 프로그램 이용 방법 및 횟수, 측정 가능한 성과 등을 기록·분석해야 한다.

또한 관리비용 산정 시에는 인건비, 자료 및 매체 비용, 출장비, 장비 구입비 등 직접 비용뿐만 아니라 사무실 임대료, 유지비, 시설비 등 간접 경비도 포함하여 관리해야 한다.

5) 제5단계: 프로그램에 필요한 재정 확보

영양 프로그램 수행을 위해 필요한 재원 확보는 매우 중요하다. 각 요소(교육매체와 자료,

마케팅 캠페인 등)에 필요한 예산을 점검하여 기관 예산만으로 충당 가능한지, 아니면 외부 재원이 필요한지를 검토해야 한다.

또한 외부 기금이나 기부금 확보 방안을 조사하고, 이를 위한 기금 모집 제안서를 관련 기관에 제출한다. 제안서에는 재정 지원의 요청 목적, 사용 용도 및 영양 프로그램의 효율성 제고 방안이 구체적으로 명시되어야 한다.

6) 제6단계: 프로그램 수행

계획된 프로그램을 실제로 실행하는 단계이다. 이 시점에는 프로그램이 확정되고, 교육자료와 마케팅 계획이 마련되었으며, 직원 훈련도 마친 상태여야 한다. 수행 과정에서는 예상치 못한 상황에 유연하게 대응해야 한다.

예를 들어, 대상자와 운영자 사이의 문화적 차이로 인해 어려움이 발생하거나 예기치 못한 사건이 일어날 수 있다. 프로그램 수행의 핵심은 진행 상황을 지속적으로 관찰하면서, 대상자에게 더 효과적으로 전달할 수 있는 방법을 모색하는 것이다. 이 단계에서 고려해야 할 사항은 다음과 같다.

(1) 융통성

프로그램이 계획대로 진행되지 않을 경우에 대비하여 지역사회영양사는 융통성을 발휘해야 한다. 이를 통해 프로그램이 지역사회 및 집단 특성에 적합하도록 조정할 수 있다.

(2) 성공적인 관리

성공적인 수행을 위해서는 인적 자원, 예산, 평가자료 수집 등을 체계적으로 관리해야 한다. 이를 위해 프로그램 수행 단계에서 상당한 양의 문서 작업이 병행되어야 한다(**표 6-3**).

표 6-3 사업 수행계획서 예시

○○○○ 사업 수행계획서								
사업명								
책임부서					책임자			
작성일								
단계	사업 내용	담당자	예산	장비·시설	진행 일정		달성 여부	비고
					시작일	완료일		
준비								
실행								
평가								

7) 제7단계: 프로그램 평가

평가는 영양 프로그램이 계획대로 진행되었는지, 목적과 목표가 달성되었는지, 효과가 있었는지를 확인하는 중요한 과정이다. 평과 결과 목적을 달성하지 못했다면, 해당 프로그램의 가치와 목적 달성이 가능한 대안을 검토할 필요가 있다.

(1) 평가 방법

평가는 계획부터 수행까지 전 과정에서 이루어지며, 초기 계획 단계에서 평가에 대한 계획도 포함해야 한다. 영양 프로그램 효과를 평가하기 위해 다양한 정보를 수집하며, 프로그램 수행 전에 정보의 종류나 형태, 수집 방법 등을 미리 계획해야 한다. 프로그램이 진행되는 동안에도 평가를 위한 자료는 주기적으로 수집·분석되어야 하며, 수행 과정이나 평가 결과에서 문제가 발견되면 즉시 프로그램을 수정해야 한다. 또한 영양 프로그램이 종료되면 전체 결과를 정리할 수 있도록 수집된 평가 자료를 요약해야 한다.

평가는 시기와 내용에 따라 구조 평가, 과정 평가, 결과 평가로 구분된다. 또한 건강행동 이론의 로직모델이나 PRECEDE-PROCEED 모델을 적용하면 평가를 효과적으로 계획·관리할 수 있다(CHAPTER 5 참조).

① 구조평가

프로그램 실시 전 투입 자원의 적절성을 검토한다. 즉, 인력, 조직 구조, 예산, 시설, 장비, 정보 등 인적·물적·경제적 요소가 적절히 투입되었는지를 평가한다.

② 과정평가

프로그램 진행 중 수행되는 평가로, 실제 진행 상황을 계획과 비교하여 방해요인을 조기에 발견·조정하고, 필요시 프로그램을 수정하여 목표 달성을 돕는 과정이다. 대상자의 참여 정도, 운영 방식, 효율성, 만족도, 기술 지원, 자원의 효과적 활용 방법 등을 평가한다.

③ 결과평가

결과 평가는 프로그램 종료 후 실시하며, 계획한 프로그램의 목표 달성 여부를 평가한다(표 6-4). 이를 위해 수행한 영양 프로그램의 목표 달성 정도를 평가할 수 있는 영양지식·태도, 식행동, 생리적 변화, 식품환경 변화 등 변화 단계를 반영한 평가도구를 선정해야 한다(표 6-5). 즉, 효과 측정에 필요한 지식, 태도, 행동 등의 변화 단계를 정하고, 이에 대한 측정 방법을 결정한 뒤 변화 정도를 측정하여 결과를 평가하게 된다(그림 6-6).

앞서 설명한 것처럼 영양 프로그램을 계획할 때는 최소 두 가지 수준의 결과 목표(영양문제 원인의 변화, 영양문제 자체의 변화)를 설정하는 것이 바람직하며, 이에 따라 평가를 실시해야 한다. 그림 6-6과 같이 결과 평가 과정에서 측정할 변화 단계와 측정 방법을 단계적으로 적용하면 두 수준의 목표 달성 정도를 효과적으로 평가할 수 있다.

표 6-4 평가 방법에 따른 평가 내용 및 예시

구분	특징	평가 내용	예시
구조평가	• 투입 자원의 적절성 평가	• 인력과 조직 구조, 예산, 시설 및 장비	• 사업에 필요한 예산과 인력은 확보되었는가? • 사업에 필요한 시설과 장비는 충분히 준비되었는가?
과정평가	• 산출(활동 및 참여) 평가 – 프로그램 진행 및 참여, 운영 과정 평가	• 프로그램 진행 방법(기간, 횟수 등), 대상자 참여 정도, 프로그램 만족도	• 사업 일정이 계획대로 진행되고 있는가? • 프로그램 대상자들의 참여도가 높은가?
결과평가	• 결과 및 영향 평가 – 목표 달성 여부 및 효과 평가	• 영양지식, 태도, 행동, 생리적 변화, 식품환경 변화 등	• 사업 종료 후 참여자들의 영양지식, 태도, 행동 등에 변화가 있는가? • 프로그램 참여자의 질병 유병률이 감소했는가?

표 6-5 지역사회 영양 프로그램 결과 평가 방법의 예

변화 단계	평가도구, 평가지표 및 예
영양지식	• 식품, 영양 및 건강에 관한 영양지식 수준 측정 예) 고콜레스테롤 급원식품에 대한 지식을 평가하기 위해 객관식 선다형 문제 활용
영양태도	• 식품, 영양 및 건강에 관한 관심과 태도 측정 예) 고혈압 예방을 위해 동물성 식품 섭취를 줄이려는 의향 조사
식행동	• 식품, 영양 및 건강 행동에 관한 조사 예) 24시간 식사기록법을 통한 영양소 섭취량 조사
생리적 변화	• 영양상태 및 건강상태에 관한 생화화적 조사, 임상조사 / 신체계측 조사 예) 혈중 콜레스테롤 수준 분석, 체지방 조사
식품환경 변화	• 식품의 유용성·안정성 및 영양성분 조사 예) 지역사회 내 저지방·저나트륨 음식 제공 음식점 비율 조사

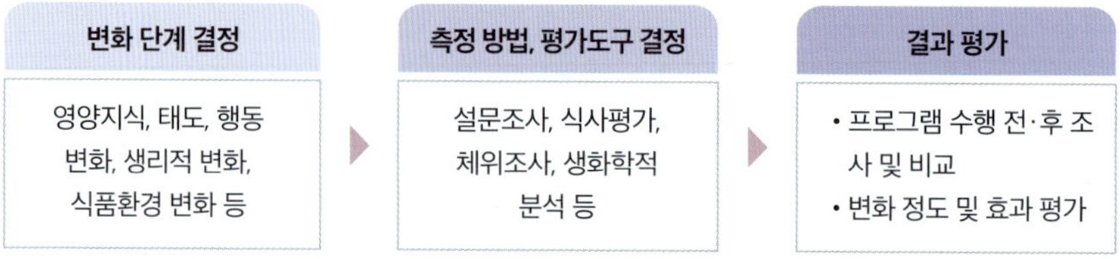

변화 단계 결정		측정 방법, 평가도구 결정		결과 평가
영양지식, 태도, 행동 변화, 생리적 변화, 식품환경 변화 등	▶	설문조사, 식사평가, 체위조사, 생화학적 분석 등	▶	• 프로그램 수행 전·후 조사 및 비교 • 변화 정도 및 효과 평가

그림 6-6 지역사회 영양 프로그램의 결과 평가 단계

(2) 평가 결과 활용

영양 프로그램의 평가 결과는 문제 해결과 더 효과적인 프로그램 설계에 활용될 수 있다. 이 결과는 재원과 예산을 분배할 권한과 책임이 있는 정책 결정자, 고위 정치인이나 행정가에게 영향을 미쳐 영양 정책이나 영양 서비스의 결정에 활용되기도 한다.

(3) 평가 보고서 작성

평가 결과를 적극적으로 활용하려면 평가 초기 단계부터 보고서 작성 계획을 염두에 두어야 한다. 이후 평가가 진행되는 동안 문제들이 어떻게 다루어졌는지, 어떤 자료와 서류가 사용되었는지를 기록한다. 이때 조사표 양식이나 컴퓨터 출력물의 사본을 보관하고, 필요한 경우 최종 보고서에 첨부한다.

최종 보고서는 가능한 한 이해하기 쉬운 형식으로 작성·배포하여 폭넓게 활용되도록 한다. 보고서는 일반 논문과 유사하게 표지, 요약, 필요성 및 목적, 평가 방법, 결과, 고찰, 결론 및 제언의 형식을 갖추는 것이 바람직하다.

ACTIVITY

지역사회 요구를 바탕으로 PRECEDE – PROCEED와 로직모델을 활용해 영양 프로그램을 설계해 보자.

1. 현재 우리나라 노인들은 다양한 영양문제를 안고 있다. 노인의 영양문제 해결을 위해 어떤 지역사회 영양 프로그램이 필요한지 알아보기 위해, PRECEDE – PROCEED 모델을 활용하여 단계별로 영양문제를 진단해 보자.

2. 폐경기 여성의 심장질환 발생을 줄일 수 있는 건강증진 영양 프로그램을 계획해 보자.
   - 폐경기에 심장질환 위험이 증가한다는 사실에 대한 여성들의 지식과 태도, 위험요인과 관련된 생활습관을 조사·평가할 수 있는 방법을 탐색해 보자.
   - 폐경기 여성을 위한 건강증진 프로그램을 로직모델을 활용하여 계획해 보자.

SUMMARY

- **지역사회 요구 진단**: 지역사회의 건강문제 및 영양문제와 이러한 문제에 영향을 미치는 요인을 파악하고 지역주민들이 영양 프로그램에서 요구하는 것을 찾는 과정이다.
- **지역사회 요구 진단 과정**
  지역사회의 건강·영양문제 파악 → 진단요소 결정 → 대상집단의 영양문제 관련 자료 수집 및 요인 분석 → 대상집단의 프로그램 요구도 조사 → 기존 영양 프로그램 조사 → 영양사업 계획을 위한 기초 자료 제공 및 공유 → 영양문제 선정
- **영양문제 우선순위 결정 기준**: 영양문제의 크기, 영양문제의 심각성, 중재의 효과성, 정책적 지원
- **지역사회 요구진단 이후 영양중재 프로그램 계획 과정**
  요구진단 결과에 따른 영양문제 선정 → 목적 및 목표 설정(구조 목표·과정 목표·결과 목표 등으로 구체화) → 영양 프로그램(안) 개발 → 프로그램 관리체계 마련 → 프로그램에 필요한 재정 확보 → 프로그램 수행 → 영양 프로그램 평가
- **평가 방법**: 영양 프로그램 평가는 계획부터 수행까지 전 과정에 걸쳐 이루어지며, 프로그램 계획 단계에서 평가 계획도 함께 수립해야 한다.
  - 구조평가: 프로그램 실시 전에 수행하며, 인력·조직 구조·예산·시설·장비·정보 등 인적·물적·경제적 자원이 적절하게 투입되었는지를 평가한다.
  - 과정평가: 프로그램 진행 중 실시하며, 대상자의 참여도, 운영 방법, 프로그램의 효율성, 내용 만족도, 기술적 지원, 자원 활용의 적절성 등을 평가한다.
  - 결과평가: 프로그램 종료 후 실시하며, 영양지식·영양태도·식행동·생리적 변화·식품환경 등의 변화를 기준으로 목표 달성 여부를 평가한다.

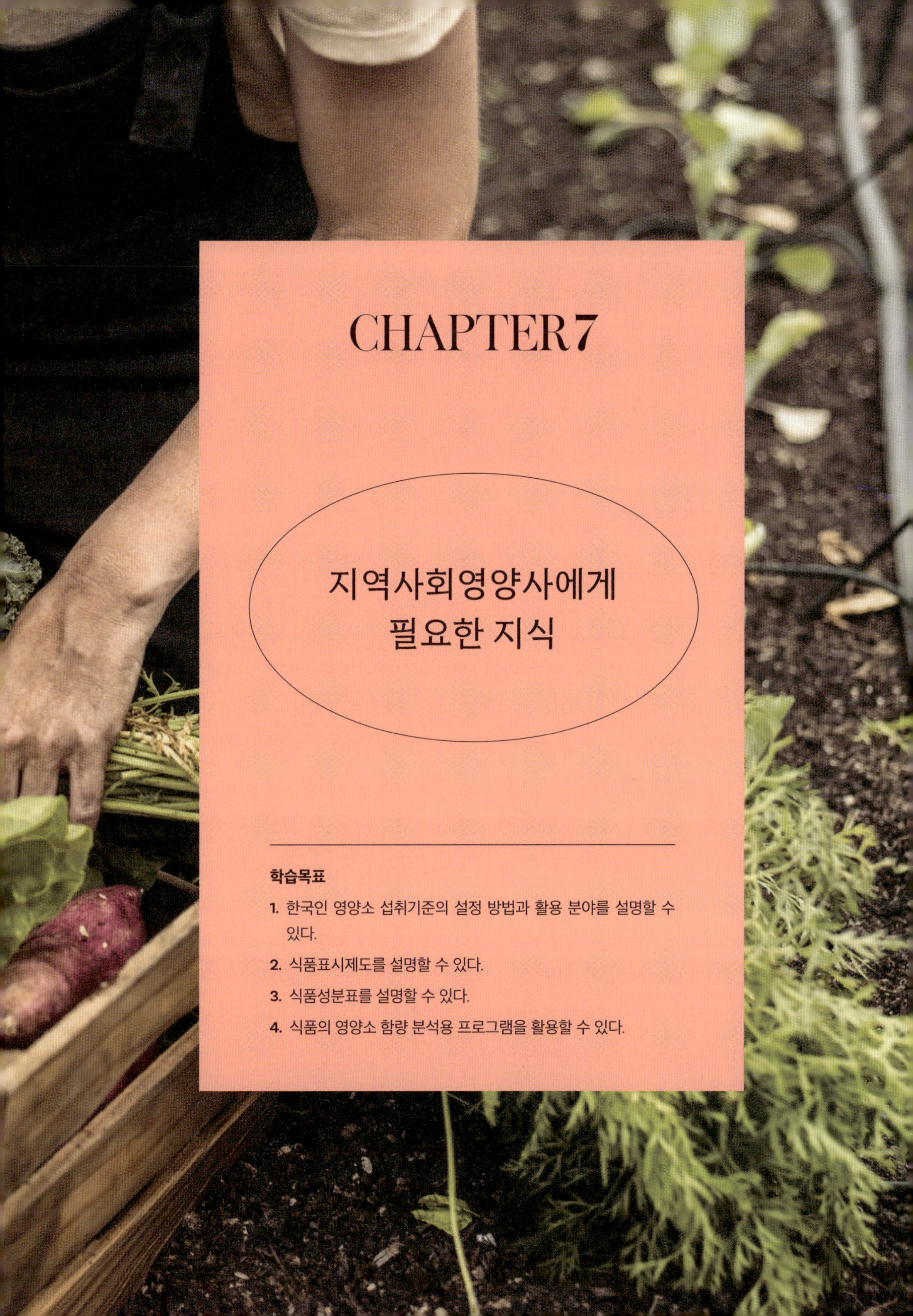

CHAPTER 7

지역사회영양사에게 필요한 지식

학습목표

1. 한국인 영양소 섭취기준의 설정 방법과 활용 분야를 설명할 수 있다.
2. 식품표시제도를 설명할 수 있다.
3. 식품성분표를 설명할 수 있다.
4. 식품의 영양소 함량 분석용 프로그램을 활용할 수 있다.

CHAPTER 7

지역사회에서 영양 관련 프로그램을 효과적으로 수행하기 위해서는 한국인 영양소 섭취기준, 식품표시제도, 식품성분표 등에 대한 이해가 필수적이다. 또한 이러한 기초지식은 지역사회 내 다양한 대상집단을 위한 영양 개선 활동을 설계하고 실행하는 데 기반이 된다.

이 장에서는 한국인 영양소 섭취기준의 설정 방법과 활용 분야, 현행 식품표시제도, 식품성분표 및 식품의 영양소 함량 분석을 지원하는 프로그램을 체계적으로 살펴본다.

1. 한국인 영양소 섭취기준

1) 한국인 영양소 섭취기준의 제정 배경

영양소 섭취기준은 국민의 건강증진과 질병 예방을 목적으로 에너지 및 각 영양소의 적정 섭취 수준을 제시한 것이다. 과거에는 영양결핍으로 인한 건강문제가 주요 과제였기 때문에, 대부분의 사람이 건강을 유지하는 데 필요한 최소한의 양을 제시하는 영양권장량(RDA, Recommended Dietary Allowance)이 중심이 되었다. 그러나 사회적·경제적 발전과 식생활 변화로 영양결핍 문제는 줄어든 반면, 일부 영양소의 과잉 섭취나 불균형으로 인한 비만, 대사증후군, 심혈관계 질환 등 만성질환이 새로운 건강문제로 부상하였다. 이에 따라 영양소의 결핍과 과잉을 모두 고려한 새로운 개념의 영양소 섭취기준(DRIs, Dietary Reference Intakes)이 도입되었다.

각국은 자국민의 식생활 환경, 건강문제, 연구 자료를 반영하여 영양소 섭취기준을 제정하고 있으며, 최신 과학적 근거를 반영하기 위해 이를 주기적으로 개정한다. 우리나라 또한 국민의 건강상태와 식생활 변화를 반영하여 한국인 영양소 섭취기준을 정기적으로 제·개정하고 있다(표 7-1).

표 7-1 한국인 영양소 섭취기준 제·개정 역사

차수(연도)	개정기관	기준 형태	기준 설정 영양소
1~3차 (1962~1975)	FAO 한국협회	영양권장량 (10종)	• 에너지, 단백질 • 비타민 6종(A, D, C, B_1, B_2, 나이아신) • 무기질 2종(Ca, Fe)
4차, 5차 (1985~1989)	보건사회 연구원	영양권장량 (10종)	• 에너지, 단백질 • 비타민 6종(A, D, C, B_1, B_2, 나이아신) • 무기질 2종(Ca, Fe)
6차, 7차 (1995~2000)	한국영양학회	영양권장량 (15종)	영양소: 15종 • 에너지, 단백질 • 비타민 9종(A, D, E, C, B_1, B_2, B_6, 나이아신, 엽산) • 무기질 4종(Ca, P, Fe, Zn)
제정 (2005)	한국영양학회	영양소 섭취기준 (34종)	• 에너지, 탄수화물, 지질, 단백질, 아미노산, 식이섬유, 수분 • 비타민 13종(A, D, E, K, C, B_1, B_2, B_6, 나이아신, 엽산, B_{12}, 판토텐산, 비오틴) • 무기질 14종(Ca, P, Na, Cl, K, Mg, Fe, Zn, Cu, F, Mn, I, Se, Mo)
2차 개정 (2010)	한국영양학회	영양소 섭취기준 (35종)	• 에너지, 탄수화물, 총당류, 지질, 단백질, 아미노산, 식이섬유, 수분 • 비타민 13종(A, D, E, K, C, B_1, B_2, B_6, 나이아신, 엽산, B_{12}, 판토텐산, 비오틴) • 무기질 14종(Ca, P, Na, Cl, K, Mg, Fe, Zn, Cu, F, Mn, I, Se, Mo)
제정 (2015)	보건복지부/ 한국영양학회	국가기준치 영양소 섭취기준 (36종)	• 에너지, 탄수화물, 총당류, 지질, 단백질, 아미노산, 식이섬유, 수분 • 비타민 13종(A, D, E, K, C, B_1, B_2, B_6, 나이아신, 엽산, B_{12}, 판토텐산, 비오틴) • 무기질 15종(Ca, P, Na, Cl, K, Mg, Fe, Zn, Cu, F, Mn, I, Se, Mo, Cr)
제·개정 (2020)	보건복지부/ 한국영양학회	국가기준치 영양소 섭취기준 (40종)	• 에너지, 탄수화물, 당류, 식이섬유, 단백질, 아미노산, 지방, 리놀레산, 알파-리놀렌산, EPA+DHA, 콜레스테롤, 수분 • 비타민 13종(A, D, E, K, C, B_1, B_2, B_6, 나이아신, 엽산, B_{12}, 판토텐산, 비오틴) • 무기질 15종(Ca, P, Na, Cl, K, Mg, Fe, Zn, Cu, F, Mn, I, Se, Mo, Cr)

2) 한국인 영양소 섭취기준의 구성

2025 한국인 영양소 섭취기준은 안전하고 충분한 영양을 확보하기 위한 기준치(평균필요량, 권장섭취량, 충분섭취량, 상한섭취량)와 식사와 관련된 만성질환 위험 감소를 고려한 기준치(에너지적정비율, 만성질환위험감소섭취량)를 제시하였다(그림 7-1).

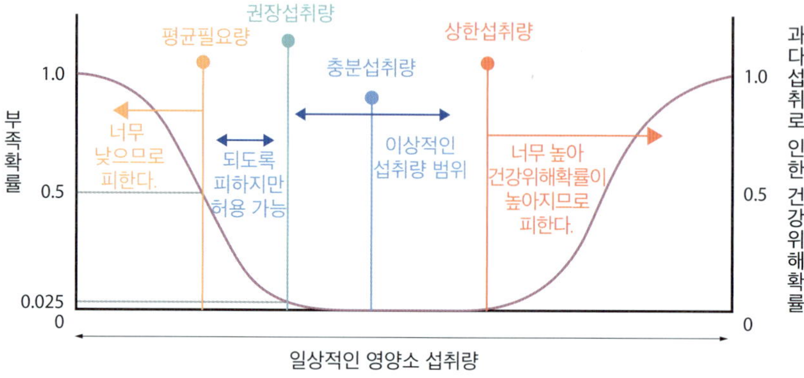

그림 7-1 영양소 섭취기준의 종류

영양소에 따라 인체 필요량에 대한 과학적 근거가 충분한 경우에는 평균필요량과 권장섭취량을 제정하고, 근거가 부족한 경우에는 충분섭취량을 제정한다. 또한 과잉 섭취로 인한 유해 영향에 대한 근거가 있을 경우에는 상한섭취량을 설정한다. 일부 영양소는 평균필요량, 권장섭취량, 상한섭취량을 모두 설정한 반면, 충분섭취량이나 상한섭취량 등 일부 섭취기준만 제시된 경우도 있다.

(1) 평균필요량(EAR, Estimated Average Requirement)

건강한 사람들의 일일 영양소 필요량 분포에서 중앙값을 기준으로 산출한 수치이다. 영양소 필요량에 대한 과학적 근거가 충분할 때 설정할 수 있다. 에너지의 경우 개인의 필요량을 직접 측정하기 어렵기 때문에, 에너지 소비량을 토대로 추정하며 이를 '에너지필요추정량(EER, Estimated Energy Requirement)'이라고 한다.

(2) 권장섭취량(RI, Recommended Intake)

평균필요량에 표준편차의 두 배를 더하여 산출한다. 이는 건강한 인구집단의 약 97~98%가 필요로 하는 영양소 섭취량을 충족시키는 값으로, 종전의 영양권장량에 해당한다.

(3) 충분섭취량(AI, Adequate Intake)

영양소 필요량에 대한 과학적 자료가 부족하거나, 필요량의 중앙값과 표준편차를 산출하기 어려워 권장섭취량을 정할 수 없을 때 제시하는 값이다. 건강한 인구집단을 대상으로 한 실험연구나 관찰연구에서 확인된 실제 섭취량을 기준으로 설정한다.

(4) 상한섭취량(UL, Tolerable Upper Intake Level)

인체 건강에 유해한 영향이 나타나지 않는 최대 영양소 섭취 수준을 의미한다. 과잉 섭취 시 건강에 부정적 영향을 줄 수 있다는 근거를 바탕으로 위해평가 과정을 거쳐 설정한다.

(5) 에너지적정비율(AMDR, Acceptable Macronutrient Distribution Range)

전체 에너지 섭취량 중 각 영양소(탄수화물, 단백질, 지방)가 차지하는 에너지 비율의 적정 범위를 제시한 것이다. 에너지 공급 영양소의 섭취비율과 건강과의 관련성에 대한 과학적 근거를 바탕으로 설정한다.

(6) 만성질환위험감소섭취량(CDRR, Chronic Disease Risk Reduction Intake)

건강한 인구집단에서 만성질환의 위험을 줄일 수 있는 영양소의 최소 섭취기준이다. 이는 해당 기준치 이하로 섭취하라는 의미가 아니라, 기준치 이상으로 섭취할 경우 전반적인 섭취량을 줄이면 만성질환의 위험을 감소시킬 수 있다는 근거에 따라 설정된 것이다. 만성질환 위험 감소와 관련된 충분한 과학적 근거가 있을 때 제시된다.

3) 한국인 영양소 섭취기준의 활용

영양소 섭취기준은 개인과 집단의 식사 평가와 식사 계획에 활용된다.

(1) 식사 평가

① 개인의 식사 평가

개인의 식사를 평가하려면 일상적인 영양소 섭취량을 파악해야 한다. 이를 위해 보통 24시간 회상법, 식품섭취빈도법 등 표준화된 방법으로 식사를 조사한 뒤, 식품 영양소 데이터베이스를 이용해 섭취량을 추정한다. 따라서 개인의 식사섭취조사 결과는 절대적 수치가 아니라 '적절 또는 부적절할 가능성(확률)'으로 평가해야 한다.

즉, 개인의 식사 평가는 평균필요량, 권장섭취량, 충분섭취량, 상한섭취량 등의 기준을 적용하여 섭취 수준이 적절한지, 혹은 부적절할 위험이 있는지를 판단한다(표 7-2).

또한 영양소섭취량 외에도 영양소적정섭취비율(NAR, Nutrient Adequacy Ratio), 평균영양소적정섭취비율(MAR, Mean Adequacy Ratio), 영양밀도지수(INQ, Index of Nutritional Quality) 등 영양밀도 평가지표를 활용하여 식사의 질을 평가할 수 있다.

표 7-2 집단 내 부적절한 영양소 섭취인구 비율 추정 방법

방법	내용
확률적 접근법	• 영양소 필요량과 섭취량의 분포 활용
cut point법	• 영양소 필요량의 분포가 평균필요량을 중심으로 대칭일 경우 사용 • 이 방법에서는 평균필요량보다 적게 섭취하는 대상자의 비율을, 부족하게 섭취하는 사람들의 비율로 간주하여 파악

② 집단의 식사 평가

집단의 식사 평가는 구성원 개개인의 필요량과 섭취량이 서로 다르다는 점을 고려하여, 집단 전체에서 영양소 필요량을 충족하지 못하는 사람들의 비율을 추정하는 것이다(표 7-2). 이때 권장섭취량은 사용하지 않으며, 평균필요량을 기준으로 부족하게 섭취하는 사람의 비율을 추정한다.

집단의 식사 평가는 확률적 접근법과 컷포인트(cut point)법으로 수행할 수 있다. 확률적 접근법은 집단 내에서 영양소 섭취량이 자기 필요량에 못 미치는 사람의 수를 추정하는 방법이다. 즉, 영양소 필요량의 확률분포와 영양소 섭취량의 확률분포를 결합하여 집단 내에 영양소 섭취량이 부족할 위험이 있는 사람의 비율을 추정한다. 그러나 실제로는 개인의 영양소 필요량을 정확히 알기 어렵기 때문에 거의 사용되지 않는다. 반면, 컷포인트법은 평균필요량을 컷오프 포인트(cut-off point)로 설정하여 부족 섭취자의 비율을 추정하는 방법으로, 집단 평가에서 일반적으로 활용된다.

(2) 식사 계획

개인 또는 집단을 대상으로 식사를 계획할 때는 구체적인 목표에 맞는 영양소 섭취기준을

활용해야 한다. 개인의 식사 계획은 권장섭취량 또는 충분섭취량을 기준으로 하며, 상한섭취량을 초과하지 않도록 한다.

집단을 대상으로 식사 계획을 세울 때는 평균필요량이나 상한섭취량을 기준으로 하되, 원칙적으로 권장섭취량은 사용하지 않는다. 다만, 특정 집단의 성장이나 건강상태를 반영할 필요가 있을 경우, 권장섭취량과 충분섭취량을 기준으로 삼을 수도 있다. 개인·집단별 영양소 섭취기준 활용 사례는 **표 7-3**에 제시하였다.

표 7-3 식사 계획 시 영양소 섭취기준 활용

대상 / 영양소 섭취기준	개인	집단
평균필요량	개인의 영양 섭취 목표로는 사용하지 않음	평소 섭취량이 평균필요량 미만인 사람의 비율을 최소화하는 것을 목표로 함
권장섭취량	평소 섭취량이 평균필요량 이하인 사람은 권장섭취량을 목표로 함	집단의 식사 계획 목표로는 사용하지 않음
충분섭취량	평소 섭취량을 충분섭취량에 가깝게 하는 것을 목표로 함	집단의 섭취량 중앙값이 충분섭취량에 도달하도록 하는 것을 목표로 함
상한섭취량	평소 섭취량을 상한섭취량 미만으로 함	평소 섭취량이 상한섭취량 이상인 사람의 비율을 최소화하는 것을 목표로 함

4) 분야별 활용 방안

영양소 섭취기준은 국가 및 지역사회 인구집단의 식사 섭취 적절성 평가, 식량·영양 정책 수립, 식사 계획 수립, 식사의 질 평가, 일반인 및 학교 영양교육, 식생활지침 개발, 가공식품 영양표시 기준 설정 등 다양한 영역에서 기준치 또는 참고치로 활용된다. 한국인 영양소 섭취기준의 국가·지역사회·개인 단위별 활용 방안은 **표 7-4**에 제시하였다.

(1) 인구집단의 식품섭취조사 평가와 영양상태 판정기준

영양소 섭취기준은 국민건강영양조사의 식사 섭취 자료를 평가하는 기본 척도로 활용된다. 특정 인구집단의 영양소 섭취량이 성별·연령군별 평균필요량보다 낮으면 결핍 위험이 높아진다고 볼 수 있다. 반대로, 상한섭취량을 초과하는 비율이 높으면 과잉 섭취 위험군이 많음

표 7-4 각 분야별 영양소 섭취기준 활용

단위	대상	활용
개인	개인	식생활 계획 및 평가, 영양교육, 식사지도
지역사회	학교	학교급식 계획 및 평가, 식생활 평가, 영양교육, 식사지도
	병원	환자급식 계획 및 평가, 식생활 평가, 영양교육, 식사지도
	산업체	급식 계획 및 평가, 제품 개발, 식품 표시
국가	정부부처, 지자체	식생활 정책 및 사업의 계획, 실행, 평가(영양, 식품, 건강, 식량생산 및 교역 등)

을 의미하므로 영양소 과잉이나 독성이 나타나지 않도록 지도해야 한다.

권장섭취량은 개인의 필요량을 직접 반영한 값은 아니지만, 개인이 장기간 섭취한 평균 섭취량을 권장섭취량과 비교하여 영양상태를 평가하는 척도로도 사용할 수 있다.

(2) 국가 또는 특정 집단의 식품 공급 계획 및 평가

영양소 섭취기준은 국가적 식량 수급 계획, 학교급식 프로그램, 군대급식 등에서 식품 필요량 산출의 근거로 활용된다. 또한 정부나 보건복지기관이 유아원, 양로원, 장기 거주시설 등을 인허가할 때 기준으로 사용된다.

(3) 식생활지침과 영양지원정책 수립

영양소 섭취기준은 한국인의 식생활지침 수립과 영양 결핍증 및 과잉증 예방 지침의 근거가 된다. 저소득층 가계가 기준을 충족할 수 있도록 식품 구매비용의 비율 산출에 적용되며, 생계지원비의 산출기준으로도 활용된다.

(4) 영양 관련 법규 및 식품 개발 기준치

영양소 섭취기준은 영양 표시, 영양 강화 기준 등 각종 법규의 입법화와 행정 관리 규정의 설정에 활용된다. 또한 식품 생산업체의 제품 개발 및 품질 관리에서도 기준치로 활용된다.

(5) 영양교육

영양소 섭취기준은 영양교육 자료로도 활용된다. 한국인 영양소 섭취기준은 일반인을 위한 식사구성안을 제시하고, 이를 바탕으로 제작된 식품구성자전거를 통해 영양소 섭취기준의 개념을 그림으로 나타냈다.

5) 영양소 섭취기준 사용 시 주의사항

영양소 섭취기준은 식사 섭취 지침이나 평가에 널리 활용되지만, 다음과 같은 주의사항이 있다.

- 현재의 영양권장량에는 인체에 필요한 모든 영양소가 포함되어 있지 않다. 따라서 기준치를 충족했다고 해서 완전한 식사라고 단정할 수는 없다.
- 일부 영양소에는 만성질환위험감소섭취량이 설정되어 있으나, 기본적으로 건강인을 대상으로 한 것이므로 식품과 질병과의 관계는 고려되어 있지 않다. 따라서 환자의 영양상태 판정이나 식사 계획에 직접 사용하는 것은 적절하지 않다. 다만, 제한점을 이해한 후 변형·응용하여 활용할 수는 있다.
- 영양소 섭취기준은 필수영양소만을 대상으로 한다. 최근 질병 예방 및 치료와 관련해 주목받는 파이토케미컬(phytochemical) 등 새로운 식사성분의 기준은 설정되어 있지 않아, 향후 이 영역으로 확장이 필요하다.

2. 식품표시

1) 식품표시제도

우리나라 식품표시제도는 1995년 「식품위생법」 제10조 '식품 등의 표시기준'에 따라 운영되어 왔다. 그러나 2019년부터는 「식품 등의 표시·광고에 관한 법률」에 따라 운영되고 있으며, 이 법은 식품 등의 표시·광고와 관련된 다른 법률에 우선 적용된다.

우리나라는 1985년부터 유통기한 표시제를 시행해 왔다. 그러나 유통기한은 제품 제조일로부터 판매가 허용되는 기한일 뿐, 실제로는 기한이 지나더라도 일정 기간 섭취가 가능한 경우가 많다. 그럼에도 소비자들은 유통기한을 곧 폐기 시점으로 오해하여 섭취 여부에 혼란을 겪어 왔다. 또한 제도 도입 당시와 달리 현재는 식품 제조기술과 냉장 유통 체계가 크게 발전하였다. 그럼에도 불구하고 여전히 유통기한 표시제를 유지하면서 국내 식품산업의 기술 발전이 지체되고, 국제 경쟁력 확보에도 어려움이 있었다.

한편, CODEX(국제식품규격위원회)와 여러 선진국에서는 소비자가 유통기한을 섭취 불가능 시점으로 혼동할 수 있다는 점을 지적하며, 실제 섭취 가능 기간을 안내하는 소비기한(use by date) 표시제 사용을 권장하고 있다. 이에 우리 정부는 소비자 혼란을 줄이고 식품 안전을 확보하는 동시에, 식품 폐기물 감소를 통해 환경적·경제적 부담을 완화하기 위해 「식품 등의 표시·광고에 관한 법률」을 새로 제정하였다.

이 법은 식품산업의 패러다임 변화를 반영하고, 표시의 오남용을 방지하여 안전사고를 예방하는 것을 목적으로 한다. '소비기한'이란 식품 등에 표시된 보관 방법을 준수할 경우, 해당 식품을 섭취해도 안전에 이상이 없는 기한을 말한다.

(1) 표시기준

2024년 1월 기준 식품표시는 식품, 식품첨가물 또는 축산물, 기구 또는 용기·포장, 건강기능식품으로 구분해 규정한다(표 7-5).

(2) 영양표시

영양표시는 식품표시 항목 중 하나로, 식품, 식품첨가물, 건강기능식품, 축산물에 들어 있는 영양성분량 등 영양 정보를 제품 포장에 기재하는 것을 말한다(「식품 등의 표시·광고에 관한 법률」 제2조 제8호). 이는 소비자가 합리적으로 식품을 선택하고, 허위 및 과대 표시·광고로부터 보호받도록 하기 위함이다.

① 대상 품목

1995년 식품의 영양표시제도가 처음 도입된 이후, 영양표시 대상 품목은 소비자 관심과 요구, 해외 제도 등을 반영하여 182개 품목까지 확대되었다(표 7-6). 2026년부터는 영양표시 의미가 없는 품목(30개)을 제외한 모든 가공식품(259개 품목)에 대해 영양표시가 전면 의무화된다. 영양표시 의미가 없는 품목은 얼음, 추잉껌, 침출차 등 영양성분이 거의 없어 영양학적 가치가 낮거나, 기술적 한계로 표시가 어려운 식품을 말한다.

표 7-5 식품표시기준

분류	표시기준
식품, 식품첨가물 또는 축산물	• 제품명, 내용량 및 원재료명 • 영업소 명칭 및 소재지 • 소비자 안전을 위한 주의사항 • 제조연월일, 소비기한 또는 품질유지기한 • 기타 소비자에게 알려야 할 정보로 총리령으로 정하는 사항: 식품유형 및 품목보고번호, 성분명 및 함량, 용기 · 포장의 재질, 조사처리 표시, 보관방법 또는 취급방법, 식육의 종류, 부위 명칭, 등급 및 도축장명, 포장일자, 생산연월일 또는 산란일 등
기구 또는 용기·포장	• 재질 • 영업소 명칭 및 소재지 • 소비자 안전을 위한 주의사항 • 기타 소비자에게 해당 기구 또는 용기 · 포장에 관한 정보를 제공하기 위하여 필요한 사항으로서 총리령으로 정하는 사항
건강기능식품	• 제품명, 내용량 및 원료명 • 영업소 명칭 및 소재지 • 소비기한 및 보관방법 • 섭취량, 섭취방법 및 섭취 시 주의사항 • 건강기능식품이라는 문자 또는 건강기능식품임을 나타내는 도안 • 질병의 예방 및 치료를 위한 의약품이 아니라는 내용의 표현 • 「건강기능식품에 관한 법률」 제3조 제2호에 따른 기능성에 관한 정보 및 원료 중에 해당 기능성을 나타내는 성분 등의 함유량 • 기타 소비자에게 해당 건강기능식품에 관한 정보를 제공하기 위하여 필요한 사항으로서 총리령으로 정하는 사항

의무표시는 2022년 매출액 기준 120억 원을 초과하는 영업소는 2026년 1월 1일부터, 120억 원 이하 영업소는 2028년부터 적용된다.

② 영양표시 대상 영양소

제도 도입 당시에는 열량, 탄수화물, 단백질, 지방, 나트륨의 5개 성분과 강조표시 성분만 포함되었으나, 이후 당류, 포화지방, 트랜스지방, 콜레스테롤이 추가되어 총 9개 성분이 대상이다. 다만, 건강기능식품은 트랜스지방, 포화지방, 콜레스테롤을 표시하지 않을 수 있다.

표 7-6 영양표시 대상 식품 및 제외 식품

영양표시 대상 식품	영양표시 제외 식품
1. 과자류, 빵류 또는 떡류: 과자, 캔디류, 빵류 및 떡류 2. 빙과류: 아이스크림류, 아이스크림믹스류 및 빙과 3. 코코아 가공품류 또는 초콜릿류 4. 당류 5. 잼류 6. 두부류 또는 묵류 7. 식용유지류 8. 면류 9. 음료류: 다류(액상차, 고형차만 해당한다), 커피(액상커피, 조제커피만 해당한다), 과일·채소류음료, 탄산음료류, 두유류, 발효음료류, 인삼·홍삼음료 및 기타음료 10. 특수영양식품 11. 특수의료용도식품 12. 장류: 개량메주, 한식간장, 양조간장, 산분해간장, 효소분해간장, 혼합간장, 된장, 고추장, 춘장, 청국장, 혼합장 및 기타장류 13. 조미식품: 식초류(발효식초만 해당한다), 소스류, 카레(커리), 고춧가루 또는 실고추 및 향신료가공품(향신료조제품만 해당한다) 14. 절임류 또는 조림류: 김치류(김치는 배추김치만 해당한다), 절임류 및 조림류 15. 농산가공식품류 16. 식육가공품류: 햄류, 소시지류, 베이컨류, 건조저장육류, 양념육류, 식육추출가공품, 식육간편조리세트 및 식육함유가공품 17. 알가공품류 18. 유가공품류 19. 수산가공식품류 20. 동물성가공식품류: 기타식육 또는 기타알제품(기타 동물성가공식품만 해당한다), 곤충가공식품, 자라가공식품 및 추출가공식품 21. 벌꿀 및 화분가공품류 22. 즉석식품류 23. 기타식품류 24. 건강기능식품	1. 과자류, 빵류 또는 떡류: 추잉껌 2. 얼음류 3. 다류: 침출차 4. 커피(인스턴트커피, 볶은 커피, 커피원두에 향료만을 첨가한 조제커피만 해당한다) 5. 장류: 한식메주, 한식된장 6. 식초류: 희석초산 7. 향신료가공품: 천연향신료 8. 식염 9. 김치류: 김치(배추김치는 제외한다) 10. 주류 11. 포장육 12. 기타식육 또는 기타알제품: 기타식육 또는 기타알 13. 「식품위생법 시행령」 제21조 제2호에 따른 즉석판매제조·가공업 영업자가 제조·가공하거나 덜어서 판매하는 식품 14. 「축산물 위생관리법 시행령」 제21조 제8호에 따른 식육즉석판매가공업 영업자가 만들거나 다시 나누어 판매하는 식육가공품 15. 식품, 축산물 및 건강기능식품의 원료로 사용되는 등 그 자체로는 최종 소비자에게 제공되지 않는 식품, 축산물 및 건강기능식품 16. 포장 또는 용기의 주표시면 면적이 30 cm^2 이하인 식품 및 축산물 17. 농산물, 임산물, 수산물, 식육 및 식용란

③ 영양성분 기준치

영양성분은 영양성분 기준치에 대한 비율(표 7-7)로 표시해야 한다. 영양강조표시를 할 때에도 이 기준치를 따른다. '1일 영양성분기준치'는 소비자가 하루 식사에서 해당 식품의 영양적 가치를 쉽게 이해하고, 식품 간 영양성분을 비교할 수 있도록 한국인 영양소 섭취기준을 근거로 설정한 일반인(4세 이상 어린이 및 성인)의 평균 1일 섭취기준량이다.

섭취를 권장하는 단백질, 비타민, 무기질, 식이섬유 등은 기준치만큼 섭취하도록 하고, 지방, 포화지방, 나트륨 등 제한이 필요한 성분은 기준치를 초과하지 않도록 한다.

표 7-7 영양표시를 위한 1일 영양성분 기준치

(「식품 등의 표시광고에 관한 법률 시행규칙」[별표5] <개정 2022. 11. 28.>)

영양성분	기준치(단위)	영양성분	기준치(단위)	영양성분	기준치(단위)
탄수화물	324 g	비타민 E	11 mgα-TE	인	700 mg
당류	100 g	비타민 K	70 μg	나트륨	2,000 mg
식이섬유	25 g	비타민 C	100 mg	칼륨	3,500 mg
단백질	55 g	비타민 B_1	1.2 mg	마그네슘	315 mg
지방	54 g	비타민 B_2	1.4 mg	철분	12 mg
리놀레산	10 g	나이아신	15 mg NE	아연	8.5 mg
알파-리놀렌산	1.3 g	비타민 B_6	1.5 mg	구리	0.8 mg
EPA와 DHA의 합	330 mg	엽산	400 μg DFE	망간	3.0 mg
포화지방	15 g	비타민 B_{12}	2.4 μg	요오드	150 μg
콜레스테롤	300 mg	판토텐산	5 mg	셀레늄	55 μg
비타민 A	700 μg RAE	바이오틴	30 μg	몰리브덴	25 μg
비타민 D	10 μg	칼슘	700 mg	크롬	30 μg

비고

1. 비타민 A, 비타민 D 및 비타민 E는 위 표에 따른 단위로 표시하되, 괄호를 하여 IU(국제단위) 단위를 병기할 수 있다.
2. 위 표에도 불구하고 영유아(만 2세 이하의 사람을 말한다. 이하 같다)용으로 표시된 식품 등의 1일 영양성분 기준치에 대해서는 「국민영양관리법」 제14조 제1항의 영양소 섭취기준에 따른다. 다만, 만 1세 이상 2세 이하 영유아의 탄수화물, 당류, 단백질 및 지방의 1일 영양성분 기준치에 대해서는 탄수화물 150 g, 당류 50 g, 단백질 35 g 및 지방 30 g을 적용한다.

또한 % 영양소기준치를 활용하면 '바람직한 1일 섭취량' 대비 비율을 알 수 있어 해당 식품의 영양성분 이해 및 식품 선택에 도움이 된다.

④ 표시 단위 및 1회 섭취참고량

영양성분 함량은 총 내용량, 단위 내용량, 100 g(mL)당, 1회 섭취참고량당 함유된 값으로 표시한다. '1회 섭취참고량'이란 만 3세 이상 소비자가 일반적으로 섭취하는 식품별 1회 섭취량과 시장조사 결과를 근거로 설정된 값이다.

⑤ 표시 방법

의무표시 영양성분과 강조 영양성분은 명칭, 함량, 기준치 대비 비율을 규정된 단위와 유효숫자 처리기준에 맞추어 표시해야 한다(그림 7-2). 일정 함량 미만일 경우 '0'으로 표시할 수 있다. 예를 들어, 열량 5 kcal 미만, 탄수화물·단백질·지방 0.5 g 미만, 트랜스지방 0.2 g 미만, 콜레스테롤 2 mg 미만, 나트륨 5 mg 미만, 비타민·무기질 기준치의 2% 미만일 때 0으로 표시할 수 있다.

또한 품종, 토양, 수확 시기, 가공 방법, 유통기간 등에 따라 영양성분이 달라질 수 있으므로 허용 오차범위를 두었다. 섭취 권장 성분(식이섬유, 비타민, 무기질 등)은 분석값이 표시량의 80% 이상, 섭취 제한 성분(열량, 지방, 콜레스테롤, 나트륨 등)은 분석값이 표시량의 120% 미만이어야 한다.

영양정보	총 내용량 00g 000kcal
총 내용량당	1일 영양성분 기준치에 대한 비율
나트륨 00mg	00%
탄수화물 00g	00%
당류 00g	
지방 00g	00%
트랜스지방 00g	
포화지방 00g	00%
콜레스테롤 00mg	00%
단백질 00g	00%
1일 영양성분 기준치에 대한 비율(%)은 2,000kcal 기준이므로 개인의 필요 열량에 따라 다를 수 있습니다.	

그림 7-2 영양정보표시 도안

⑥ 영양강조표시

영양강조표시는 제품에 함유된 영양성분의 함유 사실 또는 정도를 '무', '저', '고', '강화', '첨가', '감소' 등의 특정한 용어를 사용하여 그 영양성분의 함량을 강조하여 표시하는 것을 말한다. '저', '무', '고(또는 풍부)', '함유(또는 급원)' 등의 표현은 법으로 정한 용어와 기준에 따라 사용해야 한다.

영양강조표시는 영양소의 절대적 함량을 강조하는 함량강조표시와, 영양소의 상대적 함량을 강조하는 비교강조표시로 구분된다.

- **영양소 함량강조표시**: 영양소의 함유 사실 또는 함유 정도를 '무○○', '저○○', '고○○', '○○ 함유' 등과 같은 표현으로 영양소 함량을 강조하여 표시하는 것을 말한다(예: 칼슘 함유, 고식이섬유, 저지방).
  우리나라의 기준은 코덱스 규격을 준용하여 열량, 총지방·포화지방·콜레스테롤·당·나트륨 등 제한 성분과, 단백질·식이섬유·비타민·무기질 등 권장 성분에 대해 100 g, 100 mL, 100 kcal 단위 기준을 규정하고 있다(**표 7-8**).
- **영양소 비교강조표시**: 같은 유형 제품과 비교하여 '덜', '더', '강화', '첨가' 등의 표현을 사용한다. 열량·탄수화물·당류·식이섬유·단백질·지방·포화지방·트랜스지방·콜레스테롤·나트륨은 최소 25% 이상 차이가 나야 하며, 나트륨을 제외한 비타민·무기질은 1일 기준치의 10% 이상 차이가 있어야 한다.

표 7-8 영양소 함량 강조표시 세부기준

영양성분	강조표시	표시조건
열량	저	식품 100 g당 40 kcal 미만 또는 식품 100 mL당 20 kcal 미만일 때
	무	식품 100 mL당 4 kcal 미만일 때
나트륨/ 소금(염)	저	식품 100 g당 120 mg 미만일 때 ※ 소금(염)은 식품 100 g 당 305 mg 미만일 때
	무	식품 100 g당 5 mg 미만일 때 ※ 소금(염)은 식품 100g 당 13 mg 미만일 때
당류	저	식품 100 g당 5 g 미만 또는 식품 100 mL당 2.5 g 미만일 때
	무	식품 100 g당 또는 식품 100 mL당 0.5 g 미만일 때
지방	저	식품 100 g당 3 g 미만 또는 식품 100 mL당 1.5 g 미만일 때
	무	식품 100 g당 또는 식품 100 mL당 0.5 g 미만일 때
트랜스지방	저	식품 100 g당 0.5 g 미만일 때
포화지방	저	식품 100 g당 1.5 g 미만 또는 식품 100 mL당 0.75 g 미만이고, 열량의 10% 미만일 때
	무	식품 100 g당 0.1 g 미만 또는 식품 100 mL당 0.1 g 미만일 때
콜레스테롤	저	식품 100 g당 20 mg 미만 또는 식품 100 mL당 10 mg 미만이고, 포화지방이 식품 100 g당 1.5 g 미만 또는 식품 100 mL당 0.75 g 미만이며, 포화지방이 열량의 10% 미만일 때

(계속)

영양성분	강조표시	표시조건
콜레스테롤	무	식품 100 g당 5 mg 미만 또는 식품 100 mL당 5 mg 미만이고, 포화지방이 식품 100 g당 1.5 g 미만 또는 식품 100 mL당 0.75 g 미만이며, 포화지방이 열량의 10% 미만일 때
식이섬유	함유 또는 급원	식품 100 g당 3 g 이상, 식품 100 kcal당 1.5 g 이상일 때 또는 1회 섭취참고량당 1일 영양성분기준치의 10% 이상일 때
	고 또는 풍부	함유 또는 급원 기준의 2배
단백질	함유 또는 급원	식품 100 g당 1일 영양성분 기준치의 10% 이상, 식품 100 mL당 1일 영양성분 기준치의 5% 이상, 식품 100 kcal당 1일 영양성분 기준치의 5% 이상일 때 또는 1회 섭취참고량당 1일 영양성분기준치의 10% 이상일 때
	고 또는 풍부	함유 또는 급원 기준의 2배
비타민 또는 무기질	함유 또는 급원	식품 100 g당 1일 영양성분 기준치의 15% 이상, 식품 100 mL당 1일 영양성분 기준치의 7.5% 이상, 식품 100 kcal당 1일 영양성분기준치의 5% 이상일 때 또는 1회 섭취참고량당 1일 영양성분기준치의 15% 이상일 때
	고 또는 풍부	함유 또는 급원 기준의 2배

더 알아보기

영양성분표 활용법

다음 세 단계를 따른다.

- 1단계: 제품 앞면에서 총열량을 확인한다. 예를 들어, 이 제품은 90 g(85 kcal)이므로 한 포장을 모두 먹으면 85 kcal를 섭취하게 된다.
- 2단계: 영양성분 표시 단위(총 내용량, 100 g 단위 내용량, 1회 섭취참고량)를 확인하고, 실제 섭취한 양과 비교한다.
- 3단계: 현명하게 선택한다. 지방이 적은 요구르트를 고르고 싶다면, 지방의 1일 영양성분기준치에 대한 비율을 비교하여 더 낮은 제품을 선택한다.

영양정보	② 총 내용량 90g 85kcal
총 내용량당	1일 영양성분 기준치에 대한 비율
나트륨 60mg	3 %
탄수화물 14g	4 %
당류 13g	13 %
지방 1.7g	3 %
③ 트랜스지방 0g	
포화지방 1.0g	7 %
콜레스테롤 5mg	2 %
단백질 3.2g	6 %

1일 영양성분 기준치에 대한 비율(%)은 2,000kcal 기준이므로 개인의 필요 열량에 따라 다를 수 있습니다.

자료: 식약처 식품안전나라.

더 알아보기

코덱스 국제식품규격위원회(Codex Alimentarius Commission)

코덱스(Codex)는 '코덱스 국제식품규격위원회'를 줄여 부르는 말로, 1963년에 설립된 세계 각국의 정부 간 기구이다. 원래 codex는 라틴어로 법령(code)을, alimentarius는 식품(food)을 뜻하므로, 코덱스는 곧 '식품관계법'을 의미한다. 위원회 산하에는 여러 분과가 있어 국제식품표준과 지침, 실행 강령을 제·개정하며, 이를 통해 국제 식품 무역의 안전, 품질, 공정성 향상에 기여한다.

1985년에는 「영양표시에 관한 코덱스 지침」을 제정하여 영양표시의 방법과 대상을 규정하였고, 이후 건강강조표시 및 영양강조표시의 사용 기준 등을 마련해 왔다. 코덱스 표준은 원칙적으로 회원국의 자발적 적용을 전제로 한 권고사항이지만, 많은 경우 각국 국내법의 기초가 된다.

(3) 나트륨 함량 비교 표시

식품을 제조·가공·소분하거나 수입하는 자는 총리령으로 정하는 식품에 대해 나트륨 함량 비교 표시를 해야 한다. '총리령으로 정하는 식품'이란 ① 조미식품이 포함된 면류 중 유탕면(기름에 튀긴 면), 국수, 냉면, ② 즉석섭취식품 중 햄버거 및 샌드위치를 말한다.

나트륨 함량 비교 표시의 기준 및 방법은 식품의약품안전처장이 고시한 바에 따른다. 이는 소비자가 동일하거나 유사한 식품을 구분하고, 나트륨 함량을 비교하여 선택할 수 있도록 하여 국민의 나트륨 섭취를 줄이는 데 기여하는 것을 목적으로 한다.

비교 단위는 총 내용량으로 한다. 다만, 개별 단위(개·조각 등)로 구분 가능한 제품 중 단위 내용량이 100 g 이상이거나 1회 섭취참고량 이상인 경우에는 단위 내용량을 비교 단위로 한다. 식품유형별 세부분류 및 세부분류별 비교 단위당 표준값은 표 7-9에 제시하였다. 식품의약품안전처장은 세부분류별 비교 표준값 등 나트륨 함량 비교 표시 기준을 주기적으로 재평가해야 한다.

표 7-9 나트륨 함량 비교 표시 대상 식품의 세부분류 및 비교 표준값

식품유형	세부분류	해당 제품형태(예시)	비교 표준값(mg)
국수	국물형	잔치국수, 칼국수, 쌀국수, 우동, 메밀소바	1,640
	비국물형	짜장국수, 비빔국수, 비빔쫄면, 볶음우동, 볶음짬뽕면	1,230
냉면	국물형	물냉면	1,520
	비국물형	비빔냉면	1,160
유탕면류	국물형	국물라면, 짬뽕라면, 튀김우동라면, 카레라면 등 기타 국물라면	1,730
	비국물형	짜장라면, 비빔라면, 볶음라면	1,140
즉석섭취식품	햄버거	–	1,220
	샌드위치	–	730

더 알아보기

건강 위해가능 영양성분 관리

국가 및 지자체는 「식품위생법」 제70조의7 제1항에 따라, 건강 위해가능 영양성분의 과잉 섭취로 인한 국민의 건강 피해를 예방하기 위해 노력해야 한다. 식품의약품안전처장은 관계 중앙행정기관의 장과 협의하여 건강 위해가능 영양성분 관리 기술의 개발·보급, 적정 섭취를 위한 실천 방법의 교육·홍보 등을 실시하도록 규정하고 있다. 건강 위해가능 영양성분의 종류는 대통령령으로 정하게 되어 있으며, 2022년 기준으로는 나트륨, 당류, 트랜스지방의 세 가지이다.

식품의약품안전처장은 건강 위해가능 영양성분 관리를 위해 적정 섭취 실천 방법에 관한 교육·홍보 및 국민 참여 유도, 함량 모니터링 및 정보 제공, 저감화된 급식·외식·가공식품의 생산 및 구매 활성화, 관리 실천사업장 운영 지원 등의 사업을 주관하여 수행할 기관을 설립하거나 지정할 수 있다.

(4) 건강기능식품 표시

식품의약품안전처장은 「건강기능식품에 관한 법률」에 따라 판매를 목적으로 하는 건강기능식품의 제조·사용 및 보존 등에 관한 기준과 규격을 정하여 고시한다. 표시 대상은 같은 법 제5조에 따라 건강기능식품제조업 허가를 받아 제조하는 건강기능식품과, 「수입식품안전관리 특별법」 제20조에 따라 수입신고하는 건강기능식품이다.

더 알아보기

부당한 표시 또는 광고행위의 금지

「식품 등의 표시·광고에 관한 법률」 제8조 제1항에서는 다음에 해당하는 표시 또는 광고를 금지하고 있다.

1. 질병의 예방·치료에 효능이 있는 것으로 인식할 우려가 있는 표시 또는 광고
2. 식품 등을 의약품으로 인식할 우려가 있는 표시 또는 광고
3. 건강기능식품이 아닌 것을 건강기능식품으로 인식할 우려가 있는 표시 또는 광고
4. 거짓·과장된 표시 또는 광고
5. 소비자를 기만하는 표시 또는 광고
6. 다른 업체나 다른 업체의 제품을 비방하는 표시 또는 광고
7. 객관적인 근거 없이 자기 또는 자기의 식품 등을 다른 영업자나 다른 영업자의 식품 등과 부당하게 비교하는 표시 또는 광고
8. 사행심을 조장하거나 음란한 표현을 사용하여 공중도덕이나 사회윤리를 현저하게 침해하는 표시 또는 광고
9. 총리령으로 정하는 식품 등이 아닌 물품의 상호, 상표 또는 용기·포장 등과 동일하거나 유사한 것을 사용하여 해당 물품으로 오인·혼동할 수 있는 표시 또는 광고
10. 심의를 받지 아니하거나 심의 결과에 따르지 아니한 표시 또는 광고

표시사항은 「식품 등의 표시·광고에 관한 법률」 제4조 및 제5조에 근거하며, 구체적인 내용은 표 7-6에 제시되어 있다. 표시 방법은 「식품 등의 표시·광고에 관한 법률 시행규칙」에 따라 지워지지 않는 잉크로 인쇄하거나, 각인 또는 소인 등을 사용해야 한다. 또한 「수입식품안전관리 특별법」 제18조에 따른 주문자상표 부착 건강기능식품은 주표시면에 원산지 표시 국가명 옆에 괄호로 위탁생산제품임을 표시하여야 한다.

그 밖의 세부 사항(위치, 글씨 크기 등)은 「건강기능식품 표시기준」(식품의약품안전처 고시)에 따른다. 건강기능식품의 세부 표시 기준 및 방법은 다음과 같다.

그림 7-3 건강기능식품 표시

① 건강기능식품이라는 표시

건강기능식품은 건강기능식품을 나타내는 도안(그림 7-3)을 주표시면에 15×15 mm 이상의 크기로 표시하거나 '건

강기능식품'이라는 문구를 표시해야 한다. 건강기능식품의 원료 또는 성분은 주표시면에 '건강기능식품원료'라는 표시를 한다.

② 제품명

제품명은 영업허가 또는 신고관청에 품목제조신고서 또는 수입신고서에 기재된 명칭을 표시한다. 「건강기능식품에 관한 법률」에서 정한 영양성분·기능성 원료 명칭이나 식품의약품안전처장이 인정한 명칭을 사용해야 한다. 허위·과대·비방의 표시·광고에 해당하는 표현이나, 다른 건강기능식품과 오인·혼동할 수 있는 표현을 사용하면 안 된다.

③ 업소명 및 소재지

업소명과 소재지는 영업허가증에 기재된 그대로 표시한다. 우수건강기능식품 적용업소에서 건강기능식품을 소분하여 재포장하는 경우에는 원래 표시사항을 그대로 표시하고, 해당 우수건강기능식품제조기준 적용업소의 명칭(소분 재포장 업소명) 및 소재지도 표시해야 한다.

④ 소비기한 및 보관 방법

소비기한은 연·월·일을 모두 표시한다. 정보표시면에 일괄 표시하기 어려운 경우에는 해당 위치에 소비기한의 표시위치를 명시해야 한다. 제조일을 함께 표시하는 경우, 다음과 같이 표시한다.

- 소비기한이 1개월 이내: '제조일로부터 ○○일까지'
- 12개월 미만: '제조일로부터 ○○월까지'
- 1년 이상: '제조일로부터 ○○년까지'

또한 소비기한이 서로 다른 여러 가지 제품을 함께 포장한 경우에는 그중 가장 짧은 소비기한 하나만을 표시한다.

⑤ 내용량

내용물의 성상에 따라 중량(고체·반고체), 용량(액체) 또는 개수로 표시한다.

⑥ 영양정보

열량, 탄수화물, 당류(캡슐·정제·환·분말 제외), 단백질, 지방, 나트륨, 영양성분 기준치(표

7-7)의 30% 이상을 함유한 비타민·무기질은 명칭, 1회 분량 또는 1일 섭취량당 함량 및 기준치 대비 비율(%, 열량·당류 제외)을 표시한다. 30% 미만의 비타민·무기질, 식이섬유, 포화지방·불포화지방, 콜레스테롤, 트랜스지방은 임의로 표시할 수 있으며, 이 경우에도 명칭·함량 및 기준치 대비 비율(%, 불포화지방·트랜스지방 제외)을 함께 표시해야 한다. 영양정보는 기능정보와 함께 그림 7-4와 같이 표시할 수 있다.

〈예시 1〉

①영양·기능정보

②1회 분량/1일 섭취량: ○정(○mg)

1회 분량/ 1일 섭취량당	함량	%영양성분기준치
③열량	50kcal	
탄수화물	23g	7%
당류	10g	
단백질	2g	4%
지방	6g	11%
나트륨	55mg	3%
④비타민 C	11mg	11%
칼슘	20mg	3%
⑤기능성분 또는 지표성분	○mg	

⑥※%영양성분기준치 : 1일 영양성분기준치에 대한 비율

〈예시 2〉

①영양·기능정보

②1회 분량/1일 섭취량: ○정(○mg)

1회 분량/ 1일 섭취량당	함량	%영양성분기준치
③열량	50kcal	
탄수화물	23g	7%
당류	10g	
식이섬유	3g	12%
단백질	2g	4%
지방	6g	11%
포화지방산	2g	13%
불포화지방산	3g	
트랜스지방		
콜레스테롤	10mg	3%
나트륨	55mg	3%
④비타민 C	11mg	11%
칼슘	20mg	3%
⑤기능성분 또는 지표성분	○mg	

⑥※%영양성분기준치 : 1일 영양성분기준치에 대한 비율

〈예시 3〉

①영양·기능정보 ②1회 분량/1일 섭취량 : ○정(○mg)

1회 분량/1일 섭취량 당 함량 : 열량 kcal, 탄수화물 ○g(○%), 당류 ○g, 단백질 ○g(○%), 지방 ○g(○%), 나트륨 ○mg(○%), 비타민 C ○mg(○%), 칼슘 ○mg(○%), 기능성분 또는 지표성분 ○mg

⑦※( ) 안의 수치는 1일 영양성분기준치에 대한 비율임

그림 7-4 건강기능식품의 영양·기능정보 표시

⑦ 기능정보

해당 제품에 사용된 기능성 원료의 기능성분 또는 지표성분의 명칭과 1회 분량 또는 1일 섭취량당 함량을 표시한다. 기능성 표시는 「건강기능식품에 관한 법률」 제14조 또는 제15조에 따른 기준·규격에서 정한 기능성이나 그 밖의 식품의약품안전처장이 인정한 기능성만 표시할 수 있다.

⑧ 섭취량·섭취 방법 및 주의사항

해당 제품에 대한 섭취 대상별 1회 섭취량, 1일 섭취 횟수, 섭취 방법을 표시하고, 이상증상이나 부작용 우려 대상, 과다 섭취 시 부작용 가능성 및 그 양 등 주의사항이 있는 경우 표시해야 한다.

⑨ 원료명 및 함량

원료명은 해당 제품의 기능성을 나타내는 주원료와 기능성분(또는 지표성분)의 명칭과 함량을 우선 표시하고 그 외의 원료는 제조 시 많이 사용한 순서에 따라 표시한다.

⑩ 질병의 예방 및 치료를 위한 의약품이 아니라는 내용의 표현

질병의 예방 및 치료를 위한 의약품이 아니라는 내용의 표현은 소비자가 알아보기 쉽도록 표시면의 바닥면과 평행하게 표시해야 한다. 건강기능식품은 인체에 유용한 기능성을 가진 원료나 성분을 사용하여 제조·가공한 식품이라는 표현을 할 수 있다.

⑪ 소비자 안전을 위한 주의사항

소비자 안전을 위해 필요한 사항이 있는 경우 표시한다.

⑫ 기타 건강기능식품의 세부표시기준에서 정하는 사항

동물에서 유래된 성분(식품첨가물 포함)을 사용하는 경우에는 그 성분명, 기원동물 및 사용부위를 표시해야 한다. 인삼·홍삼제품의 기준 및 규격에 적합한 제품과 인삼·홍삼을 기능성 원료로 사용한 인삼·홍삼 제품의 경우 인삼 또는 인삼을 나타내는 명칭(제품명 포함), 도안 및 그림 등을 표시하거나 사용할 수 있다.

그림 7-5 우수건강기능식품제조기준(GMP) 적용 지정업소 표시

「건강기능식품에 관한 법률」 제22조에 따른 우수건강기능식품제조기준(GMP) 적용 지정업소의 제품에는 'GMP적용업소'라는 문구 또는 이를 나타내는 도안(그림 7-5)을 표시할 수 있다.

(5) 유전자변형식품 등 표시

「식품위생법」, 「건강기능식품에 관한 법률」, 「식품 등의 표시·광고에 관한 법률」 등에서는 유전자변형식품에 대해 소비자에게 올바른 정보를 제공하기 위해 표시 대상과 기준을 규정하고 있다.

식품용으로 승인된 유전자변형 농축수산물과 이를 원재료로 하여 제조·가공한 후에도 유전자변형 DNA나 단백질이 남아 있는 경우에는, 해당 제품을 '유전자변형식품'으로 표시해야 한다. 또한 유전자변형 농축수산물을 생산하여 출하·판매하거나, 판매를 목적으로 보관·진열하는 자 역시 표시 의무가 있다.

유전자변형 농축수산물은 '유전자변형 ○○(농축수산물 품목명)'으로 표시하며, 유전자변형 농산물로 생산한 채소는 '유전자변형 ○○(농산물 품목명)로 생산한 ○○○(채소명)'으로 표시한다. 유전자변형 농축수산물이 포함된 경우뿐만 아니라, 포함되었을 가능성이 있는 경우에도 그 사실을 반드시 표시해야 한다.

영업자는 유전자변형 건강기능식품에 표시를 하지 않고 판매하거나, 판매 목적으로 수입·진열·운반하거나, 영업에 사용해서는 안 된다.

2) 어린이 식품의 영양표시

(1) 어린이 식품안전과 건강 관련 법제 개관

어린이 식품안전과 관련된 주요 법령으로는 「어린이 식생활안전관리특별법」, 「농수산물의 원산지 표시에 관한 법률」, 「식품위생법」, 「학교급식법」 등이 있다. 또한 어린이의 건강증진과 질병 예방을 목적으로 하는 법령에는 「학교보건법」, 「국민건강증진법」, 「청소년보호법」, 「감염병의 예방 및 관리에 관한 법률」 등이 있다.

정부는 2007년 '안전한 식품, 바른 영양, 건강한 어린이'를 슬로건으로 내세우며 「어린이 먹거리 안전 2010 종합대책」을 발표하였다. 이어 2009년 3월부터 시행된 「어린이 식생활안전관리 특별법」은 학교 및 주변 지역에서 안전하고 위생적인 식품이 유통·판매될 수 있는 환경을 조성하고, 어린이들이 즐겨 먹는 기호식품과 단체급식의 안전과 영양 수준을 철저히 관리하며, 올바른 식습관 형성을 통해 건강저해식품, 식중독, 비만 등으로부터 어린이의 건강을 보호하는 데 필요한 사항을 규정하고 있다.

(2) 어린이 기호식품 관리

어린이 기호식품이란 「식품위생법」 또는 「축산물 위생관리법」에 따른 식품 중 어린이가 주로 선호하거나 자주 섭취하는 음식으로, 표 7-10에 해당하는 식품을 말한다.

표 7-10 어린이 기호식품의 종류

구분	종류
가공식품	• 과자류 중 과자(한과류는 제외) 및 캔디류, 빙과류 • 빵류 • 초콜릿류 • 유가공품 중 가공유류 및 발효유류(발효버터유 및 발효유분말은 제외) • 어육가공품류 중 어육소시지 • 면류(용기면만 해당) • 음료류 중 과·채주스, 과·채음료, 탄산음료, 유산균음료 및 혼합음료(다만, 주로 성인이 마시는 음료임을 제품에 표시하거나 광고하는 탄산음료 및 혼합음료는 제외) • 즉석섭취식품 중 김밥, 햄버거, 샌드위치
조리식품	• 제과·제빵류 • 아이스크림류 • 햄버거, 피자 • 어린이 식품안전보호구역에서 조리하여 판매하는 라면, 떡볶이, 꼬치류, 어묵, 튀김류, 만두류 및 핫도그

① 어린이 식품안전보호구역

어린이(18세 미만)의 식품 안전을 위해 학교와 그 경계선으로부터 직선거리 200 m 이내 구역을 어린이 식품안전보호구역으로 지정·관리하고 있다. 해당 구역에는 표지판(그림 7-6)을 설치하며, 고열량·저영양식품, 고카페인 함유 식품, 정서 저해 식품의 판매를 금지한다. 또한 어린이의 구매를 부추기는 무료 제공 등과 관련된 식품 광고도 제한된다.

아울러 전국의 식품안전보호구역에는 어린이 기호식품 전담관리원을 배치하여, 학교매점, 문방구, 분식점 등 어린이가 자주 이용하는 업소에서 위생적이고 안전한 식품을 조리·진열·판매할 수 있도록 상시 점검, 지도 및 계몽 활동을 실시하고 있다.

그림 7-6 어린이 식품안전보호구역 표시

② 어린이 기호식품 조리·판매업소 관리

지자체장은 어린이 식품안전보호구역 내에서 어린이 기호식품을 조리·진열·판매하는 업소를 관리한다. 관리 대상에는 즉석판매제조·가공업, 식품자동판매기영업, 기타 식품판매업, 휴게음식점영업, 일반음식점영업 및 제과점영업을 하는 업소, 그 밖에 학교매점, 슈퍼마켓, 편의점, 문방구 및 식품자동판매기가 설치된 장소 등이 포함된다.

또한 지자체장은 어린이 식품안전보호구역 내의 우수판매업소를 지정할 수 있으며, 우수판매업소로 지정된 업소는 그림 7-7과 같은 로고를 표시하거나 광고에 활용할 수 있다.

그림 7-7 우수판매업소 표시

③ 어린이 기호식품 품질인증

'어린이 기호식품 품질인증제도'는 안전성과 영양을 고루 갖춘 어린이 기호식품의 제조·가공·유통·판매를 장려하기 위해 식품의약품안전처장이 정한 품질인증 기준에 적합한 제품에 품질인증을 부여하는 제도이다. 품질인증을 받은 제품은 용기나 포장에 일정한 도형 또는 문자로 된 품질인증 표시(그림 7-8)를 사용할 수 있다.

그림 7-8 품질인증 표시

품질인증 신청 절차는 구비 서류를 갖추어 식약처에 제출하면 심의를 거쳐 인증 여부가 결정된다. 이후 연 1회 수거·검사를 통해 인증 기간 연장 여부가 심사된다. 「어린이 기호식품 품질인증기준」(식품의약품안전처고시 제2024-61호)에 세부 사항이 규정되어 있으며, 인증을 받기 위해서는 안전, 영양, 식품첨가물 사용에 관한 기준을 모두 충족해야 한다. 일반적으로 HACCP 인증을 받은 제품, 식용 타르색소나 보존료를 사용하지 않은 제품, 당류·포화지방·열량이 낮고 단백질·비타민·무기질·식이섬유 등이 강화된 제품이 기준에 부합한다.

2025년 10월 기준, 어린이 기호식품 품질인증을 받은 제품은 총 562개이다. 세부 현황을 보면 가공유류 34개, 과·채음료 55개, 과·채주스 278개, 과자 32개, 발효유류 26개, 빙과류 3개, 어육소시지 1개, 유산균음료 5개, 탄산음료 2개, 혼합음료 92개, 캔디류 33개, 빵류 1개 등으로, 음료류의 비중이 높은 편이다. 품질인증 제품은 식품안전나라 홈페이지에서 조회할 수 있다.

④ 고열량·저영양 식품

고열량·저영양 식품이란 식품의약품안전처장이 정한 기준보다 열량은 높고 영양가는 낮아 비만이나 영양 불균형을 초래할 우려가 있는 어린이 기호식품을 말한다. 대상은 간식용·식사대용 가공식품 및 조리식품이며, 구체적인 대상은 **표 7-11**과 같다. 영양성분 기준은 **표 7-12**에 제시하였다. 또한 「어린이 식생활안전관리 특별법」 제10조(광고의 제한·금지)에 따라, 고열량·저영양 식품과 고카페인 함유 식품은 어린이 주요 시청 대상 프로그램에서 광고가 금지되거나 시간·내용 면에서 제한을 받는다.

표 7-11 고열량·저영양 식품 대상 어린이 기호식품

분류	해당 식품
간식용	1) 가공식품: 과자(한과류는 제외), 캔디류, 빵류, 아이스크림류, 빙과, 초콜릿류, 과·채음료, 탄산음료 및 혼합음료(성인이 마시는 음료임을 제품에 표시하거나 광고하는 제품은 제외), 유산균음료, 가공유류, 발효유류(발효버터유 및 발효유분말은 제외한다), 어육소시지 2) 조리식품: 제과·제빵류 및 아이스크림류
식사대용	1) 가공식품: 면류(용기면만 해당), 즉석섭취식품 중 김밥·햄버거·샌드위치 2) 조리식품: 햄버거, 피자

표 7-12 고열량·저영양 식품 영양성분 기준

분류	기준
간식용	1) 1회 섭취참고량당 열량 250 kcal를 초과하고 단백질 2 g 미만인 식품 2) 1회 섭취참고량당 포화지방 4 g을 초과하고 단백질 2 g 미만인 식품 3) 1회 섭취참고량당 당류 17 g을 초과하고 단백질 2 g 미만인 식품 4) 1)부터 3)까지의 기준 어느 하나에 해당하지 않은 식품 중 1회 섭취참고량당 열량 500 kcal를 초과하거나 포화지방 8 g을 초과하거나 당류 34 g을 초과하는 식품 ※ 다만, 1회 섭취참고량이 30 g 미만인 식품(「식품등의 표시기준」에 따른 양갱·푸딩을 제외한 캔디류, 초콜릿가공품을 제외한 초콜릿류, 과자 중 강냉이·팝콘에 한함)의 경우에는 30 g으로 환산하여 적용하여야 하며, 그 외 총 내용량이 1회 섭취참고량보다 적은 식품의 경우 총 내용량을 기준으로 적용한다.
식사대용	1) 1회 섭취참고량당 열량 500 kcal를 초과하고 단백질 9 g 미만인 식품 2) 1회 섭취참고량당 열량 500 kcal를 초과하고 나트륨 600 mg을 초과하는 식품. 다만, 면류(용기면만 해당)는 나트륨 1,000 mg을 적용한다. 3) 1회 섭취참고량당 포화지방 4 g을 초과하고 단백질 9 g 미만인 식품 4) 1회 섭취참고량당 포화지방 4 g을 초과하고, 나트륨 600 mg을 초과하는 식품. 다만, 면류(용기면만 해당)는 나트륨 1,000 mg을 적용한다. 5) 1)부터 4)까지의 기준 어느 하나에 해당하지 않은 식품 중 1회 섭취참고량당 열량 1,000 kcal를 초과하거나 포화지방 8 g을 초과하는 식품

(3) 어린이 기호식품 등의 영양성분 표시

「어린이 식생활안전관리 특별법」 제11조 제1항 및 같은 법 시행령 제8조에 따라, 식품접객영업자 중 어린이 기호식품을 주로 조리·판매하는 휴게음식점, 일반음식점, 제과점 업소 가운데 점포 수가 50개 이상인 가맹점은 조리·판매하는 식품의 영양성분을 표시기준 및 방법에 따라 표시해야 한다.

영양성분 표시기준 및 방법은 「어린이 기호식품 등의 영양성분과 고카페인 함유 식품 표시기준 및 방법에 관한 규정」(식품의약품안전처고시 제2023-77호)을 따른다.

표시대상 식품은 제과·제빵류, 아이스크림류, 햄버거·피자류와 그 밖에 영양성분 표시를 하려는 조리·판매 식품이다. 표시대상 영양성분은 열량, 당류, 단백질, 포화지방, 나트륨의 다섯 가지와 추가로 강조 표시하려는 영양성분이다.

식품은 간식용(과자류 중 과자, 캔디류, 빙과류, 빵류, 초콜릿류, 유가공품 중 가공유류,

발효유류, 아이스크림류, 어육가공품 중 어육소시지, 음료류)과 식사대용(면류 중 유탕면류 및 국수, 즉석섭취식품 중 김밥, 햄버거, 샌드위치) 등 두 가지로 구분된다.

영양성분 함량에 따른 등급별 색상 기준은 표 7-13과 같으며, 1회 섭취참고량을 기준으로 한다. 또한 영양성분 함량에 따른 모양 표시는 그림 7-9의 도안 중 한 가지를 선택해 표시해야 한다.

표 7-13 어린이 기호식품 영양성분 함량에 따른 등급별 색상 기준

(1회 섭취참고량당 기준)

구분	등급	색상	당류	지방	포화지방	나트륨
간식용	낮음	녹색	3 g 미만	3 g 미만	1.5 g 미만	120 mg 미만
	보통	황색	3 g 이상, 17 g 이하	3 g 이상, 9 g 이하	1.5 g 이상, 4 g 이하	120 mg 이상, 300 mg 이하
	높음	적색	17 g 초과	9 g 초과	4 g 초과	300 mg 초과
식사대용	낮음	녹색	3 g 미만	3 g 미만	1.5 g 미만	120 mg 미만
	보통	황색	3 g 이상, 17 g 이하	3 g 이상, 12 g 이하	1.5 g 이상, 4 g 이하	120 mg 이상, 600 mg 이하
	높음	적색	17 g 초과	12 g 초과	4 g 초과	600 mg 초과

단, 영양성분의 함량 색상 · 모양을 제외한 손바닥 도안 및 문구는 생략 가능하다.

(a) 도안 1

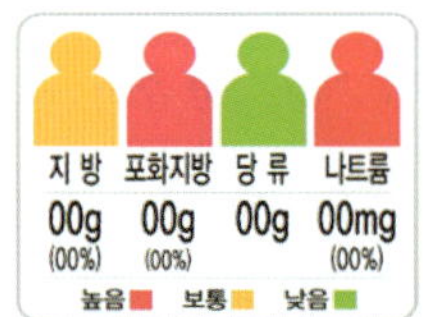

(b) 도안 2

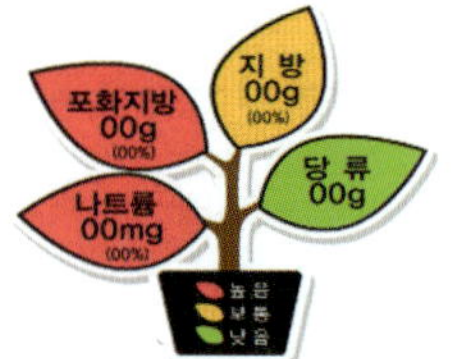

(c) 도안 3

그림 7-9 영양성분의 함량에 따른 모양 표시

(4) 고카페인 함유 식품의 색상 표시기준 및 방법

표시대상 식품은 「식품 등의 표시·광고에 관한 법률」 제4조의 기준에 따라 '고카페인 함유'로 표시해야 하는 식품 가운데, 카페인을 0.15 mg/mL 이상 함유한 액체 제품 중 어린이 기호식품이다. 고카페인 함유 식품의 색상 표시는 소비자가 쉽게 인지할 수 있도록, 표시면의 바탕색과 구분되는 적색 모양으로 눈에 띄게 표시해야 한다(그림 7-10).

고카페인함유 000mg

(a) 표시면의 바탕색이 적색일 경우

고카페인함유 000mg

(b) 표시면의 바탕색이 적색이 아닐 경우

그림 7-10 고카페인 함유 식품의 색상 표시

(5) 알레르기 유발 식품 표시

「어린이 기호식품 등의 알레르기 유발 식품 표시기준 및 방법」 제3조 및 제4조에 따라, 식품

표 7-14 식품 알레르기 유발 식품 표시기준 및 방법

구분	내용
알레르기 유발 식품	다음에 해당하는 식품을 사용 또는 함유하는 경우 • 알류(가금류만 해당) • 우유, 메밀, 땅콩, 호두, 대두, 밀 및 잣 • 복숭아·토마토 • 아황산류(이를 첨가하여 최종제품에 이산화황이 1 kg당 10 mg 이상 함유된 경우) • 돼지고기, 닭고기, 쇠고기, 난류(가금류에 한함) • 고등어, 게, 새우, 오징어 및 조개류(굴, 전복, 홍합 포함)
표시 방법	소비자가 쉽게 알아볼 수 있도록 눈에 띄게 바탕색과 구분되는 색상으로 다음과 같이 표시 • 매장에서 해당 식품을 조리·판매하는 경우에는 메뉴 등의 제품명이나 가격표시 주변에 해당 원재료명을 표시하거나 알레르기 유발 식품 정보를 책자 및 포스터 등에 일괄 표시하여 소비자의 눈에 잘 띄는 장소에 비치하고 알레르기 유발 식품 정보를 비치하고 있음을 알리는 표시 • 홈페이지, 모바일 앱 등 온라인을 통해 식품을 주문받아 배달하는 경우에는 해당 홈페이지 또는 모바일 앱의 제품명이나 가격표시 주변에 해당 원재료명 표시 • 전화를 통해 식품을 주문받아 배달하는 경우에는 원재료명이 표시된 리플릿, 스티커 등을 함께 제공

접객영업자 중 제과·제빵류, 아이스크림류, 햄버거·피자 등 어린이 기호식품을 주로 조리·판매하는 휴게음식점, 일반음식점, 제과점 업소 가운데 점포 수가 100개 이상인 가맹사업(프랜차이즈)에 해당하는 영업자는 조리·판매하는 식품에 알레르기 유발 성분·원료가 포함된 경우 원재료명을 표시기준 및 방법에 따라 명시해야 한다(표 7-14). 알레르기 유발 성분은 사용량과 관계없이 원재료명을 표시해야 한다.

(6) 유해식품 판매 및 광고 제한

식품의약품안전처장은 학교나 어린이 기호식품 우수판매업소에서 고열량·저영양 식품의 판매를 제한하거나 금지할 수 있다. 또한 어린이 기호식품 중 사행심을 조장하거나 성적 호기심을 유발하는 등 건전한 정서를 해칠 우려가 있는 식품이나, 그러한 도안·문구가 들어 있는 식품의 판매도 금지할 수 있다.

어린이 기호식품을 제조·가공·수입·유통·판매하는 자는 방송, 라디오 및 인터넷을 이용해 식품이 아닌 장난감이나 구매를 부추길 수 있는 물건을 무료로 제공한다는 내용을 광고해서는 안 된다. 이러한 판매 제한 및 금지사항을 위반할 경우 과태료가 부과된다.

3) 음식점 원산지 표시

음식점 원산지 표시제는 「농수산물의 원산지 표시에 관한 법률」에 따라, 음식점에서 조리·판매·제공하는 농수축산물 식재료 중 법으로 정한 품목에 대해 원산지를 표시하도록 의무화한 제도이다. 대상 업종은 일반음식점, 휴게음식점, 집단·위탁급식소이다.

2025년 현재 원산지 표시품목은 총 29종으로, 축산물 6종[쇠고기, 돼지고기, 닭고기, 오리고기, 양고기, 염소고기(유산양 포함)], 농산물 3종[쌀, 배추김치(배추, 고춧가루), 콩], 수산물 20종[넙치(광어), 조피볼락(우럭), 참돔, 미꾸라지, 뱀장어(민물장어), 낙지, 고등어, 갈치, 명태(황태, 북어 등 건조품 제외), 오징어, 꽃게, 참조기, 다랑어, 아귀, 주꾸미, 가리비, 우렁쉥이, 방어, 전복, 부세(해당 수산물가공품 포함)] 등이다.

원산지 표시는 음식명 또는 원산지 표시 대상 바로 옆이나 밑에 메뉴판이나 게시판 등에 적힌 음식명 글자 크기와 같거나 더 크게 표시해야 하며, 원산지가 다른 2개 이상의 동일 품목을 섞은 경우, 혼합 비율이 높은 순서대로 표기한다.

원산지를 거짓(혼동) 표시하면 7년 이하의 징역 또는 1억 원 이하의 벌금이 부과된다. 미표시나 표시 방법 위반의 경우에는 1천만 원 이하의 과태료가 부과된다. 또한 2년 이내 거짓 표시·미표시로 2회 이상 적발된 업소는 위반 업소명이 농림축산식품부, 해양수산부, 국립품질관리원, 지방자치단체, 한국소비자원 홈페이지 등에 공개되고, 의무교육을 받아야 한다.

4) 외국의 영양표시제도

미국, 캐나다, 호주, 뉴질랜드 등 여러 나라에서도 가공식품에 대한 영양표시제도를 오래전부터 시행해 왔다. 이러한 제도는 소비자의 선택권을 보장하고 건강증진을 위해 점차 확대되고 있다.

(1) 미국

미국은 1975년부터 영양표시제도를 시행했으며, 1990년「영양표시교육법(NLEA, Nutrition Labeling and Education Act)」제정을 통해 의무 영양표시제도를 도입하였다. 이후 여러 차례 개정을 거치면서 제도가 강화되었고, 미국 FDA는 2020년에 영양성분표시(Nutrition Facts) 기준을 전면 개정하였다. 이 개정은 미국 내 제조식품뿐만 아니라 수입식품을 포함한 모든 유통 식품에 적용된다.

미국 FDA는 영양표시를 통해 미국인의 식습관과 비만·심장병 등 만성질환과의 연관성에 관한 최신 영양학적 정보를 제공하여, 성인병으로 인한 사회적 비용을 줄이고 삶의 질을 개선하는 데 초점을 맞췄다. 또한 소비자가 영양정보를 보다 직관적으로 확인할 수 있도록 표시 체계를 개선하였다.

주요 개정 사항으로는 1회 제공량 및 내용량, 칼로리, 지방의 종류 등을 더 크고 진한 글씨로 명확히 표기하고, 식품 가공 시 첨가되는 설탕 등 첨가당의 함유량과 1일 영양성분 기준치에 대한 비율을 추가로 표시하도록 한 점이 있다. 또한 필수표기성분을 확대하여 칼슘·철뿐만 아니라 비타민 D와 칼륨의 함유량과 1일 기준치 비율을 반드시 표기하도록 하였고, 비타민 A와 C는 자율 표시 항목으로 전환하였다. 이중 언어 병기(영어/타 언어)도 가능해졌다(그림 7-11).

Nutrition Facts

Serving Size 2/3 cup (55g)
Servings Per Container About 8

Amount Per Serving	
Calories 230	Calories from Fat 72
	% Daily Value*
Total Fat 8g	**12%**
Saturated Fat 1g	**5%**
Trans Fat 0g	
Cholesterol 0mg	**0%**
Sodium 160mg	**7%**
Total Carbohydrate 37g	**12%**
Dietary Fiber 4g	**16%**
Sugars 12g	
Protein 3g	
Vitamin A	10%
Vitamin C	8%
Calcium	20%
Iron	45%

* Percent Daily Values are based on a 2,000 calorie diet. Your daily value may be higher or lower depending on your calorie needs.

	Calories:	2,000	2,500
Total Fat	Less than	65g	80g
Sat Fat	Less than	20g	25g
Cholesterol	Less than	300mg	300mg
Sodium	Less than	2,400mg	2,400mg
Total Carbohydrate		300g	375g
Dietary Fiber		25g	30g

(a) 개정 전

(b) 개정 후

그림 7-11 미국의 영양표시 도안(2020년 개정)
자료: FDA(2018). The New and Improved Nutrition Facts Label - Key Changes.

더불어 FDA는 2025년 1월 16일 연방 공보에 영양성분표(Nutrition Facts)를 표시해야 하는 대부분의 식품에 대해 전면 포장(FOP, Front of Package) 영양성분 표시 의무화를 제안하였다. 제안된 'FOP 영양 정보 박스(FOP Nutrition Info box)'는 기존 영양성분표를 보완하는 형태로, 소비자가 특히 제한해야 할 세 가지 주요 영양소(포화지방, 나트륨, 첨가당)에 대한 해석적 정보를 포장 전면에 제공한다. 이를 통해 소비자가 식품 간 영양성분을 쉽게 비교하고, 건강한 식단에 적합한 식품을 신속하게 선택할 수 있도록 돕는 것이 목적이다.

(2) 일본

일본은 처음에는 업계 차원에서 가공식품영양성분표시제도(JSD)를 시행하다가, 1995년 정부 차원에서 영양표시제도를 본격 도입하였다. 이 과정에서 「영양개선법」을 개정하여, 특수영양식품에서 관리하던 강화식품뿐만 아니라 모든 가공식품을 대상으로 영양표시 범위를 확대하였다. 또한 1991년 9월 제도화된 특정보건용 식품에는 건강기능표시와 함께 영양표시를 하도록 규정하였다.

일본은 패스트푸드 체인점, 패밀리레스토랑 등 외식업계뿐만 아니라 도시락 전문점이나 편의점에서 판매하는 도시락, 샌드위치, 삼각김밥에도 영양성분 표시를 적용하고 있다.

2015년 4월에는 기존 「식품정보표시법」을 대폭 개정하였다. 주요 내용은 일괄표시 기준 변경, 가공식품의 영양표시 의무화, 기능성 식품표시제도 개편, 알레르기 표시 강화, 식품첨가물과 원재료의 명확한 구분 등이다.

3. 식품성분표

1) 유용한 식품성분표

식품섭취량을 영양소섭취량으로 환산하려면 식품성분표가 필요하다. 우리나라에서 기본으로 사용하는 성분표는 농촌진흥청 국립농업과학원에서 발간한 「국가표준 식품성분표」이다. 농촌진흥청 농식품올바로(https://koreanfood.rda.go.kr)에 접속하면 국가표준 식품성분표를 활용하여 각 식품의 영양성분을 확인할 수 있다.

또한 식품의약품안전처에서는 농촌진흥청 등 여러 기관에서 생산한 영양성분 데이터를 토대로 식품영양성분 DB를 구축·제공하고 있다. 최근에는 관련 부처가 협력하여 정부가 생산·관리하는 영양성분 데이터를 공공데이터 제공 표준에 맞춰 가공·정비한 뒤, 통합식품, 원재료성식품(농·축산물, 수산물), 가공식품, 음식 등 4개의 데이터 파일로 구분해 식품영양성분통합데이터베이스를 구축했으며, 2022년 7월부터 공공데이터포털(www.data.go.kr)에서 공개하고 있다.

한국영양학회의 영양 분석 프로그램인 CAN(Computer Aided Nutritional Analysis)에는 식품 약 4,574종과 음식 2,988개의 영양소 함량 데이터베이스가 구축·탑재되어 있다.

그러나 새로운 가공식품과 기능성 식품이 지속적으로 개발되고 있어, 이들을 모두 분석해 식품성분표에 수록하기는 어렵다. 이 경우에는 각 식품회사가 분석한 특정 제품의 영양성분값을 이용하거나, 대체값을 활용하거나, 다른 나라의 DB값을 참조하기도 한다.

2) 식품성분표의 한계

식품성분표는 식품의 영양소 함량을 파악하고 영양섭취기준을 적용하는 데 기본 자료로 활용되지만, 그 수록된 값이 항상 실제 식품의 영양성분을 정확하게 반영하는 것은 아니다. 식품성분표에는 다양한 요인으로 인한 한계가 존재하며, 주요 내용은 다음과 같다.

- 첫째, 분석에 사용한 식품 시료의 표본 추출 문제가 있다. 식품성분표에 수록된 값은 일반적으로 시중에서 구입할 수 있는 대표적인 형태의 식품성분이어야 한다. 그러나 식품은 계절, 지역, 품종, 재배 방법, 농약·살충제 사용, 숙성도, 운반 및 저장 방법 등에 따라 달라질 수 있다.
- 둘째, 부적합한 분석 방법을 사용하거나, 실험실마다 다른 분석 방법을 적용할 경우 오차가 발생할 수 있다. 특히, 카로티노이드처럼 이성체가 여러 가지인 물질이나, 식이섬유처럼 종류가 다양한 성분은 분석 방법에 따른 차이가 더욱 크다.
- 셋째, 분석 과정에서 기술적 오차가 발생할 수 있다. 이러한 오차는 분석기기의 정확도나 분석자의 숙련도에 따라 달라진다. 이를 줄이려면 시료 수집·처리 및 분석 과정에서 공통으로 사용할 수 있는 표준화된 절차가 필요하다.
- 넷째, 사용하는 용어나 단위도 주의해야 한다. 일부 영양소, 특히 비타민은 용어나 단위가 여러 차례 변경되면서 혼용되어 왔다. 예를 들어, 비타민 A는 과거 IU에서 레티놀당량(RE, Retinol Equivalent)으로, 최근에는 레티놀활성당량(RAE, Retinol Activity Equivalent)으로 바뀌었다. 이 과정에서 단위 혼동에 따른 오류가 발생할 수 있다.
- 다섯째, 성분표에 수록된 식품 설명이나 품종이 명확하지 않아 생기는 문제도 있다. 같은 식품이라도 품종별로 다양한 분석치가 발표되지만, 실제로 식품을 섭취할 때는 품종을 구분하기 어려운 경우가 많다.
- 여섯째, 식품성분표의 값은 조리 전 생재료의 영양소 함량을 기준으로 하므로, 조리나 가공 과정에서 발생하는 영양소 변화가 반영되지 않는다. 특히, 한 그릇 음식의 영양가는 해당 음식을 직접 분석한 것이 아니라 대부분 재료의 영양소 함량을 단순 합산하여 산출한 것으로, 조리 과정에서 생길 수 있는 상호작용은 고려되지 않는다.
- 일곱째, 새로운 강화식품과 수입식품의 사용이 증가하고 있어, 이를 신속히 수거하여 영

양소 함량을 분석하기란 사실상 불가능하다. 따라서 성분표에서 정보를 찾을 수 없는 식품의 수는 점점 늘어나고 있다.

4. 영양소 섭취량 분석용 컴퓨터 프로그램

CAN은 한국영양학회 영양정보센터에서 개발한 영양소 섭취량 분석 프로그램으로, 전문가용(CAN - Pro)과 일반용(CAN) 두 종류가 있다. 사용 목적에 따라 선택할 수 있으며, 최신 영양소 섭취기준과 식품 데이터를 반영해 지속적으로 업데이트된다.

CAN은 24시간 회상법(일반용, 전문가용)과 식품섭취빈도법(전문가용)을 활용하여 식품섭취량을 평가하도록 개발되었다. 24시간 회상법은 내장된 식품·음식 영양성분 데이터베이스를 기반으로 개인 기본 자료와 섭취 식품·음식을 입력하면 자동으로 영양소 섭취량을 계산하고, 개인의 영양소 섭취기준과 비교한 다양한 평가 결과를 제공한다. 식품섭취빈도법은 식품·음식 항목, 섭취 빈도 및 섭취량으로 구성된 설문지를 작성하여 입력하면 하루 섭취량으로 환산해 개인별 영양소 섭취기준과 비교한 평가 자료를 제공한다.

1) CAN - Pro 6.0

CAN - Pro 6.0(전문가용)은 개인이나 집단의 영양평가를 목적으로 개발된 연구 도구이다. 영양상태 판정, 통계 처리, 다른 프로그램과의 호환 등을 지원해 활용성을 높였다. 2015년에는 웹 기반 CAN - Pro 5.0이 출시되었으며, 2023년에는 업데이트 버전인 CAN - Pro 6.0(http://canpro6.kns.or.kr)이 공개되었다.

이 버전은 실시간 데이터베이스 업데이트가 가능하고, 장소 제약 없이 다수 사용자가 동시에 접속할 수 있다. 또한 새로운 음식이나 식품을 추가·수정·삭제할 수 있어, 다양한 한국음식을 정확하게 평가할 수 있도록 고안되었다.

2) CAN 6.0

CAN 6.0(일반용)은 일반인이 손쉽게 사용할 수 있는 프로그램이다. 총 2,988종의 한국인 상용음식을 24종의 음식군으로 구분해 제공하며, 2016년부터 웹 버전으로 개발·보급되고 있다. 음식을 선택하면 1인 1회 분량의 사진이 제공되어 섭취량 조절이 가능하며, 개인 영양소 섭취기준 대비 평가 자료를 확인할 수 있다.

또한 식사구성안 개념을 도입해 개인의 에너지 필요량에 따른 식품군 배분을 제시하고, 이를 기준으로 식품군별 적정 섭취 여부를 평가한다. 따라서 일반인의 자기 평가나 간단한 영양상담 현장에서 활용하기에 적합하다.

ACTIVITY

우리 주변에서 쉽게 접할 수 있는 식품과 보충제의 영양정보를 분석해 보자. 표시된 내용의 타당성을 검토하고, 실제 섭취와 비교하여 올바른 선택기준을 탐색해 보자.

1. 각 조별로 슈퍼마켓에서 가공식품을 구입한 뒤, 영양성분표와 영양강조표시를 바탕으로 조사·발표해 보자
   - '21제품에 표시된 특별한 영양강조표시는 무엇인가?
   - 해당 강조표시는 어떻게 성립되는가?
   - 강조표시의 타당성을 검토하고 반박해 보자. 소비자에게 제시할 수 있는 대안은 무엇인가?
2. 슈퍼마켓, 약국, 건강기능식품 판매처에서 판매되는 영양보충제를 다음 기준으로 평가해 보자.
   - 보충제에 함유된 영양소와 비영양소의 종류 및 수준은 어떠한가?
   - 보충제의 영양소 수준은 한국인 영양소 섭취기준과 비교했을 때 어떠한가?
   - 보충제에 표시된 영양강조표시는 적정한가?
3. 농촌진흥청 식품성분표와 한국영양학회 CAN-Pro를 활용하여 전일의 식사기록을 입력하고, 영양소 섭취량을 분석·비교해 보자.

SUMMARY

- **한국인 영양소 섭취기준(KDRIs)**: 국민의 건강증진과 만성질환 예방을 목적으로 제정되며, 평균필요량(EAR), 권장섭취량(RDA), 상한섭취량(UL) 등으로 구성되어 영양 판정 및 계획의 기준으로 활용된다.
- **식품표시제도**: 소비자에게 식품에 대한 정확한 정보를 제공하고 합리적인 선택을 돕기 위한 제도로, 주 표시사항, 영양표시, 알레르기 표시, 나트륨 함량 비교 표시, 소비기한 등이 포함된다.
- **영양표시(Nutrition Labeling)**: 1회 섭취량당 영양소 함량과 1일 영양성분 기준치에 대한 비율(%)을 표시하여, 소비자가 식품의 영양 가치를 쉽게 비교하고 건강한 식생활에 활용하도록 돕는다.
- **식품성분표**: 국내에서 소비되는 식품의 영양성분 함량을 수록한 자료로, 식사섭취조사, 영양상담, 한국인 영양소 섭취기준 제정, 연구 및 정책 수립에 필수적인 기초 자료로 이용된다.
- **영양소 섭취량 분석 프로그램**: 식품성분표와 한국인 영양소 섭취기준를 기반으로 24시간 회상법 등을 통해 섭취한 식품의 영양소 함량을 분석하고 평가하는 전문가용 도구이다. (예: CAN-Pro)

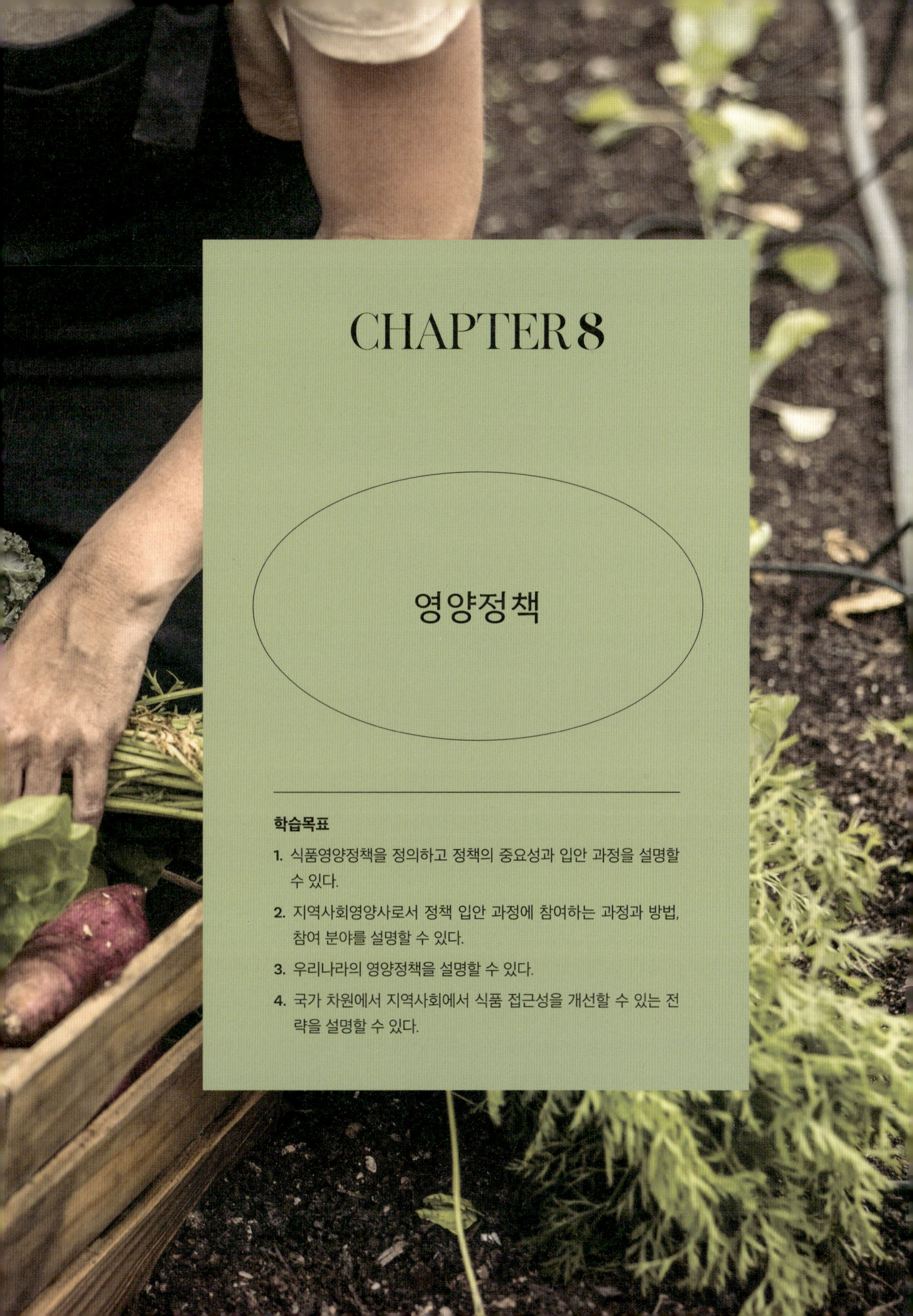

CHAPTER 8

영양정책

학습목표

1. 식품영양정책을 정의하고 정책의 중요성과 입안 과정을 설명할 수 있다.
2. 지역사회영양사로서 정책 입안 과정에 참여하는 과정과 방법, 참여 분야를 설명할 수 있다.
3. 우리나라의 영양정책을 설명할 수 있다.
4. 국가 차원에서 지역사회에서 식품 접근성을 개선할 수 있는 전략을 설명할 수 있다.

CHAPTER 8

영양은 개인 수준에서는 한 사람의 건강과 삶의 질을 위한 기본 요소이며, 사회와 국가 수준에서는 국민의 건강과 체력에 영향을 미쳐 궁극적으로 국가의 복지와 번영에 기여하는 중요한 요소이다. 「헌법」 제34조는 '모든 국민은 인간다운 생활을 할 권리를 가진다.'고 명시하고 있으며, 국가는 사회보장·사회복지의 증진에 노력할 의무와 더불어 노인·청소년 등 생활 능력이 없는 국민에 대한 보호 의무를 규정하고 있다. 이는 국민의 기본적인 식생활, 영양 및 건강상태를 보장하고자 하는 근거법이라고 할 수 있다.

이 장에서는 이와 관련된 영양정책의 중요성과 정책의 제안, 입안, 실행, 평가 과정에서 영양 전문가가 담당하는 역할을 살펴본다. 또한 우리나라의 영양정책 전반을 검토하고, 지역사회에서 식품 접근성을 개선할 수 있는 전략을 함께 모색해 본다.

1. 영양정책

1) 영양정책의 정의 및 중요성

(1) 영양정책의 정의

영양정책이란 정부 수준의 서약으로, 전략과 유사한 개념이다. 정책이 수립되면 예산을 포함한 조직 계획, 목적, 목표 등의 실천 계획(action plan)이 마련된다. 프로그램은 이러한 실천 계획을 이행하기 위한 세부 사항을 제공하며, 구체적인 과제(project)를 포함한다(WHO, 2013).

초기 영양정책의 개념은 제2차 세계대전 후 국제연합(UN)이 '식품 생산·분배·섭취와 관련된 영양 분야'는 유엔 식량농업기구(FAO)가, '건강 유지와 질병 예방과 관련된 영양 분야'는 세계보건기구(WHO)가 담당하기로 구체적으로 정의하면서 시작되었다(Helsing, 1997). 1972년 유엔 식량농업기구는 식품영양정책을 '예측되는 식품 수요, 식품 공급, 영양 필요량을 충족하기 위한 경제적·기술적·입법적·교육적 수단을 결합한 공동 노력'이라고 정의하였고, 세계보건기구는 '전체 인구집단이 최적의 영양 상태를 유지하면서, 영양 부족

위험이 높은 인구집단을 중점적으로 보호하도록 정책을 조정하는 체계'라고 정의하였다.

최근의 영양 민감(nutrition–sensitive) 식품 및 농업 정책과 프로그램은 분명한 영양 목표의 설정, 영양 효과의 모니터링, 영양 지식과 식습관 향상, 식품 생산의 다각화, 식품 위생 보장, 식품 손실 감소, 빈곤 계층의 소득 창출, 여성의 권익 신장 등을 포함하고 있다.

즉, 영양정책이란 영양 개선을 통해 국민의 건강과 삶의 질을 향상하기 위해 정부가 명시적으로 농업·보건의료·경제·교육·환경 등 다양한 분야에서 수행하는 총체적인 활동을 의미한다. 영양 관련 지식을 정책으로 전환하는 과정은 복잡하며, 광범위한 경제적·정치적·사회적 의제와의 상호작용 및 우선순위 설정에서의 경쟁력을 요구한다.

더 알아보기

「대한민국헌법」 제34조

① 모든 국민은 인간다운 생활을 할 권리를 가진다.
② 국가는 사회보장·사회복지의 증진에 노력할 의무를 진다.
③ 국가는 여성의 복지와 권익의 향상을 위하여 노력하여야 한다.
④ 국가는 노인과 청소년의 복지향상을 위한 정책을 실시할 의무를 진다.
⑤ 신체장애자 및 질병·노령 기타의 사유로 생활능력이 없는 국민은 법률이 정하는 바에 의해 국가의 보호를 받는다.
⑥ 국가는 재해를 예방하고 그 위험으로부터 국민을 보호하기 위하여 노력하여야 한다.

(2) 영양정책의 목표

영양정책의 궁극적인 목표는 국민의 건강과 삶의 질을 향상시키는 데 있으며, 이를 통해 국가는 인적 자원의 질을 높여 경제 발전의 원동력을 확보할 수 있다. 이러한 목표는 개인이 스스로 건강한 선택을 내림으로써 달성될 수 있다. 그러나 많은 사람들은 미래의 건강을 고려해 현재의 선택을 결정하기 어렵고, 개인의 지식수준, 사회적·경제적 요인, 장애 등 다양한 요인으로 인해 선택이 제한된다.

따라서 영양정책은 그림 8-1과 같이 법·규정·문서화된 기준을 포함하여 다섯 가지 수준에서 의사결정과 실천을 제시할 때 가장 효과적이다. 가장 좋은 전략은 교육 수준 향상과 빈곤 감소 그리고 환경 개선을 통해 개인이 건강한 선택을 할 수 있도록 지원하는 것이다

(Frieden, 2015). 예를 들어, 공공장소에 깨끗한 식수를 무료로 제공함으로써 개인이 자연스럽게 건강한 선택을 하도록 도울 수 있다.

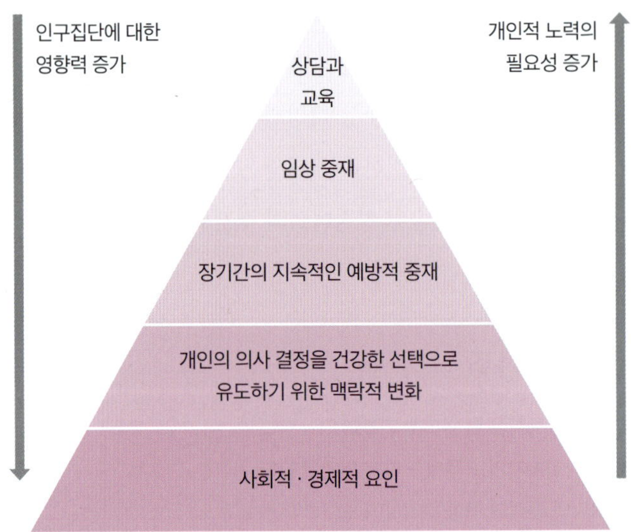

그림 8-1 건강 영향 피라미드

자료: Frieden(2015).

(3) 영양정책의 중요성

영양정책의 중요성은 효과적인 정책 시행이 국가의 질병 추이를 변화시킨 사례를 통해 입증된다. 지난 30년간 세계 심혈관계 질환 사망률을 보면, 호주, 캐나다, 영국, 미국과 같이 효과적인 프로그램을 도입한 국가는 현저히 감소한 반면, 브라질이나 러시아처럼 정책이 미흡한 국가는 답보상태이거나 오히려 증가하였다(그림 8-2).

핀란드의 지역사회 기반 중재는 대표적인 성공 사례이다. 1970년대 핀란드는 세계에서 심혈관계 질환 사망률이 가장 높았다. 국가는 주요 원인을 과도한 흡연, 고지방 식사, 낮은 채소 섭취량으로 분석하고, 이를 개선하기 위해 소비자, 학교, 사회, 보건서비스 등 전 사회 영역을 아우르는 대규모 중재를 시행하였다.

구체적으로는 「담배 광고 금지법」 제정, 저지방 유제품 및 식물성 유지 제품 보급, 농가에

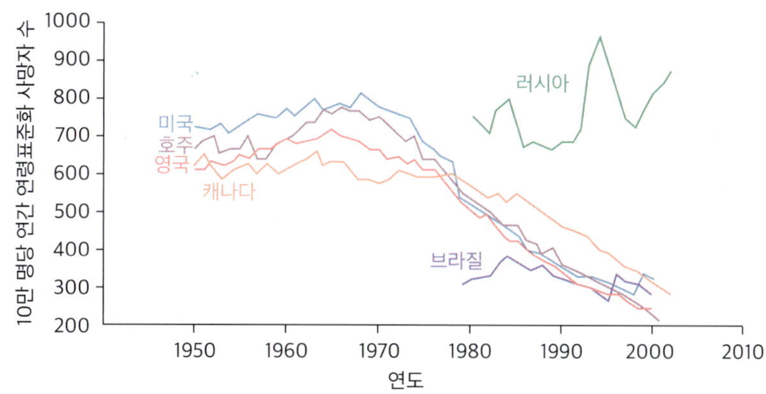

그림 8-2 전 세계 30세 이상 남성의 심장질환 사망률 추이(1950~2002)

자료: WHO.

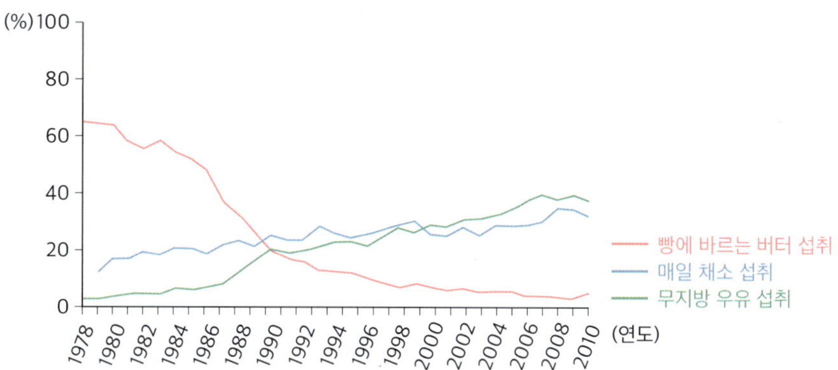

그림 8-3 심혈관 질환 예방 영양정책 도입 이후(1978) 핀란드 15~64세 남성의 식습관 변화(1978~2010)

자료: Virtanen(2012).

대한 보상 기준을 지방이 아닌 단백질 함량 중심으로 전환, 콜레스테롤 수치를 가장 크게 낮춘 지역사회에 인센티브 제공 등이 포함되었다. 이러한 정책은 식품 섭취 습관 변화를 이끌어, 정책 시행 이후 핀란드 국민의 버터 섭취는 크게 줄고 매일 채소를 섭취하며 무지방 우유를 마시는 습관은 증가하였다(그림 8-3).

특히, 소금 섭취와 관련하여, 핀란드는 1978년 권장안을 발표한 뒤 1981년에 1일 섭취량을 9 g으로 설정하였고, 2005년에는 남성 7 g, 여성 6 g으로 조정하였다. 이후 장기적으로는

1일 5 g까지 낮출 것을 제시하였다. 이 기간 동안 핀란드 남성의 이완기혈압, 소금 섭취량, 혈청 콜레스테롤 수치가 모두 감소하였으며(그림 8-4), 그 결과 관상심장질환 사망률이 줄

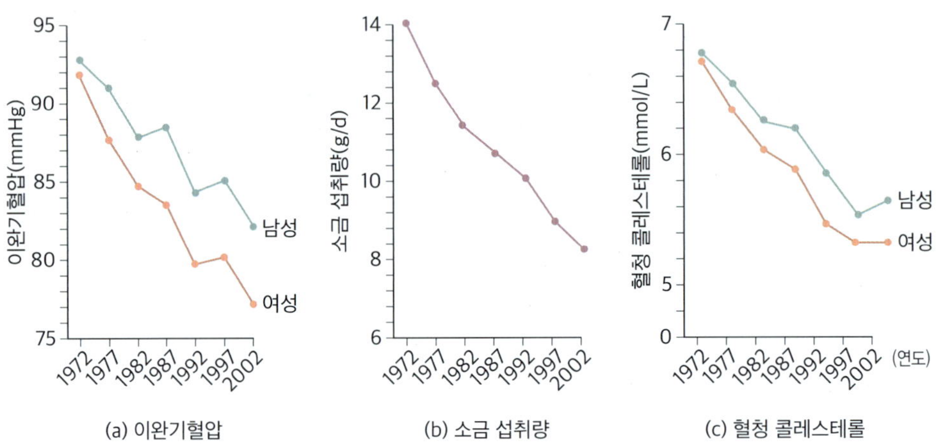

그림 8-4 핀란드 소금 섭취 감소 영양정책 시행에 따른 성인 건강지표 변화

자료: Karppanen & Mervaala(2006).

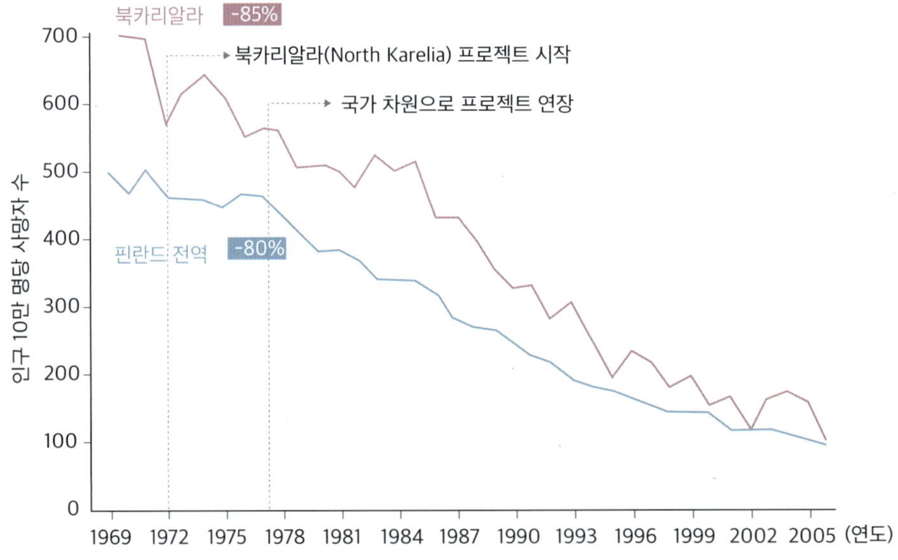

그림 8-5 북카리알라 및 핀란드 전 지역의 관상심장질환 사망률

자료: Puska & Stahl(2010). Annual Review of Public Health.

어들었다(그림 8-5). 이는 기대수명 증가로 이어져 남성은 7년, 여성은 6년 연장되는 효과를 보였다.

2) 영양정책의 입안 과정

영양정책은 영양표시 의무화부터 가당음료 과세, 특정 성분의 제한·금지까지 폭넓게 적용될 수 있으며, 가구·도시·국가·국제 수준에 이르기까지 다양한 차원에서 실행된다. 대부분의 정책은 개인이 건강한 선택을 쉽게 하도록 돕는 것을 목적으로 하지만, 영양소 강화나 유해물질 금지와 같이 개인적 선택과 무관하게 환경을 개선하는 방식도 있다.

이러한 정책은 문제 확인에서 수행 후 평가까지 일련의 과정을 거치며(그림 8-6), 각 단계는 다음과 같다.

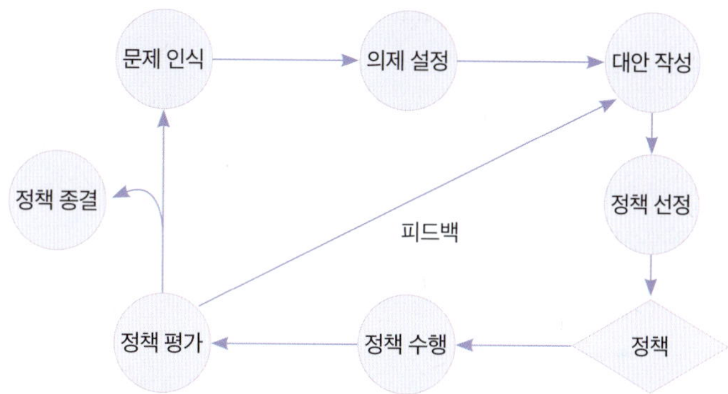

그림 8-6 **영양정책 입안 과정**

자료: Lyons, Scheb & Richardson(1995).

(1) 문제 인식

정책 입안의 첫 단계는 공공문제가 존재함을 인식(problem recognition)하는 것이다. 영양문제의 규모와 중요도는 과학적 근거, 자료, 건강 결과와의 연관성을 증명하는 다양한 자료를 통해 우선순위가 정해진다.

(2) 의제 설정

국민 다수가 문제에 관심을 갖고 지지하면, 구체적인 의제가 설정(agenda setting)되어 정부의 정책의제로 상정된다. 이 과정에는 이익단체, 국회 소위원회, 행정기관 등 정책 과정에 큰 영향을 미치는 주체들이 적극적으로 개입한다.

(3) 대안 작성

문제 해결을 위해 다양한 정책 대안을 창의적으로 작성(formulation of alternatives)하여 정책 입안자에게 제시한다. 이때 정책별로 잠재적인 비용·편익 및 효과 등을 고려한다.

(4) 정책 선정

모든 정책이 완전히 과학적 근거 자료에 기반하기는 어렵고, 대부분의 근거에는 어느 정도의 과학적 불확실성이 존재한다. 또한 이해관계자마다 지식수준과 정책에 대한 이해관계가 다르기 때문에, 정책 선정은 과학적 결정이라기보다는 '무엇을 시행할 수 있는가(what can be done)'와 '무엇을 시행해야 하는가(what should be done)' 사이의 균형(Gordis, 2013)과 사회적 가치를 따르게 된다.

정책 선정(policy adoption) 단계에서는 정책 목표를 달성할 수 있는 정책도구를 선택한다. 정책 목표 달성을 위한 도구로는 법, 기금, 세금 감면, 벌금, 인증제, 가격 통제, 공공 프로모션, 공공 투자, 정부 보조 프로그램 등이 있다.

(5) 정책 실행

정책 실행(policy implementation) 단계에서는 선정된 정책과 정책도구를 정책수행기관의 문제 해결 목표와 자원 등에 맞춰 필요한 수정을 거친 뒤 실제로 수행한다.

(6) 정책 평가

정책은 문제 인식 단계부터 시민, 입법부, 행정기관, 대중 매체, 학계, 연구기관, 감사기관, 이익단체들의 공식적 또는 비공식적 평가를 받게 된다. 정책 평가(policy evaluation)의 목적은 정책 수행 목표가 제대로 달성되었는지, 대상 집단의 문제가 해결되었는지, 프로그램의 성취도는 어떠한지, 실제 프로그램의 수혜자는 누구인지 파악하는 것이며, 이를 통해 정책의 개선점, 지속 여부, 종결 여부 등을 결정하게 된다.

(7) 정책 종결

정책은 공공의 요구가 충족되거나 문제의 성격이 변한 경우, 정치적 기반을 상실한 경우, 민간기관에 의해 요구가 충족되는 등 여러 이유로 종결(policy termination)된다. 한 번 수립된 후 종결되어 그림 8-6의 정책 입안 과정을 한 번만 순환하는 정책도 있지만, 경우에 따라 수립된 정책이 계속 확대되고 새로운 문제 제기로 이어지면서 정책 입안 과정을 재순환하며 존속되기도 한다.

3) 정책 입안 과정에서 지역사회영양사의 역할

(1) 정책 입안 과정 참여 방법

지역사회에는 식품안전, 학교급식, 저소득층 식품 및 영양 지원, 영양사의 지위와 제도 등 지역사회영양사가 전문적으로 관심을 갖고 참여해야 할 다양한 문제가 있다. 이러한 문제에 대한 참여 수준은 관조자의 입장에서부터 실권 행사자에 이르기까지 민중(grass root) 피라미드의 어느 위치에 속하는지를 결정한다(그림 8-7). 지역사회영양사는 다음에 제시된 구

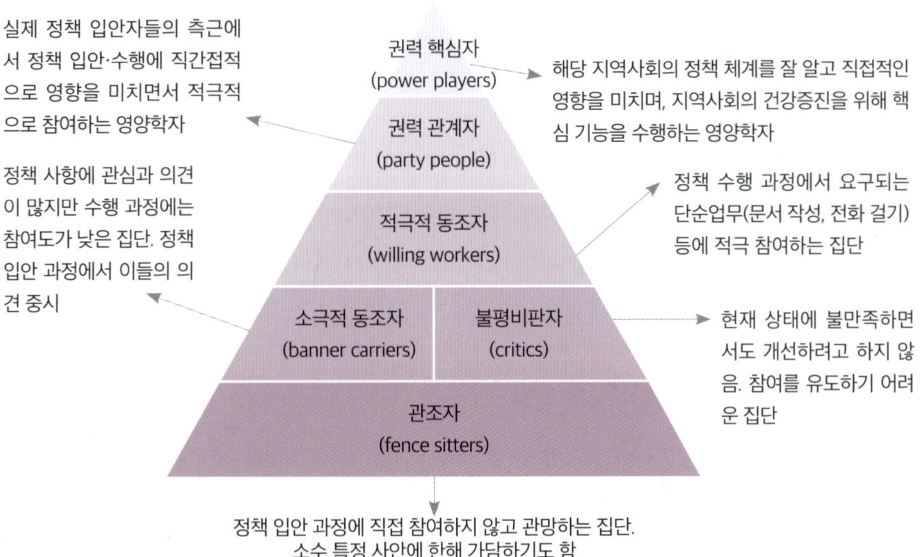

그림 8-7 민중 피라미드

체적 방법을 참고하여 필요할 경우 자신의 참여도를 높이도록 한다.

① 자신의 견해 전달

식품 및 영양문제에 대한 견해를 밝힘으로써 정책 입안 과정에 참여할 수 있다. 예를 들어, 신문 기사에 잘못된 영양정보가 실렸을 경우 해당 신문사 편집국장 앞으로 이메일이나 팩스를 통해 의견을 전달할 수 있다.

② 직접 관여

중앙·지방정부나 대한영양사협회 본부·지회 등에서 활동하면 정책 수립 과정에 직접 참여할 수 있다. 청원을 위한 서명운동 조직도 직접 참여 방법에 해당한다.

③ 이익단체 가입

공동의 정치적 관심사를 관철하기 위해 조직적으로 활동하는 이익단체에 가입하여 공공정책에 영향을 미칠 수 있다. 소비자단체, 여성단체, 식생활개선 범국민운동본부 등이 여기에 속한다.

④ 정치적 영향력 행사

지역사회영양사들이 조직을 형성하고 이익단체를 만들어 로비(lobby) 활동이나 다른 조직과의 연대를 통해 정치적 영향력을 확대할 수 있다.

⑤ 정치적 활동

중앙정부나 지방자치단체를 대상으로 직접 로비 활동을 전개할 수도 있다. 이때는 정부 관료, 공무원, 의원에게 이메일이나 전화를 활용하거나, 신문·잡지·라디오·방송 기자들과 교류하면서 지역사회 식품 및 영양문제에 대한 의견을 제시한다. 또한 보도자료 제공이 필요한 경우를 대비해, 요점을 간결하게 담은 보도자료 작성법을 숙지해 두어야 한다.

(2) 지방자치단체·지역사회에서의 역할

영양 서비스 수행의 근간이 되는 영양 관련 법과 시행규칙을 마련하기 위해서는 지방자치단체와 지역주민의 지지를 얻을 수 있는 조직을 구성하거나, 주민의 요구를 대변해 문서화할 필요가 있다. 이를 위해 지방자치단체에서 영양 관련 직책과 업무 분장, 업무 단계, 조직 간의 역학관계를 이해해야 한다. 또한 정책이 어떤 과정을 통해 제안되는지, 정책결정자에게

더 알아보기

로비(lobby)

로비는 정치적 영향력을 행사하기 위해 오래전부터 사용되어 온 흔한 용어지만, 비판이 많아 부정적인 뉘앙스를 지닌다. 원래 로비는 미국이나 영국 의사당에서 국회의원이 외부 인사와 접견하던 별실을 뜻한다. 최초의 로비 활동은 1800년대 초, 미국 필라델피아의 전국산업진흥회가 언론인을 고용해 미합중국은행 설립 인가를 받기 위해 움직인 사례로 알려져 있다.
미국에서는 로비를 헌법이 보장하는 기본권 중 하나인 청원권으로 간주한다. 따라서 사법부나 연방정부를 상대로 로비를 하려면 반드시 법에 따라 등록하고 규정된 절차를 지켜야 하며, 금전이나 선물을 제공하는 행위는 경제협력개발기구(OECD) 뇌물방지협약에 따라 처벌된다. 로비는 '보이지 않는 권력'이라 불리기도 하고, 미국 상·하원에 빗대어 '제3원'으로 일컬어지기도 한다.

자문하거나 도움을 주는 사람이 누구인지도 파악해야 한다. 해결해야 할 영양문제가 있다면, 앞서 파악한 다양한 이해관계자와의 대화를 통해 사업으로 문제를 어떻게 해결할 것인지 설명할 수 있어야 한다.

아울러 문제 해결에 동의하고 정책결정권자에게 영향력을 행사할 수 있는 이해관계자들의 모임을 주선하여 정보를 제공하고, 행정적·재정적 지원을 요청할 수도 있다. 이 경우 필요성을 뒷받침할 수 있는 과학적 연구 자료나 실태조사 자료를 제시해야 한다. 또한 이해관계자가 정책 입안 과정에 참여하도록 유도하고, 필요시 공청회 등을 통해 여론화하여 제안한 정책이 사회적 호응을 얻도록 해야 한다.

(3) 국가 차원에서의 역할

영양전문가가 국가 차원에서 영양 관련 법안을 제정하기 위해서는 입법 과정 전반을 정확히 이해해야 한다. 국회나 정부기관은 법안 제안 시 관련 전문가의 자문을 구하며, 전문가는 이 과정에 참여해 자신의 영향력을 행사할 수 있다. 때로는 자문을 기다리기보다는 개인적으로 움직이거나 영양 관련 단체를 통해 자료를 준비하여 설명하는 적극성이 필요하다.

사람들이 영양문제에 관심을 갖도록 공청회나 토론회를 열거나, 평소 영양문제에 주목해 온 후보가 국회의원에 당선되도록 도와 장차 영양 관련 법안이 제정되도록 하는 것도 한 방법이다. 또한 법안 제정의 핵심 역할을 하는 당사자에게 로비하거나, 이익단체를 통해 전화,

방문, 이메일 발송 등을 꾸준히 진행하여 다수의 국민이 해당 법안 제정에 관심을 가지고 있음을 보여줄 수도 있다.

더 알아보기

지역사회영양사의 정책 입안 과정 참여 사례

지역보건소 내 영양사 배치

대한영양사협회와 한국영양학회는 지역보건소 내 영양사 배치를 위해 1990년 전후로 정부, 일반인, 의료단체, 영양사, 교수 및 전문가 등을 대상으로 여러 차례 워크숍과 세미나를 개최하였다. 또한 대학과 협력하여 보건소 영양사의 업무 역량 강화를 위한 교육을 실시하는 등 다양한 노력을 기울였고, 그 결과 1994년부터 보건소에서 자원봉사 형태로 영양 서비스가 시작되었다. 아직 전국 보건소에 정규직 영양사가 배치되지는 않았으나, 많은 지역 보건소에서 보건영양사를 채용하여 다양한 영양사업을 추진하고 있다.

보건소 영양플러스 사업 참여 인력의 기간제 사용 제한 예외 조치

영양플러스 사업은 2005년 1차 시범사업을 거쳐 2008년부터 전국적으로 시행되었다. 그러나 사업 수행 인력인 보건영양사가 비정규직으로 고용되어 효과적인 사업 수행에 어려움이 있었다. 이에 대한 강력한 건의 끝에, 2010년부터 고용노동부는 보건소 인력 규정에 따라 영양플러스 사업 담당자는 특별한 사유 없이 1년 미만 고용 후 해고하지 않도록 하고, 동일 담당자가 24개월 이상 근무할 수 있도록 조치하였다.

「국민영양관리법」 제정

대한영양사협회와 영양 관련 학회는 「국민영양기본법」 제정을 위해 2005년부터 관련 기관 대표들로 구성된 위원회를 통해 의견 수렴과 정책 토론회를 진행하였다. 그 결과 보건산업진흥원이 체계적인 법안을 마련하여 2007년 국회에 발의했으나, 회기 만료로 자동 폐기되었다. 이후 2008년 11월 손숙미 국회의원(전 대한영양사협회 회장)의 대표 발의로 「국민영양관리법」이 다시 제출되었고, 2010년 2월 26일 국회 본회의에서 만장일치로 통과되었다.

학교 영양사의 면허가산수당 및 식생활지도수당 지급 근거 마련

전국학교영양사회와 대한영양사협회는 교육부, 교육청, 국회 등을 대상으로 정책 건의, 토론회, 여론 조성 활동을 지속적으로 전개하였다. 그 결과, 2016년부터 학교 영양사에게 기본급의 5% 수준으로 면허가산수당이 지급되도록 국회 본회의를 통과하여 법적 근거가 마련되었다. 또한 2020년 12월에는 2021년도 예산안에 학교 영양사의 식생활지도수당 지급에 관한 부대의견이 채택되어 국회 본회의를 통과하였다.

4) 영양정책 입안 과정에 영향을 미치는 요인

영양 관련 정책의 입안 과정에는 다음과 같은 요인들이 중요한 영향을 미친다.

(1) 영향력 있는 인사의 조력

정책 제안과 결정에는 소수의 영향력 있는 인사들이 큰 역할을 한다. 보건 및 영양 관련 법안을 발의하기 위해서는 국회 보건복지위원회 소속 국회의원과 전문위원, 여성정책에 관심이 많은 여성위원이나 여성특별위원회 장관의 지원이 필요하다.

(2) 국가 경제와 예산 측면의 비용과 편익

새로운 정책을 시행하면 인력의 급여, 사업 예산, 부대비용 등이 국가 또는 지방자치단체의 예산에서 지출된다. 따라서 정책의 효율성은 비용 대비 편익이나 효과를 예측하여 평가한다.

(3) 여론과 대중매체의 영향력

국회나 지방자치단체가 영양서비스를 국민이나 지역주민의 강한 요구사항으로 인식하게 되면 정책이 입안될 가능성이 높아진다. 이에 영양전문가는 공신력 있는 대중매체를 통해 새로운 영양정보를 알리고 문제의식을 확산시켜 여론을 형성하려는 노력이 필요하다.

(4) 로비와 이익단체의 역할

영양정책 입안이나 영양 관련 규제는 정부부처, 정당, 관련 기관에 직접 로비하거나 소비자단체, 여성단체 등과 연계함으로써 영향력을 발휘할 수 있다.

(5) 기존 영양 관련 프로그램 정보

기존 프로그램에 대한 정보는 새로운 정책 입안과 집행 시 기대 효과를 예측하는 근거가 된다. 단순한 보고서보다 기존 프로그램 수행자의 의견이나 제언이 새로운 정책에 대한 확신을 주는 데 더 도움이 된다.

(6) 공신력 있는 국가기관의 자료

통계청, 질병관리청, 식품의약품안전처 등 정부기관에서 발간하는 통계와 보고서는 정책 입안의 중요한 근거 자료로 활용될 수 있다.

5) 영양정책의 구성요소

영양정책은 농업, 보건의료, 사회·경제, 교육, 환경 등 다수준·다부처 정책과 긴밀히 연결되어야 한다. 영양정책의 구성요소(그림 8-8)를 살펴보면, '투입' 단계에서는 식품의 공급, 즉 이용 가능한 식품의 양과 질에 영향을 주는 정책(주로 농업정책)이 필요하다. '과정' 단계에

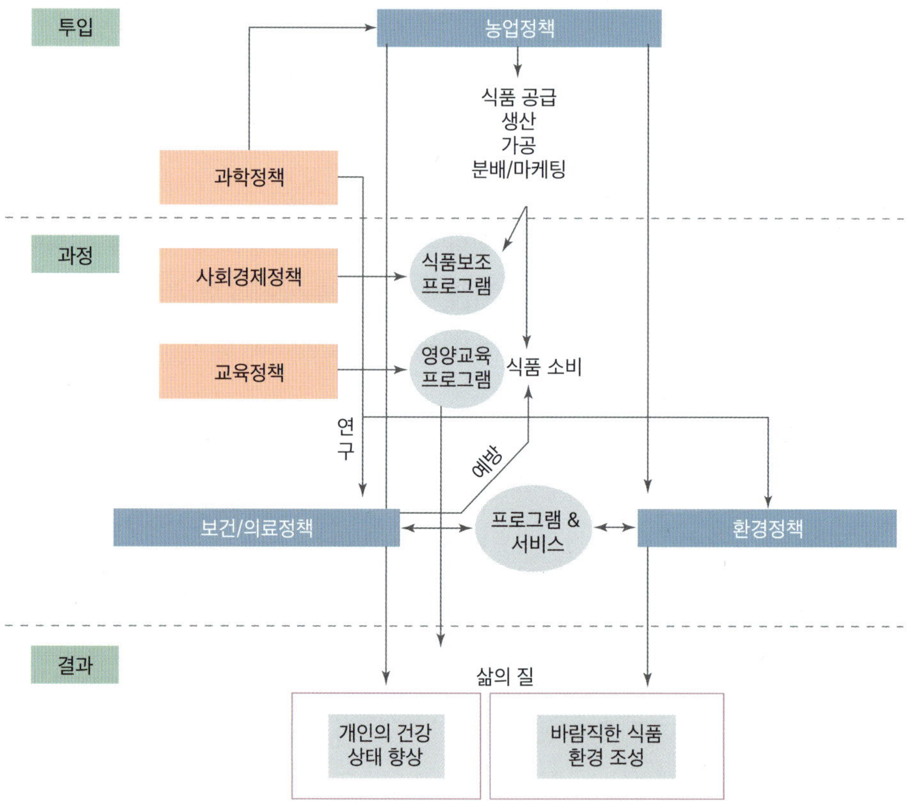

그림 8-8 보건영양정책 수행의 개념적 프레임

자료: Sims(1993).

서는 식품 보조 프로그램과 같이 식품 소비에 영향을 주는 정책이 요구된다. 보건정책의 건강증진 및 질병 예방 분야는 전략적 차원에서 영양을 포함하며, 보건의료정책과 환경정책은 다양한 프로그램과 서비스를 통해 실제 식품 소비에 영향을 줄 수 있다. 이처럼 '투입'과 '과정' 단계의 정책, 즉 식품 공급과 소비에 관한 정책은 개인의 건강증진과 바람직한 식품환경 조성이라는 '결과'에 직결된다.

정책은 서로 영향을 주고받는다. 과학정책은 새로운 제품 개발과 농업정책, 연구를 통해 보건의료정책과 환경정책에 기여한다. 사회경제정책은 식품 보조 프로그램을 위한 기준 마련에 중요한 역할을 하며, 교육정책은 영양교육 프로그램을 통해 소비자의 식품 선택 능력에 영향을 미친다.

영양불량과 사망에 관련된 다수준·다부처 정책은 이미 유엔아동기금(UNICEF)의 개념적 프레임(그림 8-9)에서 제시되었다. 유엔아동기금은 가구 내 식품 안정성, 모성과 아동 보

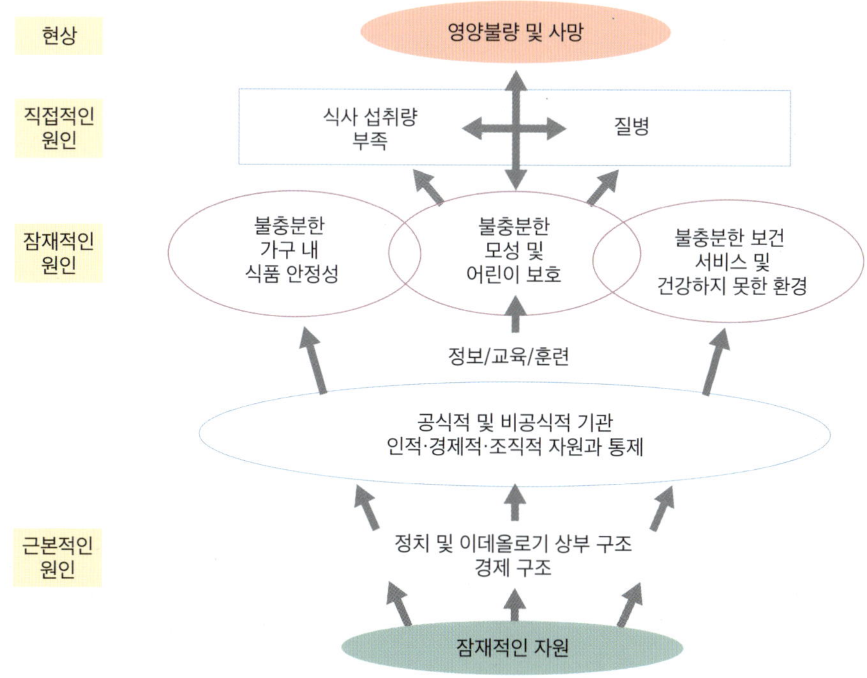

그림 8-9 사회 내 영양 부족의 개념적 프레임

자료: UNICEF(1990).

호, 보건 서비스 및 건강한 환경을 중시한다. 이러한 요소가 부족하면 임신부와 영유아, 나아가 모든 가족 구성원이 충분한 식품을 섭취하지 못해 질병과 영양불량에 이르고, 심할 경우 사망에 이를 수 있다.

영양정책의 구성요소는 다음 여섯 가지로 구분할 수 있다.

(1) 값싸고 충분한 식품 공급

식품영양정책은 기본적으로 충분한 식량 생산과 국민에게의 저렴한 공급을 목표로 한다. 농업정책은 생산량을 조절하여 농산물의 종류, 양, 가격에 영향을 준다.

(2) 공급 식품의 품질·안전성·영양가 보장

영양과 건강을 증진시킬 수 있는 식품 공급의 보장 역시 영양정책에 포함된다. 여기에는 식품 안전 및 위생 감시 정책, 영양소 강화 식품의 보급, 만성질환 예방을 위한 저당·저염·저지방·저칼로리 식품의 공급 등이 포함된다.

(3) 식품 가용성과 구입 가능성 보장

식품 안정성(food security), 즉 모든 국민에게 충분한 식품을 보장하는 정책으로, 저소득층을 위한 푸드뱅크나 식품보조 프로그램 운영, 결식아동 급식비 지원, 복지시설 급식비 지원 등의 프로그램이 있다.

(4) 연구 기반 정보와 교육 프로그램 제공

국민의 영양 및 건강 개선을 위해 영양소 섭취기준이나 식생활지침을 제정하고, 국민건강영양조사 등을 활용해 영양감시 및 모니터링을 지속적으로 수행하도록 하는 정책이다. 또한 제정된 영양소 섭취기준과 식생활지침을 국민에게 알리고 교육하며, 모니터링 결과를 토대로 영양 개선 및 교육 프로그램을 마련해 시행하는 것 역시 영양정책의 중요한 구성 요소이다.

(5) 식품과 영양 분야의 연구 지원

영양소 섭취기준 설정과 관련된 연구, 식품·영양 분야의 연구 활동을 지원하는 정책이 이에 해당한다. 식품성분 데이터베이스 구축 연구, 생애주기별 식품 섭취 패턴 분석 등을 통해 식품 보조 프로그램, 영양성분 표시, 식생활지침 설정 등의 과학적 근거를 제공한다. 또한 역학연구나 중재연구 결과는 식사와 만성질환 간의 인과관계를 뒷받침할 수 있는 타당성을 제시하여 영양학 연구에 대한 투자를 확대하는 근거가 된다.

(6) 의료관리시스템에 영양 서비스 통합

모든 국민이 적절한 보건 서비스를 받을 수 있도록 하며, 의료 중재나 재활 과정에 영양 서비스를 포함하는 것 역시 영양정책의 한 요소이다. 이와 함께 보건 서비스 제공자의 자격, 영양사 및 임상영양사를 포함한 영양 전문가의 업무 기준도 해당된다.

6) 영양정책에 적용하는 식품·영양 프로그램

식품·영양정책은 정부의 비용 수준과 분배 방식에 따라 ① 정부의 직접 비용이 없는 값싼 식품공급정책, ② 대상자 선별이 없는 식품보조금(untargeted food subsidy) 정책, ③ 대상자 선별 중재 정책 등 세 가지로 구분할 수 있다(Pinstrup–Andersen, 1993).

각국은 자국의 영양정책에 맞춘 다양한 프로그램을 개발·수행하고 있으며, 정책에 따라 여러 프로그램을 결합하여 운영하기도 한다. 지역사회 현장에 적용할 때는 효과 극대화를 위해 각 프로그램의 장단점을 충분히 고려해야 한다.

(1) 보충급식

보충급식(supplementary feeding) 프로그램은 지역사회 내 영양불량 고위험군을 선별하여, 식생활에서 부족하기 쉬운 영양소를 충족하는 범위에서 급식을 제공하거나 식품을 보조한다. 미국의 WIC 프로그램, 우리나라의 영양플러스 사업, 저개발국가의 영유아 대상 보충식 제공 프로그램 등이 이에 해당한다.

(2) 식품보조금

식품보조금(food subsidy) 프로그램은 자유시장 경쟁체제에서 식품 조달이 어려운 저소득층을 보호하기 위해 주로 주식 식품의 가격을 보조하여 구매력을 높이고 소득 재분배 효과를 도모한다.

우리나라는 1970년대 쌀 부족 상황에서 '이중곡가제'를 실시하여, 수확기에는 농민으로부터 일부 양곡을 매입해 가격 하락을 방지하고, 공급 부족 시에는 정부미를 방출하여 곡가 상승을 억제함으로써 주식의 안정적 공급을 유지하였다.

(3) 식품의 영양소 강화

국민 영양에 치명적인 영향을 미치는 결핍 영양소를 상용식품에 강화(food fortification)하여 특정 영양소의 결핍을 방지하는 정책이다. 요오드 섭취량이 부족한 국가에서는 소금에 요오드를 첨가하고, 곡류 제품에 티아민·리보플라빈·니아신·엽산 등을 첨가하거나, 우유 및 유제품에 비타민 A·비타민 D를 강화하는 것이 대표적이다. 미국의 경우 식품 영양소 강화정책을 통해 이분척수증이나 갑상샘종 발생이 감소한 사례가 있다.

국가는 영양표시제도를 활용해 소비자에게 강화된 영양소 정보를 제공할 수 있으며, 소비자는 이를 통해 영양소의 건강 기능을 인식하게 되어 영양교육 효과도 기대할 수 있다.

(4) 조제식품

조제식품(formulated food) 프로그램은 영양 부족 상태가 심하고 모자보건 등의 환경을 신속히 개선하기 어려운 상황에서, 어린이에게 필요한 영양소가 함유된 식품을 먹기 쉽게 조제하여 사용법 지도와 함께 배급하는 프로그램이다.

주로 저개발국가의 영유아 영양 부족을 개선하고 적절한 성장을 돕기 위해 활용된다. 또한 주 양육자인 모성을 대상으로 한 영양교육이 중요한 요소로, 영양 민감(nutrition-sensitive) 프로그램의 핵심으로 활용된다.

(5) 소득 창출

저소득층의 영양문제는 소득과 직결되므로 단순히 식량을 보조하거나 일시적인 급식 프로그램을 운영하기보다는 구매력을 높일 수 있는 근본적인 소득 창출(income generating) 정책이 우선되어야 한다. 예를 들어, 농촌 지역에 도로를 확충하고 공장을 유치하거나, 가내 부업을 장려하고 고소득 농산물 재배를 지도하거나, 도시 저소득층 주민에게 취로사업(food for work) 기회를 제공하는 등의 정책이 있다.

(6) 식량 원조

식량 원조(food aid)는 유엔 산하 기관, 국제 자선단체, 국가 간 협약을 통해 식량난에 처한 국가에 긴급히 식량을 지원하는 정책이다. 현재 세계식량계획(WFP), 유엔아동기금(UNICEF) 등 유엔 기구, 우리나라의 한국국제협력단(KOICA), 월드비전, 민족사랑나눔, 위드 등 종교단체가 저개발국가에 식량을 원조하고 있다.

미국의 경우 농무부 산하 AID(Agency for International Development, 국제개발처)가 자국 잉여 농산물을 무상 또는 차등 가격으로 수혜국에 제공한다.

(7) 영양재활

영양재활(nutrition rehabilitation)은 영양실조가 심각한 경우 병원 등에서 의료진이 임상적 관리와 급식 프로그램을 실시하여 영양상태를 회복시키는 프로그램이다. 이 과정에서 영양교육을 병행하여 회복 후에도 건강을 유지하도록 돕는다.

(8) 영양교육

영양교육(nutrition education)은 전 생애주기 대상자의 장기적 영양불량을 예방하고, 시급한 영양 부족 상황에서 프로그램 전달 효과를 높인다. 국가 차원의 영양교육으로는 대사증후군 예방 관리, 나트륨 저감화 사업, 당 저감화 사업, 영양표시제도 등이 있다.

양질의 지속적 영양교육을 위해 국민건강영양조사와 같은 영양실태조사가 필요하며, 교육 프로그램의 입안·실시·평가를 위한 관련 법령의 제정 및 개정이 요구된다.

(9) 신소재식품 개발

신소재식품(new material food) 개발의 예로는 세계적 식량난에 장기적으로 대응하기 위해 유전자변형식품(GMO)을 개발하거나, 식용 곤충 및 플랑크톤과 같은 대체 단백질원을 연구하고, 채식가를 위해 식물성 단백질로 육류의 맛과 질감을 구현한 식품을 개발하는 방법 등이 있다.

(10) 영양연구 지원

영양연구 지원(nutrition research)은 영양학 발전과 지역사회 영양문제 해결을 위해 연구·개발사업을 지원하는 정책으로, 모든 영양정책의 기본이 된다. 연구 결과는 영양교육 프로그램을 위한 기초 자료로 활용될 수 있다.

2. 우리나라의 영양정책

1) 우리나라 영양정책의 필요성

최근 우리나라의 주요 사망 원인은 뇌혈관 질환, 심근경색, 고혈압 등 순환기계 질환과 암, 당뇨병 등의 만성퇴행성 질환이다. 이러한 질병은 식생활을 비롯한 생활습관과 밀접하게 관련되어 있으며, 지속적인 의료비 증가로 사회적 부담이 된다. 의료비 절감을 위해서는 사후 치료보다 질병 예방과 건강증진, 영양 서비스에 대한 사전 투자가 오히려 효과적일 수 있다.

식생활과 영양이 국민 보건에 미치는 역할은 이미 세계보건기구(WHO) 등의 영양정책 수립 근거에서 강조되고 있다. 세계보건기구는 전 세계적으로 증가하는 비만문제를 해결하기 위해 체중 증가와 비만 위험요인의 근거 수준을 분석한 결과, 비만을 줄이려면 개인의 식사와 신체활동 노력뿐만 아니라 국가 차원에서 환경을 조성하는 정책(예: 어린이들이 건강에 유익한 음식을 선택할 수 있도록 돕는 가정 및 학교 환경)이 필요하다고 밝혔다. 즉, 정부는 국민이 영양적으로 균형 잡힌 식생활을 유지할 수 있도록 영양정책을 마련하여 만성질환을 예방해야 한다.

2) 우리나라 영양정책 현황

우리나라는 정부 내 여러 부처가 국민 영양 관련 업무를 담당하고 있다. 지금까지 시행된 주요 사업과 제도는 다음과 같다.

(1) 국민건강영양조사 실시

국민건강영양조사는 1995년 제정된 「국민건강증진법」 제16조에 근거하여, 1969년부터 시행된 국민영양조사와 1971년부터 시행된 국민건강 및 보건의식행태조사를 통합한 조사이다. 국민의 건강 및 영양상태의 현황과 추이를 파악하기 위해 실시되고 있으며, 1998년,

2001년, 2005년에 시행된 이후 2007년부터는 매년 통계 생산이 가능한 연중조사로 수행되고 있다.

작성된 통계는 「통계법」 제17조에 근거한 정부 지정통계이다. 1998년과 2001년에는 한국보건산업진흥원이, 2005년에는 한국보건산업진흥원과 질병관리본부가 공동으로 조사를 수행하였다. 이후 2007년부터는 질병관리본부(현 질병관리청)로 이관되어 현재까지 조사 업무를 이어오고 있다. 국민건강영양조사에 대한 자세한 내용은 CHAPTER 2를 참고한다.

(2) 한국인 영양소 섭취기준 제정

건강한 삶을 유지하기 위해서는 적절한 양의 영양소 섭취가 필요하다. 이를 위해 인구집단별 필수 섭취기준이 제정·보급되고 있다. 국내에서는 1962년 한국인 영양권장량이 처음 제정되었으며, 1989년 제5차 개정부터는 주관 부처가 한국영양학회에서 보건복지부로 이관되어 2000년 제7차 개정까지 이어졌다.

이후 대부분의 질병이 없는 사람들이 최적의 건강상태를 유지하기 위해 매일 필요한 영양소 섭취량을 조금 더 자세히 제공하고자 2005년부터 한국인 영양섭취기준이 제정되었고, 2010년 2차 개정을 거쳐 2015년에는 3차 개정, 2020년 4차 개정, 2025년 5차 개정을 통해 한국인 영양섭취기준이 개편되었다. 2010년 개정까지는 한국영양학회가, 2015년부터는 보건복지부와 한국영양학회가 함께 수행하였다.

영양소 섭취기준은 식량 수급 정책, 국민건강증진 방안, 영양 결핍증·과잉증 예방, 각종 영양 관련 질환의 예방대책 마련 등 국가 식품·영양정책의 기준이 되며, 영양교육 프로그램 개발과 영양표시에도 활용된다. 자세한 내용은 CHAPTER 7을 참고한다.

(3) 국민건강증진법과 국민영양관리법 제정

「국민건강증진법」은 1995년, 「국민영양관리법」은 2010년에 제정되어 같은 해 9월부터 시행되었다. 그 내용에는 국가와 지방자치단체가 국민영양조사와 영양 개선 등 영양정책을 본격적으로 추진해야 한다는 규정이 포함되어 있다.

특히, 이 법령에 근거해 조성된 국민건강증진기금으로 보건교육, 국민영양개선사업 등 국민건강증진사업을 지원하고 있다. 「국민건강증진법 시행규칙」 제17조 제2항에 따르면 시·도는 영양지도원을 임명해 영양지도의 기획·분석·평가 및 상담, 보건소의 영양업무 지도, 집단급식시설에 대한 급식업무 지도, 영양조사 및 효과 측정, 홍보 및 영양교육, 그 밖에 식생활 개선에 관한 사항 등을 수행하도록 하고 있다.

(4) 국민식생활지침 제정

정부는 국민의 건강과 식생활에 대한 지침으로 1984년 국민건강생활지침, 1990년 국민식생활지침을 발표하였다. 국민건강생활지침의 식생활 관련 조항에는 '식사 전에는 손을 씻고 식사 후에는 이를 닦읍시다.', '음식은 제때 싱겁게 골고루 먹읍시다.'가 포함되어 있다.

이후 1993년에 개정된 국민건강생활지침에서는 음식 관련 조항이 '음식은 싱겁고 가볍게 골고루 먹읍시다.'로 바뀌었다. 한편, 1990년에 제정된 국민식생활지침은 구체적인 수치 기준을 포함한 것이 특징으로, '지방 섭취는 전체 열량의 약 20% 정도로 합시다.'라는 내용

그림 8-10 2016 범부처 국민공통식생활지침

이 제시되었다.

2003년에는 과학적 근거를 바탕으로 한국인을 위한 식생활지침이 제정되었으며, 생애주기별로 영유아, 어린이, 청소년, 임신·수유부, 성인, 어르신 등 여섯 가지 실천지침이 마련되었다. 이후 변화된 식생활과 건강상태를 반영하기 위해 5년마다 개정되고 있다.

이에 따라 2008년에는 성인을 위한 식생활지침이, 2009년 12월에는 생애주기별(임신·수유부, 영유아, 어린이, 청소년, 성인) 식생활지침이 개정되었다. 2016년에는 보건복지부, 농림축산식품부, 식품의약품안전처 등 3개 부처가 공동으로 국민공통식생활지침을 제정·발표하였고(그림 8-10), 2021년에는 한국인을 위한 식생활지침으로 개정·발표되었다(그림 8-11). 자세한 내용은 CHAPTER 12를 참고한다.

그림 8-11 2021 한국인을 위한 식생활지침

(5) 영양사 및 임상영양사제도

우리나라의 영양사제도는 전문 영양사 양성의 필요성을 느낀 대학교수들이 중심이 되어 1961년 한국영양사양성연합회를 발족하고 영양사면허제도를 건의하면서 시작되었다. 이에 따라 1962년 1월 20일 제정된「식품위생법」에 영양사면허제도가 명시되었으며, 1963년 보건사회부령 제112호「영양사에 관한 규칙」이 공포되면서 자격요건이 규정되었다. 이를 근거로 1964년부터 영양사 면허증이 발급되었다.

1967년에는「식품위생법」개정으로 50인 이상 집단급식소에 영양사 배치가 의무화되면서 영양사 채용 수요가 증가하였다. 1981년에는「학교급식법」제정으로 학교 급식소에 영양사가 임용되기 시작했고, 1982년「의료법 시행규칙」에 신설된 '의료인 등의 정원' 조항에서 영양사 배치가 규정되면서 병원 내 영양사의 역할이 강화되었다. 이어 1991년 제정된「영유아보육법」에서는 보육시설의 영양사 배치를 명시하였다.

1995년「국민건강증진법」, 2010년「국민영양관리법」제정으로 국가와 지방자치단체에서 영양개선사업을 실시하는 것이 의무화되었고, 이에 따라 영양사의 역할이 지역 보건소에서 중요하게 대두되었다. 2000년대 말부터는 학교 급식 영양사가 영양교사로 전환되었으며, 학교 영양교육사업에도 참여하고 있다.

또한 환자의 영양상태를 판정하고 영양교육 및 상담을 수행하는 임상영양사의 업무를 전문화하기 위해, 2012년부터 임상영양사면허제도가 시행되어 면허증이 발급되기 시작하였다.

(6) 응용영양사업 실시

우리나라는 1967년부터 유엔아동기금, 국제연합식량농업기구, 세계보건기구가 공동으로 체결한 협약에 따라 응용영양사업 추진을 위한 기술 지원을 받게 되었다. 1968년 농촌진흥청에 처음으로 응용영양 담당관실이 설치되었으며, 이는 쌀 중심의 식생활을 개선하고 영양식품 생산을 확대하여 국민의 체위를 향상시키고 식량 자급을 도모하기 위한 사업이었다.

1978년에는 전문 연구 인력과 훈련기관의 필요성에 따라 농촌영양개선연수원이 설립되었고, 이후 정부 조직 개편 과정을 거쳐 농업과학원으로 개칭되었다.

(7) 영양표시제도 시행

우리나라의 영양표시제도는 1995년 1월 처음 시행되었으며, 같은 해 12월 말 공포된 규정에 따라 1996년 1월부터 세분화된 기준이 적용되었다. 그동안 「식품위생법 시행규칙」과 「식품공전」 등에서 각각 규정하던 표시 관련 조항은 1995년 12월 28일 고시된 「식품 등의 표시기준」으로 일원화되었다.

특수용도식품과 건강기능식품은 영양성분 표시가 의무이며, 일반 식품의 경우 제조업자가 표시를 원할 때 규정에 따라 표시할 수 있다. 또한 영양성분을 강조 표시한 제품은 반드시 영양성분을 함께 표기해야 한다.

제도 도입 당시 의무 표시 대상 성분은 열량, 탄수화물, 단백질, 지방, 나트륨 다섯 가지와 강조 표시 성분이었으나, 이후 당류, 포화지방, 트랜스지방, 콜레스테롤이 추가되었다. 자세한 내용은 CHAPTER 7을 참고한다.

(8) 어린이 먹거리 안전관리 종합대책

어린이 먹거리 안전관리 종합대책은 2007년에 식품의약품안전청(현 식품의약품안전처)에서 수립한 정책이다. 이 대책은 '안전한 식품, 바른 영양, 건강한 어린이'라는 비전 아래 어린이 기호식품과 단체급식의 유통·소비 환경을 개선하여 유해성분, 식중독, 비만 등으로부터 어린이의 건강을 보호하는 것을 목표로 한다. 이를 위해 「어린이 식생활 안전관리 특별법」 제정, 고열량·고지방 식품 등 건강 저해 식품에 대한 규제 기준 마련, 트랜스지방 함량 표시, 첨가물 사용 제한 등 안전기준 강화, 초등학생 식품안전·영양교육 확대 및 패스트푸드 영양표시 등의 여건을 구축하였다.

또한 2011년부터는 100인 미만으로 영양사 배치의 법적 의무가 없는 소규모 어린이 단체급식시설(유치원, 어린이집, 지역아동급식센터 등)과 사회복지시설을 지원하기 위해 어린이·사회복지급식관리지원센터를 설치·운영하고 있다. 자세한 내용은 CHAPTER 10을 참고한다.

(9) 영양플러스 사업

영양플러스 사업은 영양상태가 취약한 임신부, 수유부 및 만 6세 미만 영유아에게 건강증진을 위한 영양교육과 영양 섭취상태 개선을 위해 일정 기간 특정 식품을 지원하여 스스로의 식생활 관리 능력을 향상시키는 사업이다. 이는 국민의 건강을 태아기부터 관리하여 생애 전반에 걸쳐 건강할 권리를 보장하는 국가 영양지원제도이다. 가구의 소득 수준이 기준 중위소득 80% 이하인 사람 중 빈혈, 저체중, 영양 섭취 불량 등의 영양 위험요인을 가진 임산부와 영유아에게 가정으로 보충식품을 제공할 뿐만 아니라, 보건소 내 영양교육 및 가정 방문을 통한 영양상담도 실시한다.

제공하는 식품은 대상자의 식생활에서 부족한 영양소 보충을 위한 쌀, 감자, 달걀, 우유, 검정콩, 김, 미역, 당근, 참치 통조림, 귤·오렌지주스 등이며, 이들 식품을 대상별로 조합을 달리한 패키지(대체식품 가능)로 공급한다.

2005년 3개 보건소에서 시범사업으로 시작된 이 사업의 효과를 분석한 결과, 빈혈과 저체중아 출산이 감소하는 등 긍정적인 성과가 나타나 2008년 말부터 전국 모든 보건소로 확산되었다. 자세한 내용은 CHAPTER 10을 참고한다.

(10) 식품보조정책

사회의 소외계층을 대상으로 한 포괄적 건강증진 전략의 일환으로 영양 개선을 위한 식품보조정책이 시행되고 있다. 이는 본래 노인, 영유아 등 고위험군을 대상으로 하여 결핍되기 쉬운 영양소를 충족시키는 범위 내에서 급식을 실시하거나 식품을 보조하는 것을 의미한다.

우리나라도 사회복지정책의 일환으로 생활보호대상자를 선정하여 생계보호금품을 지급하고자 보조 대상 선정 기준, 지급 방법, 지급 액수 등에 대한 규정을 마련해 놓고 있다. 이에 따라 저소득층 아동의 학교급식비 지원, 방학 중 결식아동 지원 정책 등이 운영되고 있다.

한편, 1998년부터는 전국에 광역 및 기초 푸드뱅크가 조직되어 남은 음식을 기탁받아 음식이 필요한 사람들에게 제공하는 사회복지체계로 활용되고 있다.

(11) 식품성분표 발간

각 식품이 제공하는 영양소의 양을 제시하는 식품성분표는 국민의 영양소 섭취량을 평가하는 기준이 되며 주기적으로 발간된다. 농촌진흥청 국립농업과학원에서는 『국가표준식품성분표(DB 10.3, 2025)』를 발간하고, 이를 온라인에서 직접 검색할 수 있는 시스템을 구축하고 있다.

공공데이터포털(www.data.go.kr)에서는 식품영양성분데이터베이스(식품의약품안전처), 국가표준식품성분표(농촌진흥청 국립농업과학원), 표준수산물성분표(해양수산부 국립수산과학원) 등에서 제공하는 원재료성 식품, 가공식품, 음식에 대한 영양성분 정보를 통합한 전국 통합 식품영양성분 정보표준데이터를 제공한다. 자세한 내용은 CHAPTER 7을 참고한다.

(12) 통합돌봄 사업

통합돌봄은 노쇠·장애·질병 등으로 일상생활이 어려운 사람이 살던 곳에서 계속 생활할 수 있도록, 지자체(시·군·구)가 보건의료–요양–돌봄–일상생활 지원 서비스를 통합·연계하여 제공하는 제도이다. 2026년 3월 27일「의료·요양 등 지역 돌봄의 통합지원에 관한 법률」의 전면 시행을 기반으로 전국 시행 체계가 정비되고 있다.

이 체계에서 영양사는 노쇠·근감소· 만성질환 관리, 저작·연하 문제, 식사 준비 능력 및 식품 접근성 등과 직결되는 핵심 요소를 담당한다. 구체적으로 영양 위험 스크리닝과 평가, 개인별 식사·영양 계획 수립(질환·기능 맞춤), 식사지원 서비스(도시락·식재료·급식) 연계, 영양교육·상담 및 모니터링 등의 역할을 수행한다. 이를 통해 노인과 장애인 등이 시설이 아닌 지역사회에서 안정된 삶을 유지하도록 지원하고, 복잡한 서비스 신청 절차를 간소화하는 동시에 필요한 서비스를 통합적으로 제공하는 지역사회 내 돌봄 생태계가 구축되었다.

3. 지역사회의 식품 접근성 향상을 위한 국가 전략

편의시설, 의료시설, 마트 등 사회기반시설에 대한 접근성이 낮은 지역에서 거동이 불편한 노인, 장애인 또는 저소득층 등 취약계층은 양이 충분하고 영양소가 풍부한 식품을 원활히 확보하기 어렵다. 특히, 양질의 영양소를 충분히 섭취해야 하는 성장기 영유아, 어린이 및 청소년, 임신·수유부, 노인에게 신선식품에 대한 접근성은 적절한 영양 섭취와 건강 유지, 나아가 생존을 위해 반드시 확보되어야 하는 중요한 요소이다.

따라서 세계기구(FAO, IFAD, UNICEF, WFP, WHO 등)는 세계 어느 곳에 거주하든

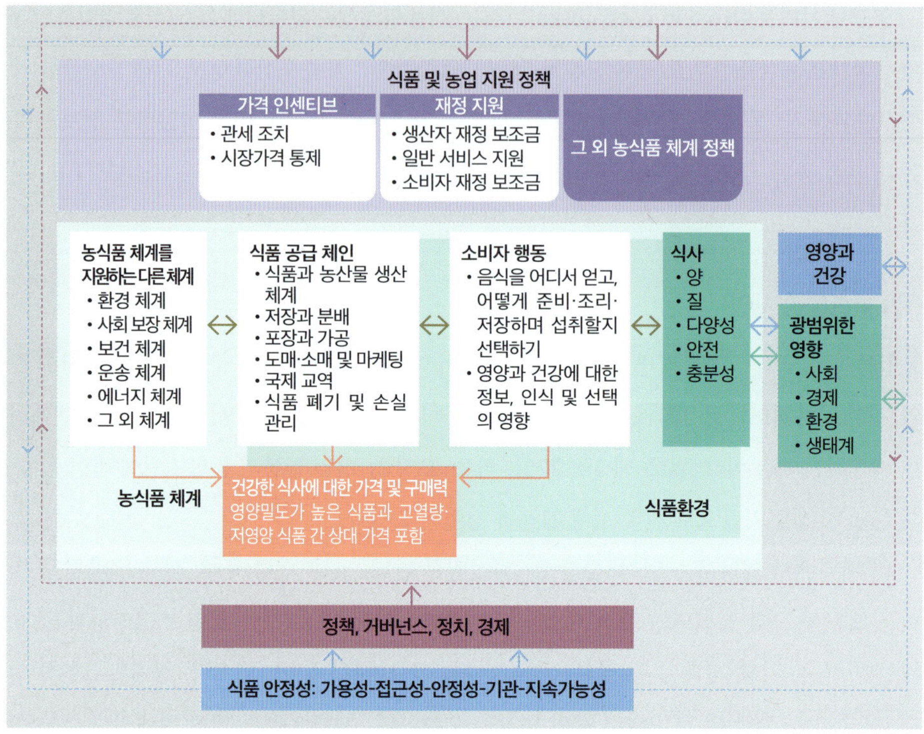

그림 8-12 건강한 식사와 식품 안정성을 보장하기 위한 식품 및 농업 정책

자료: FAO, IFAD, UNICEF, WFP & WHO(2021). The State of Food Security in the World 2021.

건강한 식사와 식품안정성을 보장받기 위한 식품 및 농업 정책을 제안하였다(그림 8-12).

식품 및 농업 지원에 관한 관세나 시장가격과 같은 가격 인센티브, 생산자나 소비자 보조금과 같은 재정 지원부터 식품 공급 및 소비자 행동에 이르기까지 전반적인 식품환경과 농식품 체계는 궁극적으로 개인의 영양상태와 건강뿐만 아니라 광범위한 사회, 경제, 환경, 생태계에까지 영향을 줄 수 있다.

제외국에서는 과일이나 채소 등 양질의 식품에 대한 접근이 어려운 지역을 식품빈곤지역(식품사막, food deserts)으로 정의하고, 해당 지역 거주자의 영양 불균형과 건강문제를 파악하는 연구를 진행하여 정부 차원의 대책을 마련해 왔으며, 최근에는 식품 접근성의 문제에 초점을 맞춰 개선하려는 노력을 기울이고 있다.

우리나라의 경우 다문화·고령화가 급속히 진행된 농촌지역에서 신선한 식품을 구입하기 어려워 필수 영양소를 충분히 섭취하지 못하는 계층이 존재할 수 있으나, 현재까지 식품빈곤지역 문제에 대한 인식은 낮은 편이다. 유례없이 다문화·고령화가 빠르게 진행되는 현 시점에서, 다문화가구나 노인 포함 가구 중 신선식품에 대한 접근성이 열악한 지역을 파악하고 이에 대한 대책을 수립할 필요가 있다.

이를 위해 미국의 식품 접근성 개념 및 이를 높이기 위한 대책을 살펴보고, 범정부 차원에서 2022년 9월 미국 백악관에서 열린 기아·영양·보건 컨퍼런스에 대해 살펴보고자 한다.

1) 식품빈곤지역의 정의

식품빈곤지역은 식품상점과의 먼 거리, 부족한 교통수단, 비싼 식품 가격, 건강에 유익한 식품(일반적으로 신선한 과일 및 채소)의 부재로 인해 적당한 가격으로 영양가 높은 식품을 구하는 데 제한을 받는 지역으로, 특히 저소득층이 밀집된 지역을 뜻한다(2008년 미국 농업법). 빈곤율이 20% 이상이며, 미국 농무부의 근검식품계획(Thrifty Food Plan, 적절한 영양을 공급하는 식품과 섭취량을 정해 놓은 정책 계획)에 명시된 과일과 채소류 식품을 반경 2 km 이내의 어떤 마트에서도 구입할 수 없는 지역으로 정의한다(Rose et al., 2009).

미국 농무부에 따르면, 미국 전체 가구 중 2.2%가 식료품을 파는 곳에서 1.6 km 이상 떨어진 곳에 거주하는 것으로 나타났다. 대부분의 농촌에서는 대중교통시설이 매우 제한적이어서 신선식품을 구입하는 데도 제약을 받았다(Herrera, 2011). 최근에는 식품 접근성 개념이 단순한 물리적 거리를 넘어, 양질의 신선식품 유무, 품질의 지속성, 문화적 적합성, 영업시간, 인적 접근성 및 배달 서비스 등의 요소까지 확장되고 있다.

식품빈곤지역은 유색인종과 저소득층이 주로 거주하는 지역에 나타나므로 사회적·경제적 요인에 의해 발생한다고 볼 수 있다. 부유한 지역에는 그렇지 않은 지역보다 식품상점이 3배 많았고, 백인 거주 지역에는 흑인 거주 지역보다 식품상점이 4배 많았으며 더 다양한 식품을 구매할 수 있었다(Dutko et al., 2012). 대부분의 식품빈곤지역에는 저렴한 고기나 지방·당·나트륨 함량이 높은 가공식품을 판매하는 패스트푸드 체인점, 편의점, 주류 판매점 등이 많았다. 이러한 환경을 반영하듯 미국 내 소수민족과 저소득층에서 비만, 당뇨병, 심혈관계 질환의 발병률이 전체 집단보다 높았다.

이러한 문제가 알려지면서 대중의 식품빈곤지역에 대한 인식이 높아지고 있다. 이에 따라 정부 및 지역기관에서는 건강한 식품에 대한 접근성을 개선하기 위해 노력 중이다. 예를 들어, 서비스가 충분하지 못한 농촌에서 식품 소매점을 운영할 경우 보조금을 지원하는 프로그램을 운영하기도 한다(Giang et al., 2008).

2) 식품빈곤지역 측정도구

(1) 슈퍼마켓 요구도 지수

슈퍼마켓 요구도 지수(Supermarket Need Index)는 뉴욕시 도시계획국이 뉴욕 내 식사 관련 질환의 유병률이 높은 지역과 신선식품을 구매할 기회가 제한된 지역을 구별하기 위해 뉴욕시 보건 및 정신위생국의 도움을 받아 개발한 것이다(Smith et al., 2011). 이는 지역사회 주민들의 건강상태와 신선식품을 얻는 데 직면하는 경제적·지리적 장애물을 반영한 지수로, 이를 활용해 도시 내 신선식품 서비스가 부족하고 식사 관련 질환 유병률이 높은 지역을 식별할 수 있다. 이때 인구 밀도, 교통시설 접근성, 소득 수준, 당뇨병 및 비만 유병률, 신선한 과일과 채소 섭취, 신선식품을 판매하는 식료품점 등의 요소를 근거로 슈퍼마켓에 대한 요구도를 측정한다.

신선식품을 공급하는 슈퍼마켓에 접근할 수 있는 사람들은 그렇지 못한 사람들보다 비만 유병률이 낮았다(Morland et al., 2006). 식품빈곤지역 거주자는 비만, 당뇨병 등 식사 관련 질환 유병률이 높을 뿐만 아니라, 슈퍼마켓이 지역사회에 제공하는 경제 활성화나 일자리 증가 같은 추가 경제 혜택도 누리지 못한다.

2007년 뉴욕시 블룸버그(Bloomberg) 시장 재임 시절, 뉴욕시장실은 소규모 보조금을 제공하기 시작했고, 이를 계기로 저소득 지역에 새로 창업하는 슈퍼마켓에 대출이나 세금 인센티브를 제공하였다. 연방정부도 미국 전역의 식품빈곤지역에 식료품점이나 소매점을 세우는 '건강식품 재정 발의(Healthy Food Financing Initiative)'에 4억 달러 이상을 배정하였다.

같은 해 초, 뉴욕시장실 주도로 뉴욕시 도시계획국은 슈퍼마켓 요구도 관련 조사를 실시했으며, 뉴욕시 식품정책대책위원회·뉴욕 경제발전협력체·보건 및 정신위생국의 공동 연구를 통해 뉴욕시 전역에 슈퍼마켓과 식료품점이 부족한 지역이 넓게 분포함을 확인하였다. 특히, 식사 관련 질환이 높고 신선식품 구매 기회가 적은 인구가 집중된 지역을 중심으로, 신선식품 공급 필요 수준이 가장 높은 300만 명의 시민이 거주하는 지역을 식별하였다.

이후 2009년, 건강 지원을 위한 식품 소매 확장 프로그램(FRESH, The Food Retail Expansion to Support Health Program)이 신선한 고기, 과일, 채소를 포함한 모든 종류의 식료품을 제공하는 상점 개점을 장려하기 위해 만들어졌다. FRESH 프로그램은 부동산 소유자가 FRESH 슈퍼마켓을 포함할 경우, 주상복합 지역에서 주차요건을 완화하고 더 큰 건물을 지을 수 있는 권리를 부여한다. 또한 뉴욕시 산업개발청이 관리하는 재정적 혜택을 통해 신선식품 판매점 자격을 갖춘 경우 특정 세금을 면제하거나 감면받을 수 있다.

(2) 식품환경지도

식품환경지도(Food Environment Atlas)는 2010년 미국 농무부 경제연구청(ERS)이 개발한 온라인 지도이다. 이는 식품 선택과 식사의 질에 영향을 미치는 다양한 결정요인을 연구할 수 있도록 관련 통계자료를 수집·제공한다(그림 8-13). 정책 입안자는 이 지도를 활용해 신선하고 건강한 식품에 대한 접근성을 비롯한 공간적 정보를 파악할 수 있다.

수집되는 통계는 식료품점과 레스토랑 접근성, 지역 식품 판매 여부(로컬푸드, 농산물 직

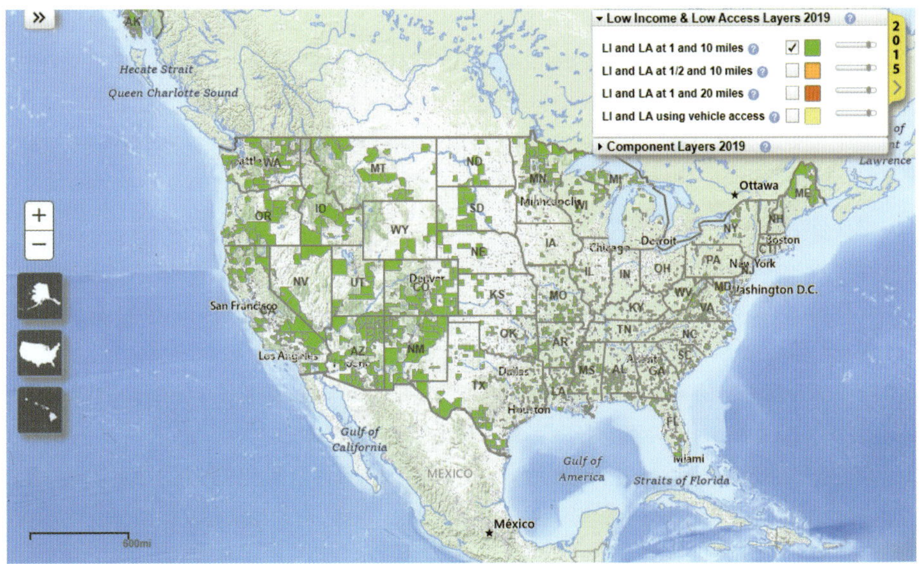

그림 8-13 미국 식품환경지도

자료: USDA.

거래 등), 영양 및 건강 관련 지표, 식품·영양 지원 프로그램 참여율 등으로 구성된다. 식품환경지도는 300개 이상의 지표를 국가 및 지역 단위로 제시하며, 애플리케이션을 통해 관련 지표를 시각적으로 확인할 수 있다.

미국 농무부 경제연구청은 이 자료를 통해 식품 선택, 식사 섭취의 질, 다양한 사회적·경제적 조건을 종합적으로 파악하여 식사 관련 보건문제 해결책을 모색하고자 한다. 최근에는 달러 스토어와 일반 상품매장 분포, 극빈층 비율 등의 지표도 추가되었다.

더 알아보기

미국 백악관의 기아·영양·보건에 대한 컨퍼런스

2022년 9월 28일, 바이든 행정부는 기업, 시민, 학계, 민간단체 지도자들과 함께 '기아·영양·건강에 관한 백악관 회의(White House Conference on Hunger, Nutrition and Health)'를 개최하였다. 이 자리에서 2030년까지 기아를 종식하고 식사 관련 질병을 줄이기 위한 비전을 제시하고, 지역사회 간 격차 해소를 위해 80억 달러 이상을 지원하겠다고 발표하였다.
이 중 최소 25억 달러는 기아와 식품 불안정 문제 해결을 선도하는 스타트업에, 40억 달러 이상은 영양가 있는 식품 접근성 확대와 신체활동 장려에 투입하기로 하였다.
회의에서는 다섯 가지 목표가 제시되었다.

- 첫째, '식품 접근성 및 가격 적정성 향상'으로, 배고픔을 해소하고 취약계층의 식품 접근성과 구매력을 보장하는 것이다. 이는 방학·방과 후 아동급식 프로그램 확대와 같은 정책의 근거가 되었다.
- 둘째, '영양과 보건의 통합'으로, 영양의 중요성을 우선시하여 질병 예방과 전반적인 건강증진을 도모하고, 국가의 건강관리 체계가 모든 사람의 영양문제를 해결할 수 있도록 지역사회 중심의 영양교육과 식생활 정책을 시행하는 데 목적이 있다.
- 셋째, '모든 소비자에게 건강한 선택의 기회와 접근성 보장'으로, 정보에 기반한 올바른 선택이 가능하도록 지원하고, 건강한 식품 접근성을 높이며, 직장과 학교의 건강정책을 장려하고, 지역사회 맞춤형 공교육 캠페인에 투자하는 것이다.
- 넷째, '모두를 위한 신체활동 지원'으로, 누구나 안전한 장소에서 쉽게 신체활동을 할 수 있도록 접근성을 보장하고, 신체활동의 이점을 확산하는 프로그램을 추진하는 것이다.
- 다섯째, '영양 및 식품안정성 연구 강화'로, 영양 측정기준과 자료 수집 및 연구를 개선하여 형평성·접근성·격차 문제를 반영한 정책 수립을 뒷받침하는 것이다.

이러한 범정부적 노력은 지역사회의 영양문제, 특히 형평성과 격차 개선을 지원하는 의미 있는 사례가 되었으며, 새로운 자금이 식품·영양 관련 프로그램에 투입되고 지역사회와 민관 파트너십이 활성화되는 계기가 되었다.

더 알아보기

건강한 식품 선택 지원을 위한 정부의 역할

식품시스템은 생산자, 식품산업, 정부나 학교와 같은 기관이 서로 연결된 네트워크로 이루어져 있으며, 그 중심에는 개인이 있다. 정책은 네트워크 전반에 영향을 미칠 수 있으며, 특히 건강한 식품을 선호하는 문화적 변화를 촉진할 수 있다.

정부가 식품환경을 지원하면 개인의 행동이 변하고, 이러한 개인의 선호가 식품 생산자와 소매업자에게 영향을 주어 궁극적으로 사회 전체가 건강한 식품을 선택하는 방향으로 나아가게 된다.

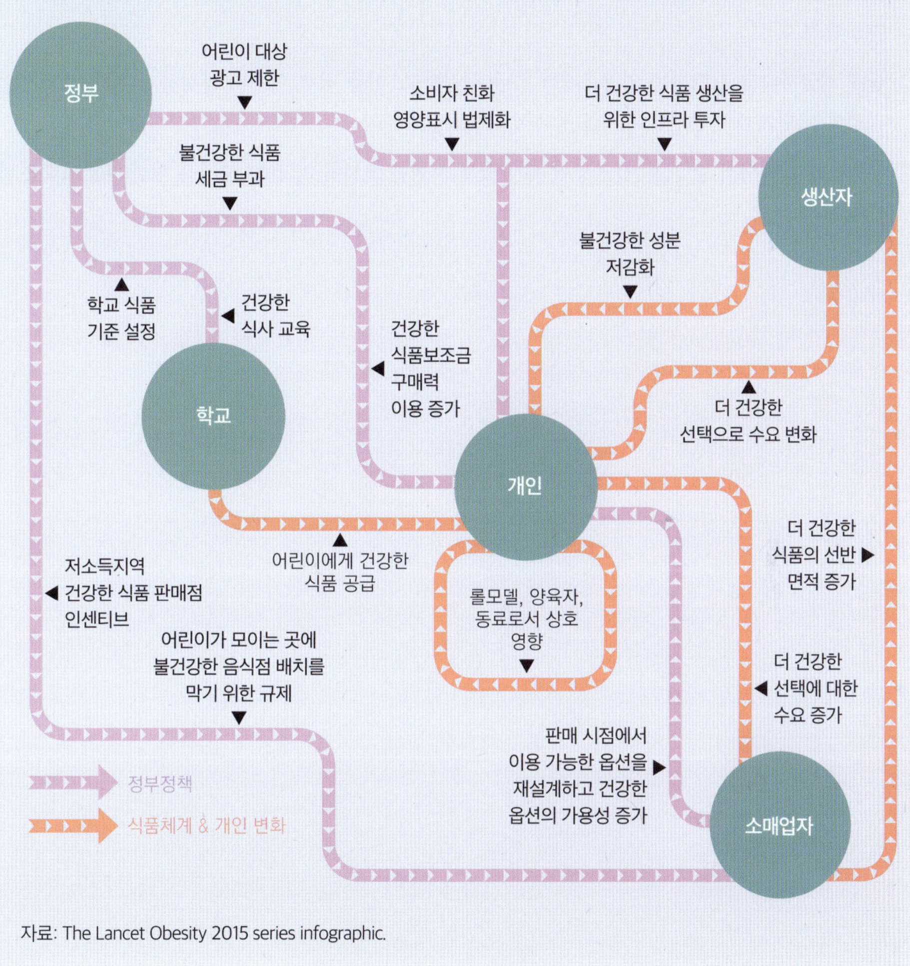

자료: The Lancet Obesity 2015 series infographic.

ACTIVITY

우리 사회의 영양문제를 다양한 관점에서 이해하고, 정책적 대응 방안을 모색하기 위해 다음의 탐구과제를 수행해 보자.

1. 우리나라 중앙정부에서 시행 중인 영양정책 중 조별로 한 가지를 선정하고, 해당 정책의 담당 정부 부처·관련 기관·법령을 조사한 뒤 실제 지역사회에서 수행되는 영양사업 및 프로그램 사례를 모아 발표해 보자.
2. 현재 시급하다고 판단되는 영양문제를 하나 선정하고, 이를 정책 의제로 상정하기 위해 정책 입안 과정의 각 단계에서 수행할 과제를 구체적으로 도출해 보자.
3. 우리나라 지역사회 중 식품 접근성 문제가 있는 지역을 조사하고, 문제 해결을 위한 프로그램을 제안해 보자.

SUMMARY

- **영양정책의 개념**: 개인의 식생활뿐만 아니라 식품·영양과 관련된 환경·제도·서비스를 조성하여 국민의 영양상태와 건강을 향상시키기 위한 공공의 정책적 개입을 의미한다.
- **영양정책의 필요성**: 비만·만성질환 증가, 사회경제적 집단 간 건강 격차, 고령화와 취약계층 문제 등은 개인 노력만으로 해결이 어려워 국가와 지자체의 체계적인 정책 대응이 요구된다.
- **영양정책의 입안 과정**: 문제 인식 → 의제 설정 → 대안 설정 → 정책 선정·실행·평가·종결 과정을 거친다. 이 과정을 한 번만 순환하는 정책도 있지만, 경우에 따라 수립된 정책이 과정을 재순환하며 존속되기도 한다.
- **정책 입안 과정 참여 방법**: 지역사회영양사는 자신의 견해 전달, 직접 관여, 이익단체 가입, 정치적 영향력 행사, 정치적 활동 등을 통해 전문적 관심을 갖고 참여할 수 있다.
- **영양정책의 구성요소**: 값싸고 충분한 식품 공급, 공급 식품의 품질·안전성·영양가 보장, 식품 가용성과 구입 가능성 보장, 연구 기반 정보와 교육 프로그램 제공, 식품과 영양 분야의 연구 지원, 의료관리시스템에 영양 서비스 통합 등이 있다.
- **영양정책에 적용하는 식품·영양 프로그램**: 보충급식, 식품보조금, 식품의 영양소 강화, 조제식품, 소득 창출, 식량 원조, 영양재활, 영양교육, 신소재식품 개발, 영양연구 지원 등이 있다.
- **우리나라 영양정책 현황**: 국민건강영양조사 실시, 한국인 영양소 섭취기준 제정, 국민건강증진법 제정, 국민식생활지침 제정, 영양사 및 임상영양사제도, 응용영양사업 실시, 영양표시제도 시행, 어린이 먹거리 안전관리 종합대책, 영양플러스 사업, 식품보조정책, 식품성분표 발간 등이 있다.
- **식품환경과 건강 불평등**: 신선식품 접근성이 낮고 에너지 고밀도 식품이 많은 환경은 영양불균형과 비만을 촉진하므로, 식품사막·식품 불평등 해소가 중요한 정책과제로 부각되고 있다.

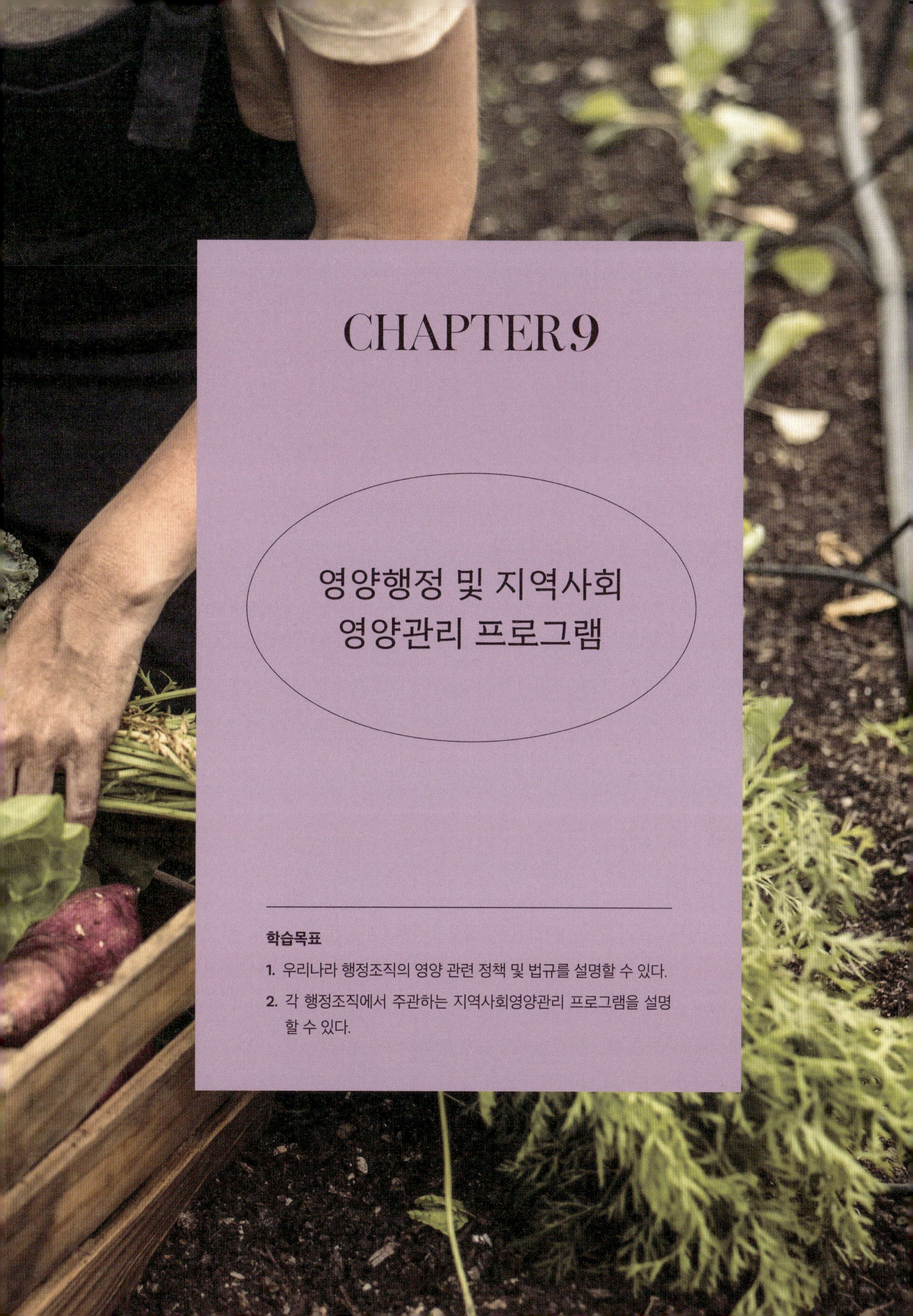

CHAPTER 9

영양행정 및 지역사회 영양관리 프로그램

학습목표

1. 우리나라 행정조직의 영양 관련 정책 및 법규를 설명할 수 있다.
2. 각 행정조직에서 주관하는 지역사회영양관리 프로그램을 설명할 수 있다.

CHAPTER 9

영양행정이란 영양 관련 법에 따라 전 국민을 대상으로 영양 개선을 추진하는 국가 및 지방자치단체의 활동을 말한다. 대상은 취약계층, 다문화가정, 농어촌 주민, 근로자, 학생, 임신·수유부, 영유아, 사회복지시설 이용 장애인, 노인 등 매우 다양하다. 각 행정조직은 식품·영양 관련 법규와 정책을 기반으로 영양정책을 수립하고 추진한다.

이 장에서는 우리나라의 행정조직이 법규에 근거해 주관하는 영양정책과 지역사회영양관리 프로그램을 살펴본다. 관련 법령은 법제처 국가법령정보센터 홈페이지(http://www.law.go.kr)에서 법령명을 검색하여 확인할 수 있다.

1. 보건복지부 및 산하기관

보건복지부는 영양행정의 중앙기관으로, 국민영양사업의 기획과 정책을 총괄한다. 보건복지부 내에서는 건강정책국 산하 건강정책과와 건강증진과가 영양 관련 업무를 담당하며, 「국민건강증진법」, 「지역보건법」, 「어린이 식생활안전관리 특별법」 등의 시행을 관장한다. 또한 영양사 및 임상영양사 국가시험 관리 업무를 맡고 있으며, 보육정책과에서는 「영유아보육법」을 근거로 영유아 건강 및 영양관리 정책을 추진한다.

1) 관련 법령

(1) 국민영양관리법

보건복지부 건강증진과가 주무부서인 「국민영양관리법」(제정 2010. 3. 26.)은 영양을 독립적으로 다룬 최초의 법이라는 점에서 의미가 크다. 이 법은 '국민의 식생활에 대한 과학적인 조사·연구를 바탕으로 체계적인 국가영양정책을 수립·시행함으로써 국민의 영양 및 건강 증진을 도모하고 삶의 질 향상에 이바지하는 것'을 목적으로 한다.

기존 여러 법령에 흩어져 있던 영양 관련 내용을 통합했으며, 영양정책을 보건정책의 일부가 아닌 독립적 정책으로 규정하였다. 국가가 5년마다 국민영양관리기본계획을 수립하도록 의무화하고, 지방자치단체는 매년 시행계획을 수립·시행하도록 규정한다. 또한 영양·식생활 교육, 영양취약계층 관리, 영양 및 식생활조사, 영양소 섭취기준과 식생활지침의 제정·보급 등을 의무화하였다. 더불어 「식품위생법」에 규정되었던 영양사 관련 조항을 포함하고, 임상영양사 자격을 법적 자격증으로 격상하였다.

더 알아보기

「국민영양관리법」의 용어 정의와 주요 내용

용어 정의

- 식생활: 식문화, 식습관, 식품의 선택 및 소비 등 식품의 섭취와 관련된 모든 양식화된 행위
- 영양관리: 적절한 영양의 공급과 올바른 식생활 개선을 통하여 국민이 질병을 예방하고 건강한 상태를 유지하도록 하는 것
- 영양관리사업: 국민의 영양관리를 위하여 생애주기 등 영양관리 특성을 고려하여 실시하는 교육·상담 등의 사업

주요 내용

제7조(국민영양관리기본계획) ① 보건복지부장관은 관계 중앙행정기관의 장과 협의하고 「국민건강증진법」 제5조에 따른 국민건강증진정책심의위원회의 심의를 거쳐 국민영양관리기본계획을 5년마다 수립하여야 한다.

② 기본계획에는 다음 각 호의 사항이 포함되어야 한다.

1. 기본계획의 중장기적 목표와 추진방향
2. 다음 각 목의 영양관리사업 추진계획
   가. 제10조에 따른 영양·식생활 교육사업
   나. 제11조에 따른 영양취약계층 등의 영양관리사업
   다. 제13조에 따른 영양관리를 위한 영양 및 식생활 조사

제8조(국민영양관리시행계획) ① 시장·군수·구청장은 기본계획에 따라 매년 국민영양관리시행계획을 수립·시행하여야 하며 그 시행계획 및 추진실적을 시·도지사를 거쳐 보건복지부장관에게 제출하여야 한다.

제10조(영양·식생활 교육사업) ① 국가 및 지방자치단체는 국민의 건강을 위하여 영양·식생활 교육을 실시하여야 하며 영양·식생활 교육에 필요한 프로그램 및 자료를 개발하여 보급하여야 한다.

제11조(영양취약계층 등의 영양관리사업) 국가 및 지방자치단체는 다음 각 호의 영양관리사업을 실시할 수 있다.

(계속)

1. 영유아, 임산부, 아동, 노인, 노숙인, 장애인 및 사회복지시설 수용자 등 영양취약계층을 위한 영양관리사업
2. 어린이집, 유치원, 학교, 집단급식소, 의료기관 및 사회복지시설 등 시설 및 단체에 대한 영양관리사업
3. 생활습관질병 등 질병예방을 위한 영양관리사업

제12조(통계·정보) ① 질병관리청장은 보건복지부장관과 협의하여 영양정책 및 영양관리사업 등에 활용할 수 있도록 식품 및 영양에 관한 통계 및 정보를 수집·관리하여야 한다.

제13조(영양관리를 위한 영양 및 식생활 조사) ① 국가 및 지방자치단체는 지역사회의 영양문제에 관한 연구를 위하여 다음 각 호의 조사를 실시할 수 있다.

1. 식품 및 영양소 섭취조사
2. 식생활 행태 조사
3. 영양상태 조사

② 질병관리청장은 보건복지부장관과 협의하여 국민의 식품섭취·식생활 등에 관한 국민 영양 및 식생활 조사를 매년 실시하고 그 결과를 공표하여야 한다.

제14조(영양소 섭취기준 및 식생활 지침의 제정 및 보급) ① 보건복지부장관은 국민건강증진에 필요한 영양소 섭취기준을 제정하고 정기적으로 개정하여 학계·산업계 및 관련 기관 등에 체계적으로 보급하여야 한다.

② 보건복지부장관은 관계 중앙행정기관의 장과 협의하여 다음 각 호의 분야에서 제1항에 따른 영양소 섭취기준을 적극 활용할 수 있도록 하여야 한다.

1. 「국민건강증진법」 제2조 제1호에 따른 국민건강증진사업
2. 「학교급식법」 제11조에 따른 학교급식의 영양관리
3. 「식품위생법」 제2조 제12호에 따른 집단급식소의 영양관리
4. 「식품 등의 표시·광고에 관한 법률」 제5조에 따른 식품 등의 영양표시
5. 「식생활교육지원법」 제2조 제2호에 따른 식생활 교육
6. 그 밖에 영양관리를 위하여 대통령령으로 정하는 분야

③ 보건복지부장관은 국민건강증진과 삶의 질 향상을 위하여 질병별·생애주기별 특성 등을 고려한 식생활 지침을 제정하고 정기적으로 개정·보급하여야 한다.

제15조(영양사의 면허) ① 영양사가 되고자 하는 사람은 다음 각 호의 어느 하나에 해당하는 사람으로서 영양사 국가시험에 합격한 후 보건복지부장관의 면허를 받아야 한다.

1. 「고등교육법」에 따른 대학, 산업대학, 전문대학 또는 방송통신대학에서 식품학 또는 영양학을 전공한 자로서 교과목 및 학점이수 등에 관하여 보건복지부령으로 정하는 요건을 갖춘 사람
2. 외국에서 영양사면허(보건복지부장관이 정하여 고시하는 인정기준에 해당하는 면허를 말한다)를 받은 사람
3. 외국의 영양사 양성학교(보건복지부장관이 정하여 고시하는 인정기준에 해당하는 학교를 말한다)

(계속)

를 졸업한 사람

제17조(영양사의 업무) 영양사는 다음 각 호의 업무를 수행한다.

1. 건강증진 및 환자를 위한 영양·식생활 교육 및 상담
2. 식품영양정보의 제공
3. 식단작성, 검식(檢食) 및 배식관리
4. 구매식품의 검수 및 관리
5. 급식시설의 위생적 관리
6. 집단급식소의 운영일지 작성
7. 종업원에 대한 영양지도 및 위생교육

제23조(임상영양사) ① 보건복지부장관은 건강관리를 위하여 영양판정, 영양상담, 영양소 모니터링 및 평가 등의 업무를 수행하는 영양사에게 영양사 면허 외에 임상영양사 자격을 인정할 수 있다.

(2) 국민건강증진법

「국민건강증진법」(제정 1995. 1. 5.)은 '국민에게 건강에 대한 가치와 책임의식을 함양하도록 건강에 관한 바른 지식을 보급하고 스스로 건강생활을 실천할 수 있는 여건을 조성함으로써 국민의 건강을 증진하는 것'을 목적으로 한다. 이 법은 영양 관련 사항을 국민건강증진 종합계획의 수립, 영양 개선, 국민영양조사, 건강증진사업, 국민건강증진기금의 설치 및 사용 등에 포함하고 있으며, 지역사회 영양관리도 명시하고 있다.

더 알아보기

「국민건강증진법」의 용어 정의와 주요 내용

용어 정의

- 국민건강증진사업: 보건교육, 질병예방, 영양 개선, 신체활동장려, 건강관리 및 건강생활의 실천 등을 통하여 국민의 건강을 증진시키는 사업
- 보건교육: 개인 또는 집단으로 하여금 건강에 유익한 행위를 자발적으로 수행하도록 하는 교육
- 영양 개선: 개인 또는 집단이 균형된 식생활을 통하여 건강을 개선시키는 것
- 신체활동장려: 개인 또는 집단이 일상생활 중 신체의 근육을 활용하여 에너지를 소비하는 모든 활동을 자발적으로 적극 수행하도록 장려하는 것
- 건강관리: 개인 또는 집단이 건강에 유익한 행위를 지속적으로 수행함으로써 건강한 상태를 유지하

(계속)

는 것

- 건강친화제도: 근로자의 건강증진을 위하여 직장 내 문화 및 환경을 건강친화적으로 조성하고, 근로자가 자신의 건강관리를 적극적으로 수행할 수 있도록 교육, 상담 프로그램 등을 지원하는 것

주요 내용

제4조(국민건강증진종합계획의 수립) ① 보건복지부장관은 제5조의 규정에 따른 국민건강증진정책심의위원회의 심의를 거쳐 국민건강증진종합계획을 5년마다 수립하여야 한다. 이 경우 미리 관계중앙행정기관의 장과 협의를 거쳐야 한다.

제15조(영양개선) ① 국가 및 지방자치단체는 국민의 영양상태를 조사하여 국민의 영양개선방안을 강구하고 영양에 관한 지도를 실시하여야 한다.

② 국가 및 지방자치단체는 국민의 영양개선을 위하여 다음 각 호의 사업을 행한다.

1. 영양교육사업
2. 영양개선에 관한 조사·연구사업

제16조(국민건강영양조사 등) ① 질병관리청장은 보건복지부장관과 협의하여 국민의 건강상태·식품섭취·식생활조사 등 국민의 건강과 영양에 관한 조사를 정기적으로 실시한다.

제19조(건강증진사업 등) ① 국가 및 지방자치단체는 국민건강증진사업에 필요한 요원 및 시설을 확보하고, 그 시설의 이용에 필요한 시책을 강구하여야 한다.

② 특별자치시장·특별자치도지사·시장·군수·구청장은 지역주민의 건강증진을 위하여 보건복지부령이 정하는 바에 의하여 보건소장으로 하여금 다음 각 호의 사업을 하게 할 수 있다.

1. 보건교육 및 건강상담
2. 영양관리
3. 신체활동장려
4. 구강건강의 관리
5. 질병의 조기발견을 위한 검진 및 처방
6. 지역사회의 보건문제에 관한 조사·연구
7. 기타 건강교실의 운영 등 건강증진사업에 관한 사항

(3) 지역보건법

전염병 관리와 가족계획사업 위주로 운영되어 온 보건소를 국민 소득 수준의 향상, 질병 및 인구 구조 변화 등에 의해 1995년에 공포된「국민건강증진법」에 맞추어 지역주민의 중추적 건강관리기관으로 육성하기 위해 1995년 12월 29일 기존「보건소법」을 개정하여「지역보건법」으로 제정되었다.

이 법은 '보건소 등 지역보건의료기관의 설치·운영에 관한 사항과 보건의료 관련기관·단체와의 연계·협력을 통하여 지역보건의료기관의 기능을 효과적으로 수행하는 데 필요한 사항을 규정함으로써 지역보건의료정책을 효율적으로 추진하여 지역주민의 건강증진에 이바지하는 것'을 목적으로 한다.

지역사회영양 관련 내용으로는 지역사회 건강실태조사, 지역보건의료계획 수립·시행·평가, 보건소 설치, 기능 및 업무, 건강생활지원센터 운영, 전문인력 배치기준 등이 있다.

더 알아보기

「지역보건법」 주요 내용

제11조(보건소의 기능 및 업무) ① 보건소는 해당 지방자치단체의 관할 구역에서 다음 각 호의 기능 및 업무를 수행한다.

1. 건강 친화적인 지역사회 여건의 조성
2. 지역보건의료정책의 기획, 조사·연구 및 평가
3. 보건의료인 및 「보건의료기본법」 제3조 제4호에 따른 보건의료기관 등에 대한 지도·관리·육성과 국민보건 향상을 위한 지도·관리
4. 보건의료 관련 기관·단체, 학교, 직장 등과의 협력체계 구축
5. 지역주민의 건강증진 및 질병예방·관리를 위한 다음 각 목의 지역보건의료서비스의 제공
   가. 국민건강증진·구강건강·영양관리사업 및 보건교육
   나. 감염병의 예방 및 관리
   다. 모성과 영유아의 건강유지·증진
   라. 여성·노인·장애인 등 보건의료 취약계층의 건강유지·증진
   마. 정신건강증진 및 생명존중에 관한 사항
   바. 지역주민에 대한 진료, 건강검진 및 만성질환 등의 질병관리에 관한 사항
   사. 가정 및 사회복지시설 등을 방문하여 행하는 보건의료 및 건강관리사업
   아. 난임의 예방 및 관리

(4) 영유아보육법

「영유아보육법」(제정 1991. 1. 14.)은 '영유아의 심신을 보호하고 건전하게 교육하여 건강한 사회 구성원으로 육성함과 아울러 보호자의 경제적·사회적 활동이 원활하게 이루어지도

록 함으로써 영유아 및 가정의 복지 증진에 이바지하는 것'을 목적으로 한다.

이를 위해 어린이집 원장은 균형 있고 위생적이며 안전한 급식을 제공해야 한다. 어린이집운영위원회를 두어 영유아의 건강·영양 및 안전에 관한 사항을 심의하도록 하며, 부모모니터링단이 급식, 위생, 건강 및 안전 관리 등의 운영 상황을 모니터링하도록 명시하고 있다.

(5) 아동복지법

「아동복지법」(제정 1961. 12. 30.)은 '18세 미만의 아동이 건강하게 출생하여 행복하고 안전하게 자랄 수 있도록 아동의 복지를 보장하는 것'을 목적으로 한다.

이를 위해 국가와 지방자치단체는 급식 지원을 통한 결식 예방과 영양 개선을 보장해야 하며, 매년 급식최저단가를 물가상승률에 맞춰 결정·지원하도록 규정한다. 또한 보건소는 아동 영양 개선 업무를 수행하며, 방과 후 돌봄서비스인 다함께돌봄센터에서 안전하고 균형 잡힌 급식과 간식을 제공할 수 있도록 법적 근거를 마련하고 있다.

(6) 노인복지법

「노인복지법」(제정 1981. 6. 5.)은 '노인의 질환을 사전예방 또는 조기발견하고 질환상태에 따른 적절한 치료·요양으로 심신의 건강을 유지하고, 노후의 생활안정을 위하여 필요한 조치를 강구함으로써 노인의 보건복지증진에 기여하는 것'을 목적으로 한다.

이를 위해 노인주거복지시설(양로시설, 공동생활가정)과 노인의료복지시설(노인요양시설, 치매·중풍 환자 공동생활가정) 등에서는 입소 노인을 위한 급식 기준을 마련하고 있다.

2) 행정조직별 영양 관련 주요 업무

보건복지부의 행정조직별 영양 관련 주요 업무는 **표 9-1**과 같다.

표 9-1 보건복지부 및 산하기관의 행정조직별 영양 관련 주요 업무

행정조직	실/국/원	부서	담당업무
보건복지부	건강정책국	건강증진과	• 국민영양관리 기본계획 수립 및 평가 등 국민 식생활·영양 정책 수립 및 총괄 • 비만예방관련 제도의 수립 및 운영 • 어린이 식생활안전관리 특별법에 따른 어린이급식관리지원센터의 집단급식소 등록관리 및 절차에 관한 사항
		건강정책과	• 국민건강증진사업 • 건강증진서비스 공급기반 조성 • 보건소 제도의 수립 및 운영 • 위생사에 관한 법령개정 및 관련 제도의 개선
	인구정책실	아동복지정책과	• 급식지원 등을 통한 결식예방 및 영양개선
질병관리청	국립보건연구원 미래연구의료부	유전체역학과	• 코호트 내 영양 관련 조사
	만성질환 관리국	건강영양 조사분석과	• 국가건강조사사업기획 및 운영 • 국민건강영양조사 • 청소년건강행태조사
		만성질환관리과	• 지역사회건강조사
보건소	–	–	• 건강증진, 질병 예방 및 관리를 위한 중심기관으로 지자체 건강 여건에 맞는 지역보건의료계획 수립 및 서비스 제공, 대표적인 영양 관련 사업은 영양플러스 사업
한국보건 산업진흥원	미래정책지원본부 의료서비스혁신단	디지털헬스 케어팀	• 국민영양통계 생산
		고령친화 산업육성팀	• 영양/식생활 실태 모니터링 및 평가
한국건강 증진개발원	건강증진사업센터	건강실천팀	• 영양관리사업 • 비만예방관리사업 • 국민영양관리시행계획

3) 관련 법령에 따른 지역사회영양관리 프로그램

(1) 국민영양관리법에 따른 국민영양관리기본계획

「국민영양관리법」은 '건강수명 증가를 위한 최적의 영양관리'를 비전으로 제정되었으며, 국민의 건강식생활 실천율 향상, 인구 특성에 따른 영양 격차 최소화, 만성질환 유병률 증가 속

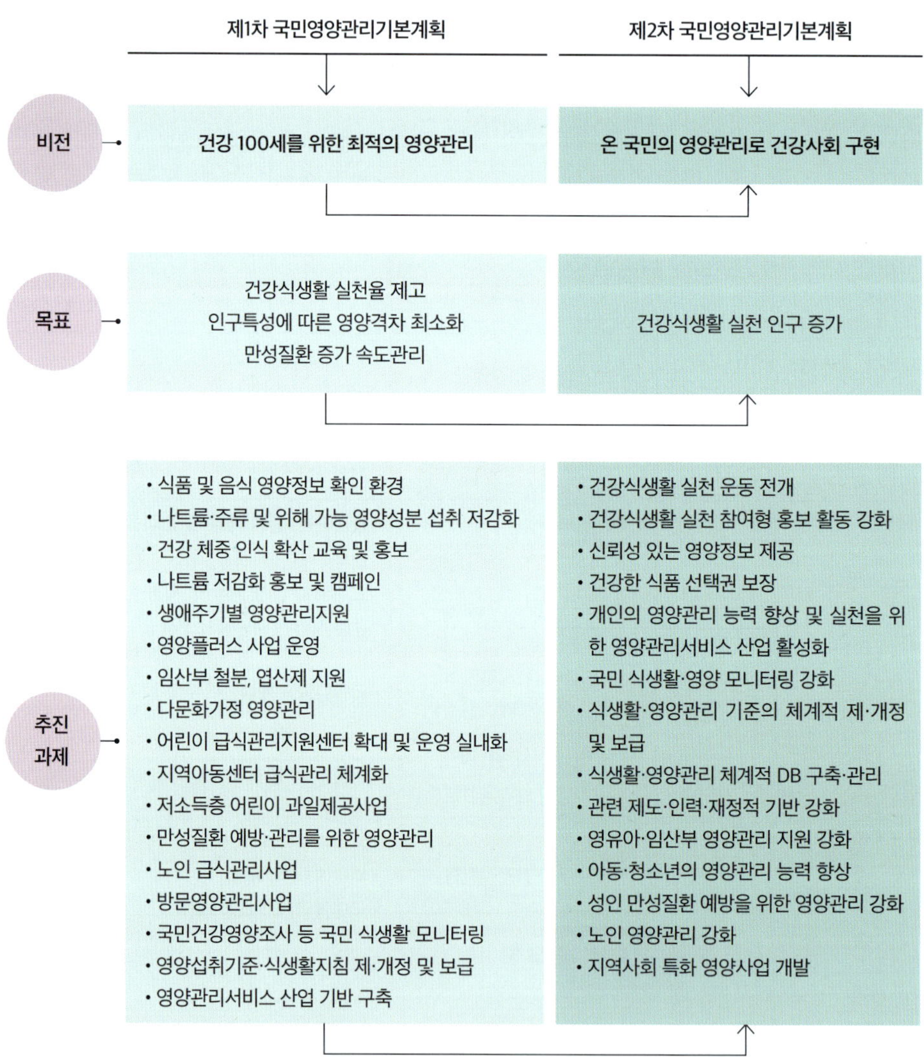

그림 9-1 제1차·제2차 국민영양관리기본계획

도 관리 등을 목표로 한다.

주요 추진 전략은 '생애주기에 따른 연속적 영양관리 체계 구축'으로, 일생 동안 지속적으로 제공되는 영양 서비스 확립, 국민 특성별 차별화된 영양관리 정립, 건강한 식생활 실천 환경 조성을 포함한다.

제1차(2012~2016)와 제2차(2017~2021) 국민영양관리기본계획의 비전, 목표, 추진과제는 그림 9-1에 제시되어 있다. 제3차(2022~2026) 국민영양관리기본계획은 앞선 성과를 바탕으로 건강식생활 실천 환경을 고도화하고, 맞춤형 영양관리를 강화하는 스마트 영양관리를 도입하였다(그림 9-2). 제3차 기본계획은 '모든 국민이 건강한 식생활을 실천할 수 있는 사회'를 비전으로 하며, 건강식생활 실천율 향상을 목표로 한다. 4대 추진전략과 15개 실천과제는 그림 9-3에 제시되어 있으며, 부처별 추진과제는 표 9-2에 정리되어 있다.

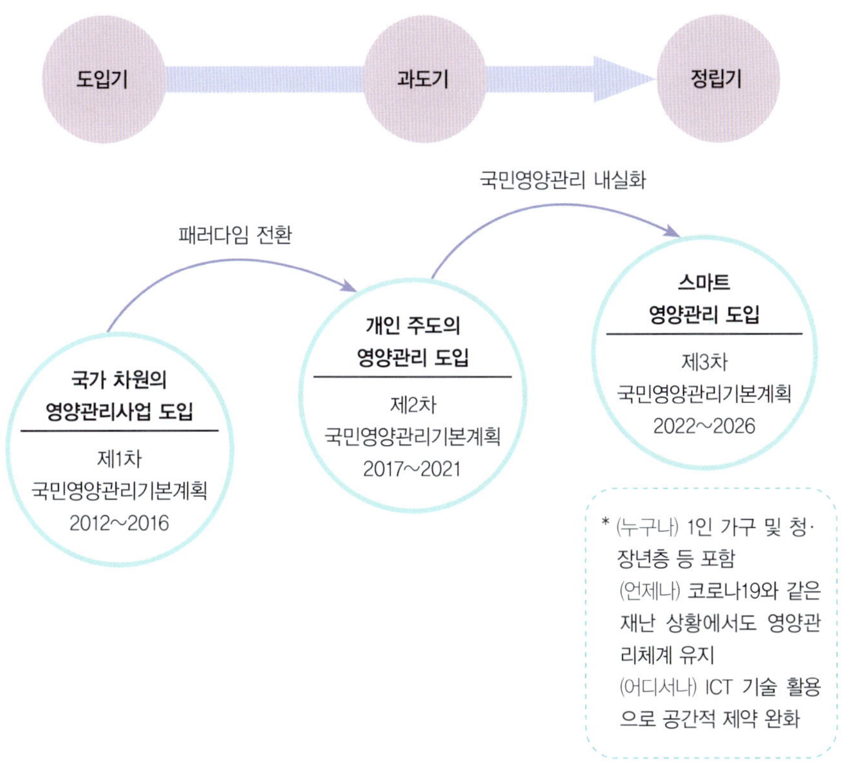

그림 9-2 제1차·제2차·제3차 국민영양관리기본계획의 발전방향

비전

모든 국민의 건강한 식생활 실천이 가능한 사회

목표

건강식생활 실천 인구 증가
누구나, 언제나, 어디서나 스마트 영양관리

- 포화지방산을 적정 수준으로 섭취하는 인구비율 증가('20년 47.7% → '26년 63.5%), 만 3세 이상, 표준화
- 과일/채소를 1일 500 g 이상 섭취하는 인구비율 증가('20년 26.2% → '26년 35.1%), 만 6세 이상, 표준화
- 당을 적정 수준으로 섭취하는 인구비율 증가('20년 72.3% → '26년 80.0%), 만 6세 이상, 표준화
- 나트륨을 적정 수준으로 섭취하는 인구비율 증가('20년 33.6% → '26년 38.6%), 만 1세 이상, 표준화
- 가공식품 선택 시 영양표시 이용 인구비율 증가('20년 30.1% → '26년 31.1%), 초등학생 이상, 표준화
- 아침식사 결식률 유지('20년 34.6% → '26년 ≤ 34.6%), 만 1세 이상, 표준화
- 식품안정성 확보 가구분율 증가('20년 96.3% → '26년 96.7%)
  - 소득 1-5분위 간 격차 감소('20년 13.2%p → '26년 9.5%p)

추진전략 및 실천과제

국민의 식생활 변화 인식 제고 추진
- 지속가능한 전국 단위 캠페인 추진
- 건강식생활정보 전달 경로 확대
- 홍보 · 캠페인을 위한 민관협력 강화

건강한 식생활 선택을 위한 환경 조성
- 영양 · 식생활 디지털 정보 제공
- 건강한 식품 소비 선택권 강화
- 건강한 식품 생산 유도

생활밀착형 영양관리 맞춤서비스 강화
- 스마트 영양관리 서비스 앱 보급
- 생활공간 기반 영양관리 실천 역량 강화
- 영양취약계층 영양관리 지원 확대
- 긴급영양관리 지원체계 구축

영양관리 기반 내실화를 위한 근거 강화 및 인프라 확충
- 법 · 제도 등 정비
- 영양 · 식생활 조사 확대 및 개선
- 영양성분 데이터 생산 및 활용 강화
- 전문 인력 역량 강화
- 영양관리 근거 마련 연구 기획 및 수행

추진체계

- 건강생활 실천 환경 조성 및 기반 강화
- 중앙행정기관 및 지방자치단체의 연도별 시행계획 수립·시행
- 민관협력 거버넌스 구축

그림 9-3 제3차 국민영양관리기본계획

표 9-2 제3차 국민영양관리기본계획의 각 부처별 추진과제 및 주요 사업

추진전략	추진과제	세부 추진과제	과제번호	주요 사업 내용	소관부처	
					주관부처	협조부처
1. 국민의식 생활 변화 인식 제고 추진	가. 지속가능한 전국단위 캠페인 추진	1) 전국단위 캠페인 기획 및 추진	1-가1-①	캠페인 기획 및 추진체계 마련	보건복지부	교육부 농림축산식품부 식품의약품안전처
			1-가1-②	건강식생활 캠페인 추진	보건복지부	교육부 농림축산식품부 식품의약품안전처
	나. 건강식생활 정보 전달 경로 확대	1) 접근성 높은 경로로 건강식생활 실천 정보 제공	1-나1-①	매체 확대 및 매체별 콘텐츠 개발·송출	보건복지부	농림축산식품부 식품의약품안전처
			1-나1-②	식생활 교육 및 체험공간 확대	농림축산식품부	식품의약품안전처 보건복지부
	다. 홍보·캠페인을 위한 민관 협력 강화	1) 협력체계 강화 및 사회마케팅 추진	1-다1-①	홍보·캠페인 협력체계 강화	보건복지부	농림축산식품부 식품의약품안전처
			1-다1-②	사회적 마케팅 기획 및 추진	보건복지부	농림축산식품부 식품의약품안전처
2. 건강한 식생활 선택을 위한 환경 조성	가. 영양·식생활 디지털 정보 제공	1) 식품·영양·건강식생활 포털 운영	2-가1-①	포털 기획·개발	보건복지부	–
			2-가1-②	포털 운영·관리	보건복지부	–
	나. 건강한 식품 소비 선택권 강화	1) 나트륨·당 조절 강화	2-나1-①	배달음식, 외식 등에서 나트륨·당 조절 구현	식품의약품안전처	보건복지부
		2) 식품·음식 영양정보 제공 확대	2-나2-①	가공식품 영양표시 의무대상 확대	식품의약품안전처	–
			2-나2-②	나트륨·당류 정보제공 음식점 확대	식품의약품안전처	–
			2-나2-③	나트륨·당류 저감표시 대상 확대	식품의약품안전처	–

(계속)

추진전략	추진과제	세부 추진과제	과제번호	주요 사업 내용	소관부처	
					주관부처	협조부처
2. 건강한 식생활 선택을 위한 환경 조성	나. 건강한 식품 소비 선택권 강화	3) 과일·채소 접근성 제고	2-나3-①	급식소, 편의점, 외식 등에서 과일 및 채소 소비 기회 확대	보건복지부	농림축산식품부
	다. 건강한 식품 생산 유도	1) 건강도시락 활성화	2-다1-①	건강도시락 인증제도 도입	보건복지부	–
		2) 나트륨·당류 저감 식품 확대	2-다2-①	나트륨·당류 저감 가공식품 개발 지원	식품의약품안전처	–
3. 생활 밀착형 영양관리 맞춤 서비스 강화	가. 스마트 영양 관리 서비스 앱 보급	1) 영양플러스 참여자 대상 모바일 원스톱 영양관리 서비스 앱 개발·보급	3-가1-①	서비스 앱 개발 (기개발도구 활용 및 보완)	보건복지부	–
			3-가1-②	솔루션 데이터 베이스 구축	보건복지부	–
			3-가1-③	시범운영 및 보급	보건복지부	–
	나. 생활공간 기반 영양 관리 실천 역량 강화	1) 어린이집·유치원 기반 영양·식생활 교육프로그램 개발 및 교육 실시	3-나1-①	프로그램 개발/보급	식품의약품안전처	보건복지부 교육부 농림축산식품부
			3-나1-②	교육 실시 (어린이급식관리지원센터 교육, 튼튼먹거리 탐험대 운영 등)	식품의약품안전처	보건복지부 교육부 농림축산식품부
			3-나2-③	나트륨·당류 저감표시 대상 확대	식품의약품안전처	–
		2) 학교 기반 영양·식생활 교육프로그램 개발 및 교육 실시	3-나2-①	프로그램 개발/보급 (학교급별 식생활·영양교육 가이드라인과 교재 개발)	보건복지부	식품의약품안전처 교육부

(계속)

추진전략	추진과제	세부 추진과제	과제번호	주요 사업 내용	소관부처	
					주관부처	협조부처
3. 생활 밀착형 영양관리 맞춤 서비스 강화	나. 생활공간 기반 영양 관리 실천 역량 강화	2) 학교 기반 영양·식생활 교육프로그램 개발 및 교육 실시	3-나2-②	교육 실시 (건강한 돌봄 놀이터 운영 등)	보건복지부	식품의약품안전처 교육부
		3) 직장 기반 영양·식생활 교육프로그램 개발 및 교육 실시	3-나3-①	프로그램 개발/보급	보건복지부	–
			3-나3-②	교육 실시	보건복지부	–
	다. 영양취약계층 영양관리 지원 확대	1) 임신·수유부, 영·유아 대상 영양관리지원	3-다1-①	영양플러스 사업 지원 확대	보건복지부	–
		2) 아동 및 청소년 대상 영양관리지원	3-다2-①	과일 제공 및 영양교육 프로그램 운영 (건강과일 바구니사업)	보건복지부	농림축산식품부 교육부
			3-다2-②	비만 예방을 위한 식생활·영양교육 프로그램 운영 (건강한 돌봄 놀이터)	보건복지부	교육부
		3) 성인 대상 영양관리지원	3-다3-①	1인 가구, 청·장년 대상 영양관리 프로그램 개발·시범 적용	보건복지부	–
			3-다3-②	모바일 헬스케어사업 전국 확대	보건복지부	–

(계속)

추진전략	추진과제	세부 추진과제	과제번호	주요 사업 내용	소관부처	
					주관부처	협조부처
3. 생활 밀착형 영양관리 맞춤 서비스 강화	다. 영양취약계층 영양관리 지원 확대	4) 노인 대상 영양관리지원	3-다4-①	영양돌봄 서비스 프로그램 운영[식생활 지원(도시락) 등]	보건복지부	–
			3-다4-②	지역사회 기반 영양관리서비스 프로그램 개발 및 운영(영양식 제공 및 영양 상담 등)	보건복지부	–
			3-다4-③	소규모 노인요양시설 영양관리 및 위생관리 교육 프로그램 개발·운영(사회복지급식관리지원센터)	식품의약품안전처	–
		5) 가구 단위 영양관리지원	3-다5-①	취약계층 보충적 영양지원 서비스 확대 (농식품 바우처 사업)	농림축산식품부	–
			3-다5-②	다문화가정 대상 영양·식생활교육 확대	보건복지부	식품의약품안전처
	라. 긴급영양관리지원 체계 구축	1) 재난 시 영양관리 방안 마련	3-라1-①	재난 시 대상별·상황별 영양관리 방안 마련	보건복지부	–
			3-라1-②	긴급영양관리지원 시범 운영 및 법령 정비	보건복지부	–

(계속)

추진전략	추진과제	세부 추진과제	과제번호	주요 사업 내용	소관부처	
					주관부처	협조부처
4. 영양관리 기반 내실화를 위한 근거 강화 및 인프라 확충	가. 법·제도 등 정비	1) 국민 영양관리 내실화를 위한 관련 법·제도 정비	4-가1-①	국가 영양관리 사업 컨트롤 타워 지정 및 운영	보건복지부	–
			4-가1-②	영양관리사업의 예산, 인력 지원 명문화	보건복지부	–
			4-가1-③	노인요양시설 등 사회복지시설 급식 제공·영양관리 관련 기준 및 평가 지표 개선	보건복지부	–
	나. 영양·식생활 조사 확대 및 개선	1) 대상별 실태 조사 내 영양·식생활 관련 문항 검토 및 개선	4-나1-①	아동, 청소년, 노인 및 장애인 실태조사 내 영양식생활 문항 검토 및 개선 방안 마련	보건복지부	보건복지부
		2) 영양·식생활 모니터링 및 조사 개선	4-나2-①	국민건강영양조사	질병관리청	–
			4-나2-②	지역사회 건강조사	질병관리청	–
			4-나2-③	청소년건강 행태조사	교육부 질병관리청	–
			4-나2-④	국민식생활 실태조사	농림축산식품부	–
			4-나2-⑤	식품소비 행태조사	농촌경제연구원	–
	다. 영양성분 데이터 생산 및 활용 강화	1) 영양성분 데이터 생산 확대	4-다1-①	기초영양 데이터베이스 생산 및 관리	질병관리청	–

(계속)

추진전략	추진과제	세부 추진과제	과제번호	주요 사업 내용	소관부처	
					주관부처	협조부처
4. 영양관리 기반 내실화를 위한 근거 강화 및 인프라 확충	다. 영양성분 데이터 생산 및 활용 강화	1) 영양성분 데이터 생산 확대	4-다1-②	국가표준식품 성분 DB 구축 및 활용	농총진흥청	–
			4-다1-③	특수목적식품 정보 DB 구축		
		2) 영양성분 데이터의 통합·개방 및 활용 기반 조성	4-다2-①	통합식품영양 성분데이터 베이스 구축 및 개방	식품의약품안전처 농림축산식품부 해양수산부	교육부 행정안전부 농촌진흥청 국립수산과학원
			4-다2-②	급식 식재료 데이터베이스 개발	식품의약품안전처	교육부 농림축산식품부 해양수산부 농촌진흥청 국립수산과학원
			4-다2-③	영양성분 표준관리 시스템 구축	식품의약품안전처	–
	라. 전문인력 역량 강화	1) 수요맞춤형 전문인력 양성	4-라1-①	맞춤형 교육 및 ICT 역량 강화	보건복지부	–
		2) 임상영양사 교육 강화	4-라2-①	현장실습 강화 및 교육협의회 운영	보건복지부	–
	마. 영양관리 근거 마련 연구 기획 및 수행	1) 한국인 영양소 섭취기준 개정 및 보급	4-마1-①	한국인 영양소 섭취기준 개정 연구	보건복지부	–
			4-마1-②	한국인 영양소 섭취기준 활용/홍보사업	보건복지부	–
		2) 식생활지침 개정 및 보급	4-마2-①	식생활 지침 개정 연구	보건복지부	–

(계속)

추진전략	추진과제	세부 추진과제	과제번호	주요 사업 내용	소관부처	
					주관부처	협조부처
4. 영양관리 기반 내실화를 위한 근거 강화 및 인프라 확충	마. 영양관리 근거 마련 연구 기획 및 수행	2) 식생활지침 개정 및 보급	4-마2-②	식생활 지침 활용·홍보	보건복지부	–
		3) 영양정책 수립·시행 근거 확보를 위한 연구 등	4-마3-①	재난 시 긴급 영양관리 지원체계 구축을 위한 연구	보건복지부	–
			4-마3-②	건강인 기준의 도시락 영양 기준 마련 및 인증 표시에 따른 효과성 연구	보건복지부	식품의약품안전처

더 알아보기

제3차 국민영양관리기본계획의 추진과제 요약

추진전략 1. 국민의 식생활 변화 인식 제고 추진

❶ 지속가능한 전국 단위 캠페인 추진

– 국민 식생활의 긍정적 변화 유도를 위한 국가적 차원의 주제 선정 및 지자체와 협력한 장기간의 캠페인 실시*

* 「한국인을 위한 식생활지침(2021. 4. 14.)」 등을 활용한 주제 선정 및 연간 혹은 분기별 캠페인 추진

❷ 건강식생활정보 전달 경로 확대

– 접근성이 높은 다양한 매체* 및 장소**를 활용하여 건강식생활 정보 확산 추진

* SNS 이모티콘, 디지털 옥외광고, 메타버스, Youtube shorts 영상 등

** 농어촌 식생활 체험 공간 등 지역사회 내 공유 공간

❸ 홍보·캠페인을 위한 민관협력 강화

– 영양 관련 학회, 협회, 민간기업 등을 포함한 홍보·캠페인 협력체계 강화 및 사회적 마케팅* 추진

* 대형마트, 프렌차이즈 업체 등을 통한 이벤트, 판촉행사 및 캠페인, 대형 포털사이트를 통한 영양의 날 홍보 등

추진전략 2. 건강한 식생활 선택을 위한 환경 조성

❶ 영양·식생활 디지털 정보 제공

– 신뢰도 높은 최신 식품·영양·건강식생활 관련 정보*의 대국민 활용 증대를 위한 통합 포털 중점과제 1

(계속)

* 영양·식생활 관련 정책과 법령, 최신 통계, 교육 및 홍보자료, 조사 및 연구 결과 등

※ 현재 식약처 식품안전나라, 농촌진흥청 농식품올바로 등 개별 사이트별로 영양·식생활 정보 제공 중

❷ 나트륨·당류 조절 등 건강한 식품 소비 선택권 강화

– (나트륨·당류 조절) 배달음식·외식업소에서 나트륨·당류 조절 강화* 중점과제 2

* 음식 배달 앱에 나트륨·당 조절 기능 구현 등

– (식품·음식 영양정보 제공 확대) 나트륨·당류 저감 표시 대상 및 나트륨·당류 정보 제공 음식점 확대, 가공식품 영양표시 확대*

* ('21년) 과자류·캔디류 등 115개 품목 → ('26년) 떡류·김치류 등 176개 품목

– (과일·채소 접근성 제고) 급식소 및 편의점에서 과일 및 채소 소비 기회 증대*

*편의점에서 과일 및 채소 판매 확대 및 별도의 코너 운영 권고 등

❸ 건강도시락 등 건강한 식품 생산 유도

– 영양균형을 갖춘 도시락 생산 확대를 위한 건강도시락* 인증제도 도입

* 한 끼 식사로 적절한 에너지 및 영양소를 갖추고, 이를 상품에 표시한 도시락

– 나트륨·당류를 줄인 가공식품 개발 지원*

* 중소업체 대상 나트륨 저감 기술 개발 및 영양 분석 등에 필요한 비용과 기술 상담 지원

추진전략 3. 생활밀착형 영양관리 맞춤 서비스 강화

❶ 스마트 영양관리 서비스 앱 개발·보급

– 영양플러스 참여자 대상 개인정보 및 식생활 관련 정보 기반 영양·식생활 관리 솔루션을 제공하는 모바일 원스톱 영양관리 서비스 앱 개발·보급

* 성별, 나이, BMI, 질환 여부 등

❷ 어린이집 등 생활공간 기반 영양관리 실천역량 강화

생활공간	영양관리 실천역량 강화
어린이집·유치원	– 어린이급식관리지원센터 영양교육 지원 및 튼튼먹거리 탐험대 운영 확대 등 * 특수 차량을 통해 영양교육과 조리실습 지원
학교	– 연령별·학교급별 영양·식생활 교육 가이드라인 및 교육자료 개발·보급, 교과연계 식생활 교육 실시 등
직장	– 건강친화 인증 기업 등을 대상으로 영양·식생활 교육 도입 * 건강친화제도를 모범적으로 운영하고 있는 기업을 보건복지부장관이 인증하는 제도 (「국민건강증진법」 제6조의2)

(계속)

❸ 생애주기별 영양취약계층 영양관리 지원 강화

영양취약계층	영양관리 지원 강화
임산부·영유아	– 보충식품을 다양화하고 지원 대상에 영양위험요인 보유자 외 비만, 당뇨, 고혈압 환자를 포함하는 등 영양플러스 사업 지원 확대 중점과제 3-1
아동·청소년	– 건강과일바구니 사업을 통해 지역아동센터에서 과일 제공 및 영양교육 프로그램 운영 확대 – 초등돌봄교실을 통한 비만 예방 식생활·영양교육 프로그램 운영 확대
성인	– 성인 비만 및 만성질환 예방·관리를 위한 모바일 헬스케어사업 전국 확대 등 * '21년 160개 보건소에서 전국 보건소로 확대
노인	– 영양식 제공, 영양상담 및 사회복지급식관리지원센터를 통한 노인 맞춤형 영양 교육 프로그램 개발·보급 등
가구	– 다문화가정을 위한 다국어 기반 영양교육 제공 확대 – 저소득 가구 대상 농식품바우처사업 확대 중점과제 3-2

❹ 긴급영양관리지원 체계 구축

– 코로나19 등과 같은 국가적 재난 상황 시 국민영양관리를 위한 대상별·상황별 대응방안* 개발** 및 시범 운영 중점과제 4

* (내용) 재난 준비 및 대응 단계에서의 중앙정부 및 지방자치단체의 역할 및 협업체계, 위기 상황별 매뉴얼 및 해당 매뉴얼에 근거한 모의훈련 방안 등 포함

** (개발 방법) 국외 사례 등 문헌 자료 수집, 활용 가능 인적·물적 자원 조사 등

추진전략 4. 영양관리 기반 내실화를 위한 근거 강화 및 인프라 확충

❶ 국민영양관리를 위한 법·제도 등 정비

– 「국민영양관리법」 개정을 통해 국가 영양관리 정책 컨트롤타워를 지정하는 등 정책협력체계 강화

– 노인요양시설 등 사회복지시설의 급식 제공·영양관리 관련 평가지표* 개선

* 수급자의 기능 상태를 반영한 급여 계획수립 및 제공 여부 등

❷ 영양·식생활 조사 확대 및 개선

– 아동·청소년 등 대상 실태조사* 내 영양·식생활 관련 조사 확대(문항 추가)

* 아동 및 청소년 종합 실태조사, 노인 및 장애인 실태조사 등

– 영양·식생활 데이터 확보를 위해 국민건강영양조사 등 국가 단위의 영양·식생활 모니터링* 시 통계 산출 대상 영양소 확대 등 개선 추진

* 지역사회건강조사, 청소년건강행태조사, 국민식생활실태조사, 식품소비행태조사 등

(계속)

❸ 영양성분 데이터 생산 및 활용 강화 중점과제 5

– (기초 데이터 생산) 새로 개발된 식품 반영 및 다소비 식품 정보 확보를 위한 기초영양성분 데이터 생산 확대*

* 국가표준식품성분 빅데이터 생산, 특수목적식품정보 DB 구축 등

– (데이터 통합·활용) 데이터 활용의 편의성 향상을 위한 영양성분 데이터 통합* 및 활용 강화 지원**

* 식약처, 농촌진흥청 등 범부처 협업으로 통합 식품영양성분 데이터베이스를 구축하여 공공데이터포털에 개방

** 통합 식품영양성분데이터 기반 급식 식재료 데이터베이스 개발 및 영양성분 표준관리시스템 구축 등

❹ 전문인력 역량 강화

– 영양관리 서비스 수요 맞춤형 전문인력 양성*

* 병원·어린이집·산업체 등 수요처에서 필요로 하는 역량에 대한 맞춤형 교육 개발 및 실시

– 임상영양사 교육 강화*

* 임상영양 실습지도 표준 매뉴얼 개발을 통한 현장실습 내실화, 교육기관과 실습기관 간 교육협의회 운영

❺ 영양관리 근거 마련 연구 기획 및 수행

– 한국인 영양소 섭취기준 개정 연구* 및 보급

* 영양소 섭취기준 개정을 위한 한국인 영양 데이터 구축사업 실시 등

– 식생활 지침 개정 연구* 및 보급

* 생애주기별 식생활 지침 개발

– 영양정책 수립 및 시행의 과학적인 근거 확보를 위한 다양한 연구 기획 및 수행*

* 건강인 기준 도시락의 영양 기준 마련 및 인증 표시에 따른 효과성 연구 등

(2) 국민건강증진법에 따른 국민건강증진종합계획

제5차 국민건강증진종합계획 2030(Health Plan 2030, 2021~2030)은 2020년 1월 수립되었으며, '모든 사람이 평생 건강을 누리는 사회'를 비전으로 한다. 총괄 목표는 '건강수명 연장과 건강형평성 제고'로, 6개 분과 28개 중점과제, 총 400개의 성과지표로 구성되어 있다. 세부 내용은 CHAPTER 1에 제시되어 있다.

(3) 국민건강증진법과 국민영양관리법에 따른 보건소 지역사회통합건강증진사업(영양 분야)

1995년 「국민건강증진법」 제정 후 시범 보건소에서 영양사업이 처음 실시되었으며, 2004년에는 취약계층을 위한 국가영양지원제도 도입 연구가 진행되었다. 2005년 건강증진기금

표 9-3 국민영양관리기본계획 추진전략별 세부 사업 계획 현황(2022년)

추진전략	지자체 세부 사업 계획		비율(%)	사업 수(개)
국민의 식생활 변화 인식제고 추진	나트륨 및 당 섭취 줄이기 교육·캠페인		5.0	160
	절주 및 위해가능 영양성분섭취 저감화 교육·캠페인		0.7	23
	통합적인 건강식생활 관련 교육(건강식생활 체험관 등) 및 홍보		11.0	353
	건강체중 인식 확산을 위한 교육·캠페인		1.6	51
건강한 식생활 선택을 위한 환경 조성	식품 및 음식 영양정보 확인(영양표시, 식재료 원산지 표시, 건강음식점 등)		2.9	92
	식품 위생환경 조성 및 안정성 확보(당 저감화, 그린푸드존 등 학교 주변)		5.8	184
	영양관리 도구 개발(스마트 영양관리, APP)		0.2	6
생활 밀착형 맞춤 영양 관리서비스 강화	임산부 및 영유아	임산부 및 영유아 영양관리사업(모유수유 수업 포함)	5.9	190
		엽산제 및 철분제 지원사업	1.1	34
		어린이집 및 유치원 대상사업	6.3	201
		영양플러스 사업	7.4	237
		다문화 및 새터민 등 취약계층 대상사업	0.8	27
		어린이 급식관리 지원센터 운영(보육교사 교육강화, 지역아동센터 체계화)	4.4	140
		어린이·청소년 영양관리사업(학교 기반 등), 영양(건강)친화학교 운영	9.3	298
		어린이·청소년 모바일 헬스케어 사업	0.2	5
	임산부 및 청소년	건강과일바구니 사업	0.9	29
		취약아동 영양관리사업(과일바구니 제외)	3.6	116
		어린이 무료급식사업	1.8	58
	성인	일반 성인 대상 영양관리사업	4.1	132
		일반 성인 대상 모바일헬스케어 사업	3.6	115
		비만 및 만성질환자 대상 영양관리사업	7.6	243
		취약계층 비만 및 만성질환자 대상 영양관리사업	0.9	29
	노인	일반 어르신 대상 영양관리사업(경로당, 마을회관 등)	6.2	197
		AI·IoT 기반 어르신 건강관리사업	0.4	14
		도시락 배달 등 어르신 무료급식사업	2.3	74
		취약계층(방문관리, 독거노인 등) 어르신 영양관리사업	1.5	47
		노인급식 질 관리 제고	0.4	13
영양관리 기반 내실화를 위한 근거 강화 및 인프라 확충	영양관리 근거 기반 강화(설문조사, 자체 자료 조사·구축 등)		0.9	28
	법적 기반 강화(조례 제정 등)		0.4	12
기타	기타		2.8	88

확충과 함께 전국 보건소로 건강증진사업이 확대되면서 영양사업이 필수사업으로 편입되었고, 영양플러스 시범사업(2005~2007)이 운영되었다. 이후 건강생활실천사업이 전국으로 확대되면서 공공 영양사업 체계가 확립되고, 영양플러스 사업의 적용 가능성 검토 및 보완이 이루어졌다.

2008년에는 지역 특화 건강행태개선사업의 일환으로 영양플러스 전국 단위 본사업이 시작되었으며, 2011년부터는 건강위험군 관리 강화를 위해 '건강생활실천통합서비스'가 실시되었다. 2013년에는 영양 분야 사업이 통합되어 '지역사회통합건강증진사업 – 영양 분야'로 추진되었으며, 2025년 현재도 영양플러스 사업으로 운영되고 있다.

현재 지역사회통합건강증진사업의 영양 분야는 지자체의 국민영양관리시행계획에 포함되어 추진되며, 2022년 사업 계획은 **표 9-3**과 같다. 전체 사업 중 영양플러스 사업이 차지하는 비율은 7.4%였다.

2. 식품의약품안전처 및 산하기관

국민이 안전하고 건강한 삶을 영위할 수 있도록 식품과 의약품의 안전 관리 체계를 구축·운영하기 위해 1998년 설립된 식품의약품안전청은 식품, 의약품, 화장품, 위생용품, 생약, 생물학적 제제 및 의료기기 등의 검정·평가, 독성 연구와 안전 관리 업무를 관장하였다.

2013년에는 식품의약품안전처로 승격되면서 농림축산식품부와 보건복지부의 전문인력이 이관되어 조직과 기능이 확대되었다.

1) 관련 법령

(1) 식품위생법

「식품위생법」(제정 1962. 1. 20.)은 '식품으로 인해 생기는 위생상의 위해를 방지하고 식품영양의 질적 향상을 도모하며 식품에 관한 올바른 정보를 제공함으로써 국민 건강의 보호·증진에 이바지하는 것'을 목적으로 한다. 주로 식품 안전을 다루며, 유전자변형식품의 안전성 심사, 식품위생교육, 영양사 관련 조항 등을 포함한다.

더 알아보기

「식품위생법」 주요 내용

제52조(영양사) ① 집단급식소 운영자는 영양사(營養士)를 두어야 한다. 다만, 다음 각 호의 어느 하나에 해당하는 경우에는 영양사를 두지 아니하여도 된다.

1. 집단급식소 운영자 자신이 영양사로서 직접 영양 지도를 하는 경우
2. 1회 급식인원 100명 미만의 산업체인 경우
3. 제51조 제1항에 따른 조리사가 영양사의 면허를 받은 경우. 다만, 총리령으로 정하는 규모 이하의 집단급식소에 한정한다.

② 집단급식소에 근무하는 영양사는 다음 각 호의 직무를 수행한다.

1. 집단급식소에서의 식단 작성, 검식(檢食) 및 배식관리
2. 구매식품의 검수(檢受) 및 관리
3. 급식시설의 위생적 관리
4. 집단급식소의 운영일지 작성
5. 종업원에 대한 영양 지도 및 식품위생교육

(2) 어린이 식생활안전관리 특별법

「어린이 식생활안전관리 특별법」(제정 2008. 3. 21.)은 '어린이들이 올바른 식생활 습관을 갖도록 하기 위하여 안전하고 영양을 고루 갖춘 식품을 제공하는 데 필요한 사항을 규정함으로써 어린이 건강증진에 기여하는 것'을 목적으로 한다. 법 제3조 제1항은 '국가는 어린이가 건강하게 성장할 수 있도록, 제공되는 식품의 안전과 영양수준을 개선하기 위한 정책을 수립·시행할 책무를 진다.'라고 규정한다.

영양 관련 조항에는 어린이 식품안전보호구역 지정, 고열량·저영양 식품의 판매 금지, 광고 제한·금지, 영양성분 및 알레르기 유발 식품 표시, 색상·모양 표시, 고카페인 식품 표시, 식품안전·영양교육, 품질인증 및 표시, 어린이급식관리지원센터 설치·운영, 영양사 고용 특례, 지자체의 식생활 안전·영양 수준 평가, 관련 위원회와 종합계획 수립 및 실태조사 등이 포함된다.

더 알아보기

「어린이 식생활안전관리 특별법」 용어 정의

- 어린이: 학교의 학생 또는 「아동복지법」에 따른 아동에 해당되는 자
- 어린이 기호식품: 「식품위생법」 또는 「축산물 위생관리법」에 따른 식품 중 주로 어린이들이 선호하거나 자주 먹는 음식물로서 대통령령으로 정하는 식품
- 학교: 「초·중등교육법」 제2조에 따른 초등학교, 중학교, 고등학교 및 특수학교
- 어린이 식생활 안전지수: 어린이를 위하여 식품안전 및 영양관리에 관한 정책을 수행하고 어린이 기호식품 및 단체급식 등을 제조·판매 또는 공급하는 환경을 개선하는 정도를 평가하여 도출한 수치
- 고열량·저영양 식품: 식품의약품안전처장이 정한 기준보다 열량이 높고 영양가가 낮은 식품으로서 비만이나 영양불균형을 초래할 우려가 있는 어린이 기호식품
- 고카페인 함유 식품: 「식품 등의 표시·광고에 관한 법률」 표시기준에 따라 고카페인 함유로 표시된 식품

(3) 건강기능식품에 관한 법률

「건강기능식품에 관한 법률」(제정 2002. 8. 26.)은 '건강 기능식품의 안전성 확보 및 품질 향상과 건전한 유통·판매를 도모함으로써 국민의 건강증진과 소비자 보호에' 이바지하는 것'을 목적으로 한다.

제2조에서는 국가와 지방자치단체가 '모든 국민이 질 좋은 건강기능식품과 이에 관한 올바른 정보를 제공받을 수 있도록 합리적인 정책을 마련하고, 건강기능식품을 제조·가공·수입·판매하는 자(영업자)를 지도·관리하여야 한다.'라고 규정한다. 또한 식품의약품안전처에 건강기능식품 정책, 기준·규격, 표시·광고 등을 조사·심의하는 건강기능식품심의위원회를 두도록 명시하고 있다.

더 알아보기

「건강기능식품에 관한 법률」 용어 정의

- 건강기능식품: 인체에 유용한 기능성을 가진 원료나 성분을 사용하여 제조(가공을 포함한다. 이하 같다)한 식품
- 기능성: 인체의 구조 및 기능에 대하여 영양소를 조절하거나 생리학적 작용 등과 같은 보건 용도에 유용 한 효과를 얻는 것

(계속)

- 건강기능식품이력추적관리: 건강기능식품을 제조하는 단계부터 판매하는 단계까지 각 단계별로 정보를 기록·관리하여 해당 건강기능식품의 안전성 등에 문제가 발생할 경우 해당 건강기능식품을 추적하여 원인을 규명하고 필요한 조치를 할 수 있도록 관리하는 것

(4) 식품안전기본법

「식품안전기본법」(제정 2008. 6. 13.)은 '식품의 안전에 관한 국민의 권리·의무와 국가 및 지방자치단체의 책임을 명확히 하고, 식품안전정책의 수립·조정 등에 관한 기본적인 사항을 규정함으로써 국민이 건강하고 안전하게 식생활을 영위하게 하는 것'을 목적으로 한다. 주요 내용으로는 식품안전정책의 수립 및 추진체계와 관련된 식품안전관리기본계획 수립, 국무총리 소속 식품안전정책위원회 설치, 식품안전관리의 과학화, 통합식품안전정보망 구축·운영, 소비자 참여 보장 등이 있다.

2) 행정조직별 영양 관련 주요 업무

식품의약품안전처 및 산하기관의 행정조직별 영양 관련 주요 업무는 표 9-4와 같다.

표 9-4 식품의약품안전처 및 산하기관의 행정조직별 영양 관련 주요 업무

행정조직	국/부	부서	담당업무
식품 의약품 안전처	식품안전정책국	식품안전정책과	• 「식품위생법」 및 「식품안전기본법」의 개정 및 운영에 관한 사항 • 식품, 건강기능식품, 식품첨가물, 기구 또는 용기·포장의 위생·안전관리 정책 수립 및 제도 개선 총괄 조정
		식품관리총괄과	• 식품 등(농축수산물, 건강기능식품 및 수입식품 등 제외) 관련 영업의 지도·단속 등에 관한 종합계획 수립
		식품안전인증과	• 「식품위생법」 및 「축산물 위생관리법」에 따른 안전관리인증기준(HACCP)에 관한 종합계획의 수립 및 조정
		건강기능식품 정책과	• 건강기능식품(해외에서 국내로 수입되는 건강기능식품 제외)에 관한 정책 개발 및 제도 개선, 안전관리 종합계획의 수립 및 총괄
		식품표시광고 정책과	• 식품 등의 표시광고 정책 수립 및 제도 개선 총괄

(계속)

행정조직	국/부	부서	담당업무
식품 의약품 안전처	식품소비안전국	식생활영양안전 정책과	• 어린이 식생활안전관리, 식품영양 안전 정책 및 종합계획의 수립 및 총괄 • 「어린이 식생활안전관리 특별법」의 개정 및 운영 • 어린이 급식관리지원센터 설치·운영에 관한 사항 • 식품의 위해가능 영양성분 저감화 정책 수립 및 운영
식품 의약품 안전평가원	식품위해평가부	영양기능연구과	• 건강기능식품 • 식품위해평가를 위한 식이섭취량의 조사 및 평가 • 농수산물 및 그 가공품, 식품접객업소 음식 등의 영양표시 실태조사 • 대국민 식이행태 조사 • 식품 중 영양성분 식이노출평가 및 실태조사
		신소재식품과	• 유전자재조합 식품

3) 관계 법령에 따른 지역사회영양관리 프로그램

(1) 어린이 식생활안전관리 특별법에 따른 어린이 식생활안전관리 종합계획

어린이 식생활안전관리 종합계획은 「어린이 식생활안전관리 특별법」에 근거하여 2010년부터 3년마다 관계 부처와 협의해 수립한다. 제5차 종합계획(2022~2024)의 4대 전략 과제는 다음과 같다.

- 건강한 식생활 환경 조성
- 안전하고 영양 있는 어린이 급식 제공
- 성장 과정별 맞춤형 지원 다양화
- 데이터 기반 정책 추진 인프라 구축

이를 통해 어린이 식생활 안전관리 수준이 전반적으로 향상되었으며, 구체적 성과로는 어린이 활동공간의 안전한 식생활 환경 조성, 전국 어린이급식관리지원센터 100% 설치 완료, 범부처 통합 영양성분 데이터베이스 구축 등이 있다.

제6차 어린이 식생활안전관리 종합계획(2025~2027)은 4대 전략별 추진 과제로 구성되어 있으며, 비전과 추진전략은 그림 9-4에 제시되어 있다.

비전	올바른 식생활로 어린이가 더욱 건강하게 성장하는 사회
추진 방향	• 안전한 식생활 환경이 더 넓어지는 체계 구축 • 건강한 성장을 돕는 활기찬 교육 프로그램 제공 • 모든 급식소에서 안전하고 균형 잡힌 급식 섭취 • 효율적 영양성분 수집·생산·검증 및 활용

	추진전략	추진과제
G	안전한 식생활이 보장되는 환경 (Good dietary environment)	• 어린이 식생활 안전관리 체계 정비 • 어린이 맞춤형 식생활 정보 제공 확대 • 식생활 개선 수준 정밀 진단 체계 마련
R	성장 여건을 반영한 교육 (Reflective education)	• 발달 단계별 맞춤형 교육 제공 • 영양취약계층 식생활 프로그램 확대 • 흥미를 더한 식생활 체험 활동 지원
O	안전하고 건강한 급식 제공 (Offering safe meals)	• AI 기반 어린이 급식 안전관리 시스템 구축 • 식중독 등 급식사고 예방 및 확산 방지 • 급식 영양·안전 지원역량 강화
W	맞춤형 영양성분 서비스 확대 (Widening nutrition service)	• 어린이 기호식품 데이터 수집·관리 기반 강화 • 수요자 중심 맞춤형 영양성분 정보 제공

그림 9-4 제6차 어린이 식생활안전관리 종합계획

(2) 그 밖의 다양한 지역사회영양관리 프로그램

① 건강한 식품 소비 선택권 강화

- 배달음식, 외식에서 나트륨·당 조절 구현
- 가공식품 영양표시 의무대상 확대
- 나트륨·당류 정보 제공 음식점 확대
- 나트륨·당류 저감표시 대상 확대
- 나트륨·당류 저감 가공식품 개발 지원

② 생활밀착형 영양관리 맞춤서비스 강화

- 어린이집·유치원 기반 영양·식생활 교육 프로그램 개발 및 운영(어린이급식관리지원센터 교육, 튼튼먹거리 탐험대 운영 등)
- 소규모 노인요양시설 대상 영양·위생관리 교육 프로그램 개발 및 운영(사회복지급식관리지원센터)

③ 영양관리 기반 내실화를 위한 근거 강화 및 인프라 확충

- 통합 식품영양성분 데이터베이스 구축·개방
- 급식 식재료 데이터베이스 개발
- 영양성분 표준관리 시스템 구축

더 알아보기

제6차 어린이 식생활안전관리 종합계획 추진일정

추진과제	소관부처	추진일정
[전략 1] 안전한 식생활이 보장되는 환경		
❶ 어린이 식생활 안전관리 체계 정비		
• 어린이 활동공간 중심의 안전관리 강화	식약처	'25~
• 어린이 기호식품 관리 대상 확대	식약처	'25~
• 건강한 어린이 기호식품 제조·판매 활성화	식약처	'25~
❷ 어린이 맞춤형 식생활 정보 제공 확대		
• 고열량·저영양식품 등 광고 제한 제도 개선	식약처	'25~
• 어린이 기호식품 영양성분 표시 확대	식약처	'25~
• 어린이·청소년 주의 정보 제공	식약처	'26~
❸ 식생활 개선 수준 정밀 진단 체계 마련		
• 어린이 기호식품 생산·수입 총 조사	식약처	'25~
• 전국 지자체 식생활 안전 격차 진단 체계 개편	식약처	'25~

(계속)

추진과제	소관부처	추진일정
[전략 2] 성장 여건을 반영한 교육		
❶ 발달 단계별 맞춤형 교육 제공		
• 영유아부터 시작하는 건강한 식습관 교육	식약처, 교육부, 해수부	'25~
• 초등학교 수업과 연계한 식생활 영양 교육 확대	식약처, 교육부	'25~
• 중·고등 교육과정 연계 프로그램·과목 개발 및 내실화	식약처, 교육부	계속
❷ 영양취약계층 식생활 프로그램 확대		
• 경제 취약계층 식생활 교육 및 지원 확대	복지부, 농림부	계속
• 다문화 어린이의 식생활 이해력 제고	식약처, 교육부	'25~
• 비만·영양 불균형 어린이 대상 식생활 교육 내실화	식약처, 복지부, 교육부	계속
❸ 흥미를 더한 식생활 체험 활동 지원		
• 흥미를 유발하는 식생활 체험 프로그램 개발·운영	식약처, 교육부	'25~
• 지역 식재료를 활용한 체험 프로그램 운영	식약처, 농림부, 해수부	'25~
• 건강한 식생활 습관을 즐기는 복합 문화공간 설치	식약처	'25~
[전략 3] 안전하고 건강한 급식 제공		
❶ AI 기반 어린이 급식 안전관리 시스템 구축		
• 스마트 정보기술 활용 급식 안전관리	식약처	'27~
• 인공지능 기반 맞춤형 영양관리	식약처	'27~
• 급식 관리 시스템 디지털 전환	식약처	'27~
❷ 식중독 등 급식사고 예방 및 확산 방지		
• 식중독 발생 우려 식품 안전관리 강화	식약처, 교육부	'25~
• 과학 기술 활용 식중독 사전 예측 관리	식약처, 교육부	'25~
• 식중독 역학·조사 대응 체계 내실화	식약처, 교육부	계속
❸ 급식 영양·안전 지원 역량 강화		
• 급식 영양·안전 정책 지원 체계 강화	식약처	'25~
• 급식 전문가 양성 등 인적자원 개발 강화	식약처	'25~
• 소규모 급식제공시설 등 식생활 안전 지원 체계 마련	식약처	'26~
[전략 4] 맞춤형 영양성분 서비스 확대		
❶ 어린이 기호식품 데이터 수집·관리 기반 강화		
• 영양성분 데이터 자동 수집	식약처	'25~

(계속)

추진과제	소관부처	추진일정
• AI 기반 영양성분 데이터 예측·생산	식약처	'27~
• 영양성분 데이터 품질 검증	식약처	'25~
❷ 수요자 중심 맞춤형 영양성분 정보 제공		
• 영양성분 빅데이터 민간 개방 활용성 강화	식약처	'25~
• 데이터 베이스 활용 가능 플랫폼 구축 확대	식약처	'25~

3. 농림축산식품부 및 산하기관

농림축산식품부는 농산·축산, 식량·농지·수리, 식품산업 진흥, 농촌 개발 및 농산물 유통에 관한 사무를 총괄하는 중앙행정기관이다. 국정과제로는 농산촌 지원 강화 및 성장환경 조성, 농업의 미래 성장산업화, 식량주권 확보와 농가경영 안정 강화, 반려동물 생명 보장과 동물보호 문화 확산 등을 추진하고 있다.

1) 관련 법령

(1) 식생활교육지원법

농림축산식품부 식생활소비정책과에서 관장하는 「식생활교육지원법」(제정 2009. 5. 27.)은 '생활에 대한 국민적 인식을 높이기 위하여 필요한 사항을 정함으로써 국민의 식생활 개선, 전통 식생활 문화의 계승·발전, 농어업 및 식품산업 발전을 도모하고 국민의 삶의 질 향상에 기여하는 것'을 목적으로 한다.

이 법은 국가와 지방자치단체의 책무로 국민의 식생활 개선과 전통 식생활문화 계승·발전을 위한 시책을 수립·시행하도록 규정하며, 국민은 가정, 학교, 지역사회 등 모든 생활 영역에서 건전한 식생활 구현에 노력하여야 함을 명시하고 있다.

주요 조항으로는 식생활 교육의 기본방향으로 정책 수립·시행의 기본원칙, 건전한 식습관 형성, 식생활에 대한 감사와 이해, 식생활 교육 운동의 전국적 전개, 어린이 식생활 교육,

식생활 체험활동 촉진, 전통 식생활 문화 계승과 지역 농수산물의 활용, 환경친화적인 식생활 실천을 명시하고 있다. 식생활 교육 기반 조성을 위해 식생활 교육 기본계획의 수립과 식생활 교육의 평가, 식생활 조사·연구, 식생활 지침 개발·보급, 전통 식생활 문화 및 농어촌 식생활 체험 활성화, 식생활 교육기관 및 식생활교육지원센터의 지정, 학교에서의 식생활 교육 등을 규정하고 있다.

더 알아보기

「식생활교육지원법」의 용어 정의와 주요 내용

용어 정의

- 식생활: 식품의 생산, 조리, 가공, 식사용구, 상차림, 식습관, 식사예절, 식품의 선택과 소비 등 음식물의 섭취와 관련된 유·무형의 활동
- 식생활 교육: 개인 또는 집단으로 하여금 올바른 식생활을 자발적으로 실천할 수 있도록 하는 교육
- 전통 식생활 문화: 우리 민족 고유의 식생활과 관련된 생활양식이나 행동양식으로서 국가 차원에서 진흥시킬 만한 전통적이고 문화적 가치가 있다고 인정되는 것
- 학교: 「유아교육법」 제2조와 「초·중등교육법」 제2조에 따른 학교

주요 내용

제6조(정책 수립·시행의 기본원칙) 국가와 지방자치단체는 식생활 교육정책을 수립·시행할 때에는 가정의 역할, 사회구조, 식생활 소비환경의 변화 등을 종합적으로 고려하여야 한다.

제7조(건전한 식습관 형성) 식생활 교육은 국민의 건전한 식생활을 도모하기 위하여 농수산물 또는 그 가공품의 원산지 표시 등 식품선택에 관한 적정한 판단력을 기르고 올바른 식사예절을 실천할 수 있도록 추진되어야 한다.

제8조(식생활에 대한 감사와 이해) 식생활 교육은 국민이 영위하고 있는 식생활이 자연의 혜택과 식생활에 관여하는 모든 사람들의 노력으로 이루어지고 있다는 것을 인식하고 이에 감사하는 마음을 지닐 수 있도록 추진되어야 한다.

제9조(식생활 교육 운동의 전국적 전개) 식생활 교육은 교육관계자, 농어업인, 식품 관련 종사자, 식생활 관련 단체와 소비자 단체의 자발적 참여와 연대하에 전국적으로 전개되어야 한다.

제10조(어린이 식생활 교육) 식생활 교육은 어린이가 올바른 식생활을 실천할 수 있도록 부모, 보호자, 교육관계자, 농어업인, 식품 관련 종사자 등의 적극적 참여하에 지속적으로 추진되어야 한다. 이 경우 식생활 교육에는 해당 지역 및 국내에서 생산되는 농산물과 그 가공품 등에 대한 내용이 포함되도록 노력하여야 한다.

(계속)

제11조(식생활 체험활동 촉진) 식생활 교육은 환경과 조화를 이룬 식품의 생산부터 소비까지 다양한 식생활 체험활동을 통하여 국민 스스로 올바른 식생활을 실천할 수 있도록 추진되어야 한다.

제12조(전통 식생활 문화 계승과 지역 농수산물의 활용) 식생활 교육은 우수한 한국형 식생활의 확산을 통하여 전통 식생활 문화를 계승·발전시켜 세계화하고, 식품 생산자와 소비자 간의 상호교류 등을 촉진함으로써 농어촌의 경제 활성화, 지속가능한 식생활 및 지역 농수산물의 소비 촉진에 기여하도록 추진되어야 한다.

제13조(환경친화적인 식생활 실천) 식생활 교육은 식품의 생산부터 소비까지 일련의 과정에서 에너지와 자원의 사용을 줄이고 온실가스 및 오염물질의 배출을 최소화할 수 있는 환경친화적인 식생활이 이루어질 수 있도록 추진되어야 한다.

제14조(식생활 교육 기본계획의 수립) ① 농림축산식품부장관은 식생활 교육 관련 정책을 종합적이고 체계적으로 추진하기 위하여 5년마다 관계 중앙행정기관의 장과 협의하여 식생활 교육 기본계획을 수립하여야 한다.

② 기본계획은 다음 각 호의 사항을 포함한다.

1. 식생활 교육의 목표와 추진방향
2. 가정, 학교, 지역 등에서의 식생활 교육에 관한 사항
3. 농어업 활성화 등을 위한 농어업인과 소비자 간 교류촉진에 관한 사항
4. 전통 식생활 문화의 계승·발전에 관한 사항
5. 식생활 교육에 수반되는 재원 조달 계획에 관한 사항
6. 식생활 체험활동의 활성화에 관한 사항

제17조(식생활 교육의 평가 등) ① 국가와 지방자치단체는 5년마다 식생활 교육의 추진성과에 관하여 평가하여야 하고, 그 결과를 공표하여야 한다.

제18조(국가 식생활 교육 위원회) ① 식생활 교육에 관한 제2항 각 호의 사항을 심의하기 위하여 농림축산식품부장관 소속으로 국가 식생활 교육 위원회를 둔다.

제21조(식생활 조사·연구) ① 농림축산식품부장관은 건전한 식생활 확산을 위하여 국민의 식생활 실태, 식품의 생산·유통·소비 등에 대한 조사와 연구 활동을 추진하여야 한다.

제22조(식생활 지침 개발·보급 등) ① 국가와 지방자치단체는 식생활 교육 등에 활용하기 위하여 농수산물 또는 전통식품을 이용한 식생활 지침 등을 개발하여 보급할 수 있다.

제24조(전통 식생활 문화 및 농어촌 식생활 체험 활성화) ① 국가와 지방자치단체는 전통 식생활 문화 체험 활성화를 위하여 전통 식생활 문화 체험관 및 홍보관, 전통 식생활 문화 교육시설 등을 건립할 수 있다.

제25조(식생활 교육기관 지정) ① 농림축산식품부장관은 국민이 올바른 식생활을 영위할 수 있도록 대통령령으로 정하는 바에 따라 국·공립 교육시설, 대학 및 관련 기관·단체를 식생활 교육기관으로 지정할 수 있다.

(계속)

제25조의2(식생활교육지원센터의 지정 등) ① 농림축산식품부장관 또는 지방자치단체의 장은 식생활 교육의 원활한 추진을 위하여 전문성이 있는 기관 또는 단체를 식생활교육지원센터로 지정할 수 있다.

③ 식생활교육지원센터는 다음 각 호의 사업을 수행한다.

1. 식생활 교육 관련 단체의 식생활 교육 추진활동에 대한 정보의 수집 및 제공
2. 식생활 교육 관련 단체 간의 협력망 구축 지원
3. 지역 농수산물 활용에 관한 교육 및 홍보 지원
4. 지역 특성에 맞는 식생활 교육 교재 및 프로그램 개발 지원
5. 학교 등에서의 식생활 교육 지원
6. 지역 식생활 교육의 실태조사 및 개선방안 연구

제26조(학교 및 어린이집에서의 식생활 교육) ① 학교는 올바른 식생활 확산을 위한 식생활 교육을 매년 2회 이상 정기적으로 실시하여야 하며, 해당 교육에는 다음 각 호의 사항이 포함되어야 한다.

1. 「어린이 식생활안전관리 특별법」 제2조 제2호에 따른 어린이 기호식품을 비롯한 어린이와 청소년이 자주 섭취하는 식품·식품첨가물의 영양성분 및 유해성분
2. 식품 및 농수산물의 생산·제조 및 가공 등의 과정에 사용되는 각종 화학첨가물

(2) 식품산업진흥법

농림축산식품부 식품산업정책과에서 총괄하는 「식품산업진흥법」(제정 2007. 12. 27.)은 '식품산업과 농어업 간의 연계 강화를 통하여 식품산업의 건전한 발전을 도모하고 식품산업의 경쟁력을 제고하여 다양하고 품질 좋은 식품을 안정적으로 공급함으로써 국민의 삶의 질 향상과 국가경제 발전에 이바지하는 것'을 목적으로 한다.

이 법은 식품산업진흥 기본계획 수립, 식품산업 진흥 기반의 조성, 국가식품클러스터 지원·육성, 학교급식 식자재 계약재배를 포함한 식품산업의 진흥, 전통식품과 식생활문화의 세계화, 한식세계화사업 추진기관 지정, 전통 식생활문화의 계승·발전, 식품성분 조사 등을 명시하고 있다.

2) 행정조직별 영양 관련 주요 업무

농림축산식품부의 행정조직별 영양 관련 주요 업무는 표 9-5와 같다.

표 9-5 농림축산식품부 및 산하기관의 행정조직별 영양 관련 주요 업무

행정조직	실/관	부서	담당업무
농림축산 식품부	식량정책실 유통소비정책관	식생활 소비정책과	• 지역 먹거리 계획 • 로컬푸드 • 농식품바우처
	농업혁신정책실 식품산업정책관	식품산업외식과	• 식사문화 개선 • 외식소비문화 개선 • 외식창업 인큐베이팅 • 한식 산업
농촌진흥청	국립농업과학원 농식품자원부	식생활영양과	• 국가 식품성분정보 생산 및 대국민 제공 • 국가표준식품성분 DB 구축 • 건강한 식문화 조성을 위한 과학적 근거 마련

3) 관련 법령에 따른 지역사회영양관리 프로그램

(1) 식생활교육법에 따른 식생활교육 기본계획

식생활교육법에 따른 식생활교육 기본계획(제1기 2010~2014, 제2기 2015~2019)은 국민 식생활·영양 개선 및 전통 식문화 계승을 위해 범국가적 식생활교육을 추진하기 위한 법적·제도적 기반을 마련하기 위해 추진되었다.

제3차 식생활교육 기본계획(2020~2024)은 지속가능한 식생활의 확산을 통해 우리 농업·환경의 가치에 대한 인식을 제고하고, 국민의 건강과 사회·환경의 지속가능성을 달성하는 정책을 마련하는 것을 기본 방향으로 두고 시행되었다. '지속가능한 식생활'이란 식품의 순환 과정 속에서 국민의 건강뿐만 아니라 사회·환경의 지속가능성에도 기여하는 식생활을 의미한다. 그간 국민 식생활 개선을 위한 정책적 노력에도 불구하고 최근 1인 가구 증가, 코로나19 팬데믹 발생, 국제 공급망 불안 등 대내외 여건 변화로 식생활 개선 과정에 어려움이 있었다.

이에 제4차 식생활교육 기본계획(2025~2029)은 '모두가 함께 지속가능한 식생활을 실천하는 사회'를 비전으로 설정하고, 변화된 여건을 고려하여 4대 전략을 중심으로 12개 세부 과제를 추진할 계획이다(그림 9-5).

가치	환경 · 건강 · 배려	
비전	모두가 함께 지속가능한 식생활을 실천하는 사회	
목표	• 학교교육 지원 강화 및 사회교육 기회 확대 – 지속가능한 식생활 실천율(%): ('24) 성인 47.8, 청소년 32.1 → ('29) 성인 65, 청소년 60 • 지역의 푸드시스템과 연계되는 식생활 교육체계 구축 – 지역 농산물 소비 실천율(%): ('24) 56.4 → ('29) 70	
추진과제	평생 식생활 교육체계 구축	① 부처 간 협업을 통한 학교 식생활교육 확대 ② 생애주기별 · 대상별 맞춤형 사회 식생활교육 활성화 ③ 취약계층 농식품 지원 연계 식생활 교육 제공
	체험 교육 등을 통한 실천력 강화	① 영양 · 조리 교육과 연계한 농업 · 농촌 체험활동 프로그램 확대 ② 환경친화적 식생활 실천을 위한 농업 · 환경 가치 교육 강화 ③ 전통 식생활의 일상 속 확산을 위한 교육 제공
	지역 단위의 식생활 교육 활성화	① 지역 먹거리를 활용한 소비 기반 강화 교육 ② 지역형 교육 수요 발굴 및 지원 체계 구축 ③ 지역 식생활교육 활성화를 위한 기반 정비
	교육 효과 증진을 위한 기반 내실화	① 교육 접근성을 높이는 디지털 교육 기반 조성 ② 식생활교육 전문인력 양성체계 확립 ③ 지속가능한 식생활 실천 확산을 위한 대국민 홍보 확대
추진체계	다양한 주체 간 협업 확대, 법적 근거 보완, 성과 평가 고도화	

그림 9-5 제4차 식생활교육 기본계획

(2) 농식품 바우처 사업

농림축산식품부는 2020년부터 취약계층의 균형 잡힌 식품 섭취와 지속가능한 농식품 소비 기반 확충을 위해 신선 농산물 구매를 지원하는 농식품 바우처 시범사업을 추진해 왔다. 5년간 71개 시·군·구, 25만여 가구가 지원을 받았다.

2024년 시범사업 설문조사(24개 시·군·구, 2,400명) 결과, 참여자의 86%가 '농식품 바우처가 건강 및 영양 보충에 도움이 되었다'고 응답했으며, '현재 식생활에 만족한다'는 비율도 34%에서 49%로 상승하여 취약계층 식생활 개선에 긍정적인 영향을 준 것으로 나타났다.

2025년부터는 사업을 전국으로 확대하여, 지원 대상은 임산부·영유아 및 18세 이하 아동이 있는 생계급여(기준 중위소득 32% 이하) 수급가구로 설정된다. 지원 금액은 기존 시범사업 대비 상향 조정되어 4인 가구 기준 월 8만 원에서 10만 원으로, 지원 기간은 6개월에서 10개월로 확대된다. 참여가구는 농식품 바우처 카드를 이용해 지정된 사용처에서 국산 채소, 과일, 육류, 신선 알류, 흰 우유, 잡곡, 두부류 등 농식품을 구매할 수 있다. 이를 통해 취약계층의 식생활 질을 높이고, 국내 농산물 소비 촉진 효과를 기대할 수 있다.

4. 교육부

교육부는 「학교급식법」에 근거하여 초·중·고등학생의 학교급식 계획과 추진을 관장한다. 학교급식 및 영양교사, 보건업무 등 학생 건강 관련 업무는 교육부 책임교육지원관 산하 학생건강정책과에서 담당한다.

1) 관련 법령

(1) 학교급식법

「학교급식법」(제정 1981. 1. 29.)은 '학교급식 등에 관한 사항을 규정함으로써 학교급식의 질을 향상시키고 학생의 건전한 심신의 발달과 국민 식생활 개선에 기여하는 것'을 목적으로 한다. 국가와 지방자치단체는 양질의 학교급식이 안전하게 제공되도록 행정적·재정적 지원을 하며, 영양교육을 통해 학생의 올바른 식생활 관리 능력 배양과 전통 식문화의 계승·발전을 위한 시책을 마련해야 한다. 또한 특별시·광역시·도·특별자치도의 교육감은 매년 학교급식 계획을 수립·시행해야 한다.

법령에는 학교급식위원회 설치, 학교급식 시설·설비 기준, 영양교사 배치, 영양관리 및 상담을 포함한 학교급식 관리·운영 등이 명시되어 있다.

더 알아보기

「학교급식법」 주요 내용

제4조(학교급식 대상) 학교급식은 대통령령으로 정하는 바에 따라 다음 각 호의 어느 하나에 해당하는 학교 또는 학급에 재학하는 학생을 대상으로 실시한다.

1. 「유아교육법」에 따른 유치원. 다만, 대통령령으로 정하는 규모 이하의 유치원은 제외한다.
2. 「초·중등교육법」 제2조 제1호부터 제4호까지의 어느 하나에 해당하는 학교
3. 「초·중등교육법」 제52조의 규정에 따른 근로청소년을 위한 특별학급 및 산업체부설 중·고등학교
4. 「초·중등교육법」 제60조의3에 따른 대안학교

제6조(급식시설·설비) ① 학교급식을 실시할 학교는 학교급식을 위하여 필요한 시설과 설비를 갖추어야 한다. 다만, 둘 이상의 학교가 인접하여 있는 경우에는 학교급식을 위한 시설과 설비를 공동으로 할 수 있다.

제7조(영양교사의 배치 등) ① 학교급식을 위한 시설과 설비를 갖춘 학교는 「초·중등교육법」 제21조 제2항의 규정에 따른 영양교사와 「식품위생법」 제53조 제1항에 따른 조리사를 둔다. 다만, 제4조 제1호에 따른 유치원에 두는 영양교사의 배치기준 등에 관하여 필요한 사항은 대통령령으로 정한다.

② 교육감은 학교급식에 관한 업무를 전담하게 하기 위하여 그 소속하에 학교급식에 관한 전문지식이 있는 직원을 둘 수 있다.

③ 교육감은 제1항 단서의 영양교사의 배치기준 등에 따른 유치원 중 일정 규모 이하 유치원에 대한 급식관리를 지원하기 위하여 특별시·광역시·특별자치시·도 및 특별자치도의 교육청 또는 「지방교육자치에 관한 법률」 제34조 및 「제주특별자치도 설치 및 국제자유도시 조성을 위한 특별법」 제80조에 따른 교육지원청에 영양교사를 둘 수 있다.

④ 제3항에 따라 영양교사가 급식관리를 지원하는 유치원의 규모 및 지원의 범위 등에 필요한 사항은 대통령령으로 정한다.

제11조(영양관리) ① 학교급식은 학생의 발육과 건강에 필요한 영양을 충족하고 올바른 식생활습관 형성에 도움을 줄 수 있도록 다양한 식품으로 구성되어야 한다.

제12조(위생·안전관리) ① 학교급식은 식단작성, 식재료 구매·검수·보관·세척·조리, 운반, 배식, 급식기구 세척 및 소독 등 모든 과정에서 위해한 물질이 식품에 혼입되거나 식품이 오염되지 아니하도록 위생과 안전관리를 철저히 하여야 한다.

제13조(식생활 지도 등) 학교의 장은 올바른 식생활습관의 형성, 식량생산 및 소비에 관한 이해 증진 및 전통 식문화의 계승·발전을 위하여 학생에게 식생활 관련 교육 및 지도를 하며, 보호자에게는 관련 정보를 제공한다.

제14조(영양상담) 학교의 장은 식생활에서 기인하는 영양불균형을 시정하고 질병을 사전에 예방하기 위하여 저체중 및 성장부진, 빈혈, 과체중 및 비만학생 등을 대상으로 영양상담과 필요한 지도를 실시한다.

(2) 초·중등교육법

책임교육지원관 내 학교정책과의 업무인 「초·중등교육법」(제정 1997. 12. 13.)은 「교육기본법」에 따라 '초·중등교육에 관한 사항을 정하는 것'을 목적으로 하며, 제21조에서 교원의 자격에 영양교사 자격을 명시하고 있다.

더 알아보기

「초·중등교육법」의 영양교사 자격 기준

- 영양교사 1급: 영양교사(2급) 자격증을 가진 사람으로서 3년 이상의 영양교사의 경력을 가지고 자격연수를 받은 사람
- 영양교사 2급
  1. 대학·산업대학의 식품학 또는 영양학 관련 학과를 졸업한 사람으로서 재학 중 일정한 교직학점을 취득하고 영양사 면허증을 가진 사람
  2. 영양사 면허증을 가지고 교육대학원 또는 교육부장관이 지정하는 대학원의 교육과에서 영양교육과정을 마치고 석사학위를 받은 사람

(3) 유아교육법

「유아교육법」(제정 2004. 1. 29.)은 「교육기본법」 제9조에 따라 '유아교육에 관한 사항을 정하는 것'을 목적으로 한다. 이 법에서 유아란 만 3세부터 초등학교 취학 전까지의 어린이를 의미한다.

법령에는 유아의 급식을 위한 영양사를 교직원으로 두도록 규정하고, 유치원운영위원회가 유치원 급식에 관한 사항을 심의하도록 명시하고 있다.

더 알아보기

「유아교육법」 주요 내용

제17조(건강검진 및 급식) ③ 원장은 교육하고 있는 해당 유치원의 유아에게 적합한 급식을 할 수 있다.

제20조(교직원의 구분) ② 유치원에는 교원 외에 계약의사, 영양사, 간호사 또는 간호조무사, 행정직원 등을 둘 수 있다.

2) 행정조직별 영양 관련 주요 업무

교육부 및 산하기관의 행정조직별 영양 관련 주요 업무는 **표 9-6**과 같다.

표 9-6 교육부의 및 산하기관의 행정조직별 영양 관련 주요 업무

행정조직	실/관	부서	담당업무
교육부	책임교육 지원관	학생건강정책과	• 학교급식 위생 및 안전관리 대책 수립 • 학교급식 사용식품 DB 관리 • 유치원 급식 • 영양교육, 급식운영 및 교원 수급 등
각 시·도 교육청	–	학교급식위원회	• 학교급식에 관한 계획 심의 • 급식에 관한 경비 및 식재료 등의 지원 심의

3) 관련 법령에 따른 지역사회영양관리 프로그램

유치원생을 포함한 학생들은 하루 대부분을 학교에서 보내므로, 교직원의 지도 아래 안전하고 건강한 생활을 영위하며 신체적·정신적·사회적으로 성숙한 민주시민으로 성장할 수 있도록 지도받는다. 또한 보건과 건강에 관한 정확한 지식을 제공하여 자기건강관리 능력을 기를 수 있게 하고, 쾌적한 교육환경을 제공한다.

아울러 학교급식을 내실 있게 운영하여 안전하고 질 높은 급식을 제공하고, 체계적인 영양관리와 식생활 지도를 통해 바람직한 식습관 형성과 올바른 식사 선택 능력을 배양한다. 이러한 방향에 따라 시·도교육청은 매년 자체 계획을 수립·시행한다.

5. 여성가족부

지역사회에서 다문화가족의 비율이 꾸준히 증가함에 따라, 여성가족부 청소년가족정책실 가족정책관 산하 다문화가족정책과는 「다문화가족지원법」을 관리한다. 「다문화가족지원법」(제정 2008. 3. 21.)은 '다문화가족 구성원이 안정적인 가족생활을 영위하고 사회구성원으로서의 역할과 책임을 다할 수 있도록 함으로써 이들의 삶의 질 향상과 사회통합에 이바

지하는 것'을 목적으로 한다.

법령에는 다문화가족 지원을 위한 기본계획 수립, 3년마다의 실태조사, 다문화가족 이해 증진, 생활 정보 제공 및 교육 지원, 의료·건강관리 지원, 아동·청소년 보육·교육, 다문화가족지원센터 설치·운영 등이 명시되어 있다.

다문화가족정책과는 중앙부처 및 지자체의 다문화가족지원정책 총괄, 법령 제·개정, 기본계획 및 연도별 시행계획 수립·평가, 중장기 정책 마련, 실태조사, 지원 프로그램 개발, 외부 협력 등의 업무를 담당한다.

더 알아보기

「다문화가족지원법」 주요 내용

제9조(의료 및 건강관리를 위한 지원) ① 국가와 지방자치단체는 결혼이민자 등이 건강하게 생활할 수 있도록 영양·건강에 대한 교육, 산전·산후 도우미 파견, 건강검진 등의 의료서비스를 지원할 수 있다.

② 국가와 지방자치단체는 결혼이민자 등이 제1항에 따른 의료서비스를 제공받을 경우 외국어 통역 서비스를 제공할 수 있다.

6. 법무부

법무부 소년보호과는 「보호소년 등의 처우에 관한 법률」에 따라 소년원 및 소년분류심사원의 급식을, 「형의 집행 및 수용자의 처우에 관한 법률」에 따라 교도소·구치소 및 그 지소(교정시설)의 급식을 관장한다.

더 알아보기

「형의 집행 및 수용자의 처우에 관한 법령」 주요 내용

「형의 집행 및 수용자의 처우에 관한 법률」

제23조(음식물의 지급) ① 소장은 수용자에게 건강상태, 나이, 부과된 작업의 종류, 그 밖의 개인적 특성을 고려하여 건강 및 체력을 유지하는 데에 필요한 음식물을 지급한다.

② 음식물의 지급기준 등에 관하여 필요한 사항은 법무부령으로 정한다.

(계속)

「형의 집행 및 수용자의 처우에 관한 법률 시행규칙」

제10조(주식의 지급) 소장이 「형의 집행 및 수용자의 처우에 관한 법률 시행령」 제28조 제2항에 따라 주식을 쌀과 보리 등 잡곡의 혼합곡으로 하거나 대용식을 지급하는 경우에는 법무부장관이 정하는 바에 따른다.

제11조(주식의 지급) ① 수용자에게 지급하는 주식은 1명당 1일 390 g을 기준으로 한다.

② 소장은 수용자의 나이, 건강, 작업 여부 및 작업의 종류 등을 고려하여 필요한 경우에는 제1항의 지급 기준량을 변경할 수 있다.

③ 소장은 수용자의 기호 등을 고려하여 주식으로 빵이나 국수 등을 지급할 수 있다.

제12조(주식의 확보) 소장은 수용자에 대한 원활한 급식을 위하여 해당 교정시설의 직전 분기 평균 급식 인원을 기준으로 1개월분의 주식을 항상 확보하고 있어야 한다.

제13조(부식) ① 부식은 주식과 함께 지급하며, 1명당 1일의 영양섭취기준량은 다음 표와 같다.

수용자 부식의 1일 영양섭취기준량

구분 성분별	19세 이상인 사람	19세 미만인 사람
총 단백질	45 g	48 g
동물성 단백질	25 g	30 g
지방	22 g	28 g
열량	450 kcal	500 kcal
칼슘	40 0mg	600 mg
비타민 A	700 RE	700 RE
비타민 B_1	0.5 mg	0.5 mg
비타민 B_2	1.0 mg	1.0 mg
비타민 C	55 mg	60 mg

② 소장은 작업의 장려나 적절한 처우를 위하여 필요하다고 인정하는 경우 특별한 부식을 지급할 수 있다.

제14조(주·부식의 지급횟수 등) ① 주·부식의 지급횟수는 1일 3회로 한다.

② 수용자에게 지급하는 음식물의 총열량은 1명당 1일 2,500 kcal를 기준으로 한다.

제15조(특식 등 지급) ① 영 제29조에 따른 특식은 예산의 범위에서 지급한다.

② 소장은 작업시간을 3시간 이상 연장하는 경우에는 수용자에게 주·부식 또는 대용식 1회분을 간식으로 지급할 수 있다.

7. 국방부

국방부 물자관리과는 「군인 급식 규정」을 관리한다. 이 규정은 '현역에 복무하는 군인의 급식에 관한 사항을 규정하는 것'을 목적으로 한다.

더 알아보기

「군인 급식 규정」 주요 내용

제2조(급식 및 급식기준액) ① 군인에게는 매일 주식과 부식(이하 "현물"이라 한다)을 지급한다. 다만, 육군·해군·공군 참모총장이 영외거주(營外居住)를 명한 군인에게는 현물에 갈음하여 일정한 금액(이하 "급식기준액"이라 한다)을 현금으로 지급할 수 있다.

② 급식기준액은 하루에 군인 1명에게 현물을 지급하기 위하여 필요한 비용에 기초하여 매년 세출예산으로 정한 금액으로 한다.

③ 제1항 단서에 따른 군인에게는 월별로 급식기준액에 현물을 지급받지 않은 일수를 곱하여 산정한 금액을 그 다음 달에 지급한다.

ACTIVITY

지역사회영양관리의 현황을 살펴보고, 법적 근거에 기반한 새로운 프로그램을 직접 구상해 보자.

1. 우리나라 중앙정부가 협동으로 실시하는 지역사회영양관리 프로그램 중 하나를 선정하여, 실제 지역사회에서 수행되는 예산, 인력, 프로그램 내용, 수혜자, 효과 평가 등의 사례를 조사하여 발표해 보자.
2. 지역사회영양관리를 위해 필요하다고 생각되는 새로운 프로그램을, 현행 국가 법령에 근거하여 직접 기획해 보자.

SUMMARY

- **영양행정과 보건복지부**: 영양행정은 국민 영양 개선을 위한 국가 활동이며, 중앙기관인 보건복지부가 「국민건강증진법」 등에 근거하여 국민영양관리 기본계획 등 핵심 정책을 총괄한다.
- **식품의약품안전처의 역할**: 식품의약품안전처는 「식품위생법」 등을 기반으로 식품 안전, 영양표시, 나트륨·당류 저감 사업, 어린이 식생활 안전관리 등 규제 및 캠페인을 주관한다.
- **농림축산식품부와 교육부의 역할**: 농림축산식품부는 「식생활교육지원법」에 따른 식생활교육을, 교육부는 「학교급식법」에 따른 학교 영양 및 식생활 지도를 담당한다.
- **지역사회 통합건강증진사업**: 보건소는 「지역보건법」에 따라 지역사회 통합건강증진사업을 수행하며, 이는 영양, 비만 관리 등 지역사회영양사의 핵심적인 영양관리 프로그램이다.
- **다양한 분야의 영양관리**: 국민 영양은 보건복지부 외에도 고용노동부(산업체), 국방부(군대), 법무부(교정시설) 등 다양한 행정조직과 연계되어 대상자별 급식 및 영양관리가 이루어진다.

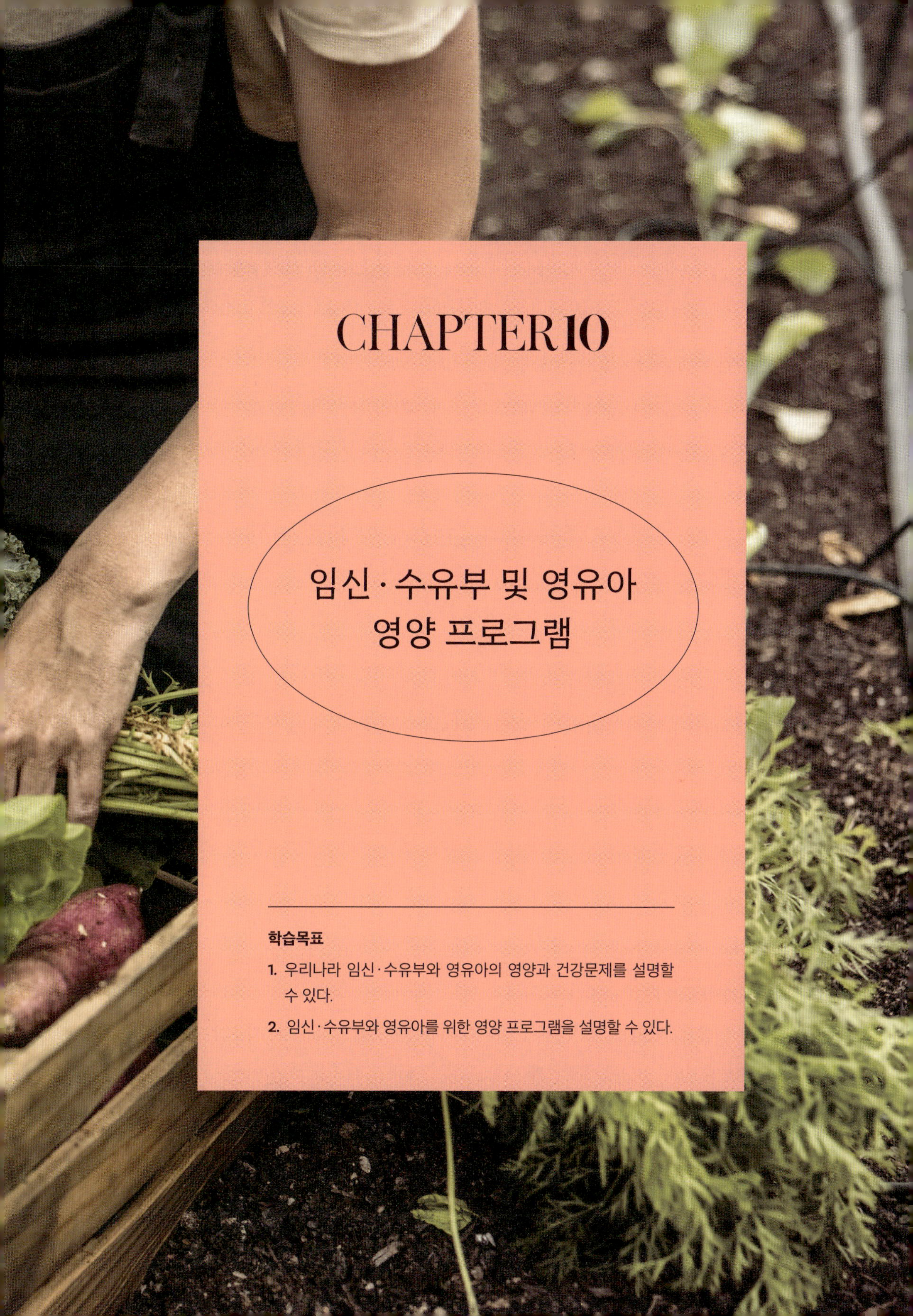

CHAPTER 10

임신·수유부 및 영유아 영양 프로그램

학습목표

1. 우리나라 임신·수유부와 영유아의 영양과 건강문제를 설명할 수 있다.
2. 임신·수유부와 영유아를 위한 영양 프로그램을 설명할 수 있다.

CHAPTER 10

건강한 임신과 출산은 건강한 새 생명의 시작점이다. 모성영양의 불량은 태아뿐만 아니라 이후의 세대에까지 악영향을 미칠 수 있다. 영양불량 모체의 태아는 사산 위험이 높고, 선천성 장애나 정신적·육체적 발달장애를 가지고 태어날 확률이 높으며, 질병에 대한 감수성이 높고, 이후 충분한 영양을 공급받더라도 영양이 잘 회복되지 않는다.

영유아기는 건강위해요소에 가장 민감하게 영향을 받는 시기로, 건강한 양육을 위해 많은 노력을 기울여야 한다. 임신·수유기 동안 대부분의 여성들은 식사의 내용을 더 건강하게 바꾼다. 그러나 아직도 임신부의 영양상태에 대한 영양 모니터링이 잘되지 않고 있으며, 영아사망률 역시 높다.

이 장에서는 우리나라 임신·수유부와 영유아의 영양 및 건강문제를 살펴보고, 이를 위한 영양 프로그램을 소개한다.

1. 임신·수유부와 영유아의 건강과 식생활문제

1) 임신·수유부

(1) 출산율 감소

우리나라는 1970년 출산율이 4.53명에서 인구억제정책 이후 급격히 감소하여 1983년 2.08명, 2005년 1.08명, 2010년 1.26명, 2015년 1.24명으로 지속적으로 낮아졌으며, 2018년부터는 1.0명 이하로 떨어져 2024년에는 0.8명에 이르렀다(CHAPTER 4, 그림 4-1). 다른 OECD 회원국의 출산율도 지난 수십 년간 현저하게 감소해 평균 합계출산율이 1.7명으로 인구 대체 수준(2.1명)에 훨씬 못 미치고 있는데, 그중에서도 한국의 출산율이 최하위이다.

주 출산 연령층인 20~34세 여성인구의 감소 추세가 이어지고 있어 출생아 수는 앞으로도 감소할 것으로 예측된다. 또한 여성의 초혼 연령과 초산 연령이 늦어지고 있는 것도 출산율 감소에 영향을 미치고 있다(그림 10-1).

정부와 지방자치단체가 출산장려정책을 다각도로 추진하고 있으나, 저출산 추세를 막기에는 역부족이다. 여성과 임산부에 대한 관심과 배려가 가족을 넘어 이웃과 사회 전체로 확산되고, 여기에 정부의 정책적 지원이 결합될 때 비로소 저출산 문제를 해결할 수 있을 것이다.

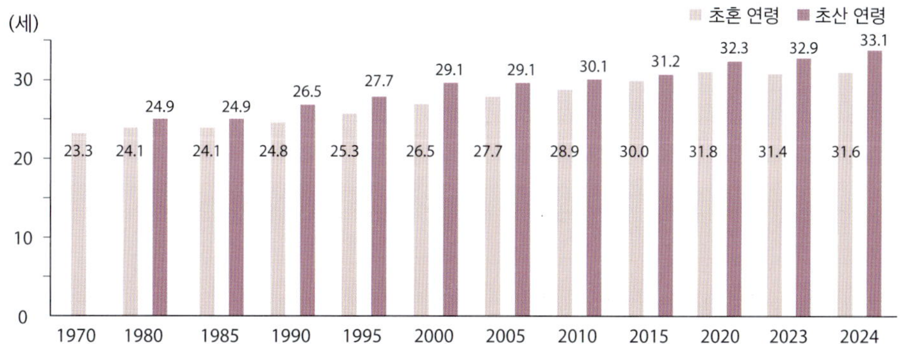

그림 10-1 연도별 여성의 초혼 연령 및 초산 연령

자료: 통계청(2025). 인구동태통계 각 연도.

(2) 고령 임신·출산 증가

초산 여부와 관계없이 만 35세 이상 여성을 고령 임신부로 분류한다. 여성의 생식 능력은 30세 이후 서서히 감소해 35세 이후에는 난임이나 불임, 기형아 출산율, 당뇨병이나 고혈압과 같은 임신 합병증에 걸릴 위험이 커진다. 이 때문에 고령 임신부는 젊은 임신부보다 산전 관리에 더욱 신경 써야 한다.

통계청 자료에 따르면 1980년 여성의 초혼 연령은 24.1세였으나, 2024년에는 31.6세로 늦춰졌고, 초산 연령도 1980년 24.9세에서 2024년 33.1세로 늦춰졌다. 35세 이상 고령 산모의 비율도 2004년 9.4%에서 2014년 21.6%, 2024년 35.9%로 점차 높아지고 있다.

(3) 높은 모성사망비

우리나라 모성사망비(출생아 10만 명당 아이를 낳다가 숨지는 산모의 수)는 1995년 20명에서 2010년대 이후 약 10명 내외로 감소하였다(그림 10-2). 현재 OECD의 평균 모성사망비는 11.3명으로, 우리나라보다 약간 높다. 그러나 임신부터 출산까지 체계적인 인프라를 구축한 스웨덴이나 노르웨이의 경우 모성사망비는 3~4명에 불과하다.

우리나라는 세계 최저 수준의 출산율을 기록 중이며, 출산 연령의 상승에 따라 고위험 산모도 증가하고 있다. 40대 이상의 고령이어도 평소 건강관리를 잘한 여성은 대부분 건강하게 출산할 수 있지만, 고령 임신부의 나이 자체가 고위험 임신의 요인이 되는 것은 사실이다.

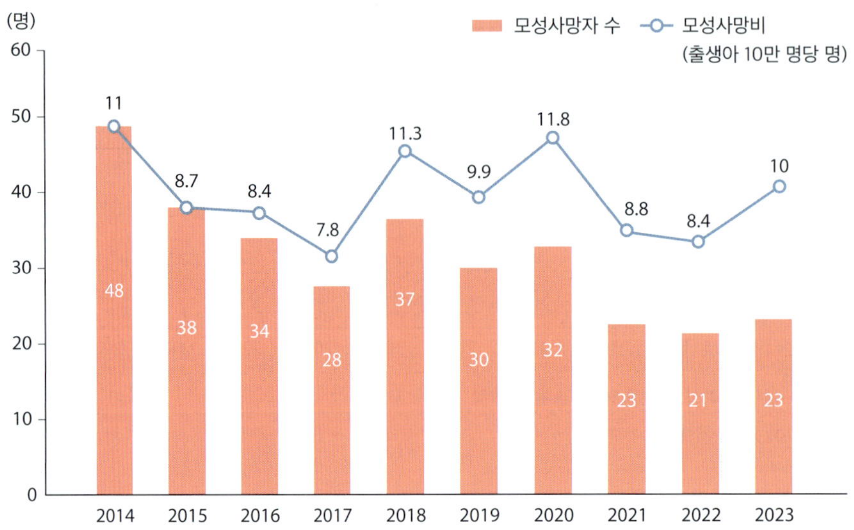

그림 10-2 모성사망자 수 및 모성사망비(2014~2023)

자료: 통계청(2024). 2023년 사망원인통계조사.

(4) 저체중아 출산율 증가

모체영양이 불량할 경우 저체중아(LBW, Low Birth Weight) 출산율이 높아진다. 저체중아는 분만 과정에서 합병증 발생 위험이 크며, 신체적·정신적 결함이나 질병에 걸릴 확률도 높다.

임신기간을 모두 채우고 태어나더라도 저체중아는 영아사망률을 높이는 주요 요인이 되므로, 영아사망률을 낮추기 위해서는 먼저 저체중아 출산율을 줄여야 한다. 저체중아 출산에 영향을 미치는 요인으로는 낮은 사회·경제지표, 건강관리 서비스 부족, 영양불량, 낮은 교육 수준, 비위생적인 주거환경, 유해한 생활습관(흡연, 과음, 약물 사용) 등이 있다.

저체중아 출산의 생리적 원인은 아직 명확히 밝혀지지 않았지만, 여러 위험요인들이 알려져 있다. 가임기 여성이 이러한 위험요인(표 10-1)을 지니고 있으면 저체중아 출산 가능성이 높아진다. 특히, 산모의 고령화와 그로 인한 고위험 임신은 저체중아와 조산아 출산율을 높이는 원인이 되고 있다. 실제로 저체중 신생아 비율은 2000년 3.8%에서 2024년 7.8%로 증가했으며, 같은 기간 조산율도 3.8%에서 10.2%로 상승하였다. (그림 10-3~10-5).

표 10-1 저체중아 출산의 위험요인

위험요인	내용
인구학적 위험요인	• 임신부의 나이가 16세 미만이거나 40세 이상인 경우 • 사회적·경제적 수준이 낮은 경우 • 미혼모인 경우
임신부 위험요인	• 임신부가 과체중이거나 저체중인 경우 • 만성질환(고혈압, 당뇨, 페닐케톤뇨증, 심장병, 신장병 등)이 있는 경우 • 임신 중 체중이 비정상적으로 증가한 경우 • 첫 임신이거나 임신 경험이 4회 이상인 경우 • 자연유산이나 저체중아 출산 경험이 있는 경우
행동적 위험요인	• 흡연 • 알코올 및 카페인 과다 섭취 • 피카(pica, 식품이 아닌 물질을 지속적·반복적으로 먹는 행동)
임신 중 의료상 위험요인	• 체중 증가량이 적은 경우 • 이전 임신과 현재 임신 사이의 간격이 너무 짧은 경우
건강관리 위험요인	• 태아기 건강관리를 너무 늦게 했거나 하지 않은 경우

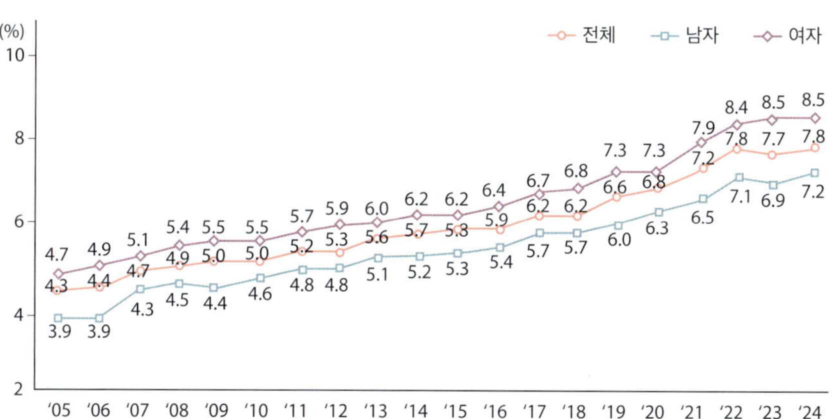

그림 10-3 저체중아 출산율 추이(2005~2024)

자료: 통계청(2025). 인구동향조사.

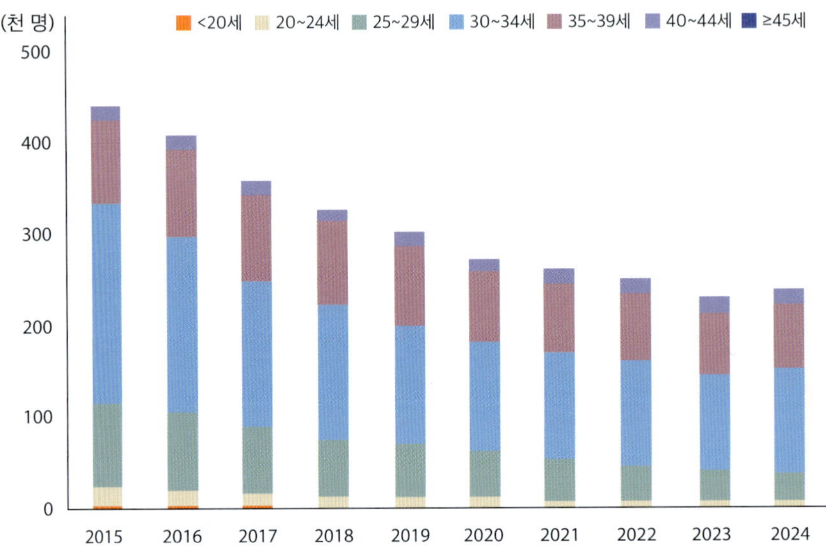

그림 10-4 출산모 연령별 출생아 수 추이(2015~2024)

자료: 통계청(2025). 인구동향조사.

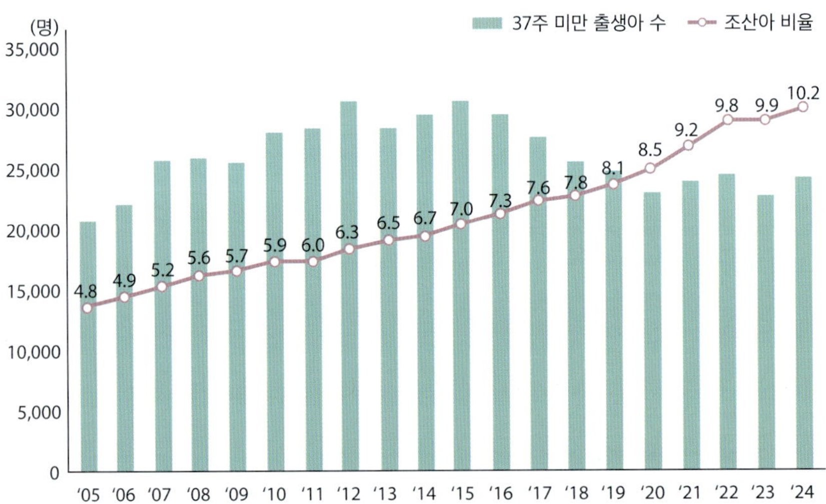

그림 10-5 조산아 출생비율 추이(2005~2024)

자료: 통계청(2025). 인구동향조사.

2) 영유아

(1) 철 결핍성 빈혈

철 결핍은 국가와 연령을 불문하고 중요한 영양문제이며, 세계보건기구에 따르면 인구의 약 30%가 철 결핍성 빈혈을 앓고 있다. 특히, 미취학 아동과 임산부에서 그 비율이 더 높다.

국내 영유아의 철 결핍성 빈혈은 약 50% 이를 정도로 흔하다. 특히, 6개월 이상 철을 보충하지 않고 모유와 조제유만 섭취하는 유아, 저체중 출산아, 사회·경제지표가 낮은 가정의 유아는 철 결핍의 위험성이 높다.

(2) 식품 알레르기

식품 알레르기란 특정 음식을 섭취한 후 두드러기, 발진, 가려움증 등의 증세가 나타나는 것을 말한다. 모유수유아보다 조제유 수유아에게서 발생 빈도가 더 높으며, 영유아는 면역 기능이 미숙해 성인보다 발생 위험이 크다.

대표적인 증상으로는 아토피 피부염, 소아천식, 비염 등이 있으며, 우유, 밀가루 음식, 달걀, 옥수수, 콩, 생선, 쇠고기, 돼지고기, 초콜릿, 오렌지, 콩, 토마토 등이 주요 알레르기 유발 식품으로 알려져 있다.

(3) 천식과 아토피

천식과 아토피는 식품 알레르기 등과 함께 알레르기 질환의 일종으로, 만성질환 중에서도 질병 부담이 큰 질환이며 소아(0~9세)에서 유병률이 높다. 영유아기에 적절한 치료가 지연되거나 치료 기회를 상실하면 성인기 질환으로 이행될 가능성이 높다.

질병관리청은 2007년 '천식, 아토피 질환 예방관리 종합대책'을 수립하였고, 2009년부터 학교 중심 아토피·천식 예방관리사업인 '안심학교'를 운영하고 있다. 이는 과학적 근거에 기반한 알레르기 질환 예방관리체계를 구축하고, 지역사회 참여와 역량 강화를 통해 적정 관리 기반을 마련하여 알레르기 질환 인지도 및 치료율을 향상시키는 것을 목표로 한다.

2025년 현재 아토피·천식 예방관리 사업을 수행하는 보건소 수는 173개이며, 아토피·천식 안심학교(어린이집·유치원 포함)는 3,967개에 달한다. 또한 아토피·천식 교육정보센터는 전국에 11개소가 운영되고 있다.

2. 임신·수유부와 영유아 영양 프로그램

1) 영양플러스 사업

(1) 사업 목적 및 대상

영양플러스 사업은 영양상태에 문제가 있는 임산부, 수유부 및 영유아를 대상으로 건강증진을 위한 영양교육을 실시하고, 영양불량 해소를 위해 일정 기간 특정 식품을 지원하여 스스로의 식생활 관리 능력을 향상시키고자 하는 사업이다. 이 사업은 미국의 WIC(Women, Infants, and Children) 프로그램을 벤치마킹하여 2004년에 계획되었으며, 2005년부터 3년간 '임산부 및 영유아 보충영양관리사업'이라는 명칭으로 시범 운영된 뒤, 2008년부터 본격적으로 확대 시행되어 2023년 현재 전국 255개 보건소에서 운영되고 있다.

사업 대상은 만 5세 이하 영유아, 임신부, 출산부, 수유부 가운데 빈혈, 저체중, 성장부진, 영양 섭취 불량 등 한 가지 이상의 영양위험요인을 가진 자로서, 가구 소득이 중위소득 80% 이하인 경우에 해당한다.

영양위험요인의 판정은 빈혈검사(혈중 헤모글로빈 농도 측정), 신체계측(키와 체중 측정), 식품 섭취 조사, 기타 영양위험요인 조사를 통해 이루어진다. 다만, 임신부는 철분보충제를 섭취하기 때문에 빈혈검사의 정확성이 떨어질 수 있으므로, 가구의 소득 수준이 대상자 선정 기준에 부합하면 영양위험요인 보유 여부와 관계없이 대상자로 포함할 수 있다. 표 10-2에는 영양위험요인 판정기준이 제시되어 있다.

(2) 사업내용

① 영양교육 및 상담

영양교육 및 상담은 영양플러스 사업의 핵심 요소로, 대상자의 개별적인 영양문제를 해소하고 장기적으로는 스스로 식생활을 관리할 수 있는 능력을 기르도록 돕는 것을 목표로 한다. 교육 유형으로는 집단교육, 개인상담, 가정방문교육이 있으며, 보건소별 지역 특성과 대상자 특성에 따라 세 가지 교육 방법을 적절하게 이용하여 영양교육·상담 계획을 수립하되, 최소 월 1회 이상 대상자와 대면교육을 실시하고 중앙 배포 교육 자료를 기본으로 교육하는 것이 원칙이다.

표 10-2 영양위험요인 판정기준

평가 종류	판정기준
빈혈검사	• 혈중 헤모글로빈 검사 시 빈혈로 판정된 경우(빈혈판정기준은 WHO 기준 사용) • 6~59개월 영유아: 헤모글로빈 11 g/dL 미만 • 5세 유아: 헤모글로빈 11.5 g/dL 미만 • 임신부: 헤모글로빈 11 g/dL 미만 • 출산·수유부: 헤모글로빈 12 g/dL 미만
신체계측	• 영유아에서 저체중, 저신장, 성장부진 등으로 분류된 경우: 질병관리본부의 '2017 소아 및 청소년 표준 성장도표'에 근거하여 다음 중 한 가지 이상에 해당되는 경우 - 연령별 신장 백분위수가 10 백분위수 미만 - 연령별 체중 백분위수가 10 백분위수 미만 - 신장별 체중 백분위수가 10 백분위수 미만 - 연령별 BMI 백분위수가 10 백분위수 미만 - 표준체중에 대한 비율이 80% 미만 - 임신·출산·수유부에서 BMI에 의해 저체중으로 판정된 경우(BMI 18.5 미만) ⇒ BMI = 체중(kg)/(신장(m))^2
영양 섭취상태 조사	• 24시간 회상법에 의해 문제 영양소의 섭취 부족으로 판정된 경우 - 영양소 섭취상태에 의한 영양위험판정은 보건복지부에서 발표한 한국인 영양소 섭취기준에 근거 • 에너지 섭취량이 필요추정량(EER)의 75% 미만이거나 단백질, 칼슘, 철, 비타민 A, 리보플라빈, 나이아신, 티아민, 비타민 C 중 한 가지라도 섭취량이 평균필요량(EAR) 미만인 경우
기타 영양위험 요인 조사	• 기타 영양위험요인 조항에 해당하는 경우 - 저체중아, 조산, 사산, 유산, 기형아 출산 경력이 있는 임산부 - 다태아(쌍생아 이상)를 임신하거나 출산한 임산부 - 미숙아(재태기간 37주 미만) 또는 저체중(출생 시 체중 2.5 kg 미만)으로 출생한 영아 - 이유식 도입시기 부적절, 수유량 부족 등 식생활 위험요인을 가진 영아 - 영양사의 상담 결과 부적절한 식품 섭취를 하고 있어 지원이 필요하다고 판단되는 경우

주요 교육내용은 대상자의 영양위험요인을 고려한 바람직한 식생활 관리 방법으로, 구체적인 내용은 영양플러스 사업의 목적 및 참여 방법, 보충식품 이용 방법(식품 섭취·관리, 위생, 조리실습 등), 식생활 및 영양관리(대상별 식생활 지침, 이유식 도입·진행 방법, 모유수유 실천 방법 등), 영양문제 해소를 위한 교육(빈혈, 저체중, 비만, 편식 등), 식사 계획 방법(식사구성안)에 대한 것이다.

② 영양보충식품 지원

보충식품은 일상적인 식사에서 부족하기 쉬운 영양소를 보충하기 위해 제공된다. 그러나 보충식품만으로 모든 영양문제가 해결되지는 않으므로, 다양한 식품을 함께 섭취하도록 교육해야 한다.

보충식품은 관리 영양소(에너지, 단백질, 칼슘, 철, 비타민 A, 리보플라빈, 나이아신, 비타민 C)를 중심으로 영양밀도가 높은 식품 공급원을 우선적으로 고려한다. 또한 식품의 보관과 운반 과정에서 품질과 신선도가 유지되어야 하며, 구하기 쉽고 가격이 지나치게 높지 않으며, 수혜자의 선호도가 높은 식품이어야 한다.

식품패키지는 대상 구분 및 특성에 따라 여섯 가지 유형으로 제공된다. 미숙아나 성장 발육이 늦은 영유아의 경우 실제 연령과 다른 패키지를 처방(역연령 방식)할 수 있으며, 이는 의사 및 영양사 상담을 통해 결정한다(**표 10-3~10-6**). 식품패키지의 기본식품명과 대체식품이 **표 10-6**에 규정되어 있다. 다만, 필수 적용 사항은 아니며 지자체 여건과 대상자 수요를 고려해 선택적으로 시행할 수 있다.

보충식품은 원칙적으로 가정배달 방식으로 제공한다. 다만, 지역 여건에 따라 보건지소 등에서 대상자가 직접 식품을 수령하는 방식을 병행할 수도 있다. 사업 담당자는 식품공급 업체를 방문하여 식품 배송 준비 과정을 점검하고, 배달 보충식품을 검수해야 한다.

표 10-3 식품패키지의 종류

종류	대상	상세 분류
식품패키지 1	영아(생후 0~5개월)	모유 수유/혼합수유/조제유
식품패키지 2	영아(생후 6~12개월)	
식품패키지 3	유아(만 1~5세)	–
식품패키지 4	임신부 및 혼합수유부(출산 후 12개월까지) ※ 모유 수유와 조제유를 함께하는 출산 후 여성	혼합수유부의 경우, 출산 후 7개월부터 보충식품은 우유만 제공
식품패키지 5	출산부(출산 후 6개월까지) ※ 모유 수유를 하지 않은 출산 후 여성	–
식품패키지 6	완전 모유 수유부(출산 후 12개월까지) ※ 완전 모유 수유를 실시하는 수유부	–

표 10-4 식품패키지별 구성 및 제공량(1인 1일 환산치)

식품명	기본 식품패키지					
	식품패키지 1 (영아, 0~5개월)	식품패키지 2 (영아, 6~12개월)	식품패키지 3 (유아, 만 1~5세)	식품패키지 4 (임신·수유부[1])	식품패키지 5 (출산부)	식품패키지 6 (완전 모유 수유부)
조제분유[2]	필요량의 1/2까지	필요량의 1/2까지				
감자		25 g	25 g	50 g	50 g	50 g
달걀[3]		60 g (노른자)[4]	60 g	60 g	60 g	60 g
당근		18 g	18 g	35 g	35 g	35 g
쌀		45 g	45 g	90 g	90 g	90 g
우유			360~400 mL	360~400 mL	180~200 mL	360~400 mL
검정콩			10 g	15 g	15 g	15 g
김			3 g	3 g	3 g	3 g
미역				2.5 g	2.5 g	2.5 g
닭가슴살 통조림[5]						27~30 g
귤·오렌지 주스[6]						귤 중 1개 주스 180~200 mL

1) 혼합수유부의 경우 출산 후 7개월째부터 보충식품은 우유만 제공

2) 모유 수유를 우선적으로 권장하며, 필요량에 따라 제품에 표기된 권장섭취량의 1/2까지 제공

3) 달걀 60 g(영양소 섭취기준 1인 1회 분량)은 달걀 1개로 계산하여 공급

4) 전란을 지급하되, 영아는 노른자만 먹도록 교육

5) 닭가슴살 통조림의 경우, 닭가슴살을 진공(팩)으로 포장하여 제공 가능

* 닭가슴살, 두부, 호상요구르트 등 냉장이 필요한 제품을 제공하기 위해서는 반드시 냉장 배송 체계가 확보되어야 하며, 식품에 대한 안전관리는 해당 지역에서 담당해야 함

* 또한 식품 배송 즉시 유통기한과 식품의 상태를 확인해야 함

6) 비만위험요인을 가진 완전 모유 수유부의 경우 오렌지주스를 제외하거나, 귤 또는 채소·과일류를 대체식품으로 제공

표 10-5 각 식품패키지의 영양소별 주요 급원식품

식품명	식품패키지 1 (영아, 0~5개월)	식품패키지 2 (영아, 6~12개월)	식품패키지 3 (유아, 만 1~5세)	식품패키지 4 (임신·수유부)	식품패키지 5 (출산부)	식품패키지 6 (완전 모유 수유부)
에너지	조제분유	쌀, 조제분유, 감자	쌀, 감자	쌀, 감자	쌀, 감자	쌀, 감자
단백질	조제분유	조제분유, 달걀노른자	달걀, 우유, 검정콩	달걀, 우유, 검정콩	달걀, 우유, 검정콩	달걀, 우유, 검정콩, 닭가슴살 통조림
칼슘	조제분유	조제분유	우유, 검정콩	우유, 미역, 검정콩	우유, 미역, 검정콩	우유, 미역, 검정콩
철	조제분유	조제분유, 달걀노른자	달걀, 검정콩	달걀, 검정콩	달걀, 검정콩	달걀, 검정콩
비타민 A	조제분유	조제분유, 당근	김, 당근	김, 당근	김, 당근	김, 당근, 귤
티아민	조제분유	쌀, 조제분유, 감자	쌀, 감자, 달걀	쌀, 감자, 달걀	쌀, 감자, 달걀	쌀, 감자, 달걀, 귤, 닭가슴살 통조림
리보플라빈	조제분유	조제분유	우유, 달걀	우유, 달걀	우유, 달걀	우유, 달걀
나이아신	조제분유	조제분유	검정콩	검정콩	검정콩	검정콩, 닭가슴살 통조림
비타민 C	조제분유	조제분유, 감자	감자	감자	감자	감자, 귤·오렌지주스

③ 영양상태 평가

평가 시기에 따른 영양상태 평가항목은 **표 10-7**과 같다. 평가 결과는 대상자의 영양상태에 따른 맞춤형 영양교육을 실시하기 위한 자료로 활용된다. 각 지역 보건소는 평가 결과를 지역보건의료정보시스템에 정확히 입력하고 관리해야 한다.

표 10-6 대체식품 구성 및 제공량(1인 1일 환산치)

기본 식품명	대체 식품명	식품패키지 1 (영아, 0~5개월)	식품패키지 2 (영아, 6~12개월)	식품패키지 3 (유아, 만 1~5세)	식품패키지 4 (임신·수유부)	식품패키지 5 (출산부)	식품패키지 6 (완전 모유 수유부)
		대체 식품					
감자	국수류		–[1)]	100 g / 주	200 g / 주	200 g / 주	200 g / 주
	고구마		25 g	25 g	50 g	50 g	50 g
	시리얼		–[1)]	30 g	30 g	30 g	30 g
	채소류 및 과일류[3)]		전문가위원회 운영을 통해 식품 선정				
당근[2)]	애호박, 서양호박, 단호박, 시금치		18 g	18 g	35 g	35 g	35 g
	채소류 및 과일류[3)]		전문가위원회 운영을 통해 식품 선정				
쌀	현미, 보리밥, 찹쌀, 혼합잡곡			30 g	45 g	45 g	45 g
우유	호상요구르트[4)]			80~100 g	80~100 g	80~100 g	80~100 g
	치즈[4)]			18~20 g	18~20 g	18~20 g	18~20 g
	저지방 우유[5)]			360~400 mL	360~400 mL	180~200 mL	360~400 mL
검정콩	시리얼			30 g	30 g	30 g	30 g
	붉은 팥			10 g	10 g	10 g	10 g
	두부			60 g	60 g	60 g	60 g
	멸치			10 g	10 g	10 g	10 g
	북어채, 황태채			10 g	10 g	10 g	10 g
	닭가슴살통조림			9~10 g	13~15 g	13~15 g	13~15 g
김[2)]	애호박, 서양호박, 단호박, 시금치, 브로콜리, 토마토, 방울토마토			18 g	35 g	35g	35 g
	채소류 및 버섯류			전문가위원회 운영을 통해 식품 선정			
미역[2)]	콩나물, 양배추, 오이, 양파, 브로콜리				35 g	35 g	35 g
	버섯류(팽이, 느타리, 표고, 양송이, 새송이)				15 g	15 g	15 g
	채소류 및 버섯류[3)]				전문가위원회 운영을 통해 식품 선정		

(계속)

기본 식품명	대체 식품명	대체 식품 식품패키지 1 (영아, 0~5개월)	식품패키지 2 (영아, 6~12개월)	식품패키지 3 (유아, 만 1~5세)	식품패키지 4 (임신·수유부)	식품패키지 5 (출산부)	식품패키지 6 (완전 모유 수유부)
닭가슴살 통조림	참치통조림						27~30 g
귤·오렌지 주스[2]	사과, 딸기, 키위, 바나나						50 g
	파프리카						35 g
	채소류 및 과일류[3]						전문가위원회 운영을 통해 식품 선정
영아용 생식품	이유식(분말)		하루 표준량의 1/2 이하				

1) 식품패키지2(영아, 6~12개월 미만)의 경우, 국수류시리얼·귤(또는 오렌지주스)은 대체식품으로 적용 불가

2) 당근, 김 등의 대체식품으로 채소류·과일류·버섯류 등을 제공하는 경우 품질 및 단가, 배송·보관 등에 유의

- 채소·과일 등의 생식품 제공 시 철저한 식품 검수가 필요하며, 배송 후에는 대상자로 하여금 식품문제가 있는 경우 다음날까지만 교환요청이 가능하도록 하는 등의 안내 필요. 또한 보관 관리 방법에 대한 안내도 반드시 실시

3) 그 밖의 채소류 및 과일류 등을 대체식품으로 추가할 경우

- 보건소 전문가위원회(영양전문가 1인 이상 필수 포함)를 구성·운영하여 대체식품 종류와 제공량, 배송 주기 등의 규정을 결정하는 것을 원칙으로 함

※ 전문가위원회는 시·도건강증진사업지원단의 영양분과 위원 활용 권장

※ 대체식품 선정 시 식품의 영양성분, 배송·보관 방법 및 단가 등에 유의하여 선정

※ 식품에 대한 안전관리는 해당 지역에서 담당

4) 호상요구르트는 무가당 또는 당류 함량이 적은 플레인 제품으로 하며, 치즈는 나트륨 함량 적은 제품으로 제공

- 치즈 제공 시 유아의 경우는 월령에 맞게 단계를 조정하여 제공 권장
- 특별한 사유가 없는 한, 우유 제공량의 반 이상을 요구르트 또는 치즈로 대체할 수 없음

[즉, 호상요구르트는 '우유 180~200 mL + 호상요구르트 1개(80~100 g)', 치즈는 '우유 180~200 mL + 치즈 1장(18~20 g)'으로 제공]

※ 단, 식품패키지5(출산부)의 경우, 우유 제공량의 전체를 요구르트 또는 치즈로 대체 가능

5) 저지방 우유는 과체중·비만인 유아(만 2세 이상) 및 비만위험요인을 가진 임산부에 한해 제공 가능

표 10-7 평가 시기별 평가항목

평가 종류	평가 시기	판정기준
사업 초기 평가 (사업 참여 전)	대상자 선정 시	• 빈혈검사, 신체계측, 영양 섭취상태조사 • 영양지식·태도 조사
자격 재평가	대상자 등록 후 6개월 시점	• 빈혈검사, 신체계측, 영양 섭취상태조사
사업 종료 평가 (사업 참여 후)	대상자 퇴록 시	• 신체계측, 빈혈검사, 영양 섭취상태조사 • 영양지식·태도 조사, 사업만족도 조사

2) 임산부 친환경농산물 지원사업

이 사업은 임산부가 친환경농산물을 저렴한 가격에 구매할 수 있도록 2020년부터 농림축산식품부가 주관해 운영되고 있다. 임산부 건강증진을 위한 친환경농산물 소비 촉진, 친환경농업 활성화라는 두 가지 목표를 가지고 있다.

(1) 사업내용

임신부터 출산·이유기까지, 건강한 친환경농산물을 꾸러미 형태로 12개월(2025년 기준 연 48만 원 수준)간 공급하는 것이다. 임산부의 필요와 기호를 반영하여 품목을 직접 선택하여 주문하거나, 이미 구성된 꾸러미 상품, 정기 공급 프로그램 등도 이용 가능하다.

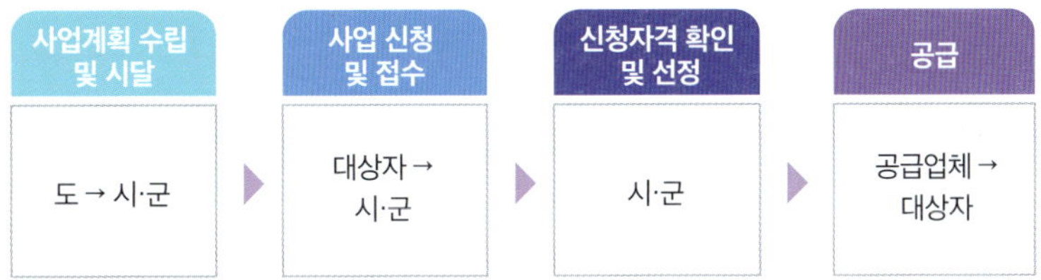

그림 10-6 임산부 친환경농산물 지원사업 시행체계

그림 10-7 임산부 친환경농산물 지원사업 포스터

자료: 에코이몰.

(2) 지원자격

신청일 현재 임신부 또는 출산 후 1년 이내인 산모이며, 영양플러스 지원을 받는 임산부는 제외된다.

(3) 지원품목

「친환경농어업 육성 및 유기식품 등의 관리·지원에 관한 법률」에 따른 유기농산물, 무농약 농산물, 유기축산물, 유기수산물, 유기가공식품, 무농약원료가공식품 등이다. 이 식품들을 꾸러미 형태로 임산부 거주지까지 12개월간 배송 및 공급한다.

3) 모유수유 증진 사업

(1) 국내 모유수유 현황

우리나라의 모유수유율은 1970년대에는 약 90%였으나, 산업화와 모유수유에 대한 인식 부

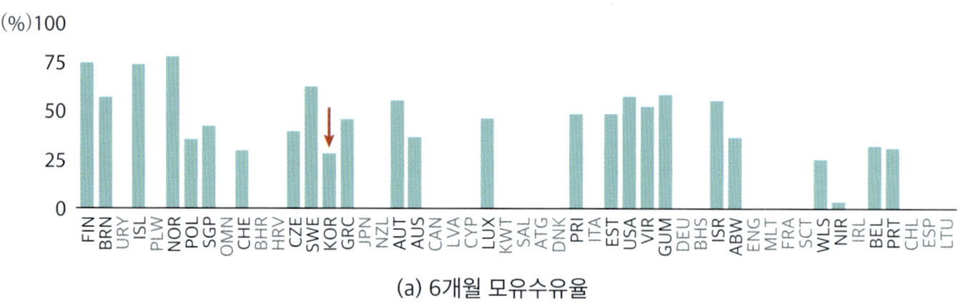

(a) 6개월 모유수유율

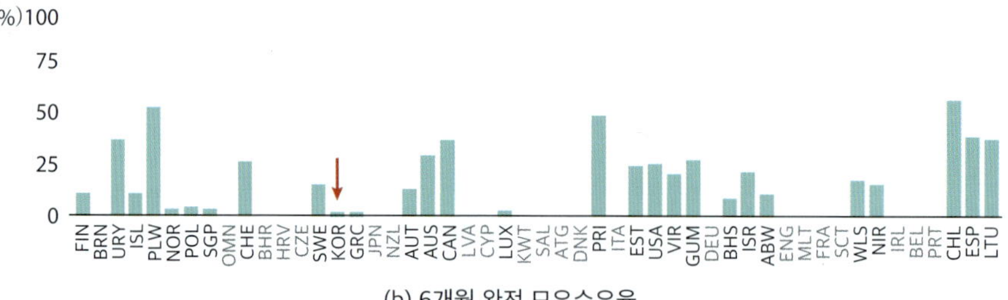

(b) 6개월 완전 모유수유율

그림 10-8 고소득 국가(n=51)의 모유 수유율 비교

자료: Vaz JS et al.(2021). Monitoring breastfeeding indicators in high-income countries: Levels, trends and challenges. Matern Child Nutr. Jul;17(3):e13137.

족, 지지 정책의 부재로 인해 1994년에는 11.4%까지 감소하였다. 이후 모유수유 권장운동이 확산되면서 조금씩 증가했으나 여전히 낮은 수준이다.

2018년 국민건강영양조사에 따르면, 6개월과 12개월의 완전 모유수유율은 각각 36.7%와 33%에 불과하였다. 반면, 2021년 WHO 보고서에서는 우리나라의 6개월 완전 모유수유율이 2%에 불과한 것으로 나타나 조사시기에 따라 차이는 있지만, 다른 나라에 비해 매우 낮은 것은 분명하다. 다른 선진국의 모유수유율은 약 80% 수준이다(그림 10-8).

모유수유 실천에는 취업 여부, 모자동실 운영과 모유수유실 확보 같은 제도적·환경적 지원, 모유수유에 대한 지식과 태도, 제왕절개 분만 여부 등이 영향을 미친다. 일반적으로 모성이 직업을 가지고 있거나 사회적 교육 수준이 높고 소득이 높은 경우 모유수유율은 낮게 나타난다.

모유수유는 산모의 의지뿐만 아니라 가족의 지지, 분만의료기관 의료진의 모유수유에 대한 올바른 이해와 교육, 국가 차원의 정책과 환경 조성 그리고 홍보활동이 함께 뒷받침되어야 활성화될 수 있다.

(2) 모유수유의 중요성

모유수유는 영유아의 성장 발달에 필요한 모든 영양분을 함유한 가장 이상적인 식품으로 영양학적·면역학적·심리학적 측면에서 인공수유보다 우수하다. 모유수유아는 인공수유아에 비해 호흡기 질환, 소화기계 질환, 변비, 알레르기의 이환율이 낮고, 정신적 안정감이 높다. 또한 성인이 된 후 비만, 고혈압, 당뇨의 위험이 감소한다. 수유부에게도 유방암, 난소암, 제2형 당뇨병의 발생 위험을 줄이고, 임신 전 체중 회복에 도움을 준다.

이러한 이점으로 WHO는 생후 6개월까지 모유수유를 영아 영양의 기본으로 권장하며, 12~24개월까지 모유수유를 지속하면서 안전한 보충식을 함께 제공하도록 권고하고 있다.

더 알아보기

성공적인 엄마 젖 먹이기 10단계

① 모든 병원 및 의료기관은 모유수유 정책을 문서화한다.
② 이 정책을 실행하기 위해 모든 의료요원에게 모유수유 기술을 훈련시킨다.
③ 엄마 젖의 장점과 젖 먹이는 방법을 임산부에게 교육시킨다.
④ 출생 후 30분 이내에 엄마 젖을 빨리기 시작한다.
⑤ 임산부에게 엄마 젖을 먹이는 방법과 아기와 떨어져 있을 때 젖 분비를 유지하는 방법을 자세히 가르친다.
⑥ 갓난아기에게 엄마 젖 외에 다른 음식물을 주지 않는다.
⑦ 엄마와 아기는 24시간 같은 방을 쓴다.
⑧ 엄마 젖은 아기가 원할 때마다 먹인다.
⑨ 아기에게 엄마 젖 외에 인공 젖꼭지나 노리개 젖꼭지를 물리지 않는다.
⑩ 엄마 젖 먹이는 모임을 만들도록 도와주고 퇴원 후에도 참여하도록 해준다.

자료: WHO & UNICEF(1989).

(3) 모유수유 증진을 위한 프로그램

WHO는 모유수유를 장려하기 위해 생후 6개월까지 모유수유 실시를 권장하고, 다섯 가지 기본 지표(모유수유 도입 시기, 완전 모유수유율, 6~9개월의 보충식 실천율, 모유수유 지속률, 모유수유 기간)를 사용하고 있다. 또한 유니세프와 함께 1980년대부터 모유수유 캠페인을 전개하며, 각 회원국에 국가 차원의 모유수유 정책 수립과 홍보 활동을 촉구하고, 모유대체식품 판매·광고 규제의 입법화를 촉구하였다.

1989년에는 '성공적인 모유 먹이기 10단계'를 권장하고, 1992년부터는 '아기에게 친근한 병원 만들기(BFHI, Baby–Friendly Hospital Initiative)' 지정사업을 추진하고 있다. 또한 WHO와 유니세프는 1989년 이탈리아 이노센티에서 열린 보건정책총회에서 '이노센티 선언(Innocenti Declaration)'을 채택하였다. 이 선언은 각 나라의 정부가 모든 여성들이 모유를 먹일 수 있는 환경을 조성하고, 모든 영아가 생후 6개월까지 모유만 섭취하며, 생후 2년까지 적절한 이유식과 함께 모유수유를 지속하도록 촉진하자는 공동선언이다.

세계모유수유연맹은 이를 기념하여 1992년부터 8월 1~7일을 '세계모유수유주간

(WBW, World Breastfeeding Week)'으로 지정하였다. 우리나라에서도 이러한 국제적 흐름에 발맞추어 다음과 같은 모유수유 증진활동을 전개하고 있다.

① 유니세프 한국위원회의 활동

유니세프 한국위원회는 국내 모유수유 증진을 위한 올바른 수유 방법을 알리고자 다양한 교육활동을 전개하고 있다. 특히, 매년 세계모유수유주간을 기념하여 '아기에게 친근한 병원(Baby Friendly Hospitals)' 및 '엄마에게 친근한 일터(Mother Friendly Workplaces)' 인증식, 모유수유 특강, 모유수유 서명 캠페인, 모유수유 권장사업 기금 전달식 등을 주도적으로 시행하고 있다.

유니세프의 모유수유 권장사업인 '아기에게 친근한 병원' 지정 운동은 병원과 의료인을 비롯한 보건 관련 종사자들이 함께 모유수유를 권장한다는 점에서 의미가 크다. '아기에게 친근한 병원'은 엄마와 아기가 한 방을 쓰게 하고, 출생 후 30분 이내에 엄마 젖을 물리게 하는 등 '엄마 젖 먹이기 10단계'를 지키는 병원에게 주어지는 국제적인 칭호이다.

우리나라는 1993년부터 이 사업을 실시하여 2006년에는 50여 개 이상의 병원이 지정되는 등 활발히 운영되었으나, 이후 지정 병원 수가 점차 줄어들었고 2023년 12월 31일부로 사업이 종료되었다. 다른 나라에서는 여전히 이 사업이 유지되고 있는 반면, 모유수유율이 낮은 우리나라에서는 중단된 점이 아쉽다.

② 보건소의 활동

각 지방자치단체 보건소에서는 산후건강교실과 모유수유 클리닉 등을 운영하면서 모유수유의 일반적인 내용, 유방 및 유두 동통 관리법 등을 교육하고 있다. 임신부와 수유부를 대상으로 대면 또는 비대면 모유수유클리닉을 실시하며, 미숙아 또는 다태아 출산 산모에게는 가정방문 지도를 실시하는 보건소도 있다. 또한 일부 보건소에서는 유축기 대여 사업도 함께 운영하고 있다.

더 알아보기

지역사회 보건소의 모유수유 실천 사례

인천서구보건소는 임신부와 출산부를 대상으로 '모유사랑교실'을 예약제로 운영하고 있다. 이 프로그램은 전문가가 진행하며, 올바른 모유수유 방법을 1:1 개별 상담과 맞춤형 클리닉을 통해 안내한다.

사천시보건소는 모유수유의 중요성과 방법, 올바른 수유 자세 교정을 지도하는 교육을 실시하고 있다.

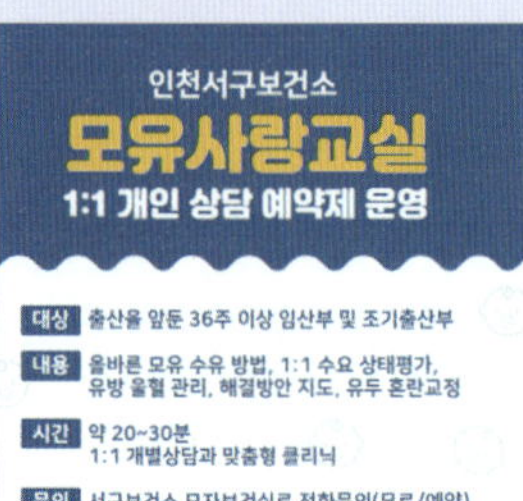

자료: 인천서구보건소, 사천시보건소.

4) 어린이급식관리지원센터

식품의약품안전처는 2011년부터 어린이급식관리지원센터 사업을 시행해 오고 있다. 이 사업은 영양사 배치 의무가 없는 100인 미만 소규모 어린이 단체급식시설(유치원, 어린이집, 지역아동급식센터 등)을 대상으로 각 지역 센터가 식단 제공, 위생 및 영양관리를 지원하는 것이다.

2011년 경기도 하남시를 비롯한 10곳에서 시작하여, 2024년 12월 기준 전국 센터 수는 236개소에 이른다. 센터 수가 급격히 증가함에 따라 전국적 협력체계 구축과 정부와의 원활한 소통을 위해 2016년에는 지원기관인 중앙급식관리지원센터가 신설되었으며, 2024년에는 (재)식생활안전관리원으로 개편되었다.

그림 10-9에는 어린이급식관리지원센터의 조직과 주요 업무가 제시되어 있다. 센터는 규모에 따라 차이가 있으나, 일반적으로 기획·운영팀, 위생팀, 영양팀으로 구성된다. 식품영양학을 전공하고 영양사·위생사 면허를 소지한 전문인력들이 어린이 급식의 안전을 위해 체계적인 위생 및 영양 관리를 담당하며, 어린이뿐만 아니라 교사와 조리종사자를 대상으로 한 영양·위생 교육 등 다양한 업무를 수행한다.

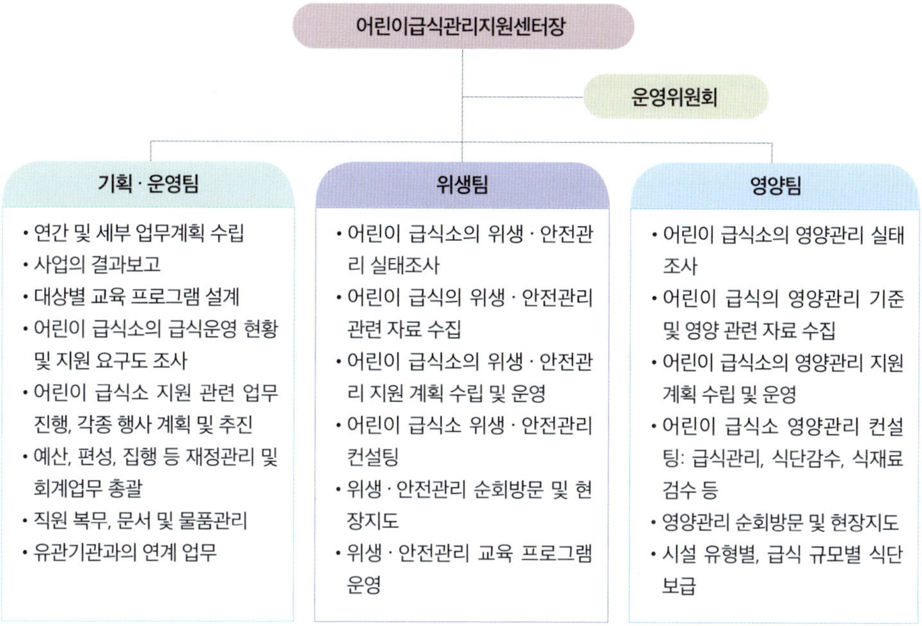

어린이급식관리지원센터장

운영위원회

기획·운영팀

- 연간 및 세부 업무계획 수립
- 사업의 결과보고
- 대상별 교육 프로그램 설계
- 어린이 급식소의 급식운영 현황 및 지원 요구도 조사
- 어린이 급식소 지원 관련 업무 진행, 각종 행사 계획 및 추진
- 예산, 편성, 집행 등 재정관리 및 회계업무 총괄
- 직원 복무, 문서 및 물품관리
- 유관기관과의 연계 업무

위생팀

- 어린이 급식소의 위생·안전관리 실태조사
- 어린이 급식의 위생·안전관리 관련 자료 수집
- 어린이 급식소의 위생·안전관리 지원 계획 수립 및 운영
- 어린이 급식소 위생·안전관리 컨설팅
- 위생·안전관리 순회방문 및 현장지도
- 위생·안전관리 교육 프로그램 운영

영양팀

- 어린이 급식소의 영양관리 실태 조사
- 어린이 급식의 영양관리 기준 및 영양 관련 자료 수집
- 어린이 급식소의 영양관리 지원 계획 수립 및 운영
- 어린이 급식소 영양관리 컨설팅: 급식관리, 식단감수, 식재료 검수 등
- 영양관리 순회방문 및 현장지도
- 시설 유형별, 급식 규모별 식단 보급

그림 10-9 어린이급식관리지원센터 조직 및 업무

5) 보건소의 임산부 및 영유아 영양관리사업

각 지역 보건소에서는 임산부 및 영유아를 대상으로 다양한 영양 관련 프로그램을 운영하고 있다. 주요 사업으로는 영양플러스, 임산부 철분제·엽산제 지원, 모유수유교실 등이 있으며, 지방자치단체에 따라 관내 산부인과, 산후조리원, 어린이집, 다자녀 카드 우대 금융기관 등과 연계한 특화 프로그램도 함께 진행된다.

보건소에서 운영하는 임산부 및 영유아 영양 프로그램의 예시는 표 10-8과 같다.

표 10-8 보건소에서 운영 중인 임산부 및 영유아 영양 프로그램의 예

프로그램	내용
임산부 건강관리	• 산모신생아 건강관리사 지원 • 임산부 등록 및 임신 초기 혈액검사 실시 • 엽산제 지원 • 임산부 영양제(철분제) 보급 • 임산부 구강 검진 및 지속 관리 • 임산부 출산용품 지원
모자건강	• 임산부교실(출산 준비, 호흡법, 신생아 관리법 등) • 육아교실(아기 마사지, 영아산통 예방법, 발달놀이 지도)
모유 수유 장려	• 모유 수유 교실 • 모유 수유 용품 대여
난임부부 지원	• 체외수정시술, 인공수정시술 지원
청소년 산모 임신·출산 의료비 지원	• 바우처를 지급하여 임신과 출산 전후 산모의 건강관리와 관련된 의료비로 사용하게 함
고위험 임산부 의료비 지원	• 저소득층 임산부 중 3대 고위험 임신 질환(조기진통, 분만 관련 출혈 및 중증 임신중독증) 치료비 중 가계 부담이 큰 비급여 본인 부담금 지원
선천성 대사 이상 검사 및 환아 관리	• 6종(페닐케톤뇨증, 갑상샘기능저하증, 호모시스틴뇨증, 단풍당뇨증, 갈락토스혈증, 선천성 부신과형성증) 검사비 지원
신생아 청각 선별검사 지원	• 저소득층 출생아 대상 신생아 청각 선별검사비 지원
어린이 국가 예방 접종 무료 실시	• BCG, B형간염, DTaP, 소아마비, 수두, 일본뇌염, MMR, Td, DTaP-IPV, 소아폐렴구균, 일본뇌염(생백신, 사백신), A형간염, HPV(인유두종바이러스)
의료비 지원	• 미숙아 출산 저소득 가정 또는 셋째아 이상 출생아가 미숙아인 경우(소득수준에 관계없이 지원) 의료비 일부 지원 • 선천성 이상아 의료비 지원
영아 기저귀, 조제분유 지원사업	• 저소득층 영아의 기저귀, 조제분유 지원
재미있는 건강 유치원	• 신청 유치원 및 어린이집을 대상으로 영양교육, 신체활동 및 키 성장체조 교육
지역아동센터 영양나눔사업 과일 제공 및 영양교육	• 해당 지역아동센터 아동 대상으로 주 2~3회 제철과일(인당 100 g) 제공, 영양교육 실시
어린이 인형극교육	• 미취학 아동 대상 영양, 비만, 금연, 절주, 성에 대한 인형극 실시
영양교구 대여 및 영양교육	• 학교, 어린이집 및 유치원 영양교사 및 보건담당교사 등을 통해 보건소 보유 영양교구를 대여하여 교육을 실시할 수 있도록 지도 및 상담

(계속)

프로그램	내용
사회복지시설 식단표 제공	• 영양사가 없는 사회복지시설에 식단표 제공
영양상담실 운영	• 맞춤형 영양상담, 체성분 측정, 식사 관리 및 상담
다문화가정 영양관리사업	• 다문화가정에 대한 가족 단위 집중 영양관리 프로그램 운영 • 다문화가정 조리교실 운영: 이유식 등 조리교육 및 다국어 교육 자료 보급 • 다문화가정지원센터와 연계하여 식생활, 육아, 문화 적응 등 수행: 건강가정지원센터, 영양플러스 사업 및 방문건강 관리서브시스템 등과 연계, 대학의 기존 사회공헌 프로그램 활용

더 알아보기

보건소 영유아 영양관리사업 사례

예산군보건소는 임신부와 20개월 이하 자녀를 둔 부모를 대상으로 '아이든든 이유식 영양교실' 프로그램을 운영한다. 이 교육은 초기·중기 이유식 과정과 후기·완료기 과정으로 구분해 화상회의를 통한 비대면 수업으로 진행되며, 발달 과정에 따른 다양하고 균형 잡힌 영양 식단을 제공할 예정이다.

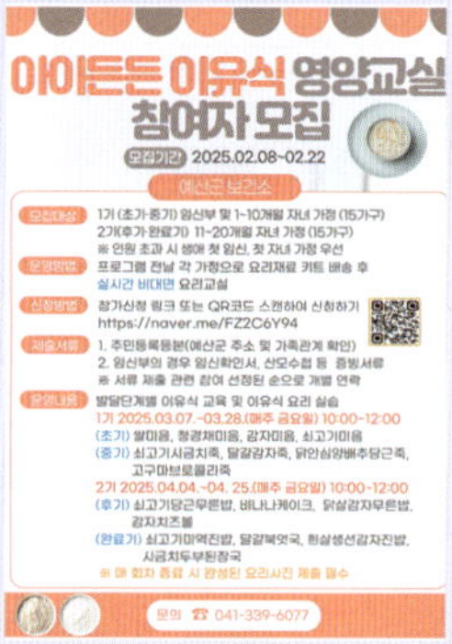

거창군보건소는 영유아의 건강증진과 더불어 건강한 친환경 먹거리를 제공하기 위해 '영유아 친환경 이유식 영양꾸러미 지원사업'을 시행한다.

자료: 예산군보건소, 거창군보건소.

6) 어린이집·유치원 기반 영양관리사업

(1) 영유아보육법에 근거한 영양사업

영유아기의 영양사업은 바른 식생활 인식과 올바른 식습관 형성을 돕기 위해 추진된다. 이를 위해 어린이집 등에서 영유아 대상 영양교육 프로그램을 운영하고, 정기적인 영양교육 자료를 제공하며, 교사와 부모 대상 영양교육을 병행하는 것이 권장된다. 관내 유아종합지원센터와 어린이급식관리지원센터가 있는 경우에는 식단·위생 관리, 교육 프로그램, 교육

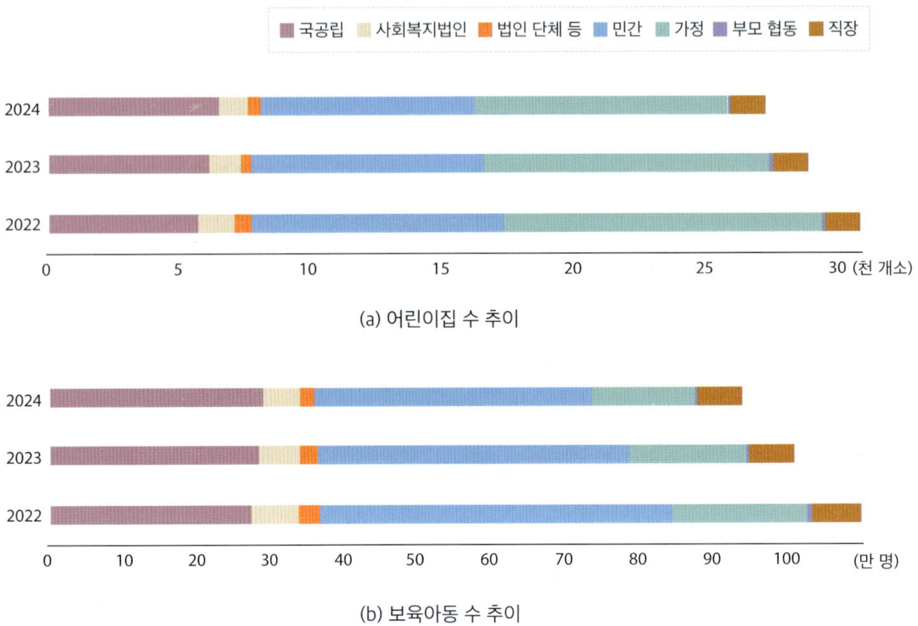

그림 10-10 연도별 어린이집 수 및 보육아동 수 추이(2022~2024)

자료: 보건복지부(2025). 보육통계(국가승인통계 제15407호, 어린이집 및 이용자 통계).

매체 등을 협력하여 효율적으로 사업을 수행한다.

1961년 「아동복리법」으로 시작된 보육시설(어린이집)은 1991년 「영유아보호법」과 「영유아보육법 시행규칙」이 제정으로 단순한 보호시설을 넘어 교육적 기능이 강화되고, 일원화된 체계를 갖추게 되었다. 현재 우리나라 전체 어린이집 수와 보육아동 수는 출산율 감소와 함께 매년 줄어드는 추세이나(그림 10-10), 국공립 어린이집과 보육아동 수는 증가하는 반면 민간과 가정 어린이집은 감소세가 크다.

「영유아보육법 시행규칙」에 따르면 급식은 영양사가 작성한 식단에 따라 제공되며, 어린이집에서 직접 조리하여 공급하는 것이 원칙이다. 또한 급식은 당과 나트륨 저감화 원칙에 따라 제공되며, 이에 따라 대한영양사회와 어린이급식관리지원센터 등은 당·나트륨 섭취 줄이기를 위한 영양교육사업을 활발히 전개하고 있다.

(2) 식생활교육지원법에 근거한 영유아·어린이 식생활교육지원사업

2009년 11월 「식생활교육지원법」 시행으로 정부는 식생활 인식 제고와 개선을 위한 다양한 사업을 법적 기반 위에서 추진할 수 있게 되었다. 특히, 제10조에는 올바른 식생활 실천을 위한 어린이 대상 식생활교육의 지속적 추진이 규정되어 있다.

이에 농림축산식품부는 2010년 3월, 영유아 단계부터의 올바른 식습관을 형성하고 농촌의 가치를 인식하도록 하기 위해 식생활 관련 전반에 대한 국민적 이해와 인식을 드높여 국민건강증진과 환경생태계의 보전, 농어업·농어촌의 활성화에 기여할 목적으로 (사)식생활교육국민네트워크를 설립하였다(그림 10-11).

농림축산식품부는 2025년 3월 '제4차 식생활교육 기본계획'(2025~2029)을 발표하였다. 기존의 추진체계와 인프라를 기반으로, 이번 계획은 식생활교육의 실천력을 강화하기 위해 4대 전략을 제시하였다.

① 평생 식생활 교육체계 구축 ② 체험 교육 등을 통한 실천력 강화
③ 지역 단위의 식생활 교육 활성화 ④ 교육 효과 증진을 위한 기반 내실화

그림 10-11 식생활교육국민네트워크의 주요 기능

자료: 식생활교육국민네트워크.

이에 따라 2025년부터 교육부와 협력하여 늘봄학교를 운영하며, 학교에서 사회로 이어지는 평생 식생활교육을 추진하고 있다. 앞으로는 초·중학교 자율시간 및 자유학기를 활용한 체험형 식생활교육을 지원할 예정이다.

또한 우수 농촌 식생활 체험공간을 마련하여 체계적인 식생활 교육을 제공하고, 지역의 실정과 특성을 반영한 지역 단위의 맞춤형 식생활 교육을 활성화하여 지역 농산물(로컬푸드)을 활용하는 교육 프로그램을 강화한다. 나아가 온라인 플랫폼과 전문인력 확충 등 기반을 내실화하여 교육 효과성을 높일 계획이다.

더 알아보기

식생활교육국민네트워크의 영유아 식생활교육사업 사례

서울시 '찾아가는 식생활교육'

서울시는 아이들의 올바른 식습관과 건강관리를 위해 어린이집과 유치원을 직접 방문하는 '찾아가는 식생활교육'을 운영한다. 올해로 13년째를 맞은 이 프로그램은 지난해 선착순 모집 시작 30분 만에 마감될 정도로 높은 관심을 받았다.

시는 올해 참여 기회를 확대하기 위해 교육 대상 기관을 총 500개소(영유아 12,500여 명)로 늘려 운영할 계획이다. 이번 1차 모집에서는 약 200개 기관(영유아 5,000여 명)을 대상으로 교육을 지원한다.

올해 교육은 연령별(만 2~3세, 만 4~5세) 맞춤형 이론·체험활동으로 진행해 수업의 질을 높인다. 특히, 다양한 채소를 주제로 오감을 활용한 체험과 요리활동을 통해 아이들이 평소 잘 먹지 않던 식재료에 대한 거부감을 줄이고, 긍정적인 식사 경험을 쌓을 수 있도록 구성하였다.

자료: 서울시 보도자료(2025. 6. 16).

3. 외국의 임산부 및 영유아 영양 프로그램

미국의 'Healthy People 2030'에서는 종전 다운스트림(downstream) 중심의 건강증진정책으로는 문제를 해결하기보다 악화시킬 수 있다고 판단하여, 향후 10년간 국민건강증진 기본전략으로 업스트림(upstream) 개념을 새롭게 채택하였다.

Healthy People 2030의 업스트림 전략은 건강역량 차원에서 개인과 조직의 건강정보 이해력(health literacy) 강화를 비롯해 건강의 결정요인으로 작용하는 물리적·사회적·경제적 환경 개선에 초점을 두었으며, 이를 건강 목표와 미국 성과지표체계에 반영하였다.

이에 따라 임신부와 유아의 건강증진을 위해 임신부의 생활습관과 임신에 영향을 미치는 위험요인을 개선하는 프로그램이 운영되고 있다. 즉, 임신 중은 물론 임신 전부터 영양상태를 양호하게 유지하여, 분만 이후 산모와 영유아의 영양관리를 지원하는 것이다.

미국의 WIC 프로그램은 고위험 임신·수유부, 영유아 그리고 취학 전 아동을 대상으로

표 10-9 외국의 영양사업 사례

프로그램명	국가	대상자	사업 내용
Special Supplemental Nutrition Program for WIC	미국	영양적 위험에 처한 저소득층 임신, 수유, 여성 및 6세 이하 어린이	매달 식품 또는 쿠폰으로 우유, 치즈, 달걀, 과일주스, 시리얼, 땅콩버터, 조제분유, 유아용 시리얼 제공
Head Start Program	미국	저소득 가정의 가족과 3~5세 어린이, 장애가 있는 어린이	교육, 의료, 치과, 영양, 사회서비스, 영양가 있는 식사와 간식 제공
Cooperative Extension Expanded Food and Nutrition Education Program	미국	저소득 가정과 19세 이하 어린이	영양교육, 집에서 만들 수 있는 성장 관련 식품과 영양에 대한 교육
Healthy Start	영국	저소득층 임신, 수유, 여성 및 6세 이하 어린이	바우처를 지급하여 매주 우유·과일·채소·분유 지급, 비타민 무료 제공
Austrailia's Future	호주	어린이, 청소년	건강한 식생활과 신체활동 증가를 위한 법안 제정 및 각 지방정부의 다양한 프로그램

시작되었으며, 우리나라 영양플러스 사업의 모태가 되었다. 이 프로그램은 참여자의 영양 상태를 개선하여 건강문제를 예방하는 데 중요한 역할을 하며, 현재 미국 농무부의 행정적 감독 아래 모든 연방주에서 시행되고 있다.

미국을 비롯한 여러 국가의 임산부 및 영유아 영양사업 사례는 **표 10-9**에 제시하였다.

ACTIVITY

지역사회의 영양문제를 해결하기 위해 다양한 보건소 사업이 운영되고 있다. 영양플러스 사업 사례를 조사하고, 효과적인 운영을 위한 지원 방안을 모색해 보자.

1. 본문에 제시된 '영양플러스 사업'을 참고하여, 가까운 지역 보건소에서 실제로 운영 중인 사례를 조사해 보자.
   - 프로그램 운영 과정에서 발생하는 문제점과 사업 효과를 조사해 보자.
   - 수혜자 확대의 필요성을 토론하고, 영양플러스 사업의 효과를 다룬 연구 논문을 찾아보자.
2. 이러한 영양 프로그램을 운영하기 위해서는 인력과 예산 지원이 필요하다. 각 보건소의 인력과 예산을 확대해 지역사회에 필요한 영양 프로그램이 더욱 폭넓게 시행될 수 있도록, 정책 결정자나 행정가에게 설득하는 편지를 작성해 보자.

SUMMARY

- **출산율 감소와 영유아 건강 위험 증가**: 우리나라의 출산율은 급속히 감소하고 있으며, 고령 임신·출산이 증가하면서 저체중아 출산율은 증가하고 있다. 또한 영유아는 철 결핍성 빈혈이 흔하고, 면역 기능 미숙으로 식품 알레르기, 천식, 아토피 질환 발생 위험이 높다.
- **영양플러스 사업**: 영양 위험이 큰 임신·수유부 및 영유아를 대상으로 영양교육 및 식품 지원을 하는 건강증진 프로그램이다.
- **임산부 친환경농산물 지원사업**: 농림축산식품부가 주관하는 사업으로 임산부가 저렴한 가격으로 친환경농산물을 구입하도록 도움으로써 친환경농산물 소비 촉진 및 친환경 농업 활성화를 목표로 한다.
- **모유 수유 증진 사업**: 우리나라 모유 수유율은 낮은 편이다. 유니세프의 모유 수유 권장사업인 '아기에게 친근한 병원' 지정 운동은 2023년 이후 종료되었으며, 현재는 지역 보건소를 중심으로 임산부와 영유아를 위한 다양한 영양 관련 프로그램이 운영되고 있다.
- **어린이급식관리지원센터**: 영양사 배치 의무가 없는 소규모 어린이 단체급식시설을 대상으로 식단제공, 위생 및 영양관리 등을 지원하는 사업이다.
- **어린이집·유치원 기반 영양관리사업**: 「영유아보육법」과 「식생활교육지원법」을 근거로 영양교육사업, 늘봄학교 운영, 식생활교육사업 등이 활발히 전개되고 있다.

CHAPTER 11

어린이 및 청소년 영양 프로그램

학습목표

1. 우리나라 어린이와 청소년의 영양과 건강문제를 설명할 수 있다.
2. 어린이와 청소년을 위한 영양 프로그램을 설명할 수 있다.

CHAPTER 11

아동기는 신체적 성장과 더불어 인지적·감정적·사회적 성장이 꾸준히 이루어지는 시기이다. 이 시기에는 성장 속도와 활동량에 따라 개인 간 영양소 필요량의 차이가 크며, 식품 섭취에서도 다양한 양상이 나타난다.

청소년기는 아동기에서 성인기로 전환되는 과정으로, 제2의 급속한 신체 성장과 성적 성숙이 진행되며 정서적으로 불안정하다. 아동기와 청소년기를 거치면서 건강한 식행동은 물론 건강을 해칠 수 있는 식행동도 증가한다. 이 시기의 불건전한 식행동이 고착화되면 성인기에 대사증후군을 비롯한 만성질환 발생 위험을 높이는 원인이 될 수 있다.

따라서 지역사회는 어린이와 청소년이 건강한 식행동을 형성하도록 주의를 기울여야 한다. 특히, 가난, 질병 또는 방임 등으로 인해 영양불량에 노출될 가능성이 큰 어린이와 청소년이 좋은 영양상태를 유지하고 건강한 성인기의 삶을 준비할 수 있도록 도와야 한다.

이 장에서는 어린이와 청소년의 영양 및 건강 관련 문제를 살펴보고, 이들을 위한 영양 프로그램을 소개한다.

1. 어린이와 청소년의 건강과 식생활문제

1) 영양소 섭취 실태

성장기 어린이와 청소년에게 균형 잡힌 영양소 섭취는 매우 중요하다. 그러나 지난 10년간 우리나라 어린이와 청소년의 영양 섭취 부족자 분율(에너지 섭취량이 필요추정량의 75% 미만이면서 칼슘, 철, 비타민 A, 리보플라빈의 섭취량이 모두 평균필요량 미만인 분율)은 증가하는 추세를 보였다. 6~11세 어린이보다 12~18세 청소년에서 그 비율이 더 높으며, 연령에 관계없이 여자가 남자에 비해 더 높은 경향을 보인다(표 11-1).

에너지/지방 과잉 섭취자 분율은 6~11세는 2013년 9.4%에서 2023년 8.0%로, 12~18세는 2013년 6.8%에서 2023년 5.8%로 나타나 과거 10년간 거의 변화가 없었다. 두 연령군 모두 남자가 여자보다 그 분율이 다소 높다(표 11-2).

표 11-1 영양 섭취자 분율

(단위: %)

나이/성별	연도	2013	2014	2015	2016	2017	2018	2019	2020	2021	2022	2023
6~11세	전체	4.1	3.5	4.8	4.8	6.6	8.4	4.9	11.8	8.9	5.9	5.7
	남자	3.2	4.1	5.4	4.6	6.5	8.3	6.4	10.3	8.8	5.2	5.7
	여자	5.2	2.9	4.1	5.0	6.7	8.5	3.4	13.3	8.9	6.6	5.7
12~18세	전체	15.9	15.4	16.7	19.4	19.2	17.6	19.0	25.6	23.6	21.0	27.5
	남자	15.4	17.1	15.8	15.2	16.0	18.3	21.8	22.6	22.3	20.2	28.2
	여자	16.4	13.6	17.6	24.3	22.7	16.9	16.0	29.4	25.0	21.9	26.6

자료: 질병관리청(2024). 2023 국민건강통계.

표 11-2 에너지/지방 과잉 섭취자 분율

(단위: %)

나이/성별	연도	2013	2014	2015	2016	2017	2018	2019	2020	2021	2022	2023
6~11세	전체	9.4	10.5	10.9	6.1	6.9	4.9	7.1	5.9	8.8	7.4	8.0
	남자	9.7	12.1	13.7	8.4	9.9	4.3	7.8	5.5	7.7	9.0	8.6
	여자	9.0	8.7	7.7	3.8	3.7	5.5	6.4	6.4	9.8	5.7	7.4
12~18세	전체	6.8	7.8	8.3	6.5	4.1	7.3	8.2	6.0	3.9	4.2	5.8
	남자	6.6	8.9	8.7	6.4	4.6	7.3	7.2	6.0	2.5	5.8	7.1
	여자	7.0	6.6	7.9	6.7	3.5	7.3	9.3	6.0	5.4	2.5	4.4

자료: 질병관리청(2024). 2023 국민건강통계.

2) 결식률

아침 결식률은 6~11세는 2013년 11.4%에서 2023년 16.6%로, 12~18세는 2013년 33.1%에서 2023년 45.5%로 매우 높게 나타났다. 그동안 아침 결식률을 낮추기 위한 다양한 노력이 이어졌음에도 불구하고, 지난 10여 년간 아침 결식률은 꾸준히 증가하였다(**표 11-3**).

표 11-3 아침 결식률

(단위: %)

나이/성별 \ 연도		2013	2014	2015	2016	2017	2018	2019	2020	2021	2022	2023
6~11세	전체	11.4	11.5	14.9	10.0	11.9	15.0	12.0	17.7	18.0	14.2	16.6
	남자	9.4	11.7	19.2	10.4	9.3	15.6	13.3	13.2	19.3	13.4	11.8
	여자	13.6	11.3	10.1	9.6	14.6	14.4	10.7	22.4	16.6	15.0	21.6
12~18세	전체	33.1	31.0	32.6	34.6	35.4	37.4	39.5	46.2	34.5	37.7	45.5
	남자	30.5	33.2	29.2	34.6	32.5	31.2	36.0	44.7	32.0	35.6	45.6
	여자	35.9	28.6	36.4	34.6	38.7	44.0	43.5	48.1	37.3	40.1	45.4

자료: 질병관리청(2024). 2023 국민건강통계.

3) 성장장애

어린이는 영아만큼은 아니지만, 여전히 영양불량에 민감하다. 따라서 지역사회는 어린이의 성장을 지속적으로 모니터링하고, 영양불량 위험집단을 선별·중재할 수 있는 시스템을 갖추어야 한다. 어린이는 단기간 영양불량으로 인한 성장 지연을 겪더라도 이후 충분한 식품 섭취를 통해 체중을 회복하며 '따라잡기 성장(catch-up growth)'이 일어날 수 있다.

그러나 장기간의 만성적 영양 부족은 또래집단에 비해 키와 체중이 현저히 낮은 성장장애(retarded growth)를 유발한다. 성장장애는 만성적 식품 섭취 부족뿐만 아니라 유전적 요인, 저체중 출생, 만성질환 등 다양한 원인에 의해 발생할 수 있다. 어린이의 키와 체중이 소아청소년 표준성장곡선(질병관리본부, 2017)과 비교해 5 백분위수 이하일 경우, 성장장애를 의심해 볼 수 있다.

4) 비만

우리나라는 과거 수십 년간의 급속한 경제 성장과 함께 생활 패턴의 서구화, 외식 증가, 가공식품과 패스트푸드 섭취 확대 등으로 인해 동물성 지방, 단순당, 나트륨의 섭취가 지속적으로 늘어났다. 그 결과 비만율이 증가했으며, 특히 어린이와 청소년의 비만율이 급격히 상승하였다.

어린이 및 청소년의 비만은 대사증후군의 위험을 높이고, 성인 비만과 만성질환 발생에도 독립적인 영향을 미친다. 의학적으로 소아청소년 비만은 유아기에서 사춘기까지의 연령에서 체중이 신장별 표준체중보다 20% 이상 초과하거나, 같은 연령대에서 체질량지수

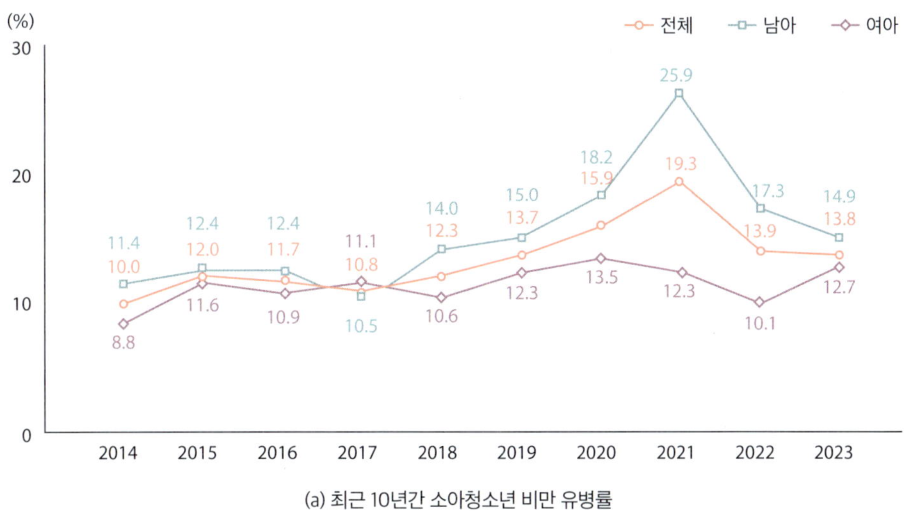

(a) 최근 10년간 소아청소년 비만 유병률

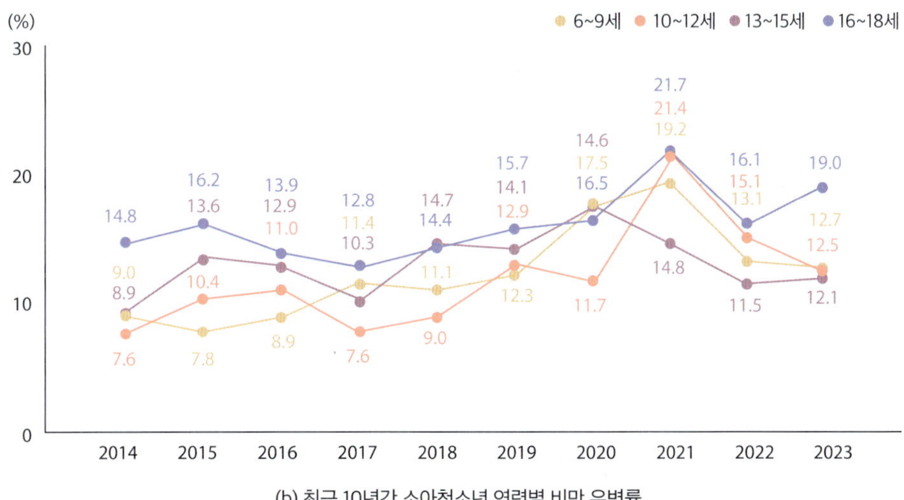

(b) 최근 10년간 소아청소년 연령별 비만 유병률

그림 11-1 소아청소년 비만 추이(2014~2023)

자료: 대한비만학회(2025). 2025 비만 팩트시트.

(BMI)가 상위 5%에 해당하는 경우를 의미한다.

대한비만학회는 국민건강보험 서비스와 국민건강영양조사의 빅데이터를 분석하여 「2025 비만 팩트시트(2025 Obesity Fact Sheet)」를 발간하였다. 이에 따르면, 최근 10년간 소아청소년 비만 유병률은 남녀 모두 증가 추세를 보이다가, 2021년 이후로 감소세로 전환되었다. 남아의 경우 2014년 11.4%에서 2021년 25.9%로 급증한 뒤 2023년 14.9%로 감소하였으며, 여아는 2020년 이후 감소 추세를 보이다가 2023년 12.7%로 증가하였다. 2023년 기준 전체 소아청소년 비만 유병률은 13.8%이다. 연령별로 보면 2023년 10~12세 소아의 비만 유병률은 12.5%, 16~18세 청소년은 19.0%로, 2021년 급증 이후 다소 완화되는 경향을 보였다(그림 11-1).

2. 어린이와 청소년의 영양 프로그램

1) 학교급식

(1) 학교급식의 역사

우리나라 학교급식은 1953년 6·25 전쟁 이후 구호 곡물을 활용해 초등학교 학생들에게 무상급식을 제공한 데서 시작되었다. 이후 1962년 10개의 급식연구학교가 지정·운영되었고, 1978년에는 정식 시설을 갖춘 시범학교를 운영하며 영양사를 채용하고 정부의 재정 지원을 받아 급식을 실시하였다. 1981년 제정된 「학교급식법」을 근거로 1982년부터는 초등학교를 중심으로 본격적인 급식이 시행되었다.

이후 국가 시책으로 학교급식이 전국으로 확대되어 1998년에는 초등학교 전면 급식이 가능해졌다. 또한 1996년에는 위탁급식 제도가 도입되었고, 중·고등학교에서도 1998년 이후 급식이 급속히 확대되어 2002년에 사업이 종료되었으며, 2003년부터는 초·중·고 전면 급식이 실시되고 있다.

그러나 2006년 서울을 비롯한 수도권 일부 위탁급식학교 46개교에서 3,613명이 집단 식중독에 걸리는 대규모 식중독 사고가 발생하면서 2007년 '학교급식 개선 종합대책'(2007~2011)이 마련되었고, 「학교급식법」이 전면 개정되어 운영 및 관리체계가 개선되었다. 현재

학교급식은 학교장이 직접 관리·운영하는 직영급식을 원칙으로 하며, 단독급식 고등학교의 경우 직영급식을 원칙으로 하되 학교운영위원회의 심의를 거쳐 일부 업무(조리, 배식 및 세척)를 위탁할 수 있다.

한편, 2003년에는 「초·중등교육법」과 「학교급식법」에 근거하여 영양교사제도가 신설되었으며, 2007년 처음으로 1,712명이 임용·배치되었다. 2023년 기준 전국 각급 학교에 6,787명의 영양교사가 배치되어 있다.

(2) 학교급식의 현황

2022년 기준 전국 초·중·고·특수학교 11,987개교에서 학교급식을 100% 실시하고 있다. 이 중 위탁급식은 236개교(2%)에서 운영되고 있다(표 11-4).

표 11-4 학교급별 급식 현황

구분	학교 수(교)			학생 수(명)			운영형태(교)	
	전체	급식	(%)	전체	급식	(%)	직영(%)	위탁(%)
초등학교	6,158	6,158	100	2,672,550	2,671,157	99.9	6,148(99.8)	10(0.2)
중학교	3,262	3,262	100	1,349,153	1,345,410	99.7	3,237(99.2)	25(0.8)
고등학교	2,375	2,375	100	1,271,322	1,267,759	99.7	2,175(91.6)	200(8.4)
특수학교	192	192	100	27,590	27,407	99.3	191(99.5)	1(0.5)
합계	11,987	11,987	100	5,320,615	5,311,733	99.9	11,751(98)	236(2)

자료: 교육부(2023). 2022 학교급식 실시 현황.

(3) 학교급식을 통한 영양활동

학교급식은 학생에게 성장과 건강에 필요한 영양을 공급할 뿐만 아니라, 올바른 식습관 형성, 식사예절 습득, 협동·봉사·질서 의식 함양, 전통음식문화 계승 등 다양한 교육적 의미를 지닌다.

또한 2006년 개정된 「학교급식법」에 따라 지방자치단체는 '학교급식지원센터'를 설치·운영할 수 있다. 이 센터는 안전하고 우수한 식자재를 공급하기 위한 전처리 시설을 갖춘 물류센터로, 각 지역자치단체에서는 '학교급식지원센터', '친환경급식지원센터'라는 명칭으로 운영되고 있다.

이를 통해 지역에서 생산된 친환경 식자재의 이용을 장려하고, 식자재 안전성 검사 및 식생활 교육을 실시하며, 학생·학부모·영양(교)사·시민에게 이론과 실습 교육을 제공한다. 이러한 활동은 학교급식의 질을 높이고 학생의 심신 발달, 건강한 식생활 개선에 기여할 뿐만 아니라 지역사회 경제 활성화에도 도움을 주고 있다.

2) 건강매점과 아침밥클럽

건강매점과 아침밥클럽은 서울시가 청소년의 높은 아침 결식률, 영양 불균형 심화, 비만율 증가, 과일 섭취 부족 문제를 개선하고 건강한 먹거리 환경을 조성하기 위해 2008년부터 추진한 사업이다. 이후 다른 지역으로 확산되어 2014년까지 활성화되었으나, 그 뒤에는 소강상태를 보였다. 특히, 코로나19 이후 학교매점 자체가 사라진 경우가 많아 건강매점 사업은 사실상 유명무실해졌다.

(1) 건강매점 사업

건강매점은 학교매점을 건강한 식생활 정보 전달 및 실천의 기회를 제공할 수 있는 공간으로 만들어 비만 예방과 건강증진을 도모하는 사업이다. 기존의 값싸고 비위생적인 식품 판매에서 벗어나, 제철과일과 건강에 이로운 식품만을 판매하도록 시설비를 지원하고 권장식품 공급체계를 구축하였다.

건강매점 로고(그림 11-2)는 '쉬는 시간'이라는 개념을 담아 학생들이 즐겁고 건강한 휴식공간으로 느끼도록 설계되었다. '자연을 군것질하자'라는 콘셉트를 바탕으로 과일·채소 섭취를 유도하고자 하였다. 기존 학교매점과의 차이점은 고열량·저영양 식품의 판매 제한, 신선한 과일 판매, 자연친화적 디자인 및 분리수거함 설치로 위생적이며 쾌적한 환경 조성, 영양정보를 볼 수 있는 전자 패널 설치 등이다. 그러나 과일 판매율이 매우 저조하여 건강매점의 취지가 퇴색하고 있다는 지적도 있다.

(2) 굿모닝 아침밥클럽

굿모닝 아침밥클럽은 건강매점과 연계된 특화 프로그램으로, 식품 후원기업과 협력해 경제

그림 11-2 건강매점

적으로 취약한 청소년에게 아침식사를 제공한다. 참여 학생은 첫 교시 시작 전에 시리얼·흰 우유·과일, 빵·두유·과일, 떡·떠먹는 요구르트· 과일주스, 시리얼바·우유·과일 등 네 가지 메뉴의 아침식사를 제공받는다. 또한 주 1회 청소년 영양교육 전문 영양사가 파견되어 '밥상 수다'라는 이름의 간단한 영양교육도 실시한다.

건강매점 운영과 관련해 대학교의 생협을 참고한 협동조합 모형이 개발·추진되고 있으며, 정기적인 사업 모니터링과 효과평가도 이루어졌다. 평가 결과, 아침밥클럽 운영을 통해 아침 결식률이 감소하고, 주의력결핍과잉행동장애(ADHD) 점수가 낮아졌으며, 과일·채소 섭취 인식도가 상승하였다.

그러나 서울시의 '굿모닝 아침밥 클럽'(2009~2013)은 단기 운영에 그쳤고, 경기도의 '우리 아이 아침 간편식 지원'(2018년) 사업 역시 단기간에 종료되었다. 농림축산식품부는 아침 결식률 완화와 쌀 소비 촉진을 위해 2019년 9~11월 강원·전남·인천 지역 8개 초등학교의 학생 2,230명을 대상으로 '아침 간편식 지원 시범사업'을 시행했으나, 급식 관계자와 교직원의 반발로 첫해 이후 중단되었다.

3) 건강과일바구니 사업

(1) 지역사회 기반 건강과일바구니 사업

건강과일바구니 사업은 체계적인 영양교육을 통해 올바른 식습관의 중요성을 인식시키고 태도 변화를 유도하여, 대상자가 스스로 건강한 식습관을 관리할 수 있도록 함으로써 평생 건강 유지를 돕는 것을 목적으로 한다. 즉, 과일과 채소의 접근성이 낮은 저소득층 어린이·

청소년에게 신선한 과일과 채소를 간식으로 제공하여 섭취 기회를 확대하고 섭취량을 늘림으로써 건강한 식습관을 형성하고 비만과 성인기 만성질환을 예방하는 데 목표가 있다.

대상자는 지역아동센터를 이용하는 아동·청소년과 교내 '초등 돌봄교실'을 이용하는 아동 등이며, 지방자치단체 실정에 따라 아동복지시설과 연계하여 영양교육 프로그램을 운영할 수 있다.

더 알아보기

건강과일바구니 사업 예시

사업목적

- 아동에게 신선한 과일과 채소를 건강 간식으로 제공하여, 과일·채소 섭취 기회를 확대하고 섭취량을 늘림으로써 건강한 식습관을 유도하고 비만 예방 및 성인기 만성질환 예방을 도모함
- 영양교육을 통해 올바른 식습관 형성의 중요성을 인식시키고 태도 변화를 유도하여, 아동 스스로 건강한 식습관 관리를 할 수 있도록 지원함으로써 평생 건강 유지에 기여하고자 함

사업내용

- 대상: 동구 소재 지역아동센터 7개소 아동
- 영양교육: 월 1회, 건강간식 및 올바른 식생활 교육 실시
- 건강간식 제공: 2~3종류의 제철과일을 1인당 100~120 g씩 제공

자료: 인천동구보건소.

① 영양교육

지역아동센터 또는 초등 돌봄교실에서 보건소 영양사, 지역아동센터의 담당교사, 초등 돌봄교실의 담당교사 및 학교영양(교)사가 참여 아동·청소년을 대상으로 영양교육을 실시한다. 지역아동센터 및 초등 돌봄교실 담당교사가 직접 교육할 경우에는 건강과일바구니 교육 프로그램 교수학습지도안과 교사용 교육매체를 활용한 사전 지도자교육을 실시해야 한다.

교육내용은 '과일 먹기'와 '채소 먹기'로 구성되며, 각 40분씩 총 6차시로 운영하되 현장 상황에 따라 조정 가능하며 체험 중심의 진행을 원칙으로 한다(표 11-5). 교육매체는 보건소에서 제작하여 현장에 지원하며, 모든 교육 자료는 한국건강증진개발원 홈페이지(자료실→발간자료→지침/교육/홍보자료)에서 다운로드하여 활용할 수 있다.

표 11-5 건강과일바구니 사업 영양교육 내용

차수	주제	내용	교육매체 종류				
			학습 지도안	파워 포인트	활동지	가정 통신문	동영상 자료
과일 1차	간식을 안전하게 먹는 법	• 오리엔테이션 • 내가 먹고 있는 간식 살펴보기 • 식중독 예방하기	○	○	○	○	○
과일 2차	간식으로 무엇을 먹을까	• 내가 좋아하는 간식 고르기 • 건강한 간식 이야기하기	○	○	○	○	○
과일 3차	과일 이야기	• 내가 좋아하는 과일 이야기하기 • 건강도우미 과일 이야기 • 알록달록 색깔별 과일 이야기	○	○	○	○	○
과일 4차	건강하게 간식을 먹는 방법	• 식품자전거에 대해 알아보아요 • 인스턴트 간식은 어떻게 먹어야 할까요? • 건강간식 ○×퀴즈	○	○	○	○	○
과일 5차	건강한 어린이 튼튼한 어린이-1	• 어린이 식생활지침 이야기	○	○	○	○	×
과일 6차	내가 만드는 과일요리	• 과일을 이용한 요리 만들기 • 가로세로 낱말퍼즐	○	○	○	○	×
채소 1차	과일이랑, 채소랑	• 오리엔테이션 • 과일에 대한 애정도 테스트 • 과일과 채소의 공통점 알기	○	○	○	○	×
채소 2차	꿀꺽꿀꺽 채소 맛보기	• 채소 반찬 먹기 • 채소는 왜 먹어야 할까요? • 채소 먹는 방법	○	○	○	○	×
채소 3차	채소야 놀자	• 채소밭 꾸미기 • 과일 채소 빙고 게임	○	○	○	○	×
채소 4차	건강한 내 몸 만들기	• 건강체중의 의미 알기 • 나의 건강체중 알기 • 건강체중 유지의 좋은 점	○	○	○	○	×
채소 5차	건강한 어린이 튼튼한 어린이-2	• 어린이 식생활지침 이야기	○	○	○	○	×
채소 6차	내가 만드는 채소요리	• 채소를 이용한 요리 만들기 • 도전 골든벨	○	○	○	○	×

② 건강간식 제공

간식은 예산 단가 범위 내에서 제철 생과일과 생채소를 다양하게 제공하되, 어린이 및 청소년의 기호를 고려해 종류를 번갈아 가며 구성한다(표 11-6). 건강간식 종류 및 대상별 1회 배식 분량은 한국인 영양소 섭취기준을 따른다.

주의사항으로는 복숭아, 토마토 등 알레르기 유발식품에 유의할 것, 채소는 1회 섭취 열량이 15 kcal로 과일(50 kcal)에 비해 적으므로 과일과 함께 제공할 것, 식사에 지장을 주지 않도록 간식시간을 고려할 것, 청소년이 이미 과일을 섭취했을 경우 분량을 6~11세 어린이 수준으로 조정할 것 등이 명시되어 있다.

건강간식의 전처리는 지역아동센터와 초등 돌봄교실에서 직접 시행할 경우 철저히 주의하며, 1인 1회 제공량을 준수하고 전처리 후 2시간 이내에 제공하는 것을 원칙으로 한다. 식품납품업체에서 전처리를 할 경우에는 채소와 과일을 위생적으로 세척·포장해 당일 배송해야 하며, 수령자(지역아동센터 및 초등 돌봄교실 등의 담당교사 및 조리원 등)가 검수한 후 검수서를 작성해야 한다.

표 11-6 건강간식의 종류 및 대상별 1회 배식분량 예시

구분	건강간식 종류	6~11세 어린이 가식 분량 및 눈대중량	12~18세 청소년 가식 분량 및 눈대중량
과일류	딸기, 수박, 참외	150 g • 딸기 7개 • 참외(중) 1/2개 • 수박(중) 1쪽	300 g • 딸기 14개 • 참외(중) 1개 • 수박(중) 2쪽
	귤, 감, 바나나, 망고, 키위, 사과, 배, 복숭아, 오렌지, 포도, 파인애플	100 g • 귤(중) 1개 • 감 1개 • 바나나 1개 • 사과(중) 1/2개 • 오렌지 1/2개 • 포도 1/3송이	200 g • 귤(중) 2개 • 감 2개 • 바나나 2개 • 사과(중) 1개 • 오렌지 1개 • 포도 1/2송이
채소류	오이, 당근, 단호박, 셀러리, 토마토(방울토마토)	70 g	140 g

(2) 학교 기반 건강과일바구니 사업

학교 기반의 체계적인 영양교육을 통해 올바른 식습관 형성의 중요성을 인식시키고 태도 변화를 유도하며, 스스로 건강한 식습관을 관리할 수 있도록 하여 평생 건강 유지에 기여하는 것을 목적으로 한다.

① 영양교육

초등학생을 대상으로 각 교실과 영양상담실에서 영양교육을 실시한다. 교육은 초등학교 영양(교)사, 보건소 영양사 또는 지역사회와 연계해 파견된 영양사가 담당한다. 초등학교 영양(교)사가 직접 교육하는 경우에는 건강과일바구니 교육 프로그램 교수학습지도안과 교사용 교육매체를 활용한 사전 지도자교육을 이수해야 한다.

교육 횟수는 반별 6차시(과일 먹기 6차시, 채소 먹기 6차시 중 선택 가능)로 편성하되, 현장 상황에 따라 확대·축소가 가능하다. 교육시간은 각 40분으로, 체험활동 중심으로 운영하며, 교육에 필요한 매체는 보건소에서 제작·지원한다. 영양교육 종료 후에는 가정통신문을 배부하고, 가능하다면 학부모 대상 교육도 실시하여 가정과 연계된 영양교육이 이루어지도록 한다.

② 건강메뉴 급식 실시

단체급식이 이루어지는 초등학교에서 영양사를 통해 가당주스, 음료, 유색우유 등 가공식품 대신 제철 생과일·생채소를 활용한 건강메뉴 급식을 제공한다. 또한 군고구마, 찐 감자, 삶은 달걀, 찐 옥수수, 흰 우유, 플레인 요구르트 등 지방·나트륨·당류 및 첨가물이 적은 자연식품 간식을 권장한다.

사업 실시 후에는 어린이 및 청소년 대상 건강간식 선호도 및 섭취 빈도, 식태도와 지식 변화, 간접 대상자의 태도 및 식습관 변화, 사업 만족도 등을 조사한다. 조사 결과는 참여 학생과 학부모에게 전달하여 지속적인 참여와 관심을 유도한다.

4) 드림스타트 사업

드림스타트 사업은 「아동복지법」 제37조(취약계층 아동에 대한 통합 서비스 지원)에 근거하여 2007년 보건복지부 주관으로 시작되었으며, 2015년부터 전체 시·군·구의 229개 지역에서 사업이 운영되고 있다. 드림스타트는 대도시 자치구, 대도시 기초단체, 중소도시 기초단체, 농산어촌 기초단체 등 네 가지 지역유형으로 구분하여 추진된다.

이 사업은 가족 해체로 인한 기능 약화와 사회 양극화로 심화된 아동 빈곤문제에 대응하기 위해 도입되었다. 빈곤가정 아동은 부적절한 양육환경에 노출될 가능성이 높아 건강한 성장·발달이 저해될 수 있으므로, 드림스타트는 이들에게 맞춤형 통합 서비스를 제공하여 건강한 성장을 지원하고, 공평한 출발 기회를 보장함으로써 행복한 사회 구성원으로 자라도록 돕는다.

드림스타트의 구성은 보건·복지·보육의 세 분야로 이루어지며, 추진체계는 그림 11-3에 제시하였다. 사업대상은 임신부를 포함한 0세부터 만 12세(초등학생 이하) 아동과 그 가족이다. 사업내용은 대상자의 복합적인 욕구를 파악하여 지역 자원과 연계한 맞춤형 통합 서비스를 제공하는 것이다. 추진 방식은 보건복지부가 총괄하고, 각 시·군·구가 아동통합서비스지원기관(드림스타트)을 설치·운영하는 구조이다. 드림스타트에서 제공하는 지원 서

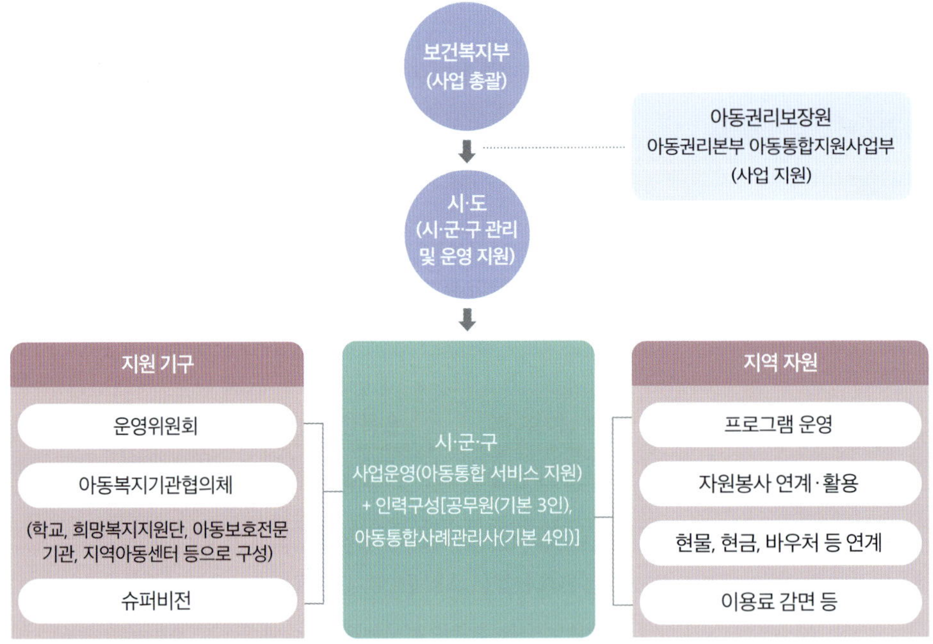

그림 11-3 드림스타트 추진체계

자료: 드림스타트.

비스는 표 11-7에 요약되어 있다.

표 11-7 드림스타트 지원 서비스

영역	내용
신체/건강 서비스	• 건강검진 및 예방(신체 및 건강검진, 예방접종, 치과검진 및 관련 교육, 건강 교육, 클리닉, 응급처치 및 영양 관련 교육 등) • 건강관리(질병 관련 치료 지원 등)
인지/언어 서비스	• 기초학습(기초학력검사, 기초학력배양, 독서지도, 접촉교육 등) • 학습 지원(교구재활용 학습, 공부방, 도서관 운영, 보충학습, 예체능, 학습지 지원 등)
정서/행동 서비스	• 사회정서(사회성 발달, 정서 발달, 아동권리교육, 아동학대 예방, 성폭력 예방, 다문화 관련 교육, 소방 및 안전교육, 진로지도 등) • 심리행동(심리상담 및 치료, 인터넷 중독 상담 및 치료) • 보호(돌봄기관 연계, 야간 보호 및 교육 등) • 문화체험(체험학습, 영화 및 공연 관람, 캠프 등)
부모 및 가족, 임산부 서비스	• 부모교육(상담 및 교육, 자녀 발달, 양육, 자조모임 등) • 부모 지원(취업 지원, 자활상담, 가계경제상담 등) • 양육 지원(다문화가정 지원, 취미·여가·안전 및 건강 지원 등) • 산전산후관리 등

자료: 보건복지부.

5) 아동급식지원 사업

「아동복지법」 제35조(건강한 심신의 보존), 동법 시행령 제36조(급식지원)에 근거하여 결식 우려가 있는 18세 미만 취학 및 미취학 아동을 대상으로 급식 지원을 통해 결식을 예방하고 영양을 개선하여 건강하게 자랄 수 있도록 국가와 지방자치단체가 시행하는 사업이다. 2000년에 처음 아동급식(석식) 사업이 실시되었으며, 지원대상자 수는 표 11-8과 같다.

(1) 지원대상

수급자·차상위·한부모가정의 아동 중 결식 우려가 있는 아동, 결식이 발견되었거나 결식 우려가 있는 아동, 아동복지프로그램(지역아동센터, 사회복지관 등) 이용 아동 등이다.

표 11-8 연도별 아동급식지원 대상자 수

연도 \ 구분	합계	기초	차상위	기타*
2015	426,594	145,400(34.1%)	112,591(26.4%)	168,603(39.5%)
2016	385,597	193,245(50.1%)	38,078(9.9%)	154,274(40.0%)
2017	364,079	176,564(48.5%)	32,503(8.9%)	155,012(42.6%)
2018	357,127	171,494(48.0%)	30,608(8.6%)	155,025(43.4%)
2019	330,014	162,754(49.3%)	27,080(8.2%)	140,180(42.5%)
2020	308,440	166,198(53.9%)	20,676(6.7%)	121,566(39.4%)
2021	302,231	173,008(57.2%)	17,224(5.7%)	111,999(37.1%)
2022	283,858	165,698(58.4%)	15,328(5.4%)	102,832(36.2%)
2023	277,394	164,509(59.3%)	14,323(5.2%)	98,562(35.5%)
2024	272,400	164,143(60.2%)	14,069(5.2%)	94,188(34.6%)

* 한부모, 긴급복지, 중위소득 52% 이하, 지역아동센터·복지관 이용 등

자료: 행복e음(사회보장통계시스템).

(2) 신청방법

신청은 연중 상시 가능하며, 급식신청서와 대상자 선정을 위한 증빙자료를 제출해야 한다. 신청은 이웃, 학교, 아동 및 보호자 등이 온라인(복지로), 읍·면·동 행정복지센터(주민센터, 읍·면사무소) 방문, 전화, 전자우편, 우편 등 다양한 방법으로 할 수 있다. 이후 읍·면·동에서 접수와 조사를 거쳐 시·군·구 및 아동급식위원회에서 최종 선정 후 급식 지원이 이루어진다.

아동급식 지원체계의 전체 흐름은 **그림 11-4**와 같다.

(3) 지원내용

지방자치단체는 조식, 석식, 토·공휴일 및 방학 중 중식을 지원하고 교육청은 학기 중 학교급식을 통한 중식을 지원한다. 급식단가는 아동이 연령별 발달단계에 필요한 칼로리를 충분히 섭취할 수 있도록 차등 적용할 수 있다. 2025년 기준 1식 단가는 9,500원 이상 지원을 권장하며(**표 11-9**), 가정 상황에 따라 1~3식까지 지원 가능하다.

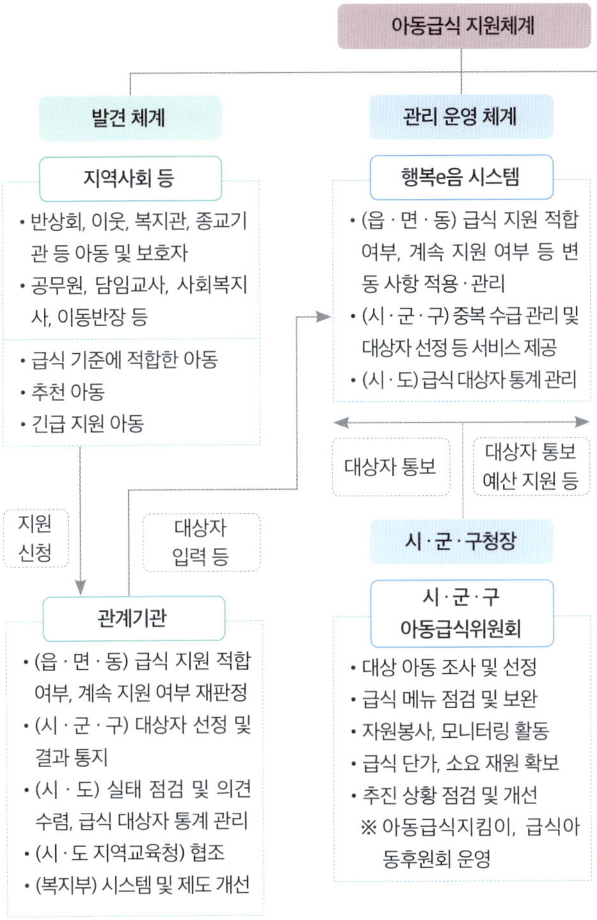

아동급식 지원체계

발견 체계

지역사회 등

- 반상회, 이웃, 복지관, 종교기관 등 아동 및 보호자
- 공무원, 담임교사, 사회복지사, 이동반장 등

- 급식 기준에 적합한 아동
- 추천 아동
- 긴급 지원 아동

지원 신청

대상자 입력 등

관계기관

- (읍 · 면 · 동) 급식 지원 적합 여부, 계속 지원 여부 재판정
- (시 · 군 · 구) 대상자 선정 및 결과 통지
- (시 · 도) 실태 점검 및 의견 수렴, 급식 대상자 통계 관리
- (시 · 도 지역교육청) 협조
- (복지부) 시스템 및 제도 개선

관리 운영 체계

행복e음 시스템

- (읍 · 면 · 동) 급식 지원 적합 여부, 계속 지원 여부 등 변동 사항 적용 · 관리
- (시 · 군 · 구) 중복 수급 관리 및 대상자 선정 등 서비스 제공
- (시 · 도) 급식 대상자 통계 관리

대상자 통보

대상자 통보 예산 지원 등

시 · 군 · 구청장

시 · 군 · 구 아동급식위원회

- 대상 아동 조사 및 선정
- 급식 메뉴 점검 및 보완
- 자원봉사, 모니터링 활동
- 급식 단가, 소요 재원 확보
- 추진 상황 점검 및 개선
  ※ 아동급식지킴이, 급식아동후원회 운영

급식 전달 체계

지역 내 전달

- 직접 급식
  - 지역아동센터, 복지관
  - 민간기관
  - 지정 음식점
  - 결연 이웃 주민
- 도시락 배달
- 부식
- 상품권 등

그림 11-4 아동급식 지원체계

자료: 보건복지부(2025). 2025년도 결식아동급식 업무 표준매뉴얼.

지원유형은 아동급식카드(G드림카드) 이용, 지역아동센터 단체급식, 도시락 배달, 부식배달 등이며, 지원유형 및 지원내용은 시군에 따라 다를 수 있다. 아동급식지원 가맹점은 '싹트는 가게'라는 명칭을 사용하며, 이는 새싹이 움트며 자라나는 아이들을 위한 공간으로, 아이들의 마음을 보듬어 따뜻하고 밝게 자라날 수 있도록 지원해 주는 곳을 의미한다(그림 11-5).

그림 11-5 아동급식 지원 가맹점 표시

표 11-9 연도별 아동급식비 지원단가 현황

(단위: 원)

구분	2018	2019	2020	2021	2022	2023	2024	2025
권고단가	4,000	4,000	5,000	6,000	7,000	8,000	9,000	9,500
자치구별 지원단가	4,000~ 6,000	4,500~ 7,000	4,500~ 9,000	5,000~ 9,000	6,000~ 9,000	8,000~ 9,000	8,000~ 10,000	9,500~ 10,500

자료: 보건복지부(2025). 2025년도 결식아동급식 업무 표준매뉴얼.

(4) 영양관리

현행 학교급식 영양기준을 준용하되, 지역 실정에 따라 아동급식위원회가 별도로 기준을 정해 운영할 수 있다. 시·군·구 아동급식위원회에는 영양전문가가 반드시 참여해야 하며, 아동급식의 식품안전 및 영양 모니터링 체계를 강화해야 한다. 또한 각 시·도는 아동급식의 양적·질적 개선을 위해 3년 주기로 급식아동의 영양 실태를 조사해야 한다.

(5) 위생관리

아동급식지원사업에 참여하는 단체(업체)는 「식품위생법」을 준수해야 하며, 세부내용은 아동급식위원회에서 결정한다. 자치단체는 참여 단체(업체)에 대한 위생·안전 관리를 강화하고, 단체급식소 조리원에 대한 위생교육을 실시·확인해야 한다. 또한 지역아동센터 등 단체급식소가 정기적으로 위생·안전 점검과 식단 관리를 받을 수 있도록 어린이급식관리지원센터 등록을 적극 권장해야 한다.

더 알아보기

아동급식지원사업 우수 사례

대구시 취약계층 비대면 아동급식지원 플랫폼 구축·운영

대구시는 전국 최초로 아동급식지원카드를 공공배달앱 '대구로'와 연계해 비대면 주문과 결제가 가능한 시스템을 구축·운영함으로써 편의점 위주의 방문 식사에서 아동급식처를 다양화하였다. 또한 배달앱 주문 내역을 기반으로 아동 섭식 정보를 활용한 지능형 부가서비스를 마련하고 있다.

자료: 대구광역시청.

6) 지역아동센터

지역아동센터는 방과 후 돌봄이 필요한 지역사회 아동의 건전한 육성을 위해 보호·교육, 건전한 놀이와 오락의 제공, 보호자와 지역사회의 연계 등 종합적인 복지서비스를 제공하는 것을 목적으로 한다. 2004년 개정된 「아동복지법」 제52조 제8항에 근거하여 '지역아동센터(구 공부방)'를 아동복지시설로 법제화하면서 아동서비스 지원이 시작되었다.

지역아동센터 지원사업의 추진체계는 **표 11-10**에 제시하였다.

표 11-10 지역아동센터 지원사업 추진체계

추진 주체	기능 및 역할
보건복지부	• 기본계획 수립, 지침 마련, 법령·제도 개선 등 사업 총괄 • 국고보조금 지원, 아동복지교사 예산 지원·사업 총괄 및 평가 • 사업운영 지도·점검, 평가 총괄 및 표준화 모델 개발·보급 • 시설정보시스템 개편 및 관리 총괄 • 방과 후 돌봄 서비스 추진기관 간의 서비스 연계·조정 등
아동권리 보장원	• 종사자 교육기획, 프로그램 개발, 컨설팅 등 시설운영 지원 • 시도지원단 사업 조정·평가 및 아동복지교사 운영 지원 • 시설정보시스템 관리 지원 및 전산관리시스템 구축·관리 • 연구 개발 및 시설평가사업 지원 • 홍보, 민간자원 개발·연계 지원 등 유관기관 네트워크 구축 • 중앙부처 방과 후 돌봄 서비스 추진 업무 지원 등
시·도청	• 사업계획의 검토·조정 및 국고보조금 예산 집행 • 관할 지역아동센터 지원사업에 대한 지도·점검 • 아동복지교사 시도별 사업 총괄 및 지도·점검 • 시·도 평가사업 총괄 • 광역늘봄협의체 등을 통한 시·도 방과 후 돌봄 서비스 추진기관 간의 서비스 연계·조정 등 • 시·도지원단 설치·지원 및 관리·감독
지역아동센터 시·도지원단	• 지역아동센터 종사자 교육, 컨설팅 등 시설운영 지원 • 정보시스템 운영·관리 및 평가사업 등 지원 • 시·도 특성에 따른 홍보, 정보관리, 민간자원 개발·연계 및 네트워크 구축 등 지역아동센터 지원 • 시·도 방과 후 돌봄 서비스 추진업무 지원 등

(계속)

추진 주체	기능 및 역할
시·군·구청	• 시·군·구 지역아동센터 관리, 예산지원 등 운영 • 시·군·구 지역아동센터 이용아동 이용·종결 관리 • 아동복지교사 예산 집행, 운영 관리(채용·계약, 배정·노무, DB 관리 등) • 지역아동센터 지도·점검, 후원금 내역 관리 • 기초늘봄협의체 등을 통한 시·군·구 방과 후 돌봄 서비스 추진기관의 서비스 연계·조정 등
지역아동센터	• 지역아동센터 운영으로 방과 후 돌봄 서비스 제공 • 방과 후 돌봄 서비스 추진기관 및 지자체 협조 등

자료: 보건복지부(2025). 2025 지역아동센터 지원 사업안내.

(1) 지원대상

지역 내 방과 후 돌봄 서비스가 필요한 18세 미만 학령기 아동을 대상으로 한다.

(2) 지원내용

프로그램은 기본 프로그램과 특화 프로그램으로 구성된다. 기본 프로그램은 보호, 교육, 문화, 정서 지원, 지역사회 영역으로 구성되며, 특화 프로그램은 지역사회 특수성 및 주요 대상의 특성을 반영한 맞춤형 운영 프로그램을 의미한다.

지역아동센터의 프로그램은 **표 11-11**에 제시하였다.

(3) 운영시간

월요일~금요일까지 주 5일, 1일 8시간 이상 상시 운영해야 한다. 학기 중에는 13~17시, 방학 중에는 12~17시를 필수 운영시간으로 한다.

(4) 급식관리(「아동복지법 시행규칙」 제24조 별표3)

아동이 50명 이상인 경우 영양사를 두어야 하며, 아동이 필요한 영양을 충분히 섭취할 수 있도록 영양사가 작성한 식단에 따라 급식을 제공한다. 다만, 영양사가 없는 경우에는 해당 지방자치단체의 보건소 또는 「어린이 식생활안전관리 특별법」 제21조에 따른 어린이급식관리지원센터 소속 영양사의 지도를 받아 식단을 작성해야 한다.

표 11-11 지역아동센터 프로그램

영역 (대분류)	세부영역 (중분류)	세부프로그램 (소분류)	프로그램 예시 (시설별 선택 운영)
보호	생활	일상생활관리	센터생활적응지도, 일상생활지도, 일상예절교육, 부적응아동지도
		위생건강관리	위생지도, 건강지도
		급식지도	급식지도, 식사예절교육
	안전	생활안전지도	저녁 돌봄
		안전귀가지도	안전귀가지도, 생활안전지도, 어린이통학버스 운행
		5대 안전의무교육	교통안전, 실종유괴 예방, 약물오남용 예방, 재난대비, 성폭력 예방
교육	학습	숙제지도	숙제지도, 학교생활관리
		교과학습지도	수준별 학습지도, 온라인교육(IPTV 학습 등), 학습부진아 특별지도
	특기적성	예체능활동	미술, 음악, 체육지도
		적성교육	진로지도, 적성교육(독서, 요리, 과학 등)
	성장과 권리	인성·사회성 교육	인성교육, 사회성 교육
		자치회의 및 동아리 활동	자치회의, 동아리 활동
문화	체험활동	관람·견학	공연 및 연극 관람, 박물관 견학
		캠프·여행	체험활동, 캠프 및 여행
	참여활동	공연	공연
		행사(문화/체육 등)	전시회, 체육대회
정서지원	상담	연고자 상담	부모 및 가족 상담, 연고자 상담
		아동 상담	아동 상담
		정서지원 프로그램	정서지원 프로그램
	가족 지원	보호자교육	보호자교육
		행사·모임	부모소모임, 가정방문
지역사회 연계	홍보	기관홍보	기관홍보
	연계	인적 연계	자원봉사활동, 인적결연후원, 후원자관리
		기관 연계	지역 조사와 탐방, 전문기관 연계, 복지단체 연계

자료: 보건복지부(2025). 2025 지역아동센터 지원 사업안내.

7) 보건소의 어린이·청소년 영양 프로그램

보건소에서는 어린이와 청소년을 대상으로 편식 예방 영양교실, 비만 예방 프로그램 및 비만캠프, 청소년 식습관 교정 프로그램 등을 운영하고 있다. 이러한 프로그램은 주로 영양교육 중심으로 구성되며, 보건소 강당을 활용하거나 어린이집·유치원·초등학교를 직접 방문해 진행하기도 한다. 그러나 여전히 전담 영양사가 배치되지 않거나 필요한 예산이 부족해 프로그램 운영에 어려움을 겪는 경우가 많다.

(1) 친구야 아침 먹자

이 사업은 초등학생에게 아침밥의 중요성을 일깨워주고, 체계적인 영양관리와 올바른 건강생활 실천을 돕기 위해 마련되었다. 서울시 강북구 보건소가 교사와 함께 학교에서 운영할 수 있는 프로그램을 처음 개발·보급했으며, 보건소의 건강생활 실천 전문인력이 참여한다.

프로그램은 아침 결식 예방뿐만 아니라 채소·과일 섭취, 식생활 실천, 영양성분표시 확인의 중요성 교육, 아동기의 스트레스 해소를 위한 웃음 운동 지도와 성장 체조를 함께 실시하여 큰 호응을 얻었다.

더 알아보기

달성군보건소 '친구야, 아침밥 먹자!' 캠페인 진행

대구 달성군보건소는 달성군 소재 중학교에서 등교하는 학생과 교직원을 대상으로 아침밥 먹기 캠페인 '친구야, 아침밥 먹자!'를 실시하였다. 이번 캠페인은 청소년들의 건강한 식습관 형성을 돕기 위해 기획되었으며, 학습 능력과 집중력 향상에 직접적으로 영향을 미치는 아침식사의 중요성을 알리고 실천을 독려하는 데 목적이 있다.

최근 3년간 청소년 건강행태조사 결과에 따르면 아침식사 결식률은 해마다 증가하고 있으며, 학년이 높아질수록 결식비율도 함께 상승하는 추세이다. 이에 달성군보건소는 아침식사의 필요성을 알리기 위한 현장 중심 캠페인을 마련하였다.

자료: 아이뉴스24(2025. 7. 8).

(2) 비만교실

관내 초·중·고등학교를 대상으로 연중 건강한 성장을 위한 영양과 운동교육 및 실천 프로그램을 운영한다.

(3) 청소년 음주 예방 및 건강교육

홈페이지에 영양 자료실을 운영하며, 어린이 식단 및 간식표 자료를 제공하고, 개인별 영양 교육상담 프로그램 등을 진행한다.

3. 미국의 어린이 및 청소년 영양 프로그램

미국의 Healthy People 2030에서는 종전 '아동·청소년 건강' 영역을 '아동·청소년 건강 및 웰빙'으로 확장하였다. 이는 아동·청소년의 건강과 웰빙 증진이 부강하고 평등한 사회를 건설하는 데 필수적이며, 사회적으로 가치 있는 과제임을 반영한 것이다. 이에 따라 아동·청소년의 건강 불균형을 해소하고, 건강한 물리적·사회적·경제적 환경을 조성하여 아동·청소년이 건강과 웰빙을 달성할 수 있는 역량을 강화해야 함을 강조하였다.

아동·청소년 선도건강지표로는 4학년 학생들의 읽기 능력, 우울 증상이 있는 청소년의 치료, 아동·청소년의 비만, 청소년의 담배 사용 등 총 4개가 선정되었다. 아동·청소년 건강을 위한 우선순위는 Healthy People 2020과 동일하게 운동 및 체중 조절, 영양과 식생활에 두고 있다. 미국에서 운영되는 대표적인 어린이·청소년 영양 프로그램은 다음과 같다.

1) 미국 농무부의 어린이 영양 프로그램

(1) 국가 학교급식 프로그램

1946년 「학교급식법」 제정에 따라 연방 정부는 주 정부가 학교급식을 비영리적으로 운영할 수 있도록 지원한다. 이에 따라 점심 급식을 실시하는 학교에는 농무부의 영양 기준을 충족하는 비용과 식품이 제공되며, 학생 영양 요구량의 1/3 이상을 충족하도록 규정되어 있다. 비용은 농무부와 학생이 반반씩 부담한다.

시행 초기인 1960년대에는 저소득층 학생이 혜택을 받기 어려웠으나, 1980년대 이후 법 개정으로 저소득층 학생에게는 거의 무료로 급식이 제공되었다.

(2) 학교 아침급식 프로그램

1966년에 시작되어 1975년 영구 프로그램으로 정착하였다. 학생의 경제적 수준에 따라 전액 부담, 일부 부담, 무료 제공의 형태로 운영되며, 점심 급식에 비해 참여 학교 수는 적다.

(3) 하절기 식품급식 프로그램

1969년에 시작되었으며, 절반 이상이 무료 또는 저가 급식 자격을 갖춘 지역 학교에서 운영된다. 여름방학 동안 아침·점심·저녁 식사와 간식을 무료로 제공한다.

(4) 특수 우유급식 프로그램

학교 점심·아침급식이나 기타 프로그램에 해당되지 않는 학교에서는 특수 우유급식 프로그램을 실시한다. 또한 유치원 재원 아동 중 급식 시간이 끝나기 전에 귀가하는 경우에도 우유를 무료 또는 저가로 제공한다.

(5) 어린이와 성인을 위한 급식 프로그램

어린이와 성인을 위한 급식 프로그램(CACFP, Child and Adult Care Food Program)은 어린이 탁아 프로그램 소속 어린이에게 제공되는 식사와 간식에 재정적 지원을 제공하며, 공급해야 할 구체적인 식품의 형태와 양을 제시하는 등 기술적 협조를 수행한다.

미국 내에서 어린이를 돌보는 많은 사립·공립 프로그램 및 기관들(탁아소, 방과 후 교실, 헤드스타트 프로그램, 가정집에서 운영하는 탁아방 등)이 프로그램에 참여할 수 있다. 대상자는 12세 이하 어린이, 18세 이하 발달 지연 아동, 15세 이하 이민 근로자의 자녀이다.

(6) 팀 영양

팀 영양(Team Nutrition)은 미국 농무부가 운영하는 식품 영양 서비스로서, 식품 서비스에 대한 교육 및 기술 지원, 아동·보호자 영양교육, 건강한 식생활 및 신체활동 촉진을 위해 학교와 지역사회를 지원한다. 기준을 충족하고 새롭고 혁신적인 프로그램을 제공하는 주 기관에 보조금을 제공한다.

Team Nutrition의 목표는 미국인을 위한 식이지침 및 Choose MyPlate의 원칙을 사용하여 어린이의 평생 식습관과 신체활동 습관을 개선하는 것이다.

(7) 모성·영유아·어린이를 위한 WIC 프로그램

미국 WIC 프로그램은 저소득층 임신부, 산모, 수유부, 영유아 및 4세 이하 아동을 대상으로 식품을 보충해 주고, 영양교육을 실시한다. 모성과 영유아가 의료 서비스를 받도록 도와주는 대표적인 프로그램이다.

(8) 탁아 프로그램

미국 내 탁아 프로그램은 자체 영양관리 기준을 마련해 아동에게 적합한 영양관리를 실시한다.

(9) 청소년 영양교육 프로그램

미국 농무부에는 청소년 영양교육을 담당하는 다음과 같은 연방 정부 프로그램이 있다.

① 영양교육과 훈련 프로그램(NET, Nutrition Education and Training Program)

학생, 교사, 학교급식 서비스 종사자를 대상으로 영양 지식·태도·식행동 개선을 위한 영양교육 활동을 지원한다.

② 4-H 프로그램

USDA와 주립대학 확장기관이 운영하는 청소년 개발 프로그램으로, 머리·마음·손·건강(Head·Heart·Hands·Health)의 전인적 성장을 목표로 한다.

농업·환경, STEM, 리더십, 건강 등 다양한 분야에서 프로젝트 기반 경험학습(learn by doing)을 제공하며, 매년 약 600만 명이 활동한다. 지역사회 중심의 실천형 교육으로 자기주도성, 리더십, 진로 탐색에 큰 효과가 있는 것으로 평가된다.

③ 청소년 확대 식품영양교육 프로그램(EFNEP Youth, Expanded Food and Nutrition Education Program for Youth)

저소득층 청소년이나 학령기 어린이를 위한 영양교육 프로그램으로 4-H와 비슷하나, 식품과 영양에 특화된 교육을 제공한다.

2) 미국 보건후생부의 어린이 영양 프로그램

(1) 헤드스타트

저소득층 어린이를 대상으로 반일제 또는 전일제 헤드스타트(Head Start) 프로그램이다. 입학 전 준비를 지원하며, 영양·치과·의료 서비스를 통해 참여 어린이의 건강상태를 개선한다. 참여 어린이는 영양 선별검사를 받고, 문제가 발견되면 후속 조치를 받는다. 또한 영양가 있는 식사와 간식, 어린이와 그 부모를 위한 영양교육도 제공된다.

(2) 영양교육 프로그램

청소년을 대상으로 한 지역사회 영양중재 프로그램이다. 과거 지역사회영양사는 영양교육을 학교에서 가르치는 다른 과목들과 통합하여 보건과 영양, 체육과 영양 등의 과목을 통해 필요한 내용을 가르쳐 왔으나, 1989년 이후 19개 주에서 학교 보건교육의 핵심 내용으로 영양을 포함하면서 학교 영양교육이 강화되었다.

ACTIVITY

우리나라에서 시행되는 보건소의 어린이·청소년 대상 프로그램을 조사해 보자. 이 중 하나를 선택하여 다음 단계별 질문에 답하며 평가해 보자.

1. 프로그램의 효과를 평가해 보자. 효과평가를 어떤 단계에서 시작할 것인가? 무엇을 근거로 효과를 평가할 것인가?
2. 이 프로그램이 수혜자의 요구를 만족시켰는지 평가해 보자. 이를 평가하기 위해 어떤 질문지를 활용하여 무엇을 알아낼 것인가?
3. 이 프로그램이 수혜자들의 요구를 충분히 만족시키지 못했다면, 어떤 방법으로 고쳐 나가야 하는가? 다음 두 가지 측면에서 생각해 보자.
   - 프로그램의 전달 측면
   - 국가 정책적 측면
4. 프로그램의 참여도를 높이기 위해 어떤 마케팅 전략을 수행해야 하는가?

SUMMARY

- **어린이와 청소년의 건강과 식생활문제:** 지난 10년간 우리나라는 어린이와 청소년의 영양 섭취 부족자 분율과 아침 결식률 그리고 비만율이 증가하는 추세이다.
- **학교급식**: 우리나라는 1981년 「학교급식법」에 근거하여 전면적인 학교급식을 실시하고 있다. 학교급식은 영양공급 의미 외에도 올바른 식습관 형성, 식사예절 습득, 협동·봉사·질서 의식 함양, 전통음식문화 계승 등 교육적 의미를 가지고 있다.
- **건강매점과 아침밥클럽:** 청소년의 건강·영양 문제를 개선하고 건강한 먹거리 환경을 조성하기 위해 건강매점 사업, 굿모닝 아침밥클럽 등의 사업이 시행되었으나, 현재는 종료되었다.
- **건강과일바구니 사업**: 저소득층 어린이·청소년에게 신선한 과일과 채소를 간식으로 제공하여 건강한 식습관을 형성하고 비만과 성인기 만성질환을 예방하기 위해 시행되는 프로그램이다.
- **드림스타트 사업**: 가족 해체로 인한 기능 약화와 사회 양극화로 심화된 아동 빈곤문제에 대응하기 위해 도입되었다. 빈곤가정 아동에게 맞춤형 통합 서비스를 제공하여 건강한 성장을 지원하고, 공평한 출발 기회를 보장함으로써 행복한 사회 구성원으로 성장하도록 돕기 위한 프로그램이다.
- **아동급식지원 사업**: 결식 우려가 있는 18세 미만 아동을 대상으로 식사 지원, 영양관리, 위생관리를 하는 프로그램이다.
- **지역아동센터**: 방과 후 돌봄이 필요한 지역사회 아동의 건전한 육성을 위해 보호·교육, 건전한 놀이와 오락의 제공, 보호자와 지역사회의 연계 등 종합적인 복지서비스를 제공하는 프로그램으로, 위생 건강관리 및 급식지도가 이루어진다.
- **보건소의 어린이·청소년 영양 프로그램**: 각 지역 보건소에서는 어린이와 청소년을 대상으로 편식 예방 영양교실, 비만 예방 프로그램, 청소년 식습관 교정 프로그램, 청소년 음주 예방 및 건강교육 프로그램 등을 운영하고 있다.

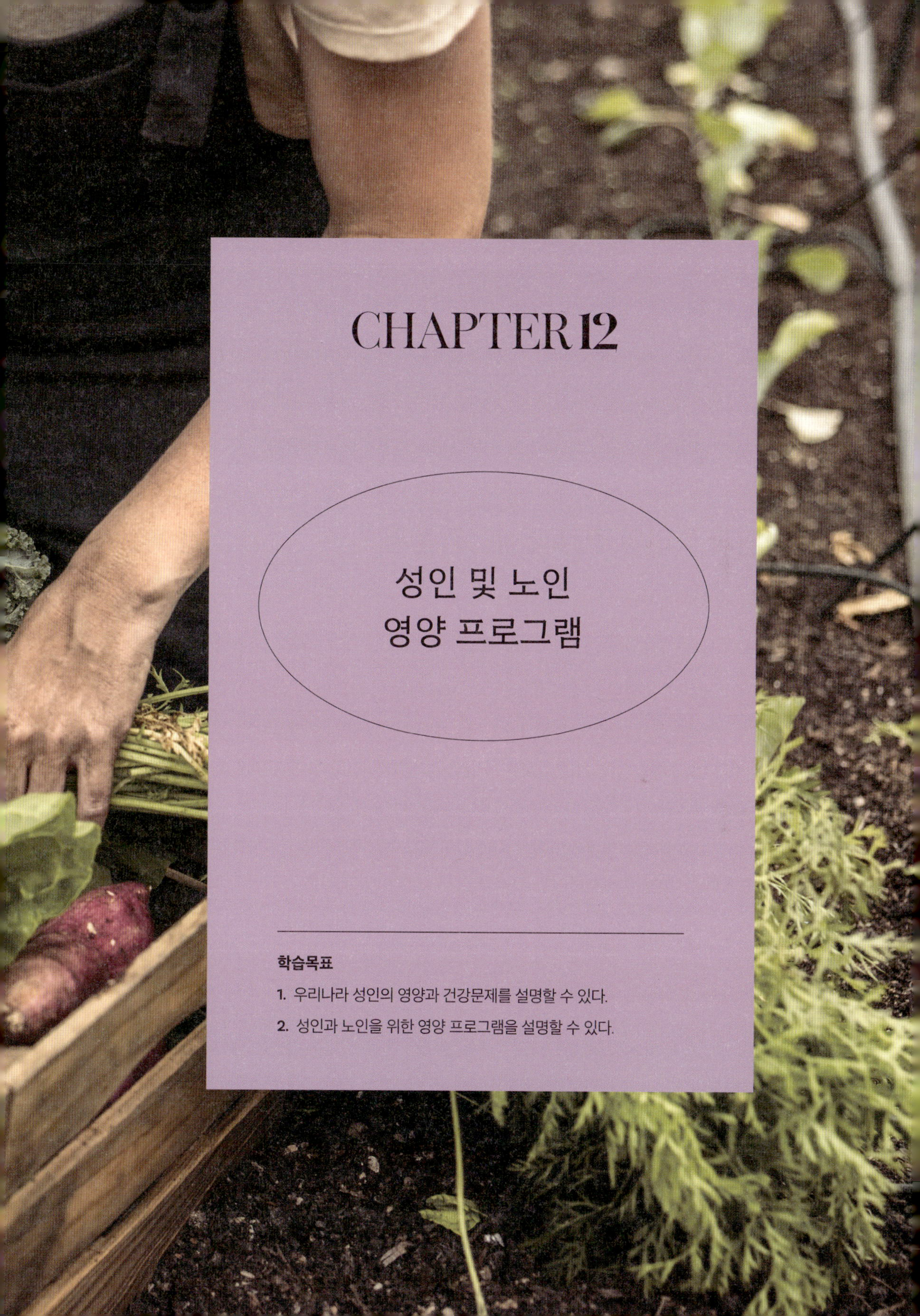

CHAPTER 12

성인 및 노인 영양 프로그램

학습목표

1. 우리나라 성인의 영양과 건강문제를 설명할 수 있다.
2. 성인과 노인을 위한 영양 프로그램을 설명할 수 있다.

CHAPTER 12

성인기는 20~64세라는 넓은 연령층을 아우르는 시기로, 생활 방식과 인구 특성이 매우 다양하다. 이러한 다양한 특성으로 인해 영양문제에서도 영양 과잉과 영양 부족이 공존하며, 질병 양상 또한 변화하는 모습을 보인다.

일반적으로 65세 이상을 노인기로 구분하지만, 모든 노인을 동일한 집단으로 볼 수는 없다. 따라서 연령뿐만 아니라 기능적 수준, 주관적 자각, 사회적 역할 변화 등 다양한 측면을 고려하여 노인복지문제를 다루어야 한다. 특히, 우리나라는 노인인구가 폭발적으로 증가하고 있어, 노인의 건강과 삶의 질 향상을 위한 준비가 시급하다.

이 장에서는 성인과 노인의 건강 및 영양문제를 살펴보고, 현재 운영 중인 성인과 노인을 위한 영양 프로그램을 소개한다.

1. 성인과 노인의 건강과 식생활문제

1) 영양 불균형문제 지속

2023년 국민건강통계에 따르면, 19세 이상 성인의 영양소별 섭취기준 미만 섭취자 분율은 과거부터 섭취량이 부족했던 칼슘과 비타민 A뿐만 아니라 여러 비타민과 무기질에서도 결핍 가능성이 큰 것으로 나타났다. 특히, 65세 이상에서는 대부분의 영양소에서 섭취기준 미만 섭취자 분율이 더 높아 전반적인 섭취 부족이 우려되었다. 영양 섭취 부족자 분율은 여성이 남성보다 높았으며, 소득수준이 낮을수록 그 비율이 더 높게 나타났다.

한편, 에너지 섭취량이 필요추정량의 125% 이상인 에너지/지방 과잉 섭취자 분율은 7.3%(남성 8.0%, 여성 6.7%)였다. 즉, 65세 이상 고령자의 영양 섭취는 전반적으로 부족하고, 소득수준이 낮을수록 영양 불균형이 심화되는 경향을 보였다(CHAPTER 3, 그림 3-4).

2) 만성질환을 중심으로 한 질병 구조의 변화

건강검진통계연보에 따르면, 일반건강검진 1차 결과에서 유질환자 비율은 매년 증가하는 추세이며, 연령이 높을수록 유병률도 급격히 증가하는 것으로 나타났다. 특히, 65세 이상 노인의 경우 84%가 이미 만성질환을 가지고 있었으며, 주요 질환은 고혈압(56.8%), 당뇨병

(24.2%), 고지혈증(17.1%), 골관절염 또는 류머티즘 관절염(16.5%) 순으로 높은 유병률을 보였다.

3) 낮은 건강생활 실천율

2023년 국민건강통계에 따르면, 우리나라 19세 이상 성인의 유산소 신체활동 실천율(19세 이상, 표준화)은 2014년 58.3%에서 2023년 52.5%로 감소하는 추세이다. 남녀 모두 연령이 낮을수록 실천율이 높았다. 근력운동 실천율(최근 1주일 동안 팔굽혀펴기, 윗몸 일으키기, 아령, 역기, 철봉 등의 근력운동을 2일 이상 실천한 분율)은 2014년 21.0%에서 2023년 27.3%로 매년 증가하고 있으며, 남자는 20대, 여자는 30대가 가장 높았다(그림 3-25~3-28).

성인의 흡연율은 2014년 24.2%에서 2023년 19.6%로 점차 감소하고 있다. 그러나 2023년 기준 남자의 흡연율은 32.4%로, 여자 6.3%에 비해 현저히 높다. 연령별로는 남자 50대, 여자 20대에서 가장 높게 나타났다(그림 3-21, 3-22).

성인의 아침식사 결식률은 2014년 25.6%에서 2023년 37.3%로 꾸준히 증가하였다. 가공식품 선택 시 영양표시를 활용하는 비율은 매년 증가하고 있으며, 2023년 남자는 31.1%, 여자는 45.2%로 2005년 이후 가장 높은 수준을 기록하였다.

4) 정신건강 위험 및 높은 자살 사망률

일상생활에서 스트레스를 '대단히 많이' 또는 '많이' 느끼는 사람들의 비율을 나타내는 스트레스 인지율은 2009년 31.5%, 2023년 28.2%로, 지난 10여 년간 약 30% 내외 수준을 유지하고 있다.

또한 2주 이상 일상생활에 지장을 줄 정도로 슬픔이나 절망감 등을 느낀 분율로 측정하는 우울감 경험률은 2007년 12.5%, 2013년 10.2%, 2023년 11.6%로, 최근 10여 년간 큰 변동 없이 비슷한 수준을 보이고 있다. 성별로는 스트레스 인지율과 우울감 경험률 모두 여성이 남성보다 높으며, 연령별로는 19~39세에서 가장 높다(표 12-1, 12-2).

인구 10만 명당 자살 사망률은 1995년 10.8명에서 2011년 31.7명까지 증가하였다가 등락을 거듭하며 2023년에는 27.3명을 기록하였다. OECD 통계에 따르면 2019년 기준 OECD 국가의 평균 자살률은 11.0명인데, 우리나라는 23.6명으로 매우 높은 수준이다. 특히, 우리나라 30대 미만 사망 원인 1위가 자살이다.

표 12-1 스트레스 인지율* 추이(1998~2023)

(단위: %)

연령	연도	1998	2005	2010	2015	2020	2023
전체	19~29	32.8	33.0	32.1	36.9	34.9	31.9
	30~39	38.8	36.4	32.9	38.7	40.2	35.2
	40~49	38.6	35.9	27.4	28.9	32.3	27.2
	50~59	39.2	36.3	25.7	26.4	26.9	26.4
	60~69	34.9	38.5	22.4	20.0	19.0	17.4
	70+	31.3	28.6	22.7	18.6	16.1	14.9
남자	19~29	32.0	29.2	25.8	31.7	27.8	24.5
	30~39	44.6	40.3	32.3	41.3	40.7	31.5
	40~49	38.1	40.7	28.3	31.2	34.7	27.8
	50~59	36.7	33.1	21.8	26.4	26.3	27.8
	60~69	27.3	32.4	15.5	14.0	15.0	16.3
	70+	24.8	21.1	11.2	11.7	10.3	13.0
여자	19~29	33.5	37.0	38.8	42.8	42.6	40.0
	30~39	33.2	32.2	33.4	36.0	39.6	39.3
	40~49	39.0	30.8	26.3	26.6	29.9	26.5
	50~59	41.6	39.5	29.6	26.4	27.5	24.9
	60~69	41.1	43.7	28.5	25.6	22.7	18.4
	70+	34.6	32.9	29.9	23.2	20.2	16.3

* 스트레스 인지율: 평소 일상생활 중에 스트레스를 '대단히 많이' 또는 '많이' 느끼는 분율

자료: 질병관리청(2024). 2023 국민건강통계.

표 12-2 우울감 경험률* 추이(2015~2023)

(단위: %)

연령 \ 연도		2015	2017	2019	2021	2023
전체	19~29	14.9	13.5	13.0	11.7	16.3
	30~39	10.3	9.1	7.4	12.8	11.6
	40~49	10.8	7.8	8.9	10.2	8.9
	50~59	13.1	11.0	10.6	8.3	10.2
	60~69	18.2	14.7	11.0	11.9	9.5
	70+	15.2	17.3	13.1	13.6	10.7
남자	19~29	11.3	10.8	8.9	6.9	10.3
	30~39	5.9	7.6	5.8	11.0	8.6
	40~49	9.6	6.2	9.2	8.0	7.8
	50~59	9.8	10.9	6.8	7.8	8.8
	60~69	12.5	9.8	9.5	9.8	7.4
	70+	10.6	13.2	9.9	7.2	7.7
여자	19~29	19.1	16.6	17.7	17.1	22.8
	30~39	14.9	10.7	9.1	14.9	15.0
	40~49	12.1	9.5	8.7	12.5	9.9
	50~59	16.3	11.1	14.4	8.8	11.6
	60~69	23.4	19.3	12.4	13.9	11.5
	70+	18.2	20.1	15.2	18.3	12.8

* 우울감 경험률: 최근 1년 동안 연속적으로 2주 이상 일상생활에 지장이 있을 정도로 슬프거나 절망감 등을 느낀 분율

자료: 질병관리청(2024). 2023 국민건강통계.

2. 성인과 노인의 영양 프로그램

1) 지역사회 통합건강증진사업

1995년 「국민건강증진법」 제정 이후 건강생활 실천에 대한 지원을 시작하여, 1998년에는 18개 보건소에서 시범사업을 실시하였으며, 2002년에는 100개 보건소에서 건강생활실천사업을 운영하였다. 각 지방자치단체가 운동, 영양, 절주, 금연 중 사업내용을 자율적으로 선택하였으며, 2005년에는 전국 보건소로 확대되었다.

2008년부터는 건강생활실천사업의 문제점을 보완하여 지역사회 프로그램과 연계한 지역특화 건강행태개선사업이 시행되었고, 2012년에는 건강생활실천 통합 서비스 사업으로 운영되다가 2013년부터 지역사회 통합건강증진사업으로 명칭을 변경하여 실시되고 있다.

지역사회 통합건강증진사업의 비전 및 전략은 그림 12-1과 같다. 이 사업은 중앙정부가

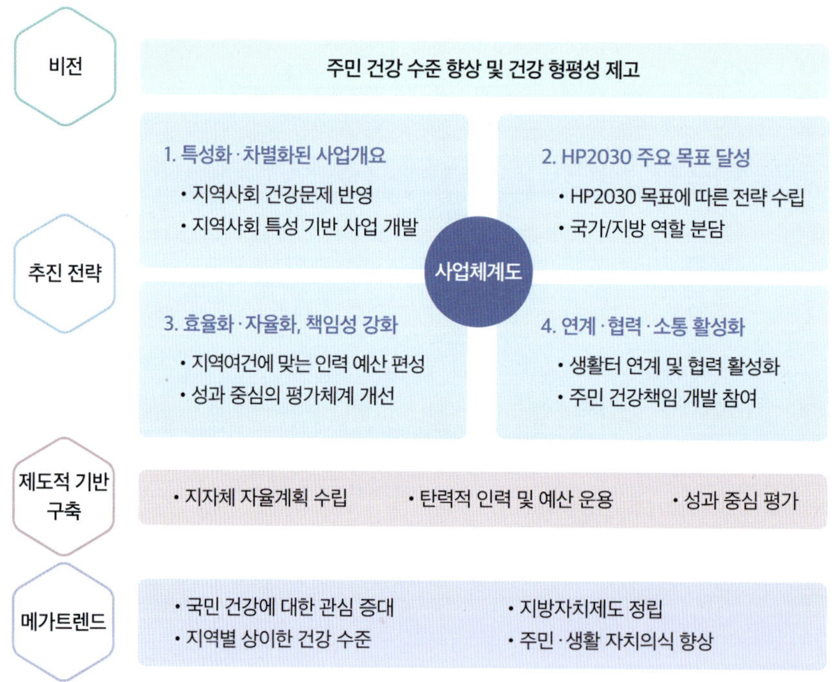

그림 12-1 지역사회 통합건강증진사업의 비전 및 전략

자료: 보건복지부, 한국건강증진개발원(2024). 2025년 지역사회통합건강증진사업 안내서.

통합건강증진 사업 모형

지역사회 통합건강증진사업은 건강문제, 대상군, 수행방법 측면을 고려하여 사업 구성 · 추진

대상군

임산부 / 영유아 / 아동 · 청소년 / 성인 / 노인
건강취약계층(장애인, 한부모가정, 다문화가정, 학교 밖 청소년 등)

서비스 제공 장소 및 접근 전략

[서비스 제공 장소]
- 보건소
- 생활터(어린이집, 유치원, 학교, 직장, 경로당, 주민센터, 마을 등)
- 대상자 가정

[서비스 접근 전략]
- 상담 및 관리, 교육 방문
- 홍보 및 캠페인
- 건강한 생활환경 조성 · 지원
- 지역사회 지원 연계
- 주민참여

건강문제

- 구강보건
- 금연
- 비만 예방 · 관리
- 신체활동
- 심뇌혈관질환 예방 · 관리
- 아토피 · 천식 예방 · 관리
- 영양
- 음주폐해 예방(절주)
- 한의약 건강증진
- 여성 · 어린이 특화
- 모바일 헬스케어
- 방문건강관리(AI · IoT 기반 어르신 건강관리사업)

통합건강증진 사업 구성요소

구강보건, 금연, 비만 예방 · 관리, 신체활동, 심뇌혈관질환 예방 · 관리, 아토피 · 천식 예방 · 관리, 영양, 음주폐해예방(절주)

임산부, 영유아, 학령기, 성인, 노인, 장애인, 직장인, 자원봉사자, 한부모가정, 다문화가정

보건교육, 홍보 · 캠페인, 생활터 연계, 주민참여, 방문건강관리, 환경조성, 한의약, 모니터링, 평가 · 환류

건강문제
구성요소
대상군
수행 방법

그림 12-2 지역사회 통합건강증진사업 구성요소

자료: 보건복지부, 한국건강증진개발원(2024). 2025년 지역사회 통합건강증진사업 안내서.

표 12-3 지역사회 통합건강증진사업 영역

사업영역	주요 내용
음주폐해예방(절주)	지역사회 절주환경 조성, 교육 및 홍보, 단기개입 및 연계
신체활동	생애주기별 프로그램, 개인별 신체활동증진서비스, 홍보 및 캠페인, 신체활동 환경 조성
영양/영양플러스	건강식생활 캠페인, 나트륨 저감화 홍보, 생애주기별 맞춤형 영양관리, 임산부 영유아 영양플러스
비만 예방·관리	비만 예방(교육, 상담, 캠페인, 환경 조성 등), 비만 관리 프로그램
구강보건	구강보건교육 및 홍보를 통한 예방사업, 구강보건 인프라 구축
심뇌혈관질환 예방·관리	심뇌혈관질환 예방 교육, 홍보, 질환예방관리사업
한의약 건강증진	한의약 건강증진 생애주기별 프로그램, 표준 프로그램
아토피·천식 예방·관리	안심학교 운영, 교육 및 홍보, 취약계층 환자 지원
여성·어린이 특화	임산부 등록 관리, 산모 건강관리, 영유아 건강증진
지역사회 중심 재활	장애인 건강 보건관리, 지역자원 연계 사업, 지원 및 홍보
금연	흡연 예방, 금연 촉진(금연클리닉, 상담 등), 간접흡연 없는 환경 조성
방문건강관리	건강행태 개선, 만성질환 관리 및 합병증 예방, 임산부·신생아 및 영유아 관리, 노인 허약 예방, 다문화 가족 및 북한 이탈 주민 관리
치매관리	치매관리, 치매조기검진, 치매상담센터 운영

자료: 보건복지부, 한국건강증진개발원(2024). 2025년 지역사회 통합건강증진사업 안내서.

전국을 대상으로 획일적으로 실시하는 국가 주도형 사업 방식에서 벗어나, 지자체가 지역사회 주민을 대상으로 건강생활 실천, 만성질환 예방, 취약계층 건강관리를 목적으로 지역사회 특성과 주민 요구를 반영한 프로그램과 서비스를 기획·추진하는 형태이다.

사업영역은 음주폐해예방(절주), 신체활동, 영양, 비만 예방·관리, 구강보건, 심뇌혈관질환 예방·관리, 한의약 건강증진, 아토피·천식 예방·관리, 여성·어린이 특화, 금연, 모바일 헬스케어, 방문건강관리(AI·IoT 기반 어르신 건강관리사업) 등 총 12개로 구성된다(그림 12-2, 표 12-3).

지역사회 통합건강증진사업의 추진체계는 그림 12-3과 같다. 지역사회 주민의 건강수준 향상을 위해 지자체가 주도적으로 사업을 추진하여 주민의 건강증진사업 체감도와 건강행

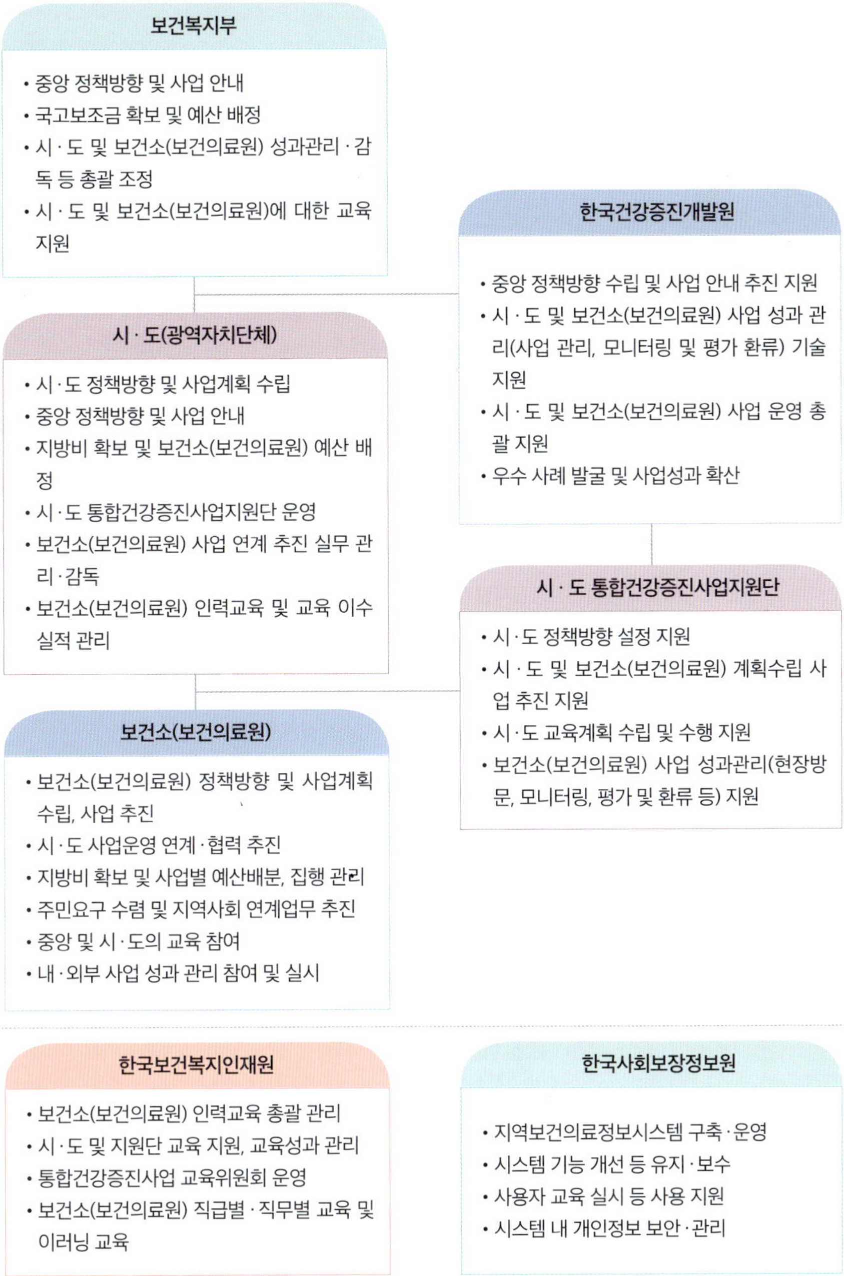

보건복지부

- 중앙 정책방향 및 사업 안내
- 국고보조금 확보 및 예산 배정
- 시 · 도 및 보건소(보건의료원) 성과관리 · 감독 등 총괄 조정
- 시 · 도 및 보건소(보건의료원)에 대한 교육 지원

한국건강증진개발원

- 중앙 정책방향 수립 및 사업 안내 추진 지원
- 시 · 도 및 보건소(보건의료원) 사업 성과 관리(사업 관리, 모니터링 및 평가 환류) 기술 지원
- 시 · 도 및 보건소(보건의료원) 사업 운영 총괄 지원
- 우수 사례 발굴 및 사업성과 확산

시 · 도(광역자치단체)

- 시 · 도 정책방향 및 사업계획 수립
- 중앙 정책방향 및 사업 안내
- 지방비 확보 및 보건소(보건의료원) 예산 배정
- 시 · 도 통합건강증진사업지원단 운영
- 보건소(보건의료원) 사업 연계 추진 실무 관리 · 감독
- 보건소(보건의료원) 인력교육 및 교육 이수 실적 관리

시 · 도 통합건강증진사업지원단

- 시 · 도 정책방향 설정 지원
- 시 · 도 및 보건소(보건의료원) 계획수립 사업 추진 지원
- 시 · 도 교육계획 수립 및 수행 지원
- 보건소(보건의료원) 사업 성과관리(현장방문, 모니터링, 평가 및 환류 등) 지원

보건소(보건의료원)

- 보건소(보건의료원) 정책방향 및 사업계획 수립, 사업 추진
- 시 · 도 사업운영 연계 · 협력 추진
- 지방비 확보 및 사업별 예산배분, 집행 관리
- 주민요구 수렴 및 지역사회 연계업무 추진
- 중앙 및 시 · 도의 교육 참여
- 내 · 외부 사업 성과 관리 참여 및 실시

한국보건복지인재원

- 보건소(보건의료원) 인력교육 총괄 관리
- 시 · 도 및 지원단 교육 지원, 교육성과 관리
- 통합건강증진사업 교육위원회 운영
- 보건소(보건의료원) 직급별 · 직무별 교육 및 이러닝 교육

한국사회보장정보원

- 지역보건의료정보시스템 구축 · 운영
- 시스템 기능 개선 등 유지 · 보수
- 사용자 교육 실시 등 사용 지원
- 시스템 내 개인정보 보안 · 관리

그림 12-3 지역사회 통합건강증진사업 추진체계

자료: 보건복지부, 한국건강증진개발원(2024). 2025년 지역사회 통합건강증진사업 안내서.

표 12-4 통합건강증진사업 2025년 핵심 성과지표

건강생활 실천	만성질환 예방·관리
① 건강생활 실천율 ② 주관적 건강 인지율 ③ 남자 현재 흡연율 ④ 현재 흡연자의 금연 시도율 ⑤ 고위험 음주율 ⑥ 영양표시 활용률 ⑦ 아침식사 실천율 ⑧ 걷기 실천율 ⑨ 중등도 이상 신체활동 실천율 ⑩ 비만율 ⑪ 모유 수유 실천율 ⑫ 어제 점심식사 후 칫솔질 실천율	⑬ 혈압수치 인지율 ⑭ 혈당수치 인지율 ⑮ 1년 후 300일 이상 고혈압 투약 순응률 ⑯ 1년 후 300일 이상 당뇨 투약 순응률

자료: 보건복지부, 한국건강증진개발원(2024). 2025년 지역사회 통합건강증진사업 안내서.

표 12-5 영양 분야 지역사회 통합건강증진사업 예시

사업영역		세부사업
건강식생활 실천 국민 인식 제고		• 나트륨 또는 당류 섭취 줄이기 캠페인 • 국민공통 식생활 지침 홍보 및 실천 캠페인
맞춤형 영양관리 서비스	임산부 및 영유아	• 영양플러스 사업 • 어린이집·유치원 기반 영양관리사업 • 다문화가족 대상 영양관리사업
	어린이 및 청소년	• 지역아동센터, 다함께돌봄센터, 초등 돌봄교실 기반 어린이 영양관리사업 • 학교 기반 영양관리사업 • 어린이급식관리지원센터 설치·운영 협력
	성인	• 건강위험요인 개선을 위한 맞춤 영양관리사업
	노인	• 어르신 영양관리사업 • 실버건강식생활사업(취약계층 어르신 대상)
	기타	• 다문화가족 영양관리사업
환경조성		• 영양표시제도 시행·모니터링 • 학교 주변 그린푸드존 시행·모니터링 • 건강음식점 시행·모니터링

※ 우선 권장사업: 국민건강증진종합계획 및 국민영양관리기본계획 내 영양플러스 사업 내실화 및 대상자 확대 필요성에 의해 우선 수행 및 지속적 확대 권장

자료: 보건복지부, 한국건강증진개발원(2024). 2025년 지역사회 통합건강증진사업 안내서.

태 개선을 목표로 하며, 이를 통해 중앙정부와 지자체가 협력하여 국민건강증진종합계획 목표를 달성하고, 지역 특성 및 주민 요구에 부합하는 사업을 개발하고자 하는 것이다.

통합건강증진사업의 성과지표는 핵심성과지표와 자체성과지표로 구분된다. 핵심성과지표는 중앙에서 제시하는 객관적 정량지표이고, 자체성과지표는 지자체가 세부사업별로 작성하는 성과지표이다. 2025년 핵심성과지표는 표 12-4와 같다.

영양 분야의 지역사회 통합건강증진사업은 지자체가 수립한 국민영양관리 시행계획에 포함하여 운영되며, 표 12-5의 사업영역별 세부사업 예시를 참고로 지역의 건강 행태 및 여건·특성을 반영하여 기획·추진한다. 현재 지역사회 통합건강증진사업에서 성인과 노인을 대상으로 하는 영양 분야 사업 내용은 다음과 같다.

(1) 건강생활 실천 사업

- **사업 목적**: 만성질환 예방 및 효과적인 영양·식생활 관리를 위한 정보 제공과 홍보를 통해 건강한 식생활에 대한 인식 변화를 유도하고, 건강실천 환경을 조성하는 것이다.
- **사업 대상**: 지역사회 전체 및 생활터(학교, 직장 등)의 주민이다. 지자체는 지역사회 요구도나 건강 관련 문제의 진단 결과에 따라 영양 위험요인의 우선순위를 선정하고 자율적으로 운영할 수 있다.
- **사업 내용**: 영양사업의 목적과 대상에 맞는 구체적이고 효과적인 홍보 및 캠페인을 추진하는 것이다. 특히, 대상별 식생활지침과 최신 한국인 영양소 섭취기준을 참조하여 국민영양관리기본계획의 세부 추진과제 중 지역사회 특성에 따라 우선순위가 높은 영양문제에 집중할 것을 권고한다. 예를 들어, 성인 및 노인을 대상으로 나트륨 섭취 줄이기 실천법 홍보 등이 있다.
- **추진 방법**: 홍보 및 캠페인 전략으로 언론 홍보(신문, 방송), 온라인 홍보(웹사이트, SNS, 블로그 등), 캠페인(홍보 체험관, 전시관 운영, 가두행진 등), 기타(현수막, 포스터, 옥외광고, 배너 광고) 등이다.

  홍보 및 캠페인 주제는 중앙정부, 시·도와 연계하며, 건강기념일(보건의 날, 임산부의 날, 영양의 날, 비만예방의 날 등)과 함께 추진할 것을 권장한다. 대표적인 대국민 홍보 및 캠페인 주제로는 식생활지침, 나트륨 저감화, 건강체중 등이 있다.

① 식생활지침의 주기적 개정 및 교육자료 개발·보급

2010년 3월 제정·공포된「국민영양관리법」제14조 제3항에는 '보건복지부장관은 국민건강 증진과 삶의 질 향상을 위해 질병별·생애주기별 특성 등을 고려한 식생활 지침을 제정하고 정기적으로 개정·보급하여야 한다.'라고 규정되어 있다.

식생활지침은 건강한 식생활 실천의 가장 기본이 되는 가이드로, 국민의 식생활 및 건강 상태 변화에 따른 개정과 보급이 필수적이다. 그동안은 여러 부처에서 각자의 소관 법률을 근거로 식생활지침을 개정·보급해 왔기 때문에 내용 중복에 따른 비효율뿐만 아니라, 부처별로 다른 관점에서 접근하여 마련한 상이한 식생활지침으로 인해 지침의 실수요자인 국민에게 혼란을 주고 이용을 제약하는 문제가 있었다.

이에 2015년 보건복지부 주관으로 교육부, 농림축산식품부, 식품의약품안전처, 정부출연기관, 관련 학계, 지방자치단체 등이 참여해 '국민공통 식생활지침'을 개정하였고,

표 12-6 국민 공통 식생활지침(2015)과 한국인을 위한 식생활지침(2021) 비교

국민 공통 식생활지침(2015)	한국인을 위한 식생활지침(2021)	변경사항
쌀·잡곡, 채소, 과일, 우유·유제품, 육류, 생선, 달걀, 콩류 등 다양한 식품을 섭취하자	매일 신선한 채소, 과일류와 함께 곡류, 고기·생선·달걀·콩류, 우유·유제품을 균형 있게 먹자	'매일 신선한', '균형 있게'로 보완
아침밥을 꼭 먹자	아침식사를 꼭 하자	'식사'로 보완
과식을 피하고 활동량을 늘리자	과식을 피하고, 활동량을 늘려서 건강체중을 유지하자	'건강체중을 유지하자'로 보완
덜 짜게, 덜 달게, 덜 기름지게 먹자	덜 짜게, 덜 달게, 덜 기름지게 먹자	변경사항 없음
단음료 대신 물을 충분히 마시자	물을 충분히 마시자	'단음료 대신'을 삭제
술자리를 피하자	술은 절제하자	'절제하자'로 보완
음식은 위생적으로, 필요한 만큼만 마련하자	음식은 위생적으로, 필요한 만큼만 마련하자	변경사항 없음
우리 식재료를 활용한 식생활을 즐기자	우리 지역 식재료와 환경을 생각하는 식생활을 즐기자	'환경을 생각하는'으로 보완
가족과 함께하는 식사 횟수를 늘리자	음식을 먹을 땐 각자 덜어 먹기를 실천하자	'가족과 함께하는 식사 횟수를 늘리자' 항목 삭제

자료: 보건복지부, 한국영양학회(2022). 2020 한국인 영양소섭취기준 활용편.

2021년에는 이를 다시 개정한 '한국인을 위한 식생활지침'이 발표되었다. 이 지침은 일반 대중이 쉽게 이해하고 일상생활에서 실천할 수 있도록 제시한 권장 수칙으로, 만성질환 감소, 비만 관리, 위생적인 식문화 등을 강조한 아홉 가지 수칙을 담고 있다.

표 12-6에는 국민 공통 식생활지침(2015)과 한국인을 위한 식생활지침(2021)을 비교해 제시하였다.

② 가공식품 및 외식 음식 중 나트륨 저감화 사업

한국인의 평균 나트륨 섭취량(만 1세 이상)은 1998년 4,516.9 mg에서 2023년 3,282 mg으로 점차 감소하고 있으나, 여전히 섭취기준보다 높은 수준이다. 이에 따라 식품의약품안전처를 중심으로 소비자 인식 개선을 위한 정보 제공과 교육·캠페인을 실시하고 있다.

또한 외식·급식업계를 대상으로 나트륨 저감 식사를 제공하는 외식·급식업체 확대, 인식 개선 및 저감기술 교육 및 중소기업 기술 지원, 주요 급원식품의 나트륨 저감 가이드라인 보급, 외식·급식업체의 저감화 기준 마련, 나트륨 함량 비교 표시, 우수 저감제품 표창, 소비자 대상 저감업체 홍보 등의 사업을 진행하고 있다.

③ 건강체중 인식 확산을 위한 교육 및 홍보사업

국민건강통계에 따르면, 건강체중에 대한 잘못된 인식과 정보로 인해 청소년층, 20대 여성의 저체중 유병률과 여자 청소년 중 식사장애 고위험군의 비율이 높다. 따라서 건강체중의 개념을 확립하고 인식을 확산시켜 미래 세대의 건강을 확보할 필요가 있다.

이에 보건복지부, 질병관리청, 교육부, 여성가족부가 주관하여 민간기관 및 비영리단체와 함께 건강체중 개념 확립 및 인식 확산을 위한 캠페인을 지속적으로 실시하고 있다. 또한 청소년 및 젊은 성인의 건강체중 인식 함양을 위해 식사장애 고위험군에 대한 중재 및 관리 방안 개발·보급, 학교 및 직장에서 관련 교육 시 인센티브 제공 등의 사업을 진행하고 있다.

④ 음주폐해예방관리사업

이 사업은 「국민건강증진법」 제8조(금연 및 절주운동 등)에 근거해 추진된다. 음주폐해예방사업 강화 및 음주조장환경 개선, 절주 서포터즈 운영, 절주 전문인력 양성 등 정책지지 기반을 구축하여 효과적인 음주폐해예방정책 추진 근거를 확보하고 음주폐해예방 정책 및 사업, 홍보, 교육 등을 종합적으로 관리·지원하는 사업이다.

구체적으로는 음주를 조장하는 환경(주류 마케팅 등)을 모니터링해 위법사항을 시정 조치하고, 지역사회의 음주폐해예방사업 안내서 작성과 홍보 캠페인을 실시한다. 또한 대학생 절주 서포터즈를 운영하여 대학·지역사회 내 음주인식 개선을 유도하고, 청소년 및 일반 국민을 대상으로 절주 교육 콘텐츠 제작·보급하는 업무를 수행하고 있다.

더 알아보기

서울시민 나트륨 섭취 저감화사업

서울시 식생활종합지원센터에서는 서울시민 나트륨 섭취 저감화사업을 실시하고 있다. 이 사업은 나트륨 섭취 감소를 위한 교육·홍보와 환경 조성을 통해 고혈압, 심뇌혈관계 질환 등 만성질환을 예방하고 시민의 삶의 질 향상에 기여하는 것을 목표로 한다. 세부 프로그램은 다음과 같다.

대상자별 맞춤 프로그램 운영

- 어린이 미각형성교육: 만 3~5세 유아 대상 나트륨 저감화 교육
- 성인 대상 저염 체험 프로그램: 영상을 활용한 저염 실천 이론 교육 및 저염요리 체험
- '온서울 건강온' 연계 저염 실천 이벤트: 저염 실천 요령 제시, 실천 후 사진 및 게시물 작성, 건강온 포인트 적립
- 식생활 전문 강사 활용 교육: 식습관과 미각 바로 알기, 가정에서 활용 가능한 요리 실습 등
- 자치구 특화프로그램 운영: 전통 발효식품 활용 저염체험 교육, 만성질환 예방 저염식 프로그램 등
- 성인 참여 확대를 위한 체험 프로그램
  - 이론: 나트륨, 당류 등 바로 알기, 영양표시 활용 방법
  - 실습: 생활 속 건강한 식생활 행동 요령 제시, 행동 요령 실천 후 경험 공유

염도 관리를 통한 저염식 실천 유도

- 어린이집 급식 염도 관리
- 상설 염도측정 코너 운영
- 대사증후군 연계 염도 관리

인식개선을 위한 정보 제공

- 시민의 관심과 참여 확대를 위한 홍보·캠페인

자료: 서울특별시 식생활종합지원센터.

(2) 건강위험요인 개선을 위한 맞춤형 영양관리사업

이 사업은 건강검진 결과 비만 및 만성질환 건강위험군으로 판정된 사람에게 질환별, 성별, 생활터별 특성에 맞는 맞춤형 영양관리프로그램을 제공한다. 대표적인 건강위험요인 개선을 위한 맞춤 영양관리 프로그램으로는 '비만 및 만성질환 예방 영양관리사업'이 있다.

표 12-7 건강위험요인 분류 기준

위험요인		판정 수치	위험군 분류	판정
수축기혈압 (mmHg)		120 미만	정상	건강
		120~140 미만	고혈압 전단계	건강 위험
		140 이상	고혈압	질환 의심
이완기혈압 (mmHg)		80 미만	정상	건강
		80~90 미만	고혈압 전단계	건강 위험
		90 이상	고혈압	질환 의심
공복혈당 (mg/dL)		100 미만	정상	건강
		100~126 미만	당뇨병 전단계	건강 위험
		126 이상	당뇨병	질환 의심
허리둘레 (cm)	남	90 미만	정상	건강
		90 이상	위험	건강 위험
	여	85 미만	정상	건강
		85 이상	위험	건강 위험
중성지방 (mg/dL)		150 미만	정상	건강
		150~200 미만	경계역 중성지방혈증	건강 위험
		200 이상	고지혈증	질환 의심
총콜레스테롤 (mg/dL)		200 미만	정상	건강
		200~240 미만	경계역 중성지방혈증	건강 위험
		240 이상	고콜레스테롤혈증	질환 의심
HDL-콜레스테롤 (mg/dL)	남	40 이상	정상	건강
		40 미만	위험	건강 위험
	여	50 이상	정상	건강
		50 미만	위험	건강 위험

이 사업의 목적은 비만 및 만성질환으로 인한 사회적·경제적 부담이 증가함에 따라 사전 예방 중심의 건강관리 체계를 마련하고, 지역사회 주민의 영양관리를 통해 건강증진을 유도하는 데 있다. 대상자는 19~65세 미만의 지역주민 중 건강위험군 또는 질환관리군으로 진단받은 사람, 건강위험군으로 서비스가 필요하다고 판단되는 사람, 보건소에 방문하여 사업 참여를 희망하는 사람이다. 건강위험군은 '건강위험요인'(표 12-7) 7개 중 1개 이상에 해당하는 경우를 말한다.

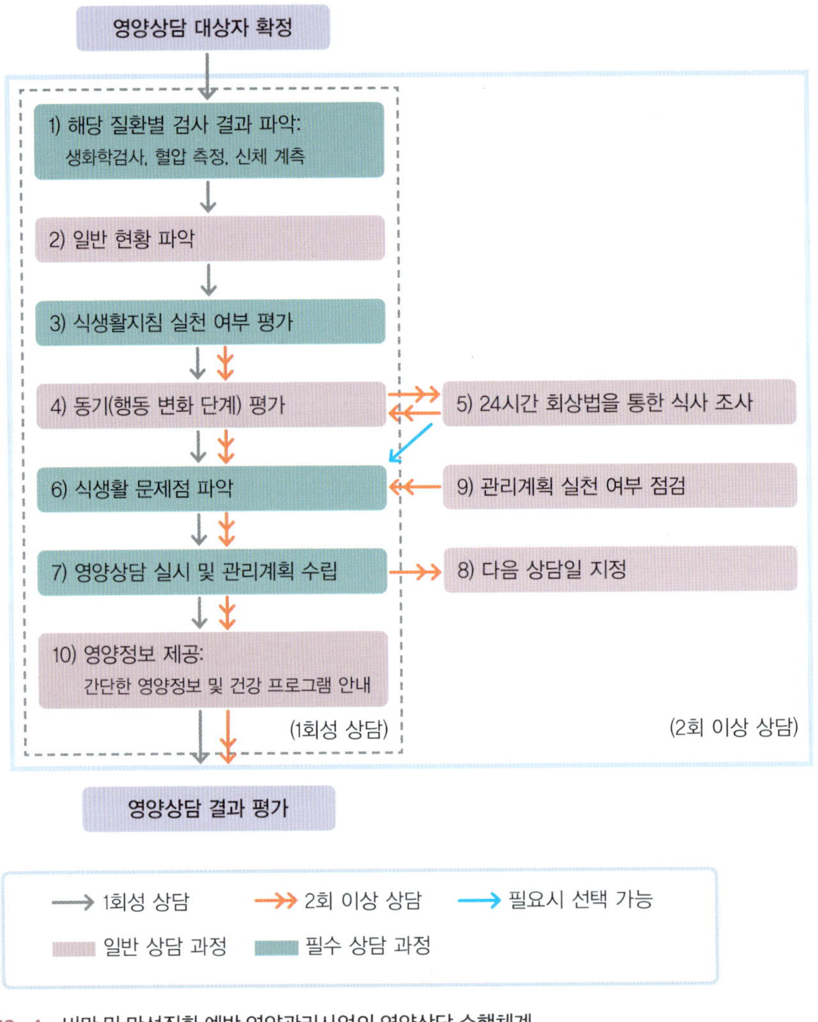

그림 12-4 비만 및 만성질환 예방 영양관리사업의 영양상담 수행체계

자료: 보건복지부, 한국건강증진개발원(2024). 2025년 지역사회 통합건강증진사업 안내서.

영양관리 방법으로는 비만 및 만성질환 예방·관리를 위한 영양상담이 있다. 24시간 회상법 또는 식품 섭취빈도조사를 이용한 식품 섭취조사를 통해 식생활문제를 파악하고, 이에 따른 맞춤형 상담을 제공한다(그림 12-4). 관련 자료는 한국건강증진개발원 홈페이지(자료실→발간자료→지침/교육/홍보자료)에서 다운받아 사용할 수 있다.

또한 건강위험요인별(당뇨, 고혈압, 비만 등) 집단 영양교육을 통해 식사구성안, 식생활지침, 한국인영양소섭취기준 활용 가이드북 등을 교육하고, 신체활동 교육과 연계된 서비스를 제공하는 것이 권장된다. 더불어 보건소 모바일 헬스케어 사업과의 연계도 권장된다.

(3) 어르신 영양관리사업

① 어르신을 위한 영양교육 프로그램

이 프로그램은 어르신들이 식생활의 중요성을 이해하고 스스로 건강한 식생활을 실천할 수 있도록 돕기 위해 만 65세 이상 노인(무료경로식당, 경로당, 독거노인정, 마을회관 등)을 대상으로 한다.

교육 내용에는 일반식과 치료식(당뇨, 고혈압), 섭취 부족 영양소, 독거어르신 영양관리, 위생적인 음식관리, 보관 방법 등에 대한 영양교육 및 어르신 조리실습(장보기 및 조리 방법)을 실시한다.

교육은 강의, 시범, 실습으로 구성되며 총 8주 과정으로 운영되며, 교육자료는 한국건강증진개발원에서 제공한다. 표 12-8에는 영양교육 내용의 한 예로 '고혈압 어르신 대상용 프로그램(안)'이 제시되어 있다.

② 실버건강식생활사업

이 사업은 식품 구입과 조리에 소홀히 하기 쉬운 65세 독거노인 등 취약계층 어르신을 대상으로 한다. 식생활 관리 교육을 실시하고, 과일 및 유제품 등으로 구성된 건강 간식 도시락 서비스를 제공한다.

개인별 영양상태에 따라 맞춤형 영양교육 및 상담을 월 1회 진행하며, 이론교육은 대상자의 상황에 따라 단체교육 또는 개인·가정방문 상담 중 선택하여 실시한다. 실습교육은 거동이 가능한 경우 스스로 식생활 관리 능력을 향상시킬 수 있도록 공동급식 조리실습을 포함하여 운영한다.

표 12-8 고혈압 어르신 대상용 프로그램(안)

회차	주제	내용
1	식생활 관리의 중요성	• 나의 영양 위험도 평가 • 노화에 따른 신체 변화 • 식생활과 건강한 노후의 관계
2	고혈압 식사관리 I	• 덜 먹어야 할 음식 찾기 • 건강한 식단 계획 • 소금과 혈압
3	실제 식생활에 적용하기	• 소금과 건강식사 • 다양한 색의 채소 먹기 • 기름은 다 나쁜 걸까요?
4	고혈압 식사관리 II	• 건강한 체중 유지하기 • 건강체중을 위한 건강식생활 • 비만과 혈압
5	식품위생의 중요성	• 개인 및 식품위생에 대한 개념 • 올바른 식품 사용 방법 • 식품을 신선하고 안전하게 보관하는 방법 • 보관된 식품을 안전하게 이용하는 방법
6	올바른 외식 방법	• 영양표시제 알기 • 외식에 함유된 소금의 양 알아보기 • 외식 시 소금 섭취를 줄이는 방법(올바른 메뉴 선정, 식사요령 등)
7	저염 조리실습	• 저염음식 만들기 • 다양한 음식의 저염조리법 소개 • 저염 드레싱 및 식이섬유소
8	올바른 식단 체험하기	• 저염음식 체험 • 고혈압 관리를 위한 식단 제시 • 음식 선택 및 평가

자료: 보건복지부, 한국건강증진개발원(2024). 2025년 지역사회 통합건강증진사업 안내서.

공동부엌 실습교육은 노인의 사회 참여를 유도해 고립감을 해소하고 사회적 교류의 기회를 제공하는 데 목적이 있다. 조리교육은 가까운 거리에 거주하는 10명 내외의 노인이 한 가정, 경로당, 노인복지회관 또는 공공시설의 공동부엌에 모여 함께 식사를 마련하는 방식으로 진행된다. 영양사는 사전에 교육을 계획·설계하고, 이를 위한 식재료를 결정한다. 메뉴

표 12-9 건강간식의 종류 및 제공 분량

구분	내용
과일	• 하루 2회 분량 제공(1회 분량 = 100 g) • 주당 2~3가지의 신선한 제철과일 제공 • 원칙적으로 전처리(세척, 껍질 제거, 씨 제거)된 과일을 제공하지만, 대상자의 소화 및 치아 상태에 따라 갈은 형태 또는 주스도 제공 가능
유제품	• 하루 1회 분량 제공(1회 분량 = 우유 1개 또는 떠먹는 요구르트 1개)

자료: 보건복지부, 한국건강증진개발원(2024). 2025년 지역사회 통합건강증진사업 안내서.

는 쉽게 구할 수 있는 재료로, 가정에서도 손쉽게 조리할 수 있는 것을 중심으로 한다. 조리실습교육은 영양사가 주도하며 안전 및 위생 관리에 유의하고, 필요시 외부 전문가를 초빙할 수 있다.

건강간식으로는 과일과 우유 및 유제품을 주 3회 제공하되, 대상자 가구의 식품저장시설 및 공간상태에 따라 제공 횟수를 조정할 수 있다. 간식의 종류 및 제공 분량은 **표 12-9**와 같다.

(4) 방문건강관리사업

방문건강관리사업은 65세 이상 어르신과 건강취약계층을 대상으로 보건소 내 방문건강관리 전문인력(간호사, 영양사, 물리치료사, 작업치료사 등)이 직접 가정을 방문하여 건강관리 서비스를 제공하는 사업이다. 이는 취약계층의 건강 형평성 확보를 위한 국가 전략의 일환으로, '새국민건강증진종합계획 2010'을 토대로 도입되었다.

사업목적은 취약계층의 건강인식 제고, 자가 건강관리 능력 향상, 건강상태 유지와 개선에 있다(**그림 12-5**). 서비스 대상은 건강위험군과 질환군 중 방문이 필요한 건강문제를 가진 취약계층이다.

서비스 내용에는 혈압·당뇨 측정, 치매 및 우울 검사 등의 건강조사, 건강평가 상담과 보건교육, 필요시 보건복지연계서비스 제공 등이 포함된다(**표 12-10**). 서비스 방법은 직접 방문, 전화방문(유선 모니터링), AI·IoT를 활용한 비대면 건강관리, 그 외 방문건강관리 서비스 등이 있다.

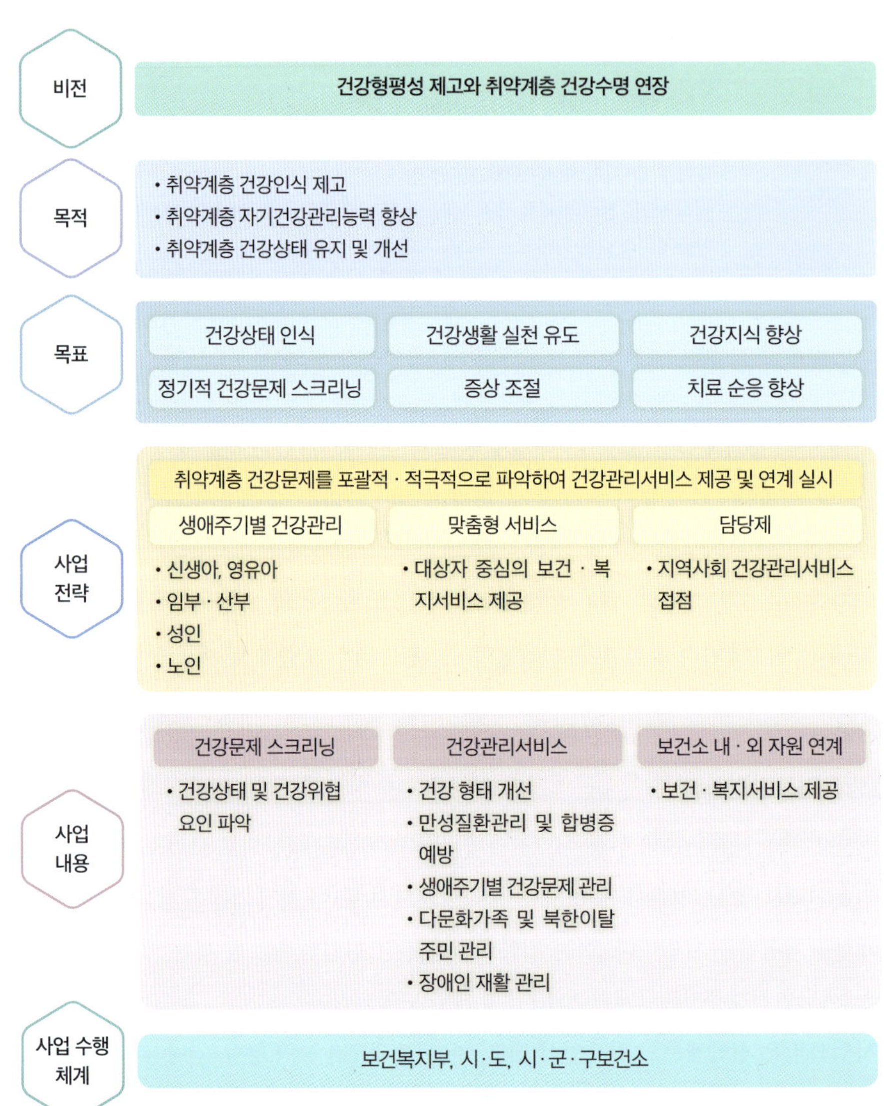

그림 12-5 방문건강관리사업 개념도

자료: 보건복지부.

표 12-10 맞춤형 방문건강관리사업 서비스

구분	내용
건강 행태 개선	• 건강위험요인 및 건강문제 스크리닝 • 일반검진, 생애전환기검진 결과 확인 및 직접 방문상담 실시 • 생활습관 상담, 건강생활 실천을 위한 동기 부여 및 교육 • 대상자 가족에 대한 건강교육 및 정서적 지지 등
만성질환 관리 및 합병증 예방	• 건강위험요인 및 건강문제 스크리닝 • 일반검진, 생애전환기검진 결과 확인 및 직접 방문상담 실시 • 만성질환자의 생활습관 상담, 건강생활 실천 동기 부여 및 합병증 예방을 위한 교육 • 복약 약물에 대한 점검 및 상담 • 암으로 인한 증상 및 통증 조절을 위한 정보 제공 • 대상자 가족에 대한 건강교육 및 정서적 지지 등
임산부·신생아 및 영유아 관리	• 고위험 임부 및 정상 임부의 건강문제 스크리닝 • 산욕기 평가에 따른 산후 건강관리 • 모유 수유 정보 제공 및 상담 • 신생아·영유아 발달 단계에 따른 건강문제 스크리닝 및 예방접종 관리 • 부모·자녀 간 상호작용 강화를 위한 정보 제공 및 상담 • 대상자 가족에 대한 건강교육 및 정서적 지지 등
노인 허약 예방	• 장기요양등급 외 판정자에 대해 허약노인 판정평가 실시 • 운동·영양·구강 관리, 우울 예방, 인지 강화, 낙상 예방을 위한 허약노인 중재 프로그램 제공 • 저작, 연하, 발음, 타액 분비 등 구강기능 향상을 위한 입 체조 실시 • 치매 관련 건강관리 • 폭염, 한파 등 계절별 건강관리교육 실시 • 취미·종교 활동 등 사회적 참여 지지 및 독려 • 가정 내외의 안전환경 조성을 위한 교육 • 대상자 가족에 대한 건강교육 및 정서적 지지 등
다문화가족 및 북한이탈주민 관리	• 생활습관 상담, 건강생활 실천을 위한 동기 부여 및 교육 • 다문화가족 지지체계 확인 및 가족 내 의사소통 장애요인 파악 • 다문화가족의 문제해결 능력 강화를 위한 중재 상담 • 북한이탈주민의 결핵, B형 간염 등 감염성 질환을 가진 건강위험군 발굴 및 등록 • 북한이탈주민의 우울 등 정신건강문제 스크리닝 • 하나센터에 방문하여 건강상담 및 교육 • 대상자 가족에 대한 건강교육 및 정서적 지지 등
장애인 재활 관리	• 기능 증진을 위한 일상생활 수행능력(ADL), 관절 구축 예방 운동 및 교육 • 기본 건강관리: 위생, 영양, 피부 관리(욕창, 체위 관리), 구강위생 관리 등 • 연하장애·호흡장애 관리, 배변·배뇨 관리 교육 및 훈련, 저작능력 향상을 위한 운동교육 • 2차 장애 예방을 위한 낙상 및 안전 관리교육 • 대상자 가족에 대한 건강교육 및 정서적 지지 등

① 직접 방문

보건소 내 간호사, 영양사, 물리치료사/작업치료사, 치과위생사 등 전문인력이 가정, 읍·면·동, 지역아동센터, 노인복지관, 경로당 등을 방문하여 개인 또는 2~4인의 소그룹을 대상으로 건강문제 스크리닝과 건강관리 서비스를 제공하며, 보건소 내·외 자원과 연계하여 운영된다.

② 전화방문(유선 모니터링)

코로나19 등 감염병 확산이나 재난, 기후 악화 등의 상황에서는 유선을 통해 대상자의 건강상태를 파악하는 것이 주된 업무이다.

③ AI·IoT 활용 비대면 건강관리

건강관리 서비스 접근이 어려운 방문 대상자(어르신)를 중심으로 AI·IoT 기기를 활용하여 건강정보를 자동 수집하고 상시 모니터링 체계를 구축하며, 비대면 건강 컨설팅을 제공한다.

④ 그 밖의 건강관리 제공 방식

상황에 따라 문자 발송, SNS 등 온라인 채널, 우편, 영상 등을 활용해 건강정보와 물품을 제공할 수 있다. 특히, 코로나19 사태를 계기로 비대면 건강관리 서비스의 필요성이 커지면서 방법과 내용이 다양해졌다.

(5) 다문화가족 영양관리사업

이 사업은 다문화가족을 대상으로 한 가족 단위 집중 영양관리 프로그램이다. 관리대상자를 선정하여 1년 단위로 집중 관리하며, 영양플러스 사업과 연계해 추진한다. 다문화가족 조리교실 프로그램은 이유식 만들기, 일상적 한식 조리, 상용식품 활용, 가구 구성원별 맞춤형 조리 등을 내용으로 하며, 보건소, 인근 대학 또는 지역 내 조리학원 등과 연계하여 사업을 진행한다.

또한 다문화가족지원센터 및 건강가정지원센터와 연계해 식생활, 육아, 문화적응을 지원하고, 영양플러스 사업 및 방문건강관리 서비스와 연계하며, 대학의 사회공헌 프로그램도 활용한다.

(6) 보건소 모바일 헬스케어 사업

건강위험요인이 있는 사람에게 모바일 앱을 통해 보건소 전문가(의사, 간호사, 영양사, 운동 전문가)가 언제 어디서나 맞춤형 건강상담을 제공하는 사업이다. 2016년 10개소에서 시범 사업으로 시작하여, 2023년 현재 202개소에서 시행되고 있다(그림 12-6).

대상자 등록 기준은 만 19세 이상 성인이며, 해당 보건소 관할 지역 거주자 또는 직장인

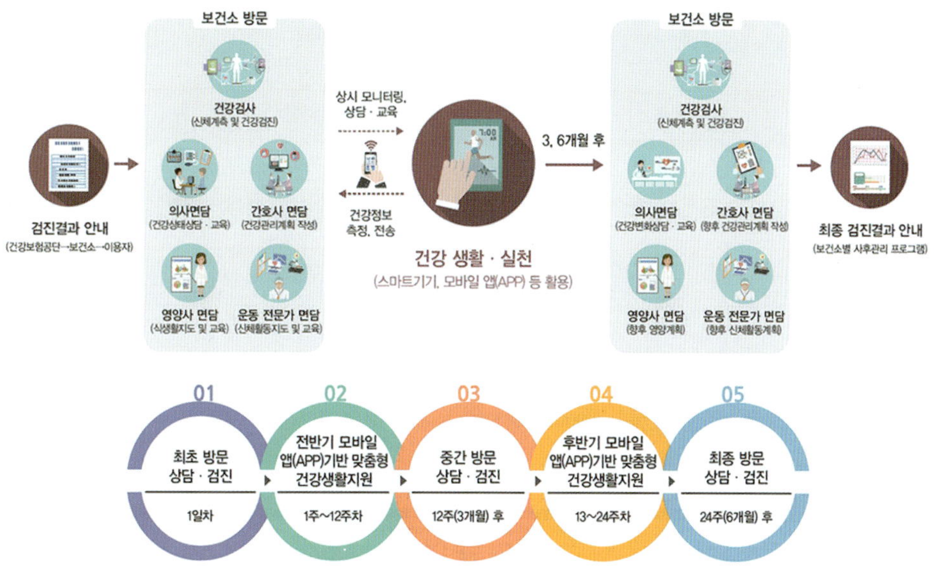

그림 12-6 모바일 헬스케어 사업 운영체계

자료: 한국건강증진개발원.

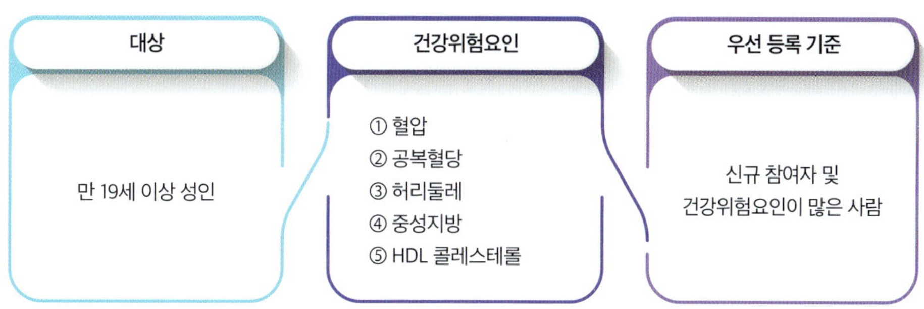

그림 12-7 보건소 모바일 헬스케어 대상자 등록 기준

자료: 보건복지부(2024). 2024년 보건소 모바일 헬스케어 사업안내서.

으로, 관련 질환을 진단받지 않았거나 치료를 위한 약물 처방을 받지 않은 경우이다(그림 12-7). 대상자 등록을 위한 건강위험요인별 판정수치는 표 12-11과 같다.

표 12-11 건강위험요인별 판정수치

구분		위험군 판정 기준	위험군 분류	질환자 판정 기준*
① 혈압	수축기혈압	130 mmHg 이상	고혈압 전단계	140 mmHg 이상
	이완기혈압	85 mmHg 이상	고혈압 전단계	90 mmHg 이상
② 공복혈당		100 mg/dL 이상	공복혈당장애, 내당능장애	126 mg/dL 이상
③ 허리둘레	남	90 cm 이상	위험	–
	여	85 cm 이상	위험	–
④ 중성지방		150 mg/dL 이상	경계역 중성지방혈증	200 mg/dL 이상
⑤ HDL 콜레스테롤	남	40 mg/dL 미만	위험	–
	여	50 mg/dL 미만	위험	–

* 혈압의 경우 수축기 또는 이완기 수치 중 1개 이상 해당되는 경우 포함

자료: 보건복지부(2024). 2024년 보건소 모바일 헬스케어 사업안내서.

더 알아보기

방문건강관리사업 중 AI·IoT 기반 어르신 건강관리사업 사례

AI(인공지능)·IoT(사물인터넷) 기반으로 비대면 건강관리 서비스를 제공하여 어르신 자가 건강관리 역량 강화 및 허약 예방 실현

- 대상: 65세 이상 어르신
- 내용
  - 사전 건강평가 후 블루투스 기반 스마트 의료기기 대여
  - 대상자 자가 측정 및 방문간호사, 영양사, 운동사의 비대면 건강상담
- 주의사항
  - 건강관리 앱 필수 설치로, 스마트폰 사양에 따라 신청이 불가할 수 있음
  - 서비스 중단 시 대여 의료기기 반납 필요

자료: 노원구보건소.

2) 건강생활지원센터

건강생활지원센터는 보건소만으로는 취약인구가 많은 지역주민이 보건의료 및 건강증진 서비스를 받기 힘들고, 기존 보건소를 확충하기에는 예산과 인력이 많이 필요하다는 점 때문에 설치규모 및 방식을 효율화하여 소생활권 중심의 건강증진 기능 특화 지역보건기관으로서 기능하도록 설치·운영되는 기관이다(그림 12-8).

각 지자체마다 1개씩만 설치되는 보건소와 달리, 건강생활지원센터는 읍·면·동마다 1개씩 설치할 수 있으며, 시 지역의 경우 여러 동을 묶어 하나의 센터를 두는 곳도 있다.

2007년부터 2013년까지는 국고 지원을 받아 도시보건지소 사업으로 운영되었고, 2013년에는 지역밀착형 '건강생활지원센터' 모형으로 전환되어 시범사업으로 추진되었다. 이후 「지역보건법」 제14조(건강생활지원센터의 설치)에 근거하여 본격적으로 건강생활지

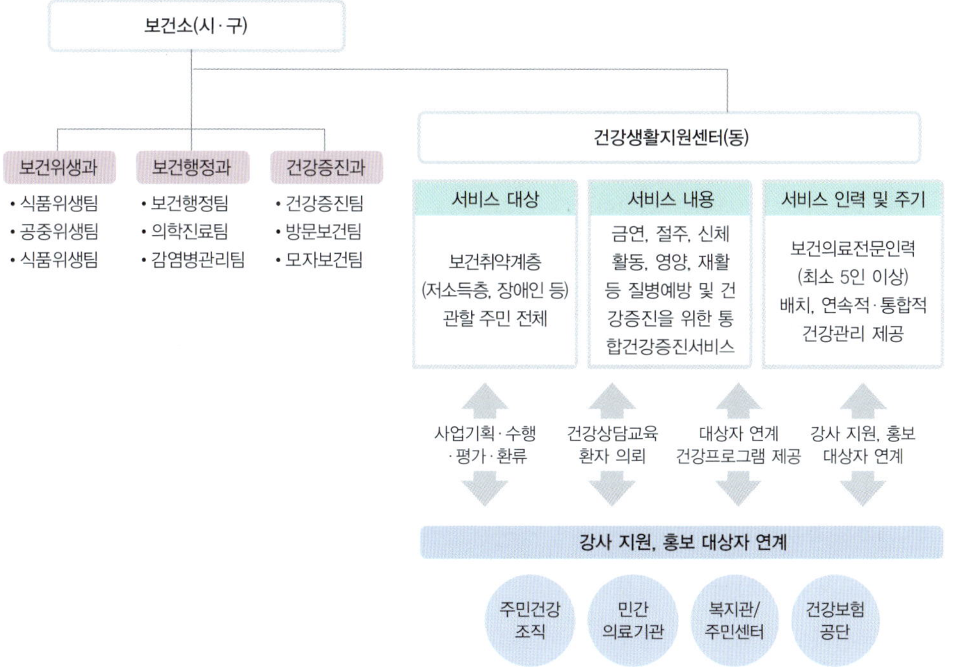

그림 12-8 건강생활지원센터 개념도

자료: 보건복지부, 한국건강증진개발원(2025). 2026년도 건강생활지원센터 사업 안내.

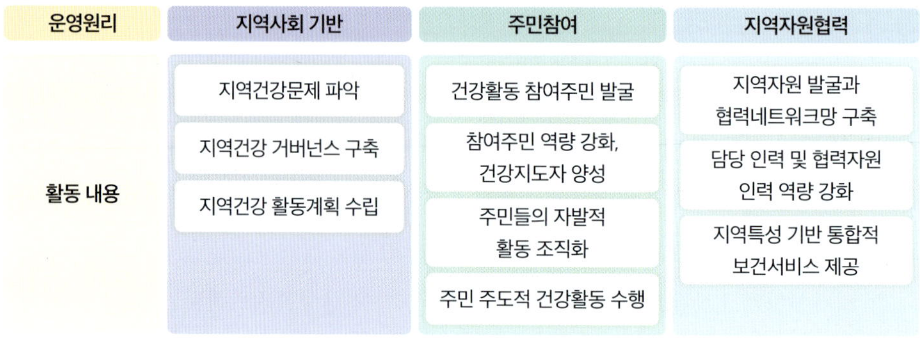

그림 12-9 건강생활지원센터 운영관리 및 중심활동

자료: 보건복지부, 한국건강증진개발원(2025). 2026년도 건강생활지원센터 사업 안내.

원센터로 자리 잡았다. 2025년 현재 전국에서 157개 센터가 운영되고 있다.

건강지원센터의 인력은 의사 또는 한의사(1명, 비상근 가능), 간호사/간호조무사(3명), 물리치료사/체육지도자(1명), 영양사(1명) 등 최소 5명 이상으로 구성되며, 이 중 상근인력은 최소 3명 이상 배치해야 한다. 각 센터에서는 공통 프로그램(신체활동 및 비만 예방, 대사증후군 사업, 심뇌혈관질환 예방·관리, 금연사업, 모바일 헬스케어 사업, 영양사업)을 운영하는 동시에, 지역 건강문제를 자체적으로 진단하여 '지역건강활동계획'을 수립하고 필요에 맞는 특화 건강증진사업을 추진할 수 있다(그림 12-9).

3) 근로자 건강증진운동

1990년 유럽을 중심으로 시작된 사업장 건강증진운동은 근로자의 건강과 복지를 향상시키기 위해 사업주, 근로자, 지역사회가 함께 노력하여 사업장 조직과 작업환경을 개선하고, 근로자의 자기 개발을 지원하는 운동이다. 근로자의 건강을 증진함으로써 기업에 필요한 건강한 인력을 확보하고, 국가 산업 발전 및 생산성 향상은 물론 의료비 절감 등 경제 활성화에도 기여하고자 하는 21세기 산업보건사업의 새로운 패러다임이다.

우리나라도 근로자 건강증진운동의 필요성을 인식하여 2009년 「산업안전보건법」을 근거로 근로자 건강증진운동을 효율적으로 추진하기 위해 기존 지침을 「사업장에서의 근로자 건강증진활동 지침」으로 전부 개정하였다(현 「근로자 건강증진활동 지침」).

지침의 주요 내용은 사업주가 근로자의 건강증진을 위해 건강증진운동의 필요성을 평가하고 계획을 수립하여 실시하도록 명시하고 있다.

주요 활동 내용으로는 건강교육과 체조·스트레칭 보급, 올바른 작업 자세 유지 등 작업관리, 쾌적한 작업환경 유지 등 작업환경 관리, 금연·절주·스트레스(긴장) 해소, 운동·영양 개선, 체력 측정, 건강진단, 건강상담 및 응급조치 등이 있다(표 12-12).

표 12-12 근로자 건강증진운동 프로그램

프로그램	프로그램 구성의 예
뇌심혈관 질환 예방 활동	비만 관리, 영양 개선 프로그램
직무 스트레스로 인한 불건강 예방 활동	관계 갈등 개선, 스트레스 해소 프로그램
작업 관련 근골격계 질환 예방 활동	운동, 신체 단련 프로그램(팸플릿, 포스터, 운동교실, 체육시설 구비), 요통 예방 체조, 스트레칭 기법 프로그램
조직 차원의 관리가 필요한 생활습관 개선 활동	금연, 절주, 운동, 영양 프로그램, 사내 급식 프로그램(체중 조절 교실, 산전영양, 저콜레스테롤식, 저지방식, 저나트륨식 등)
기타 사업장별 근로자 건강증진 활동	사내 규정, 보건교육, 관리자 훈련, 동호회 활동

더 알아보기

근로자 건강증진운동 우수 사업장 사례

한국기계연구원

- 다양한 맞춤형 건강증진 프로그램 운영: 암 예방 교육 프로그램, 1:1 자세교정/운동치료 개인지도, 암 예방을 위한 건강레시피 교육, 스트레스 완화 체험 프로그램 등
- 기계연구원 건강관리 매뉴얼 국·영문 제작: 법정 감염병 대응지침, 건강검진 권고지침, 건강관리방법(뇌심혈관질환 관리 외 11건)

한국동서발전(주)

- 안전보건 경영방침을 수립하여 무사고, 무재해를 달성하기 위해 노력
- 금연 프로그램, 마음건강 프로그램, 뇌심혈관질환 예방 프로그램, 근골격계질환 예방 프로그램 실시

자료: 한국기계연구원 블로그, 월간 안전세계 공식 블로그.

4) 푸드뱅크 프로그램

푸드뱅크는 기업 및 개인으로부터 식품 및 생활용품을 기부받아 결식아동, 독거노인 등 저소득 소외계층에게 지원하는 물적 나눔 제도이다. 1960년대 후반 미국에서 시작되었으며, 우리나라에서는 1998년 IMF 외환위기 이후 급증한 노숙인과 결식아동의 급식문제를 해결하기 위해 도입되었다.

전국푸드뱅크는 보건복지부 산하 공공기관인 한국사회복지협의회가 위탁받아 사업을 수행하고 있으며, 2025년 현재 450여 개의 푸드뱅크를 운영하고 있다. 푸드뱅크는 식품 제조·유통기업 및 개인으로부터 여유식품 및 생활용품 등을 기부받아, 식품·생활용품 부족으

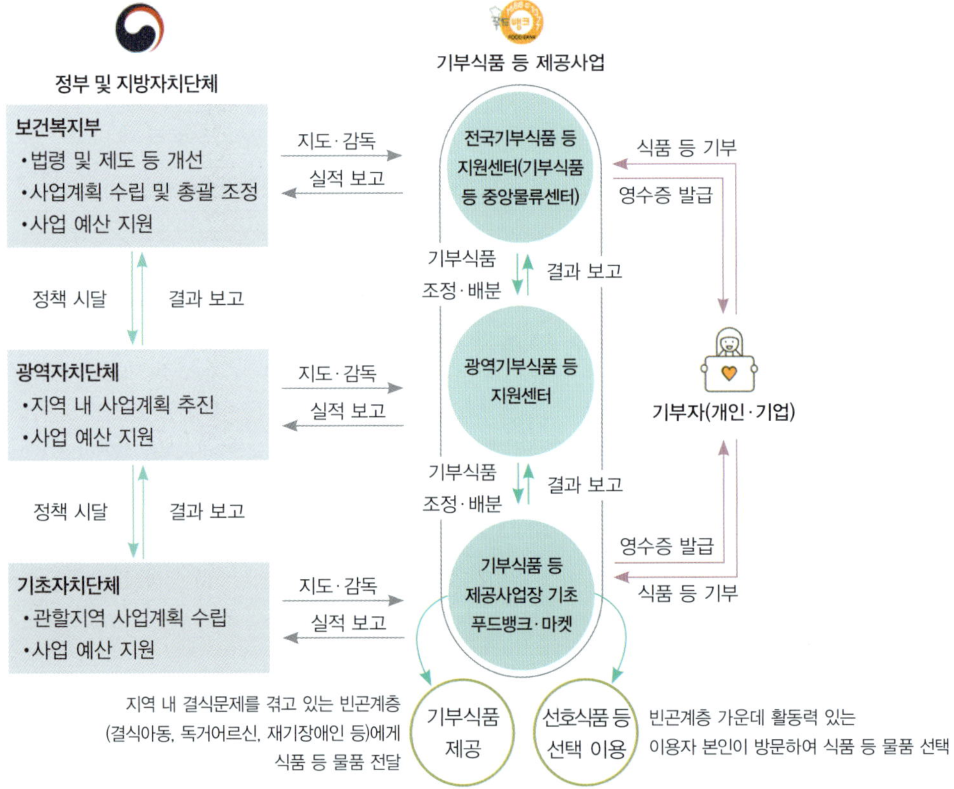

그림 12-10 푸드뱅크 사업체계

자료: 전국푸드뱅크.

로 어려움을 겪는 결식아동, 독거노인, 재가 장애인 등 저소득계층에 지원하고 있다.

푸드마켓은 기부받은 물품을 편의점 형태로 진열해 이용자가 직접 방문하여 원하는 물품을 선택할 수 있도록 하는 서비스이다. 또한 이동푸드마켓은 지역적·지리적 이유로 서비스 제공이 어려운 복지소외계층을 대상으로, 식품운반차량을 이용해 읍·면·동 거점에서 기부물품을 지원하는 사회복지 서비스이다(그림 12-10).

5) U-Health 서비스

U-Health는 'Ubiquitous Health'의 약자로, 유·무선 네트워킹이 가능한 정보통신기술을 활용해 시간과 장소에 구애받지 않고 언제 어디서나 이용할 수 있는 건강관리 및 의료 서비스를 의미한다. 우리나라는 2008년부터 원격의료 서비스 시범사업을 운영하는 등 적극적으로 U-Health 서비스를 도입·확대해 왔으며, 현재 보건소 모바일 헬스케어 프로그램도 이에 포함된다(그림 12-11).

U-Health에 적용되는 주요 기술로는 웨어러블 기기(피트니스 트래커, 스마트워치 등

헬스센터

건강상태 평가
- 생활습관, 유전요인
- 환경요인, 과거력
- 건강검진, 체력평가 등

직장 내 건강시설

건강모니터링
- 질환관리(질환교육, 치료 일정 등)
- 웰빙관리(비만, 스트레스 등)

가정 · 이동공간

맞춤형 건강증진 프로그램
- 건강문제 설정(생활습관 개선 등)
- 프로그램 수행(운동, 영양/식이 등)

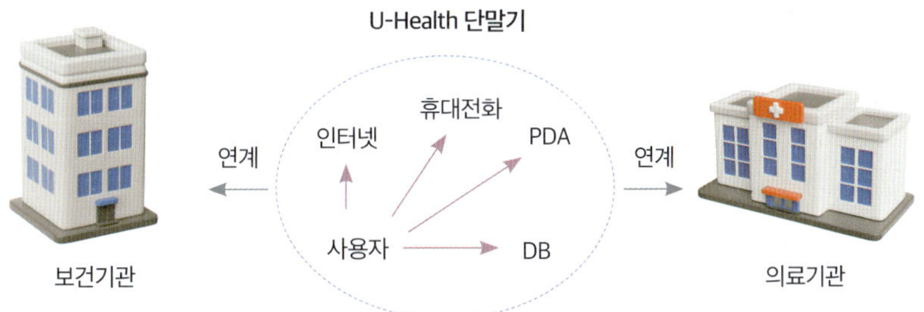

그림 12-11 U-Health 원격건강관리 서비스

자료: IT 융복합시스템 인력양성사업단 블로그.

몸에 착용할 수 있는 기기), 모바일 건강 앱, 원격의료, 전자 건강 기록(환자의 병력, 진단, 투약 및 기타 건강 정보가 포함된 디지털 기록), 건강 정보 교환(서로 다른 의료 기관·제공자 간 정보 공유), 원격 환자 모니터링(센서 및 장치를 활용한 건강 상태 원격 확인) 등이 있다.

U-Health의 기능은 의료 서비스에 대한 접근성 향상, 환자 참여 및 권한 강화, 건강 결과 개선을 위한 모니터링·커뮤니케이션·교육·조정·개인별 맞춤 지원으로 요약된다.

최근 코로나19 사태를 계기로 비대면 원격 헬스 프로그램의 수요와 공급이 급증하였다. 앞으로 U-Health는 '개인 맞춤형 헬스케어 융합을 통한 건강한 100세 시대 촉진'을 위한 주요 전략으로 자리 잡을 전망이다.

6) 노인장기요양보험제도

노인장기요양보험제도는 고령이나 노인성 질환 등으로 일상생활을 혼자 수행하기 어려운 사람에게 신체활동이나 가사활동 지원과 같은 장기요양급여를 제공하여 노후의 건강증진과 생활 안정을 도모하고, 가족의 부담을 덜어 국민의 삶의 질을 향상시키기 위해 시행하는 사회보험제도이다.

우리나라는 2008년 처음으로 노인장기요양보험제도를 도입하였으며, 2014년에는 노인장기요양 등급체계를 개편하였고, 2018년에는 장기요양 본인 일부 부담금 감경대상자를 확대하였다. 또한 2019년부터는 장기요양기관 지정제 및 지정갱신제를 시행하여 장기요양기관의 진입기준을 강화하였다.

이 제도는 건강보험제도와는 별도로 운영되지만, 제도의 효율적 운영을 위해 보험자와 관리운영기관을 국민건강보험공단으로 일원화하였다. 기존 노인복지서비스 체계와 노인장기요양보험의 차이는 표 12-13과 같다. 또한 국고 지원이 포함된 사회보험 방식을 채택하고 있으며, 수급 대상에서 65세 미만의 장애인은 제외되어 노인 중심으로 운영되고 있다. 장기요양보험제도의 관리 운영체계는 그림 12-12와 같다.

노인장기요양보험 인정 신청을 하면 간호사, 사회복지사, 물리치료사 등으로 구성된 공단 소속 장기요양 직원이 방문하여 '장기요양인정조사표'에 따라 신체기능, 인지기능, 행동변화, 간호처치, 재활영역의 52개 항목을 조사한다. 이를 바탕으로 산출된 장기요양인정점수에 따라 5개 등급을 판정하고, 등급별로 맞춤형 급여를 제공한다(그림 12-13). 장기요양

표 12-13 노인장기요양보험제도와 기존 노인복지서비스 체계 비교

구분	노인장기요양보험	기존 노인복지서비스
관련 법	• 노인장기요양보험법	• 노인복지법
서비스 대상	• 보편적 제도 • 장기요양이 필요한 65세 이상 및 치매 등 노인성질병을 가진 65세 미만자	• 특정 대상 한정(선택적) • 국민기초생활보장 수급자를 포함한 저소득층 위주
서비스 선택	• 수급자 및 부양가족의 선택에 의한 서비스 제공	• 지방자치단체장의 판단(공급자 위주)
재원	• 장기요양보험료+국가 및 지방자치단체 부담+이용자 본인 부담	• 정부 및 지방자치단체의 부담

그림 12-12 노인장기요양보험 운영체계

자료: 국민건강보험공단.

급여에는 재가급여, 시설급여, 복지용구, 특별현금급여(가족요양비)가 있으며, 필요한 재원은 건강보험 가입자의 보험료, 정부 지원, 본인 부담금 등으로 충당된다.

장기요양보험 대상자는 건강한 일반 성인과 달리, 노화와 질병으로 인해 보다 전문적인

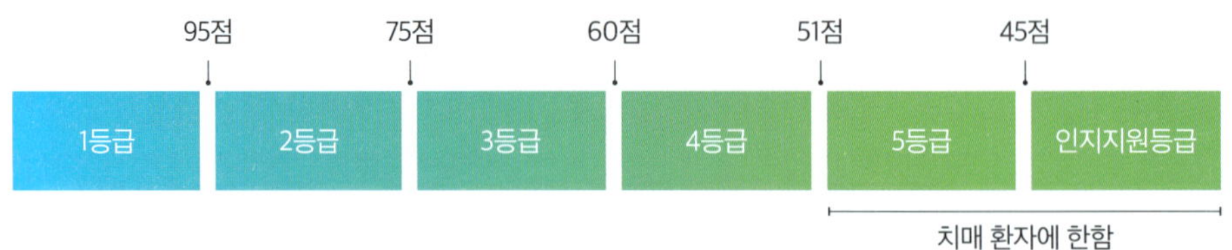

그림 12-13 장기요양인정점수 구간별 장기요양인정등급

자료: 국민건강보험공단.

영양관리가 필요하다. 그러나 현재 방문요양과 방문간호에서의 영양관리는 제한적으로 제공되고 있다. 방문요양에서는 식사 차리기, 식사 보조, 경관영양 실시, 구토물 정리 등 식사 도움을 제공하며, 방문간호에서는 일반식, 특별식, 경관영양, 중심정맥영양 등 영양관리를 제공하고 있다.

또한 노인요양시설 관리기준에는 1회 급식인원이 50명 이상인 경우 영양사를 의무적으로 배치해야 하며, 2024년부터는 급식서비스 제공체계를 강화하여 영양사 배치 의무가 없는 시설이나 기관에서도 영양사를 두면 가산금을 지급하는 제도를 추진하고 있다.

더 알아보기

의정부시보건소 U-Health Live studio 구축

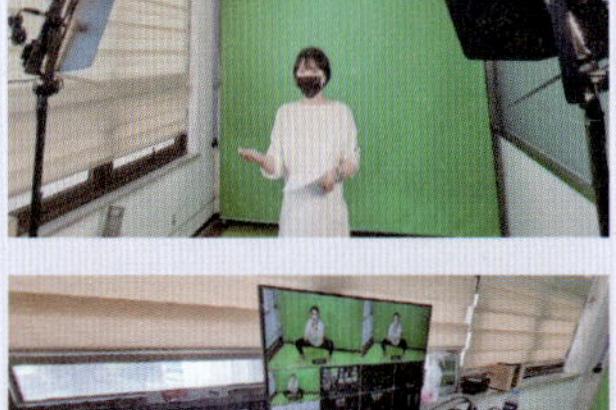

의정부시보건소는 스마트 건강도시로 도약하기 위해 통합건강증진 U-Health Live 스튜디오를 구축하고, 의정부형 건강증진 플랫폼을 운영하고 있다. U-Health Live는 코로나19 확산 예방과 더불어 건강증진 활동에 참여하지 못하는 시민의 건강관리를 위해 마련된 스마트 도시형 비대면 건강사업이다. 의정부시보건소는 통합건강증진센터에 해당 스튜디오를 구축해 총 4개 플랫폼을 구성, 시민건강증진활동 공백을 통합적으로 보완할 예정이다. 건강증진교육 플랫폼은 건강생활실천(운동, 영양, 금연), 만성질환 예방(고혈압, 당뇨, 아토피), 지역사회중심 재활사업(장애인 작업치료, 2차 장애 예방), 모자보건사업(산모, 영양플러스)으로 구성되며, 각 사업은 개별 신청을 통해 참여할 수 있다. 또한 요일별 건강교육은 ZOOM을 통해 진행된다.

자료: 파이낸셜뉴스(2021. 7. 19).

7) 결식 우려 노인무료급식 지원

노인무료급식은 「노인복지법」 제4조(보건복지증진의 책임)에 근거하여, 가정 형편이 어렵거나 부득이한 사정으로 식사를 거를 우려가 있는 노인에게 무료로 식사를 제공하는 제도이다. 일정한 경제적 능력을 갖춘 노인에게는 실비로 제공할 수 있다.

(1) 경로식당 무료급식

결식 우려가 있는 60세 이상 노인이 노인돌봄 기본서비스사업을 통해 수요가 파악되면, 적절하게 서비스를 제공할 수 있도록 무료급식사업 수행단체와 연계하여 지원한다. 급식기관은 경로식당 일일 평균 이용자 수가 20명 이상이고 주 3회 이상 급식을 하는 곳으로 지정한다. 다만, 지역 여건에 따라 읍·면지역은 10명 이상, 주 1회 이상 급식도 가능하다.

급식비는 60세 이상 기초생활수급자 및 차상위계층(독거노인 포함)에게는 무료로 제공하며, 일정한 능력이 있는 노인에게는 실비 수준에서 징수할 수 있다. 다만, 징수한 급식비는 식재료비 등 급식 질 향상 경비 외에는 사용할 수 없다.

(2) 저소득 재가노인 식사 배달

도시근로자 월평균 소득 미만 가구의 60세 이상 노인 중, 거동이 불편해 경로식당을 이용하지 못하는 노인과 독거노인 등 시장·군수·구청장이 필요하다고 인정하는 노인을 대상으로 한다.

급식은 노인의 건강·영양상태와 서비스 욕구 등을 고려하여 밥, 국, 밑반찬, 죽 등 다양한 형태로 제공하며, 가정식처럼 느낄 수 있도록 보온을 유지하고 부패 방지용 용기를 사용한다. 급식비 징수 기준은 경로식당 무료급식과 동일하다.

(3) 무료급식사업 운영

시장·군수·구청장은 급식 인원, 급식 횟수, 사업자 재정 상황 등 무료급식사업의 규모를 고려하여 예산의 범위 내에서 소요 예산을 지원한다. 시장·군수·구청장이 사업 주체가 되어 경로식당, 종합사회복지관, 노인복지관, 재가노인복지시설, 종교단체 등 비영리단체 중 위탁사업자를 선정하고, 영양사의 자문을 받아 영양·위생·안전을 철저히 관리해야 한다.

또한 가정봉사원 파견사업, 푸드뱅크사업 등 결식 우려 노인 무료급식사업과 유사한 사업을 통합적으로 관리할 수 있는 대책을 마련하여 이를 통해 중복 지원을 줄이고, 보다 폭넓은 서비스를 제공하도록 노력한다. 아울러 명절 등 연휴에도 가정봉사원 또는 자원봉사자를 배치해 취사 및 식사를 지원하도록 계획·시행해야 한다.

3. 외국의 성인 및 노인 영양 프로그램

1) 미국

미국은 1946~1964년 사이 출생한 베이비부머 세대가 노인인구로 편입되면서, 2030년에는 전체 인구의 60%에 이를 것으로 전망된다. 이들은 한 가지 이상의 만성질환을 가질 가능성이 높아, 이에 대비해 'Healthy People 2030' 계획에서는 노인 대상 건강 및 질환 관리에 중점을 두었다. 이에 따라 각종 교육 프로그램을 활성화하고 노인돌봄환경 조성과 유관기관 간 자료 공유 및 역할 분담을 통해 노년기 삶의 질 향상을 위한 프로그램을 운영하고 있다.

미국의 노인 영양 관련 서비스는 주로 미국 농무부와 보건후생부(DHHS, Department of Health & Human Service Organizational Chart) 산하 노인청(AoA, Administarion on Aging) 주관으로 이루어진다. 이는 저소득층 대상 식품보조 프로그램과 병행하여 사회복지 성격의 영양사업으로 운영된다. **표 12-14**에는 농무부와 노인청이 지원하는 노인 영양 프로그램이 요약되어 있다.

2) 일본

일본은 '건강일본 21'에서 국가 보건 목표 중 영양 목표를 설정하고, 이에 따라 지역 목표를 수립하여 보건소에 1~5명의 관리영양사를 배치해 복지·보건센터에서 영양사업을 수행한다. 이로써 영양사업이 지역 공중보건사업에 정착되었다.

특히, 건강관리 프로그램 중 영양사업을 중요 3대 항목으로 강조하며, 지역 내 민간 인력과 자원을 활용한 연계사업으로 정착시키기 위해 노인을 대상으로 한 영양사업을 확대하고 있다.

표 12-14 미국 성인·노인 영양 프로그램

지원 기관	주제	내용
농무부	노인 농부시장 영양 프로그램 (Seniors Farmers' Market Nutrition Program)	• 미국 각 주와 인디언 부족 정부에서 저소득층 노인에게 농부시장에서 식품과 교환 가능한 쿠폰 제공 • 국내산 농산물 소비 증진 목적
	보충적 영양지원 프로그램 (Supplemental Nutrition Assistance Program)	• 기존 Food Stamp 프로그램의 변경, 영양개선과 건강증진 목적 • 지정된 소매점에서 쿠폰 지급, 저소득층의 식품구매 지원 • 참여자 중 근로 가능한 성인에게 고용훈련 프로그램 제공
	긴급식품지원 프로그램 (Emergency Food Assistance Program)	• 노인과 노숙자를 포함한 저소득 국민에게 비상식품과 영양지원
	상품형 보충식품 프로그램 (Commodity Supplemental Food Program)	• 저소득 임신·수유부, 6세 미만 유아, 60세 이상 노인을 대상으로 건강증진을 위해 식사 및 농무부의 가공식품을 지원하며, 수혜자의 대부분은 노인층임 • 영양교육 제공
	인디언 보호구역 식품 배급 프로그램 (Food Distribution Program on Indian Reservations)	• 인디언 보호구역 내 저소득층 중 보충적 영양지원 프로그램의 지원 대상에 해당되지 않는 사람을 대상으로 함 • 농무부의 식품 제공 및 영양교육
	어린이와 성인 돌봄 식품 프로그램 (Child and Adult Care Food Program)	• 노숙 어린이, 60세 이상 기능장애 독거인 대상 • 건강하고 영양적인 식사 제공
보건 복지부	노인 법령 I-VII (Older Americans Act Title I-VII)	• 주정부와 지역사회에 노화 관련 보조금 지급 – 영양 및 건강 서비스 제공 • 법령 Ⅲ 노인에 대한 영양서비스/법령 Ⅵ 부족 및 원주민 공동체에 노화 관련 프로그램 및 서비스 사업: 모임 및 가정배달 식사, 영양 스크리닝, 판정, 교육, 상담, 기타 건강 서비스 제공
	영양 서비스 강화 프로그램 (Nutrition Services Intensive Program)	• 매년 제공된 식사 수를 근거로 주 정부와 부족에 비례해 제공
노인청	집단급식 식사 프로그램 (Congregated Meals)	• 노인센터, 복지관, 교회, 병원, 양로원, 보건소 등 집단급식소에서 매일 1끼씩 주 5일간 식사 제공 • 영양교육 및 상담
	가정 식사배달 서비스 (Home-delivered Meals)	• 거동이 불편한 노인에게 하루 1회, 주 5~7회 뜨거운 식사를 집으로 배달 • 노인과 함께 살고 있는 무능력한 가족도 프로그램에 참여 가능

(1) 영양케어 매니저

2000년에 도입된 일본의 개호* 보험제도(Long-term care insurance system)는 2006년 예방 중심형으로 개정되는 등 여러 차례 변화를 거쳤다. 2014년 개정에서는 장기요양 인정 대상자 축소, 입소생활시설(특별양호노인홈) 입소기준 강화, 서비스 비용의 본인 부담금 인상 등을 주요 내용으로 하여 오늘에 이르고 있다.

*개호(介護): 단순한 간병이나 돌봄을 넘어, 노인·장애인이 일상생활을 최대한 스스로 유지할 수 있도록 신체적·정신적·사회적 측면에서 지원하는 전체적인 돌봄 행위를 의미함

영양케어 매니저(Nutrition Care & Management)의 목적은 일반 고령자의 저영양상태 예방 및 개선, 경증 질환을 가진 고령자의 중증화 억제를 통해 요지원 고령자가 개호고령자로 전환되는 것을 막는 데 있다. 즉, 경증 질환을 가진 고령자의 건강상태 악화를 방지하는 것이다. **표 12-15**에는 일본 개호보험제도의 식사 제공 실태가 요약되어 있다.

표 12-15 일본 개호보험제도의 식사 제공 실태

구분	시설 서비스 (특별양호노인홈)	재가 서비스	
		홈헬퍼	가족
실태	• 영양사가 관리 • 원칙적으로 식재료를 구입하여 시설 내에서 조리하고, 입소자의 기호에 맞게 식사 제공. 기타 개호식품 구입 활용 • 원하면 탄력적으로 간식, 외식 및 배달도 가능 • 계절식, 행사식(정월, 절기행사, 크리스마스 등) 제공 • 식비: 1일 1,380엔 • 칼로리: 평균 1,400 kcal • 식사 시간: 2시간 이내(아침 8시, 점심 12시, 저녁 18시) • 식사 지원: 직원 1인당 약 5명 • 식사 유형: 3종류(보통식, 연식, 경관영양식)	• 주로 홈헬퍼가 조리 • 기타 시판용 개호식품을 보조적으로 활용	• 가족이 조리 • 기타 시판용 개호식품 활용

자료: 일본농림수산성 식료산업국(2013. 2).

(2) 노인급식 프로그램

일본은 노인급식은 1973년 국고보조사업으로 노인홈(장기요양시설)에서 시작되었다. 현재는 국고 보조가 폐지되고, 시·구·촌 등의 국공립기관인 기초자치체가 실시 주체가 되어

표 12-16 일본의 재가노인 급식 프로그램

프로그램 형태	내용
만남형	재가노인에게 타인과의 교류 기회 제공, 사회적 고립과 고독감 완화(월 1~2회 회식 형태로 제공)
생활원조형	매일 1일 1식 또는 1일 3식의 영양가 있는 식사 제공, 수혜 노인들의 안부와 건강상태 관찰
방문조리형	수혜 대상 노인의 가정을 방문하여 노인의 기호·욕구·특성에 맞게 식사를 만들어 제공
식권형	수행기관이 비용을 지불한 식권을 이용자에게 지급하고 일반 식당 등에서 식사를 제공받도록 함. 미국의 푸드 스탬프와 유사함
전문식당 이용형	결식노인을 위한 전문 식당의 지정하거나 전용 식당을 만들어 언제나 자유롭게 이용할 수 있도록 하는 방식
연계형	심신에 장애가 있는 재가 노인이 노인복지시설이나 복지기관의 주간 보호, 기능 회복 훈련, 건강진단 등의 서비스를 이용할 때 급식 서비스를 함께 제공받도록 하는 서비스

노인급식을 주도하며, 사회복지법인, 농업협동조합, 민간사업자, 민간봉사자단체 등에 위탁·운영할 수 있다.

재가노인을 위한 급식 프로그램으로는 만남형, 생활원조형, 방문조리형, 식권형, 전문식당 이용형, 연계형 등이 있다(표 12-16).

(3) 고령자 도시락 배달 서비스

노령화로 인해 일본 전체 급식시장에서 노인복지시설 급식과 도시락 급식의 비중이 점차 증가하고 있다. 도시락 배달 서비스는 고령자를 중심으로 이루어지며, 크게 공적 서비스사업과 민간 서비스사업으로 구분된다.

공적 서비스는 식재료비는 이용자 본인이 부담하고, 조리·배달 등 부대 서비스는 지방자치단체가 보조금을 지급해 민간업체에 위탁하는 방식이다. 민간업체는 적절한 시간에 알맞은 온도의 음식을 전달하며, 동시에 고령자의 안부 확인 기능도 수행한다. 그러나 최근 지자체 재정난으로 예산이 삭감되면서 공적 서비스는 정체되는 추세이다.

한편, 민간 서비스사업은 서비스 내용과 대상 면에서 공적 서비스와 유사하지만, 채산성 문제로 참여 기업은 많지 않았다. 그러나 최근 외식업체, 생협, 소매점 등이 도시락시장에 진출하면서, 향후에는 민간 서비스사업자 중심으로 시장이 확대될 것으로 전망된다.

ACTIVITY

노인의 건강한 식생활을 위해 현행 보건소 영양중재 프로그램과 장기요양보험 지원 내용을 살펴보고, 만성질환 독거노인 대상 서비스와 U-Health 기반 영양교육 방안을 모색해 보자.

1. 거주지 관할 보건소에서 운영하는 노인 대상 영양중재 프로그램을 조사하여, 대상자, 목적, 지원내용을 구체적으로 정리해 보자.
2. 현행 노인 대상 영양중재 프로그램은 만성질환자를 위한 지원이 충분하지 않다. 이를 보완하기 위해 만성질환을 가진 독거노인을 대상으로 영양상태 개선을 목적으로 하는 서비스 프로그램을 설계해 보자.
3. 장기요양보험제도의 이용 절차, 등급별 급여내용 및 범위를 상세히 조사해 보자.
4. U-Health 서비스를 활용하여 영양교육 및 상담 프로그램을 설계해 보자.

SUMMARY

- **성인과 노인의 건강과 식생활문제**: 연령이 높을수록, 소득이 낮을수록 그리고 여자에서 영양 섭취기준 미만 섭취자 분율이 높다. 연령이 높을수록 고혈압, 당뇨, 고지혈증, 관절염 등 만성질환 유병률이 급격히 증가한다.
- **성인과 노인의 영양 프로그램**: 1995년 「국민건강증진법」 제정 이후 정부 주도형으로 보건소에서 실시되던 건강생활 실천사업이 2013년부터는 지역사회 통합건강증진사업으로 명칭을 바꾸어 지자체가 자율적으로 지역주민의 특성에 맞게 프로그램과 서비스를 기획·추진하는 형태로 변경되었다. 사업 영역은 절주, 신체활동, 영양, 비만 예방·관리, 여성·어린이 특화, 금연, 모바일 헬스케어, 방문건강관리 등 총 12개로 구성된다.
- **건강생활 실천 사업**: 건강생활 실천 사업의 일환으로 식생활지침의 주기적 개정 및 교육자료 개발·보급, 가공식품 및 외식 음식 중 나트륨 저감화 사업, 건강체중 인식 확산을 위한 교육 및 홍보사업, 음주폐해예방관리사업이 이루어지고 있다. 건강검진 결과 비만 및 만성질환 건강위험군으로 판정된 사람에게 건강위험요인 개선을 위한 맞춤형 영양관리 사업이 시행되고 있다. 노인 영양관리사업으로는 영양교육 프로그램, 실버건강식생활사업, 방문건강관리사업이 이루어지고 있다. 보건소 모바일 헬스케어사업은 건강위험요인이 있는 사람에게 모바일 앱을 통해 보건의료인력이 맞춤형 건강상담을 제공하는 사업이다.
- **건강생활지원센터**: 취약인구가 많거나 소생활권으로 구성되어 보건소만으로는 충분한 보건의료 및 건강증진 서비스를 받기 힘들거나 보건소 확충이 비현실적인 지역주민의 건강증진 기능 특화 지역보건기관으로서 기능하도록 설치·운영되는 기관이다. 건강생활지원센터는 읍·면·동마다 1개씩 설치할 수 있으며, 시 지역의 경우 여러 동을 묶어 하나의 센터를 두기도 한다. 각 센터에서는 공통 건강증진 프로그램 외에 지역 특화 건강증진사업을 추진할 수 있다.
- **근로자 건강증진운동**: 「산업안전보건법」에 근거하여 「사업장에서의 근로자 건강증진활동 지침」(현 「근로자 건강증진활동 지침」)을 제정하고 사업주가 근로자의 건강증진을 위해 건강증진운동의 필요성을 평가하고 계획을 수립하여 실시하도록 명시하고 있다. 주요 활동 내용으로는 건강교육과 작업 및 환경관리, 건강관리, 운동·영양개선, 건강상담 등이 있다.
- **U-Health 서비스**: 유무선 네트워킹이 가능한 정보통신기술을 활용해 언제 어디서나 이용할 수 있는 건강관리 및 의료 서비스이다. 웨어러블 기기(스마트워치 등), 모바일 건강앱, 원격의료, 전자 건강 기록, 원격 환자 모니터링 등을 통해 의료서비스에 대한 접근성이 향상되고 개인별 맞춤지원이 강화되고 있다.
- **노인장기요양보험제도**: 일상생활이 어려운 노인 또는 질환자에게 장기요양급여를 제공하여 노후의 건강증진과 생활 안정을 도모하고 가족의 부담을 덜어 국민이 삶의 질을 향상시키기 위한 사회보험 제도이다.
- **노인무료급식 지원 사업**: 경로식당 무료급식, 저소득 재가노인 식사 배달 등이 운영되고 있다.

APPENDIX

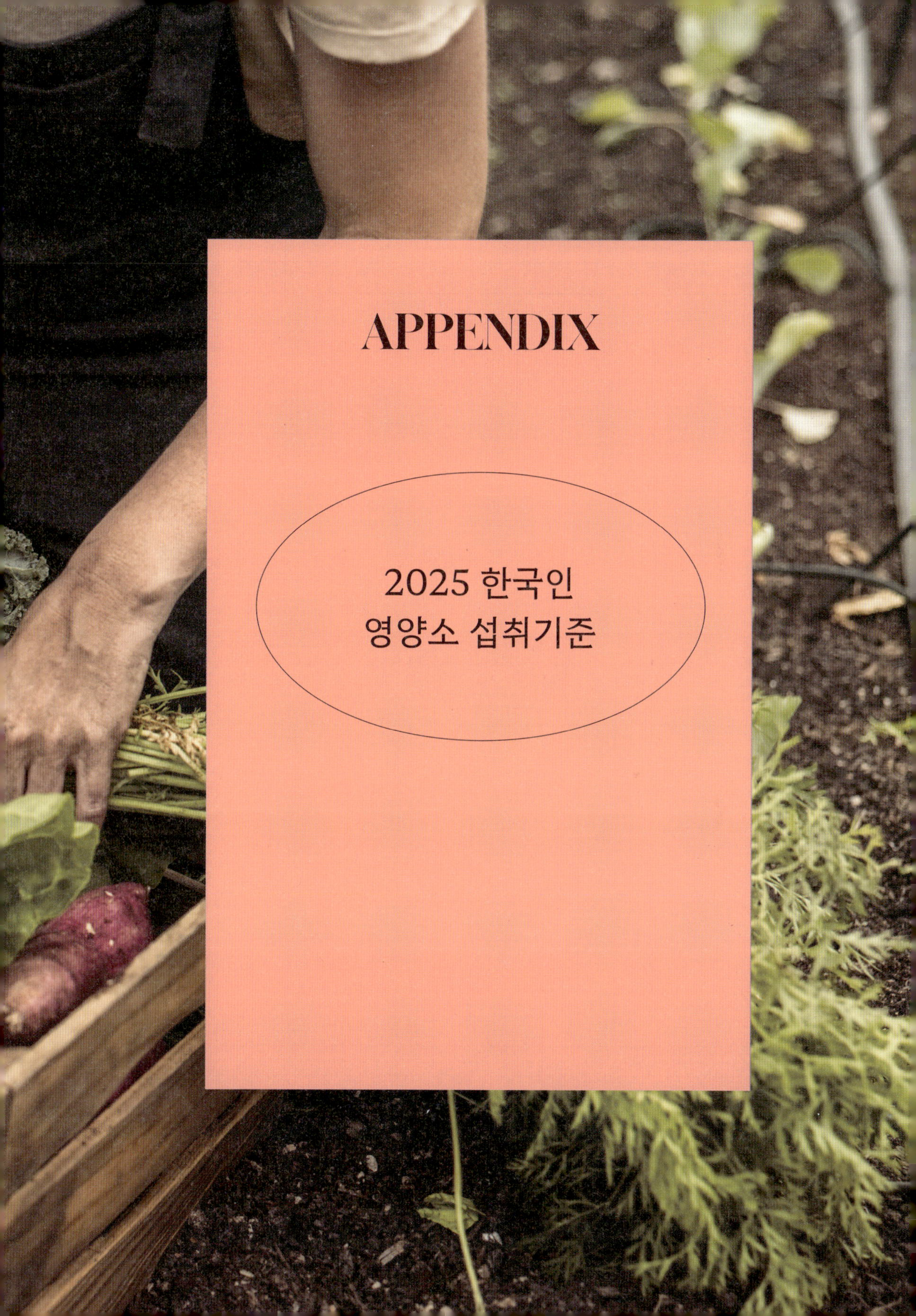

2025 한국인 영양소 섭취기준

2025 한국인 영양소 섭취기준 - 에너지와 다량영양소

보건복지부, 2025

성별	연령	에너지 (kcal/일)				탄수화물 (g/일)				식이섬유 (g/일)			
		필요추정량	권장섭취량	충분섭취량	상한섭취량	평균필요량	권장섭취량	충분섭취량	상한섭취량	평균필요량	권장섭취량	충분섭취량	상한섭취량
영아	0-5 (개월)	500						55					
	6-11	600						85					
유아	1-2 (세)	900				100	130					10	
	3-5	1,400				100	130					15	
남자	6-8 (세)	1,700				100	130					20	
	9-11	2,000				100	130					20	
	12-14	2,500				100	130					25	
	15-18	2,700				100	130					25	
	19-29	2,600				100	130					30	
	30-49	2,500				100	130					30	
	50-64	2,200				100	130					30	
	65-74	2,000				100	130					30	
	75 이상	1,900				100	130					30	
여자	6-8 (세)	1,500				100	130					15	
	9-11	1,800				100	130					20	
	12-14	2,000				100	130					20	
	15-18	2,000				100	130					20	
	19-29	2,000				100	130					20	
	30-49	1,900				100	130					20	
	50-64	1,700				100	130					25	
	65-74	1,600				100	130					25	
	75 이상	1,500				100	130					25	
임신부[1]		+0 +340 +450				+35	+45					+5	
수유부[1]		+340				+55	+70					+5	

성별	연령	지방 (g/일)				리놀레산 (g/일)				알파-리놀렌산 (g/일)				EPA+DHA (mg/일)			
		평균필요량	권장섭취량	충분섭취량	상한섭취량	평균필요량	권장섭취량	충분섭취량	상한섭취량	평균필요량	권장섭취량	충분섭취량	상한섭취량	평균필요량	권장섭취량	충분섭취량	상한섭취량
영아	0-5 (개월)			25				4				0.4				100[2]	
	6-11			25				6				0.6				150[2]	
유아	1-2 (세)							6				0.6				150	
	3-5							6				0.6				200	
남자	6-8 (세)							7				0.8				200	
	9-11							9				1.0				200	
	12-14							11				1.2				200	
	15-18							11				1.3				200	
	19-29							11				1.2				250	
	30-49							10				1.2				250	
	50-64							8				1.0				250	
	65-74							6				0.8				250	
	75 이상							4				0.6				250	
여자	6-8 (세)							6				0.7				200	
	9-11							7				0.8				200	
	12-14							8				0.9				200	
	15-18							8				0.8				200	
	19-29							8				0.9				250	
	30-49							7				0.9				250	
	50-64							6				0.8				250	
	65-74							4				0.5				250	
	75 이상							2				0.4				250	
임신부[1]								+0				+0				300 (200)[2]	
수유부[1]								+0				+0				300 (200)[2]	

[1] 임신부·수유부 부가량, 단, 에너지: 임신부 1,2,3 분기별 부가량, EPA+DHA(DHA): 임신부·수유부 부가량 아닌 총량

[2] DHA

성별	연령	단백질 (g/일)				메티오닌+시스테인 (g/일)				류신 (g/일)			
		평균 필요량	권장 섭취량	충분 섭취량	상한 섭취량	평균 필요량	권장 섭취량	충분 섭취량	상한 섭취량	평균 필요량	권장 섭취량	충분 섭취량	상한 섭취량
영아	0-5 (개월)			10				0.4				1.1	
	6-11	12	15			0.3	0.4			0.6	0.8		
유아	1-2 (세)	15	20			0.3	0.4			0.6	0.8		
	3-5	20	25			0.3	0.4			0.7	0.8		
남자	6-8 (세)	30	35			0.5	0.6			1.1	1.3		
	9-11	40	50			0.7	0.8			1.5	1.9		
	12-14	50	60			0.9	1.2			2.1	2.6		
	15-18	55	65			1.1	1.4			2.4	3.0		
	19-29	50	65			1.1	1.4			2.4	3.1		
	30-49	50	65			1.1	1.3			2.4	3.1		
	50-64	50	60			1.1	1.3			2.3	2.8		
	65-74	50	60			1.0	1.3			2.2	2.8		
	75 이상	50	60			0.9	1.1			2.1	2.7		
여자	6-8 (세)	30	35			0.4	0.6			1.0	1.3		
	9-11	40	45			0.7	0.8			1.5	1.8		
	12-14	45	55			0.8	1.0			1.8	2.3		
	15-18	45	55			0.8	1.1			1.9	2.4		
	19-29	45	55			0.8	1.0			2.0	2.5		
	30-49	40	50			0.8	1.0			1.9	2.4		
	50-64	40	50			0.8	1.0			1.9	2.3		
	65-74	40	50			0.7	0.9			1.8	2.2		
	75 이상	40	50			0.7	0.9			1.7	2.1		
임신부[1]		+8 +25	+10 +30			1.1	1.4			2.5	3.1		
수유부[1]		+20	+25			1.1	1.5			3.0	3.7		

성별	연령	이소류신 (g/일)				발린 (g/일)				라이신 (g/일)			
		평균 필요량	권장 섭취량	충분 섭취량	상한 섭취량	평균 필요량	권장 섭취량	충분 섭취량	상한 섭취량	평균 필요량	권장 섭취량	충분 섭취량	상한 섭취량
영아	0-5 (개월)			0.6				0.6				0.8	
	6-11	0.3	0.4			0.3	0.5			0.6	0.8		
유아	1-2 (세)	0.3	0.4			0.3	0.5			0.6	0.8		
	3-5	0.3	0.4			0.4	0.5			0.7	0.8		
남자	6-8 (세)	0.5	0.6			0.6	0.8			1.1	1.4		
	9-11	0.7	0.8			0.9	1.1			1.6	1.9		
	12-14	0.9	1.2			1.2	1.5			2.1	2.6		
	15-18	1.1	1.4			1.4	1.7			2.5	3.1		
	19-29	1.1	1.4			1.4	1.7			2.5	3.1		
	30-49	1.1	1.4			1.4	1.7			2.4	3.1		
	50-64	1.1	1.3			1.3	1.6			2.3	2.9		
	65-74	1.0	1.3			1.3	1.6			2.2	2.9		
	75 이상	0.9	1.1			1.1	1.5			2.2	2.7		
여자	6-8 (세)	0.4	0.6			0.6	0.7			1.0	1.3		
	9-11	0.7	0.8			0.8	1.0			1.5	1.9		
	12-14	0.8	1.0			1.0	1.3			1.9	2.4		
	15-18	0.8	1.1			1.1	1.3			2.0	2.5		
	19-29	0.8	1.1			1.1	1.3			2.1	2.6		
	30-49	0.8	1.0			1.0	1.3			2.0	2.5		
	50-64	0.8	1.0			1.0	1.3			1.9	2.4		
	65-74	0.7	0.9			0.9	1.3			1.8	2.3		
	75 이상	0.7	0.9			0.9	1.1			1.7	2.1		
임신부[1]		1.1	1.4			1.4	1.7			2.3	2.9		
수유부[1]		1.3	1.7			1.6	1.9			2.7	3.4		

[1] 임신부·수유부 부가량, 단, 단백질: 임신부 2, 3 분기별 부가량, 아미노산: 임신부·수유부 부가량 아닌 총량

보건복지부, 2025

성별	연령	페닐알라닌+티로신 (g/일)				트레오닌 (g/일)				트립토판 (g/일)			
		평균 필요량	권장 섭취량	충분 섭취량	상한 섭취량	평균 필요량	권장 섭취량	충분 섭취량	상한 섭취량	평균 필요량	권장 섭취량	충분 섭취량	상한 섭취량
영아	0-5 (개월)			0.9				0.5				0.2	
	6-11	0.5	0.7			0.3	0.4			0.1	0.1		
유아	1-2 (세)	0.6	0.8			0.3	0.4			0.1	0.1		
	3-5	0.8	0.9			0.3	0.4			0.1	0.1		
남자	6-8 (세)	1.2	1.5			0.5	0.6			0.1	0.2		
	9-11	1.7	2.2			0.7	0.9			0.2	0.2		
	12-14	2.4	3.0			1.0	1.2			0.3	0.3		
	15-18	2.8	3.5			1.2	1.5			0.3	0.4		
	19-29	2.8	3.6			1.1	1.5			0.3	0.3		
	30-49	2.7	3.5			1.1	1.5			0.3	0.3		
	50-64	2.7	3.4			1.1	1.4			0.3	0.3		
	65-74	2.5	3.3			1.1	1.3			0.2	0.3		
	75 이상	2.5	3.1			1.0	1.3			0.2	0.3		
여자	6-8 (세)	1.1	1.4			0.5	0.6			0.1	0.2		
	9-11	1.7	2.1			0.7	0.9			0.2	0.2		
	12-14	2.1	2.7			0.9	1.1			0.2	0.3		
	15-18	2.2	2.8			0.9	1.1			0.2	0.3		
	19-29	2.3	2.9			0.9	1.1			0.2	0.3		
	30-49	2.3	2.8			0.9	1.1			0.2	0.3		
	50-64	2.2	2.7			0.8	1.1			0.2	0.3		
	65-74	2.1	2.6			0.8	1.0			0.2	0.2		
	75 이상	2.0	2.4			0.7	0.9			0.2	0.2		
임신부[1]		3.0	3.8			1.2	1.5			0.3	0.4		
수유부[1]		3.7	4.7			1.3	1.7			0.4	0.5		

성별	연령	히스티딘 (g/일)				수분 (mL/일)		
		평균 필요량	권장 섭취량	충분 섭취량	상한 섭취량	충분섭취량		상한 섭취량
						액체[2]	총수분[3]	
영아	0-5 (개월)			0.3		700	700	
	6-11	0.2	0.3			500	800	
유아	1-2 (세)	0.2	0.3			700	1,000	
	3-5	0.2	0.3			1,100	1,500	
남자	6-8 (세)	0.4	0.4			800	1,700	
	9-11	0.5	0.6			900	2,000	
	12-14	0.7	0.8			1,100	2,400	
	15-18	0.8	1.0			1,200	2,600	
	19-29	0.8	1.0			1,200	2,600	
	30-49	0.7	1.0			1,200	2,500	
	50-64	0.7	1.0			1,000	2,200	
	65-74	0.7	0.9			1,000	2,100	
	75 이상	0.7	0.8			1,100	2,100	
여자	6-8 (세)	0.3	0.4			800	1,600	
	9-11	0.5	0.6			900	1,900	
	12-14	0.6	0.8			900	2,000	
	15-18	0.6	0.8			900	2,000	
	19-29	0.6	0.8			1,000	2,100	
	30-49	0.6	0.8			1,000	2,000	
	50-64	0.6	0.7			1,000	1,900	
	65-74	0.5	0.7			900	1,800	
	75 이상	0.5	0.7			1,000	1,800	
임신부[1]		0.8	1.0				+200	
수유부[1]		0.9	1.1			+500	+700	

[1] 임신부·수유부 부가량, 단, 아미노산: 임신부·수유부 부가량 아닌 총량
[2] 물, 음료, 우유를 포함하는 액체에 대한 충분섭취량
[3] 음식 수분과 액체를 포함하는 총수분에 대한 충분섭취량

보건복지부, 2025

성별	연령	페닐알라닌+티로신 (g/일)				트레오닌 (g/일)				트립토판 (g/일)			
		평균 필요량	권장 섭취량	충분 섭취량	상한 섭취량	평균 필요량	권장 섭취량	충분 섭취량	상한 섭취량	평균 필요량	권장 섭취량	충분 섭취량	상한 섭취량
영아	0-5 (개월)			0.9				0.5				0.2	
	6-11	0.5	0.7			0.3	0.4			0.1	0.1		
유아	1-2 (세)	0.6	0.8			0.3	0.4			0.1	0.1		
	3-5	0.8	0.9			0.3	0.4			0.1	0.1		
남자	6-8 (세)	1.2	1.5			0.5	0.6			0.1	0.2		
	9-11	1.7	2.2			0.7	0.9			0.2	0.2		
	12-14	2.4	3.0			1.0	1.2			0.3	0.3		
	15-18	2.8	3.5			1.2	1.5			0.3	0.4		
	19-29	2.8	3.6			1.1	1.5			0.3	0.3		
	30-49	2.7	3.5			1.1	1.5			0.3	0.3		
	50-64	2.7	3.4			1.1	1.4			0.3	0.3		
	65-74	2.5	3.3			1.1	1.3			0.2	0.3		
	75 이상	2.5	3.1			1.0	1.3			0.2	0.3		
여자	6-8 (세)	1.1	1.4			0.5	0.6			0.1	0.2		
	9-11	1.7	2.1			0.7	0.9			0.2	0.2		
	12-14	2.1	2.7			0.9	1.1			0.2	0.3		
	15-18	2.2	2.8			0.9	1.1			0.2	0.3		
	19-29	2.3	2.9			0.9	1.1			0.2	0.3		
	30-49	2.3	2.8			0.9	1.1			0.2	0.3		
	50-64	2.2	2.7			0.8	1.1			0.2	0.3		
	65-74	2.1	2.6			0.8	1.0			0.2	0.2		
	75 이상	2.0	2.4			0.7	0.9			0.2	0.2		
임신부[1]		3.0	3.8			1.2	1.5			0.3	0.4		
수유부[1]		3.7	4.7			1.3	1.7			0.4	0.5		

성별	연령	히스티딘 (g/일)				수분 (mL/일)		
		평균 필요량	권장 섭취량	충분 섭취량	상한 섭취량	충분섭취량		상한 섭취량
						액체[2]	총수분[3]	
영아	0-5 (개월)			0.3		700	700	
	6-11	0.2	0.3			500	800	
유아	1-2 (세)	0.2	0.3			700	1,000	
	3-5	0.2	0.3			1,100	1,500	
남자	6-8 (세)	0.4	0.4			800	1,700	
	9-11	0.5	0.6			900	2,000	
	12-14	0.7	0.8			1,100	2,400	
	15-18	0.8	1.0			1,200	2,600	
	19-29	0.8	1.0			1,200	2,600	
	30-49	0.7	1.0			1,200	2,500	
	50-64	0.7	1.0			1,000	2,200	
	65-74	0.7	0.9			1,000	2,100	
	75 이상	0.7	0.8			1,100	2,100	
여자	6-8 (세)	0.3	0.4			800	1,600	
	9-11	0.5	0.6			900	1,900	
	12-14	0.6	0.8			900	2,000	
	15-18	0.6	0.8			900	2,000	
	19-29	0.6	0.8			1,000	2,100	
	30-49	0.6	0.8			1,000	2,000	
	50-64	0.6	0.7			1,000	1,900	
	65-74	0.5	0.7			900	1,800	
	75 이상	0.5	0.7			1,000	1,800	
임신부[1]		0.8	1.0				+200	
수유부[1]		0.9	1.1			+500	+700	

[1] 임신부·수유부 부가량, 단, 아미노산: 임신부·수유부 부가량 아닌 총량
[2] 물, 음료, 우유를 포함하는 액체에 대한 충분섭취량
[3] 음식 수분과 액체를 포함하는 총수분에 대한 충분섭취량

2025 한국인 영양소 섭취기준 - 지용성비타민

보건복지부, 2025

성별	연령	비타민 A (μg RAE/일)[2]				비타민 D (μg/일)			
		평균필요량	권장섭취량	충분섭취량	상한섭취량	평균필요량	권장섭취량	충분섭취량	상한섭취량
영아	0-5 (개월)			350	600			5	25
	6-11			450	600			5	25
유아	1-2 (세)	190	250		600			5	30
	3-5	230	300		750			5	35
남자	6-8 (세)	310	450		1,100			5	40
	9-11	410	600		1,600			5	60
	12-14	540	750		2,300			10	100
	15-18	620	850		2,800			10	100
	19-29	570	800		3,000			10	100
	30-49	560	800		3,000			10	100
	50-64	530	750		3,000			10	100
	65-74	520	700		3,000			15	100
	75 이상	500	700		3,000			15	100
여자	6-8 (세)	290	400		1,100			5	40
	9-11	390	550		1,600			5	60
	12-14	480	650		2,300			10	100
	15-18	450	650		2,800			10	100
	19-29	460	650		3,000			10	100
	30-49	450	650		3,000			10	100
	50-64	430	600		3,000			10	100
	65-74	410	600		3,000			15	100
	75 이상	410	600		3,000			15	100
임신부[1]		+50	+70		3,000			+0	100
수유부[1]		+350	+490		3,000			+0	100

성별	연령	비타민 E (mg α-TE/일)[3]				비타민 K (μg/일)			
		평균필요량	권장섭취량	충분섭취량	상한섭취량	평균필요량	권장섭취량	충분섭취량	상한섭취량
영아	0-5 (개월)			3				4	
	6-11			4				6	
유아	1-2 (세)			5	100			25	
	3-5			6	150			30	
남자	6-8 (세)			7	200			40	
	9-11			9	300			55	
	12-14			11	400			70	
	15-18			12	500			80	
	19-29			12	540			75	
	30-49			12	540			75	
	50-64			12	540			75	
	65-74			12	540			75	
	75 이상			12	540			75	
여자	6-8 (세)			7	200			40	
	9-11			9	300			55	
	12-14			11	400			65	
	15-18			12	500			65	
	19-29			12	540			65	
	30-49			12	540			65	
	50-64			12	540			65	
	65-74			12	540			65	
	75 이상			12	540			65	
임신부[1]				+0	540			+0	
수유부[1]				+3	540			+0	

[1] 임신부·수유부 부가량, 단, 상한섭취량은 임신부·수유부 부가량 아닌 총량

[2] 1 μg RAE = 1 μg 레티놀 = 2 μg 보충제용 베타카로틴 = 12 μg 식품유래 베타카로틴 = 24 μg 기타 식이 프로비타민 A 카로티노이드 (알파카로틴, 베타크립토잔틴)

[3] α-TE: 비타민 E 동족체 상대적 생물학적 활성 기준 산출 (KDRI, 2015), α-TE = (α-토코페롤) + 0.5 (β-토코페롤) + 0.1 (γ-토코페롤) + 0.01 (δ-토코롤) + 0.3 (α-토코트리)

2025 한국인 영양소 섭취기준 - 수용성비타민

보건복지부, 2025

성별	연령	비타민 C (mg/일)				티아민 (mg/일)			
		평균필요량	권장섭취량	충분섭취량	상한섭취량	평균필요량	권장섭취량	충분섭취량	상한섭취량
영아	0-5 (개월)			40				0.2	
	6-11			55				0.3	
유아	1-2 (세)	30	40		340	0.4	0.4		
	3-5	35	45		510	0.4	0.5		
남자	6-8 (세)	40	50		750	0.5	0.7		
	9-11	55	70		1,100	0.7	0.9		
	12-14	70	90		1,400	0.9	1.1		
	15-18	80	100		1,600	1.1	1.3		
	19-29	75	100		2,000	1.0	1.2		
	30-49	75	100		2,000	1.0	1.2		
	50-64	75	100		2,000	1.0	1.2		
	65-74	75	100		2,000	0.9	1.1		
	75 이상	75	100		2,000	0.9	1.1		
여자	6-8 (세)	40	50		750	0.6	0.7		
	9-11	55	70		1,100	0.8	0.9		
	12-14	70	90		1,400	0.9	1.1		
	15-18	80	100		1,600	0.9	1.1		
	19-29	75	100		2,000	0.9	1.1		
	30-49	75	100		2,000	0.9	1.1		
	50-64	75	100		2,000	0.9	1.1		
	65-74	75	100		2,000	0.8	1.0		
	75 이상	75	100		2,000	0.7	0.8		
임신부[1]		+10	+10		2,000	+0.4	+0.4		
수유부[1]		+35	+40		2,000	+0.3	+0.4		

성별	연령	리보플라빈 (mg/일)				니아신 (mg NE/일)[2]			
		평균필요량	권장섭취량	충분섭취량	상한섭취량	평균필요량	권장섭취량	충분섭취량	상한섭취량 니코틴산/니코틴아미드
영아	0-5 (개월)			0.3				2	
	6-11			0.4				3	
유아	1-2 (세)	0.4	0.5			4	5		10/150
	3-5	0.5	0.6			5	6		10/200
남자	6-8 (세)	0.7	0.9			7	8		15/300
	9-11	0.9	1.1			9	11		20/450
	12-14	1.2	1.5			11	14		25/600
	15-18	1.4	1.7			13	16		30/650
	19-29	1.3	1.5			12	14		35/850
	30-49	1.3	1.5			12	14		35/850
	50-64	1.3	1.5			12	14		35/850
	65-74	1.2	1.4			11	13		35/850
	75 이상	1.1	1.4			10	12		35/850
여자	6-8 (세)	0.6	0.8			7	8		15/300
	9-11	0.8	1.0			9	11		20/450
	12-14	1.0	1.2			11	14		25/600
	15-18	1.0	1.2			11	13		30/650
	19-29	1.0	1.2			11	13		35/850
	30-49	1.0	1.2			11	13		35/850
	50-64	1.0	1.2			11	13		35/850
	65-74	0.9	1.1			10	12		35/850
	75 이상	0.8	1.0			9	11		35/850
임신부[1]		+0.3	+0.4			+3	+4		35/850
수유부[1]		+0.4	+0.5			+2	+3		35/850

[1] 임신부·수유부 부가량, 단, 상한섭취량은 임신부·수유부 부가량 아닌 총량

[2] 1 mg NE(니아신 당량) = 1 mg, 니아신 = 60 mg 트립토판

보건복지부, 2025

성별	연령	비타민 B_6 (mg/일)				엽산 (μg DFE/일)[2]			엽산 (μg/일)[3]
		평균필요량	권장섭취량	충분섭취량	상한섭취량	평균필요량	권장섭취량	충분섭취량	상한섭취량[3]
영아	0-5 (개월)			0.1				65	
	6-11			0.3				90	
유아	1-2 (세)	0.5	0.6		10	120	150		300
	3-5	0.6	0.7		15	150	180		400
남자	6-8 (세)	0.7	0.9		20	180	220		500
	9-11	0.9	1.1		30	250	300		600
	12-14	1.3	1.5		40	300	360		800
	15-18	1.3	1.5		45	330	400		900
	19-29	1.3	1.5		50	320	400		1,000
	30-49	1.3	1.5		50	320	400		1,000
	50-64	1.3	1.5		50	320	400		1,000
	65-74	1.3	1.5		50	320	400		1,000
	75 이상	1.3	1.5		50	320	400		1,000
여자	6-8 (세)	0.7	0.9		20	180	220		500
	9-11	0.9	1.1		30	250	300		600
	12-14	1.2	1.4		40	300	360		800
	15-18	1.2	1.4		45	330	400		900
	19-29	1.2	1.4		50	320	400		1,000
	30-49	1.2	1.4		50	320	400		1,000
	50-64	1.2	1.4		50	320	400		1,000
	65-74	1.2	1.4		50	320	400		1,000
	75 이상	1.2	1.4		50	320	400		1,000
임신부[1]		+0.7	+0.8		50	+200	+220		1,000
수유부[1]		+0.7	+0.8		50	+130	+150		1,000

성별	연령	비타민 B_{12} (μg/일)				판토텐산 (mg/일)				비오틴 (μg/일)			
		평균필요량	권장섭취량	충분섭취량	상한섭취량	평균필요량	권장섭취량	충분섭취량	상한섭취량	평균필요량	권장섭취량	충분섭취량	상한섭취량
영아	0-5 (개월)			0.3				1.7				5	
	6-11			0.5				2.0				7	
유아	1-2 (세)	0.8	0.9					2.0				9	
	3-5	0.9	1.1					2.5				12	
남자	6-8 (세)	1.1	1.3					3.0				15	
	9-11	1.5	1.7					4.0				20	
	12-14	1.9	2.3					5.0				25	
	15-18	2.0	2.4					5.0				30	
	19-29	2.0	2.4					5.0				30	
	30-49	2.0	2.4					5.0				30	
	50-64	2.0	2.4					5.0				30	
	65-74	2.0	2.4					5.0				30	
	75 이상	2.0	2.4					5.0				30	
여자	6-8 (세)	1.1	1.3					3.0				15	
	9-11	1.5	1.7					4.0				20	
	12-14	1.9	2.3					5.0				25	
	15-18	2.0	2.4					5.0				30	
	19-29	2.0	2.4					5.0				30	
	30-49	2.0	2.4					5.0				30	
	50-64	2.0	2.4					5.0				30	
	65-74	2.0	2.4					5.0				30	
	75 이상	2.0	2.4					5.0				30	
임신부[1]		+0.2	+0.2					+1.0				+0	
수유부[1]		+0.3	+0.4					+2.0				+5	

1) 임신부·수유부 부가량, 단, 상한섭취량은 임신부·수유부 부가량 아닌 총량

2) 엽산의 평균필요량, 권장섭취량, 충분섭취량은 식품, 강화식품, 보충제 등의 섭취에 따른 흡수율의 차이를 반영한 식이엽산당량 (Dietary Folate Equivalents, μgDFE/일)에 해당, 1.0 μgDFE = 1 μg 식품 중 엽산 = 0.6 μg 강화식품 또는 식품과 함께 섭취한 보충제 중 엽산 = 0.5 μg 공복에 섭취한 보충제 중 엽산

3) 엽산의 상한섭취량은 강화식품, 보충제 등으로 섭취한 엽산 (μg/일)에 해당. 가임기 여성의 경우 400 μg/일의 엽산보충제 섭취 권장

2025 한국인 영양소 섭취기준 - 비타민 유사 영양소 (제정)

성별	연령	콜린 (mg/일)			
		평균 필요량	권장 섭취량	충분 섭취량	상한 섭취량
영아	0-5 (개월)			110	
	6-11			150	
유아	1-2 (세)			160	700
	3-5			190	1,000
남자	6-8 (세)			260	1,000
	9-11			350	1,500
	12-14			450	2,000
	15-18			480	2,500
	19-29			480	3,000
	30-49			480	3,000
	50-64			480	3,000
	65-74			480	3,000
	75 이상			480	3,000
여자	6-8 (세)			250	1,000
	9-11			330	1,500
	12-14			390	2,000
	15-18			390	2,000
	19-29			390	2,500
	30-49			390	2,500
	50-64			390	2,500
	65-74			390	2,500
	75 이상			390	2,500
임신부[1]				+80	2,500
수유부[1]				+110	2,500

[1] 임신부·수유부 부가량, 단, 상한섭취량은 임신부·수유부 부가량 아닌 총량

2025 한국인 영양소 섭취기준 - 다량무기질

보건복지부, 2025

성별	연령	칼슘 (mg/일)				인 (mg/일)				나트륨 (mg/일)			
		평균 필요량	권장 섭취량	충분 섭취량	상한 섭취량	평균 필요량	권장 섭취량	충분 섭취량	상한 섭취량	필요 추정량	권장 섭취량	충분 섭취량	만성질환 위험감소섭취량
영아	0-5 (개월)			200	1,000			100				110	
	6-11			300	1,000			300				370	
유아	1-2 (세)	400	450		1,500	380	450		3,000			630	1,000
	3-5	450	550		2,500	480	600		3,000			1,000	1,500
남자	6-8 (세)	600	700		3,000	500	600		3,000			1,100	1,700
	9-11	700	800		3,000	1,000	1,200		3,500			1,300	2,000
	12-14	800	950		3,000	1,000	1,200		3,500			1,500	2,300
	15-18	700	800		3,000	900	1,100		3,500			1,500	2,300
	19-29	650	800		3,000	540	650		3,500			1,500	2,300
	30-49	650	800		2,500	540	650		3,500			1,500	2,300
	50-64	650	800		2,500	540	650		3,500			1,500	2,300
	65-74	650	800		2,500	540	650		3,500			1,300	1,900
	75 이상	650	800		2,500	540	650		3,000			1,200	1,800
여자	6-8 (세)	600	700		2,500	500	600		3,000			1,100	1,700
	9-11	700	800		2,500	1,000	1,200		3,500			1,300	2,000
	12-14	700	850		2,500	950	1,100		3,500			1,500	2,300
	15-18	550	700		2,500	850	1,000		3,500			1,500	2,300
	19-29	500	650		2,500	540	650		3,500			1,500	2,300
	30-49	500	650		2,000	540	650		3,500			1,500	2,300
	50-64	650	750		2,000	540	650		3,500			1,500	2,300
	65-74	600	750		2,000	540	650		3,500			1,300	1,900
	75 이상	600	750		2,000	540	650		3,000			1,200	1,800
임신부[1]		+0	+0		±0[2]	+0	+0		3,000			+0	2,300
수유부[1]		+0	+0		±0[2]	+0	+0		3,500			+0	2,300

성별	연령	염소 (mg/일)				칼륨 (mg/일)				마그네슘 (mg/일)			
		평균 필요량	권장 섭취량	충분 섭취량	상한 섭취량	평균 필요량	권장 섭취량	충분 섭취량	상한 섭취량	평균 필요량	권장 섭취량	충분 섭취량	식품 외 급원 상한 섭취량
영아	0-5 (개월)			170				400				25	
	6-11			560				700				55	
유아	1-2 (세)			1,000				1,500		60	70		60
	3-5			1,500				2,300		90	110		90
남자	6-8 (세)			1,700				2,600		130	150		130
	9-11			2,000				3,100		190	220		190
	12-14			2,300				3,500		260	320		270
	15-18			2,300				3,500		340	410		330
	19-29			2,300				3,500		300	360		350
	30-49			2,300				3,500		310	380		350
	50-64			2,300				3,500		310	380		350
	65-74			1,900				3,500		310	380		350
	75 이상			1,800				3,500		310	380		350
여자	6-8 (세)			1,700				2,600		130	150		130
	9-11			2,000				3,100		180	220		190
	12-14			2,300				3,500		240	290		270
	15-18			2,300				3,500		290	340		330
	19-29			2,300				3,500		240	280		350
	30-49			2,300				3,500		240	280		350
	50-64			2,300				3,500		240	280		350
	65-74			1,900				3,500		240	280		350
	75 이상			1,800				3,500		240	280		350
임신부[1]				+0				+0		+30	+40		350
수유부[1]				+0				+400		+0	+0		350

1) 임신부·수유부 부가량, 단, 상한섭취량·만성질환위험감소섭취량은 임신부·수유부 부가량 아닌 총량
2) 해당 연령 여성의 상한섭취량과 동일함

2025 한국인 영양소 섭취기준 - 미량무기질

보건복지부, 2025

성별	연령	철 (mg/일)				아연 (mg/일)				구리 (μg/일)			
		평균 필요량	권장 섭취량	충분 섭취량	상한 섭취량	평균 필요량	권장 섭취량	충분 섭취량	상한 섭취량	평균 필요량	권장 섭취량	충분 섭취량	상한 섭취량
영아	0-5 (개월)			0.3	40			2				240	
	6-11	4	6		40	2	3					330	
유아	1-2 (세)	4	6		40	2	3		6	220	290		1,700
	3-5	4	6		40	3	4		9	270	350		2,600
남자	6-8 (세)	5	7		40	4	5		13	360	460		3,700
	9-11	6	8		40	7	8		19	470	600		5,500
	12-14	8	11		40	7	8		27	600	800		7,500
	15-18	8	11		45	8	10		33	700	900		9,500
	19-29	6	8		45	9	10		35	650	850		10,000
	30-49	6	8		45	8	10		35	650	850		10,000
	50-64	6	8		45	8	10		35	650	850		10,000
	65-74	6	8		45	8	9		35	600	800		10,000
	75 이상	5	7		45	7	9		35	600	800		10,000
여자	6-8 (세)	5	7		40	4	5		13	310	410		3,700
	9-11	6	8		40	7	8		19	420	550		5,500
	12-14	8	13		40	7	8		27	500	650		7,500
	15-18	7	12		45	7	9		33	550	750		9,500
	19-29	7	12		45	7	8		35	500	650		10,000
	30-49	7	12		45	7	8		35	500	650		10,000
	50-64	5	7		45	6	8		35	500	650		10,000
	65-74	4	6		45	6	7		35	460	600		10,000
	75 이상	4	6		45	6	7		35	460	600		10,000
임신부[1]		+8	+9		45	+2.0	+2.5		35	+100	+130		10,000
수유부[1]		+0	+0		45	+4.0	+5.0		35	+370	+480		10,000

성별	연령	불소 (mg/일)				망간 (mg/일)				요오드 (μg/일)			
		평균 필요량	권장 섭취량	충분 섭취량	상한 섭취량	평균 필요량	권장 섭취량	충분 섭취량	상한 섭취량	평균 필요량	권장 섭취량	충분 섭취량	상한 섭취량
영아	0-5 (개월)			0.01	0.3			0.01				130	250
	6-11			0.4	0.5			0.8				180	250
유아	1-2 (세)			0.6	0.7			1.5	2.0	50	70		300
	3-5			0.9	1.1			2.0	3.0	65	90		300
남자	6-8 (세)			1.3	1.5			2.5	4.0	75	100		500
	9-11			1.9	10.0			3.0	6.0	80	110		500
	12-14			2.6	10.0			4.0	8.0	100	140		1,900
	15-18			3.2	10.0			4.0	10.0	100	140		2,200
	19-29			3.5	10.0			4.0	11.0	100	150		2,400
	30-49			3.4	10.0			4.0	11.0	100	150		2,400
	50-64			3.2	10.0			4.0	11.0	100	150		2,400
	65-74			3.1	10.0			4.0	11.0	100	150		2,400
	75 이상			3.0	10.0			4.0	11.0	100	150		2,400
여자	6-8 (세)			1.3	1.5			2.5	4.0	75	100		500
	9-11			1.8	10.0			3.0	6.0	80	110		500
	12-14			2.4	10.0			3.5	8.0	100	140		1,900
	15-18			2.7	10.0			3.5	10.0	100	140		2,200
	19-29			2.8	10.0			3.5	11.0	100	150		2,400
	30-49			2.7	10.0			3.5	11.0	100	150		2,400
	50-64			2.6	10.0			3.5	11.0	100	150		2,400
	65-74			2.5	10.0			3.5	11.0	100	150		2,400
	75 이상			2.3	10.0			3.5	11.0	100	150		2,400
임신부[1]				+0	10.0			+0	11.0	+60	+90		-[2]
수유부[1]				+0	10.0			+0	11.0	+130	+190		-[2]

[1] 임신부·수유부 부가량, 단, 상한섭취량은 임신부·수유부 부가량 아닌 총량

[2] 근거가 부족하여 미설정

보건복지부, 2025

성별	연령	셀레늄 (μg/일)				몰리브덴 (μg/일)				크롬 (μg/일)			
		평균 필요량	권장 섭취량	충분 섭취량	상한 섭취량	평균 필요량	권장 섭취량	충분 섭취량	상한 섭취량	평균 필요량	권장 섭취량	충분 섭취량	상한 섭취량
영아	0-5 (개월)			9	40							0.2	
	6-11			12	65							4.0	
유아	1-2 (세)	19	23		70	8	10		100			9	
	3-5	22	25		100	10	13		150			11	
남자	6-8 (세)	30	35		150	15	20		250			15	
	9-11	40	45		200	20	25		350			20	
	12-14	50	60		300	25	30		500			30	
	15-18	55	65		300	30	40		600			35	
	19-29	50	60		400	25	30		650			30	
	30-49	50	60		400	25	30		600			30	
	50-64	50	60		400	25	30		600			30	
	65-74	50	60		400	25	30		600			25	
	75 이상	50	60		400	20	25		550			25	
여자	6-8 (세)	30	35		150	15	20		250			15	
	9-11	40	45		200	15	20		350			20	
	12-14	50	60		300	20	25		450			20	
	15-18	55	65		300	20	25		500			20	
	19-29	50	60		400	20	25		500			20	
	30-49	50	60		400	20	25		500			20	
	50-64	50	60		400	20	25		500			20	
	65-74	50	60		400	20	25		500			20	
	75 이상	50	60		400	15	20		450			20	
임신부[1]		+3	+4		400	+0	+0		500			+5	
수유부[1]		+9	+10		400	+3	+5		500			+20	

[1] 임신부·수유부 부가량, 단, 상한섭취량은 임신부·수유부 부가량 아닌 총량

참고문헌

CHAPTER 1

관계부처합동 (2020). 제5차 국민건강증진종합계획(Health Plan 2030, 2021~2030).

보건복지부, 한국건강증진개발원 (2022). 2022년 국민영양관리시행계획 시·도별 분석보고서.

장남수, 강명희, 정혜경 (2009). 지역사회영양학. 교문사.

Boyle, M. A. (2021). Community Nutrition in Action; An Entrepreneurial Approach (8th ed.). Cengage Learning.

Bruening M., Perkins S. & Udarbe A. (2022). Academy of Nutrition and Dietetics: Revised 2022 Standards of Practice and Standards of Professional Performance for Registered Dietitian Nutritionists(Competent, Proficient, and Expert) in Public Health and Community Nutrition. Journal of the Academy of Nutrition and Dietetics, 122(9), 1744-1763.

Commission on Dietetic Registration (2024). Revised 2024 Scope and Standards of Practice for the Registered Dietitian Nutritionist. https://www.cdrnet.org/vault/2459/web/Scope%20Standards%20of%20Practice%202024%20RDN_FINAL.pdf

European Commission. EU4Health programme 2021-2027. https://health.ec.europa.eu/funding/eu4health-programme-2021-2027-vision-healthier-european-union_en

Japan Health Promotion & Fitness Foundation (2024). Outline of Health Japan 21 (the third term). Japanese Journal of Health Promotion, 26(2), 95-101.

Ligot, J. (2017. 11. 13). SDGs와 NCDs 이행을 위한 국내외 현황과 대응방향 [발표 자료]. 2017 건강정책 국제포럼, 서울.

Ministry of Health, Labour and Welfare, Japan (2024). The 3rd term of Health Japan 21 (2024–2035): Basic direction for comprehensive implementation of national health promotion. https://www.mhlw.go.jp/stf/seisakunitsuite/bunya/kenkou_iryou/kenkou/kenkounippon21/index.html

Nakazawa, A., Fukuda, Y., Saito, J., et al. (2024). Start of the 12-year initiative for the third term of Health Japan 21. Environmental Health and Preventive Medicine, 29(1), 22. https://doi.org/10.1265/ehpm.24-001

National Health Commission of the People's Republic of China (2019). 건강중국행동

(2019 - 2030년). https://www.nhc.gov.cn/guihuaxxs/c100133/201907/2a6ed52f1c264203b5351bdbbadd2da8.shtm

National Institute of Health and Nutrition, Japan (2024). Health Japan 21 (the third term). https://www.nibiohn.go.jp/eiken/kenkounippon21/en

The EAT Forum. https://eatforum.org/eat-lancet-commission

UN. https://www.un.org/sustainabledevelopment/sustainable-development-goals

U.S. Department of Health and Human Services, Office of Disease Prevention and Health Promotion. Healthy People 2030. https://health.gov/healthypeople

World Health Organization Regional Committee for Europe (2014). European food and nutrition action plan 2015 - 2020 (64th Session).

CHAPTER 2

Armstrong, B., & Doll, R. (1975). Environmental factors and cancer incidence and mortality in different countries, with special reference to dietary practices. International Journal of Cancer, 15(4), 617 - 631.

Celentano, D. D., & Szklo, M. (2018). Gordis Epidemiology (6th ed.). Elsevier.

Habicht, J. P., Meyers, L. D., & Brownie, C. (1982). Indicators for identifying and counting the improperly nourished. The American Journal of Clinical Nutrition, 35(5), 1241 - 1254.

Hammond, E. C., & Horn, D. (1958). Smoking and death rates: Report on 44 months of follow - up of 187,783 men: II. Death rates by cause. JAMA, 166(11), 1294 - 1308.

Hebert, J. R., & Wynder, E. L. (1987). Dietary fat and the risk of breast cancer (letter). The New England Journal of Medicine, 317(3), 165 - 166.

Interagency Board for Nutrition Monitoring and Related Research (1995). Third report on nutrition monitoring in the United States. Prepared by the Life Sciences Research Office, FASEB, US Government Printing Office, Washington, DC.

Mason, J. B., Habicht, J. P., Tabatabai, H., & Valverde, V. (1984). Nutritional surveillance. World Health Organization.

Schwartz, J. (1994). Air pollution and daily mortality: A review and meta-analysis. Environmental Research, 64(1), 36-52.

Thacker, S. B., & Berkelman, R. L. (1988). Public health surveillance in the United States. Epidemiologic Reviews, 10(1), 164-190.

Thompson, F. E., & Byers, T. (1994). Dietary assessment resource manual. The Journal of Nutrition, 124(suppl_11), 2245S-2317S.

Willett, W. (2013). Nutritional Epidemiology (3rd ed.). Oxford University Press.

법제처 국가법령정보센터. http://www.law.go.kr

질병관리청 국민건강영양조사. https://knhanes.kdca.go.kr

CDC(미국 질병통제예방센터). http://www.cdc.gov/nchs

USDA(미국 농무부). http://www.usda.gov

CHAPTER 3

교육부, 질병관리청 (2024). 제20차 청소년건강행태조사 통계.

윤상하, 오경원 (2022). 우리 국민의 식생활 현황. 주간 건강과 질병, 15(23).

장남수, 강명희, 정혜경 (2009). 지역사회영양학. 교문사.

질병관리청 (2024). 2023 국민건강통계.

통계청 (2024). 2023 사망원인통계.

통계청 (2024). 생명표.

CHAPTER 4

국민건강보험공단, 건강보험심사평가원 (2023). 건강보험통계.

농림축산식품부, 한국농수산유통공사 (2025). 2024 식품외식산업 주요 통계.

식품의약품안전처, 식품안전정보원 (2025). 2024 식품 등의 생산실적. 외식산업 주요 통계.

장남수, 강명희, 정혜경 (2009). 지역사회영양학. 교문사.

통계청 (2023). 장래인구추계: 1960~2072.

통계청 (2024). 가계동향조사.

통계청 (2024). 경제활동인구조사.

통계청 (2024). 고령자통계.

통계청 (2024). 인구주택총조사.

통계청, 한국은행, 금융감독원 (2024). 가계금융복지조사.

통일부 (2022). 북한 주민의 영양 개선을 위한 실태 분석 및 협력 방안 연구 보고서.

한국농촌경제연구원 (2023). 식품수급표.

한국농촌경제연구원 (2024). 2024 식품소비행태조사 통계 보고서.

Central Bureau of Statistics of the DPR Korea and UNICEF (2017). Multiple Indicator Cluster Survey.

FAO, WHO & UNICEF (2025). The state of Food Security and Nutrition in the World(SOFI).

FSIN(Food Security Information Network). (2025). Global Report on Food Crises 2025. https://www.fao.org/giews/reports/global-report-on-food-crises/en

International Food Policy Research Institute (2016). The Global Nutrition Report.

IPC(Integrated FoodSecurity Phase Classification). https://www.ipcinfo.org

NCD Risk Factor Collaboration (2022). Global Nutrition Report. Country Nutrition Profiles. https://globalnutritionreport.org/resources/nutrition-profiles/asia/eastern-asia/democratic-peoples-republic-korea

Vos et al. (2020). Global burden of 369 diseases and injuries in 204 countries and territories, 1990-2019. Lancet.

CHAPTER 5

배상수 (2016). 보건사업기획. 계축문화사.

장남수, 강명희, 정혜경 (2009). 지역사회영양학. 교문사.

조은빈 외 (2022). 서비스디자인 도구의 지역사회영양학 분야 활용: 청년 식생활 가이드 개발 사례. 대한지역사회영양학회지 27(3): 177-191.

Green, L. W., Gielen, A. C., Ottoson, J. M., Peterson, D. V., & Kreuter, M. W. (2022). Health program planning, implementation, and evaluation: Creating behavioral, environmental, and policy change. Johns Hopkins University Press.

Helm, K. K., & Rose, J. C. (1986). The competitive edge: Marketing strategies for the registered dietitian. American Dietetic Association.

Park, S. C., & Moody, D. L. (1986). A marketing model: Applications for dietetic professionals. Journal of the American Dietetic Association, 86(1), 37-43.

Ward, M. (1984). Marketing strategies: A resource for registered dietitians. Niles & Phipps.

CHAPTER 6

김화영, 강명희, 양은주, 이현숙 (2016). 영양판정. 교문사.

장남수, 강명희, 정혜경 (2009). 지역사회영양학. 교문사.

Last, J. M. (1998). Public health and human ecology (2nd ed.). McGraw - Hill.

CHAPTER 7

법제처 국가법령정보센터. http://www.law.go.kr

보건복지부, 한국영양학회 (2020). 한국인 영양소 섭취기준.

보건복지부, 한국영양학회 (2022). 2020 한국인 영양소 섭취기준 활용편.

식품안전나라. https://www.foodsafetykorea.go.kr

FDA (2018). The New and Improved Nutrition Facts Label - Key Changes.

CHAPTER 8

보건복지부, 한국영양학회 (2025). 한국인 영양소 섭취기준.

보건복지부, 한국영양학회 (2020). 한국인을 위한 식생활지침.

보건복지부, 한국영양학회 (2022). 2020 한국인 영양소 섭취기준 활용편.

장남수, 강명희, 정혜경 (2009). 지역사회영양학. 교문사.

Celentano, D. D., & Szklo, M. (2018). Gordis epidemiology (6th ed.). Elsevier.

Dutko, P., Ver Ploeg, M., & Farrigan, T. L. (2012). Characteristics and influential factors of food deserts. U.S. Department of Agriculture, Economic Research Service.

FAO, IFAD, UNICEF, WFP, & WHO. (2021). The state of food security and nutrition in the world 2021. https://doi.org/10.4060/cb4474en

Fogel, R. W. (2004). Health, nutrition, and economic growth. Economic Development and Cultural Change, 52(3), 643 - 658.

Frieden, T. R. (2015). The future of public health. The New England Journal of Medicine, 373, 1748 - 1754.

Giang, T., Karpyn, A., Laurison, H. B., Hillier, A., & Perry, R. D. (2008). Closing the grocery gap in underserved communities: The creation of the Pennsylvania Fresh Food Financing Initiative. Journal of Public Health Management and Practice, 14(3), 272 - 279.

Helsing, E. (1997). The history of nutrition policy. Nutrition Reviews, 55(11), S1 - S3.

Herrera, N. (2011). Access to affordable and nutritious food: Measuring and understanding food deserts and their consequences. Nova Science Publishers.

International Food Policy Research Institute. (2015). 2015 Global nutrition report: Actions and accountability to advance nutrition and sustainable development.

Karppanen, H., & Mervaala, E. (2006). Sodium intake and hypertension. Progress in Cardiovascular Diseases, 49(2), 59 - 75.

Lyons, W., Scheb, J. M., II, & Richardson, L. E., Jr. (1995). American government: Politics and political culture. West Publishing Company.

Morland, K., Diez Roux, A. V., & Wing, S. (2006). Supermarkets, other food stores, and obesity: The atherosclerosis risk in communities study. American Journal of Preventive Medicine, 30(4), 333 - 339.

Morland, K., Wing, S., Diez Roux, A., & Poole, C. (2002). Neighborhood characteristics associated with the location of food stores and food service places. American Journal of Preventive Medicine, 22(1), 23 - 29.

New York City Department of City Planning (2008). Going to market: New York City's neighborhood grocery store and supermarket shortage. https://www.nyc.gov/assets/planning/download/pdf/plans/supermarket/supermarket.pdf

Pinstrup - Andersen, P. (Ed.) (1993). The political economy of food and nutrition policies. Johns Hopkins University Press.

PolicyLink. (2013). A healthy food financing initiative: An innovative approach to improve health and spark economic development.

Puska, P., & Stahl, T. (2010). Health in all policies — The Finnish initiative: Background, principles, and current issues. Annual Review of Public Health, 31, 315 - 328.

Rose, D., Bodor, N., Swalm, C. M., Rice, J., Farley, T., & Hutchinson, P. (2009). Deserts in New Orleans? Illustrations of urban food access and implications for policy. University of Michigan National Poverty Center / USDA Economic Research Service Research.

Sims, L. S. (1993). Public policy in nutrition: A framework for action. Nutrition Today, 28(5), 14 - 22.

Smith, L., Goranson, C., Bryon, J., Kerker, B., & Nonas, C. (2011). Developing a supermarket need index. In J. A. Maantay & S. McLafferty (Eds.), Geospatial analysis of environmental health (pp. 211 - 231). Springer.

The Lancet (2015). The Lancet obesity 2015 series infographic. https://www.thelancet.com/series/obesity-2015

UNICEF (1990). Strategy for improved nutrition of children and women in developing countries.

U.S. Department of Agriculture. Food Environment Atlas. http://www.ers.usda.gov/data-products/food-environment-atlas.aspx

Virtanen, M. (2012). Nutrition policy in Finland [Presentation file]. National Institute for Health and Welfare.

White House (2022, September 28). National strategy on hunger, nutrition, and health. https://www.whitehouse.gov/wp-content/uploads/2022/09/White-House-National-Strategy-on-Hunger-Nutrition-and-Health-FINAL.pdf

WHO (2003). Diet, nutrition and the prevention of chronic diseases. World Health Organization.

WHO (2013). Global nutrition policy review: What does it take to scale up nutrition action? World Health Organization.

Willett, W. (2013). Nutritional epidemiology (3rd ed.). Oxford University Press.

WTO. http://www.wto.org

CHAPTER 9

관계부처합동 (2020). 제5차 국민건강증진종합계획(Health Plan 2030, 2021~2030).

관계부처합동 (2024). 제6차 어린이 식생활안전관리 종합계획(2025~2027).

보건복지부 (2022). 제3차(2022~2026) 국민영양관리기본계획.

보건복지부, 한국건강증진개발원 (2022). 2022년 국민영양관리시행계획 시·도별 분석보고서.

농림축산식품부. http://www.mafra.go.kr

농촌경제연구원. http://www.krei.re.kr

농촌진흥청. http://www.rda.go.kr

법제처 국가법령정보센터. http://www.law.go.kr

보건복지부. http://www.mohw.go.kr

식품의약품안전처. http://www.mfds.go.kr

여성가족부. http://www.mogef.go.kr

질병관리청. http://cdc.go.kr

한국보건산업진흥원. https://www.khidi.or.kr/kps

CHAPTER 10

WHO, 유니세프 (1989). 성공적인 엄마젖 먹이기 10단계.

보건복지부 (2025). 보육통계(국가승인통계 제15407호, 어린이집 및 이용자 통계).

보건복지부, 한국건강증진개발원 (2024). 2025년 지역사회 통합건강증진사업 안내서.

통계청 (2024). 2023년 사망원인통계조사.

통계청 (2025). 인구동태통계 각 연도.
통계청 (2025). 인구동향조사.
Vaz, J. S., et al. (2021). Monitoring breastfeeding indicators in high - income countries: Levels, trends and challenges. Maternal & Child Nutrition, 17(3), e13137. https://doi.org/10.1111/mcn.13137
거창군보건소. https://www.geochang.go.kr
사천시보건소. https://www.sacheon.go.kr
서울특별시. (2025. 6. 16). https://news.seoul.go.kr/welfare/archives/571132
식생활교육국민네트워크. https://www.greentable.or.kr/about
에코이몰. https://ecoemall.com
예산군보건소. https://www.yesan.go.kr
인천서구보건소. https://www.seo.incheon.kr

CHAPTER 11

교육부 (2023). 2022 학교급식 실시 현황.
대한비만학회 (2025). 2025 비만 팩트시트.
보건복지부 (2024). 2025년도 결식아동급식 업무 표준매뉴얼.
보건복지부 (2025). 2025 지역아동센터 지원 사업안내.
보건복지부, 한국건강증진개발원 (2024). 2025년 지역사회 통합건강증진사업 안내서.
질병관리청 (2024). 2023 국민건강통계.
대구광역시청. https://info.daegu.go.kr/newshome/mtnmain.php?mtnkey=articleview&mkey=scatelist&mkey2=1&aid=260422
드림스타트. https://www.dreamstart.go.kr
보건복지부. https://www.mohw.go.kr/menu.es?mid=a10711040700
아이뉴스24 (2025. 7. 8). https://www.inews24.com/view/1863072
인천동구보건소. https://www.icdonggu.go.kr
행복e음(사회보장통계시스템). https://www.ssis.or.kr/lay1/S1T749C765/contents.do

CHAPTER 12

보건복지부 (2024). 2024년 보건소 모바일 헬스케어 사업안내서.
보건복지부, 한국건강증진개발원 (2024). 2025년 지역사회통합건강증진사업 안내서.
보건복지부, 한국건강증진개발원 (2025). 2026년도 건강생활지원센터 사업 안내.

보건복지부, 한국영양학회 (2022). 2020 한국인 영양소 섭취기준 활용편.
일본농림수산성 식료산업국 (2013). 개호식품을 둘러싼 사정에 대해.
정영호 (2013). 고령자의 복합만성 질환 분석: 외래 이용을 중심으로.
질병관리청 (2024). 2023 국민건강통계.
국민건강보험공단. https://www.nhis.or.kr/nhis/index.do
노원구보건소. https://www.nowon.kr/health/index.do
서울특별시 식생활종합지원센터. https://www.seoulnutri.co.kr/seoul-biz/77.do?categorySeq=1&&
월간 안전세계 공식 블로그. https://blog.naver.com/with_safetygo/222557149247?trackingCode=blog_bloghome_searchlist
전국푸드뱅크. https://www.foodbank1377.org
파이낸셜뉴스 (2021. 7. 19). https://www.fnnews.com/news/202107190103384298
한국기계연구원 블로그. https://blog.naver.com/kimmblog/222887492515
IT 융복합시스템 인력양성사업단 블로그. https://blog.naver.com/icf_sp/220193501059

찾아보기

ㄱ

가정간편식(HMR) 114
감시 60
강화요인 136
건강 13
건강과일바구니 사업 333
건강기능식품에 관한 법률 274
건강기능식품 표시 192
건강매점 332
건강생활 실천 사업 363
건강생활 실천율 355
건강생활지원센터 377
건강수명 258
건강영양조사 59
건강일본 21 22
건강중국행동 23
건강체중 인식 확산을 위한 교육 365
건강행동이론 132
건강 형평성 25
결과 목표 163
결식률 327
결정요인 48
경로식당 무료급식 385
계통오차 49
고령사회 104
고령 임신·출산 297
고령화사회 104
고열량·저영양 식품 200
공중보건 12, 38
과정 목표 163
구조 목표 163
국민건강영양조사 63, 77
국민건강증진법 233, 253
국민건강증진종합계획 24, 270
국민식생활지침 234
국민영양관리기본계획 33, 258
국민영양관리법 233, 250
권장섭취량 178
근로자 건강증진운동 378
급성영양불량(wasting) 124
기대수명 94, 105

ㄴ

나트륨 저감화 사업 365
노년부양비 106
노인무료급식 385
노인복지법 256
노인장기요양보험제도 382
농림축산식품부 280

ㄷ

다문화가족 영양관리사업 374
다소비 식품 78
단면연구 51
동기부여요인 136
드림스타트 사업 337

ㄹ

로직모델 138

ㅁ

마케팅 믹스 143
만성영양불량 123
만성질환위험감소섭취량 179
모니터링 60
모성사망비 297
모유수유 312
무료급식사업 385
무작위오차 49

ㅂ

발병률 156
방문건강관리사업 371
보건복지부 250
보건소 모바일 헬스케어 사업 375
보충급식 229
비만 328
비만교실 347

ㅅ

사망률 156
사망원인 95
사회마케팅모델 139

상관연구 50
상대적 빈곤율 110
상한섭취량 179
생산가능인구 106
생태학적 연구 50
생태학적 접근모델 133
서비스 디자인 146
선별 159
선택 바이어스 52
선후관계 55
성장장애 328
소득 창출 230
소비기한 194
슈퍼마켓 요구도 지수 242
시장 세분화 142
식량안보 119
식량 원조 231
식량자급률 112
식사의 외부화 108
식생활교육국민네트워크 319
식생활지침 364
식품보조금 229
식품보조정책 238
식품빈곤지역 240, 241
식품성분표 207
식품성분표 발간 238
식품 소비 76
식품소비조사 58
식품수급표 58
식품 알레르기 301
식품위생법 236, 272
식품의약품안전처 272
식품 접근성 239
식품표시제도 183
식품환경지도 243
신소재식품 개발 231
실버건강식생활사업 369

ㅇ

아기에게 친근한 병원 313
아동급식지원 사업 339
아침밥클럽 332
아토피 301
어르신을 위한 영양교육 프로그램 369
어린이급식관리지원센터 314
어린이 먹거리 안전관리 종합대책 237
어린이 식생활안전관리특별법 197
에너지 섭취량 79
에너지적정비율 179
연관성 56
영아사망률 156
영양강조표시 188
영양교사 288
영양교육 231
영양권장량 176
영양밀도지수 180
영양 분석 프로그램(CAN) 207
영양불량 다중부담 127
영양불량의 이중부담 125
영양사 253
영양 섭취 부족자 84
영양소 강화 230
영양소적정섭취비율 180
영양역학 48
영양재활 231
영양정책 214
영양케어 매니저 388
영양표시제도 237
영양플러스 사업 272, 302
영유아보육법 255
용량-반응 관계 57
유병률 156
음주폐해예방관리사업 365
임산부 친환경농산물 지원사업 309
임상영양사 236, 253

ㅈ

저소득 재가노인 식사 배달 385
저체중아 출산율 298
조사 159
조제식품 230
중재 15

중재연구 54
지속가능개발목표 17
지역사회 31
지역사회영양사 37
지역사회영양학 31
지역사회 요구 진단 152
지역사회 통합건강증진사업 358
지역아동센터 343
진단요소 153
질병이환율 156

ㅊ

천식 301
철 결핍성 빈혈 301
청소년건강행태조사 88
청소년 음주 예방 및 건강교육 347
총식이조사 59
출산율 296
출생률 156
충분섭취량 178
친구야 아침 먹자 346

ㅋ

코덱스 국제식품규격위원회 191
코호트 연구 53

ㅌ

통합돌봄 사업 239

ㅍ

평균수명 105
평균영양소적정섭취비율 180
평균필요량 178
푸드뱅크 프로그램 380

ㅎ

학교급식 330
학교급식법 236, 286
한국인 영양소 섭취기준 177, 233
합계출산율 104
핵심 그룹 면담 160
행동가능요인 136
혁신확산모델 132
환경 분석 141
환자 대조군 연구 52
회상 바이어스 52

기타

1인 가구 107
1일 영양성분기준치 187
1차 예방 16
1회 섭취참고량 188
2차 예방 16
3차 예방 16
4-H 프로그램 349
EU4Health 프로그램 21
Expanded Food and Nutrition Education Program for Youth 349
focus group interview 160
Healthy People 2030 18
marketing mix 143
Nutrition Education and Training Program 349
PRECEDE-PROCEED 모델 134
random error 49
screening 159
survey 159
SWOT 분석 142
systematic error 49
U-Health 서비스 381
WIC 프로그램 349